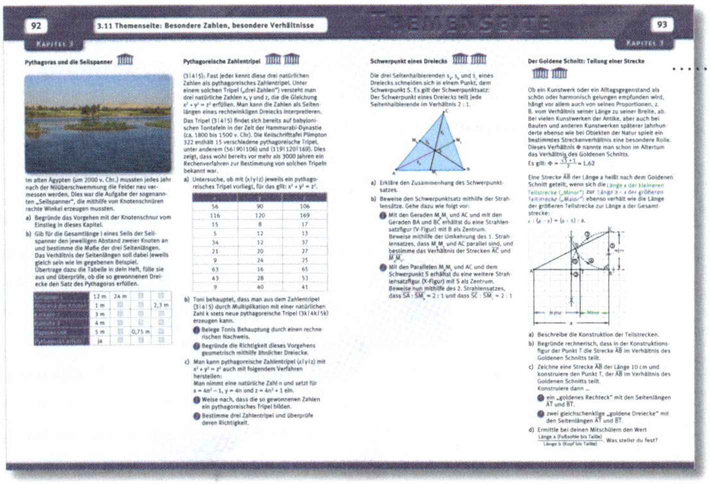

Die **Themenseite** enthält nach Anspruchsniveau differenzierte Aufgaben zu einem einzigen, interessanten Thema. Die mathematischen Inhalte werden dabei miteinander verbunden.

Der **zweite Teil** enthält „Diskussionsaufgaben": Bezieht Stellung zu den Behauptungen und begründet oder widerlegt sie. Anschließend vergleicht ihr eure Ergebnisse mit einem Partner.

Die Doppelseite **Das kann ich!** hat verschiedene Teile:
Im **ersten Teil** findet ihr Aufgaben, die ihr alleine löst. Anschließend bewertet ihr euch, die Lösungen dazu findet ihr im Anhang. Die Aufgaben sind einfach gehalten, ihr solltet also einen Großteil davon gut schaffen.

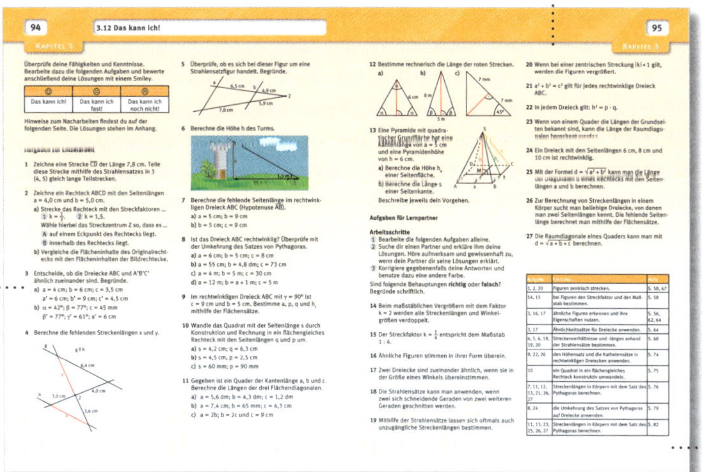

Mithilfe der **Tabelle** könnt ihr prüfen, was ihr gut könnt und wo ihr noch üben müsst. Ihr findet auch Seitenverweise zum Nacharbeiten.

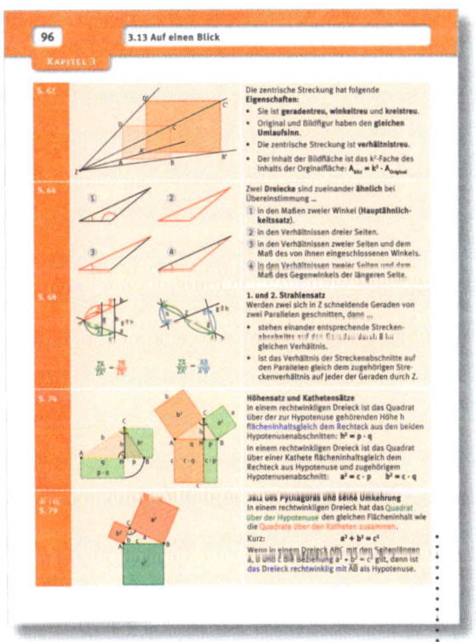

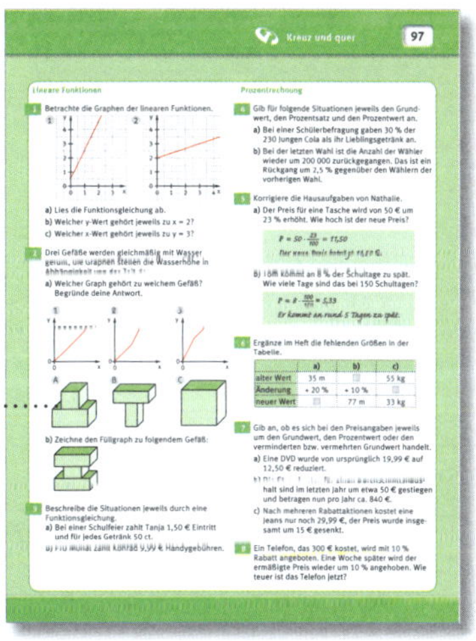

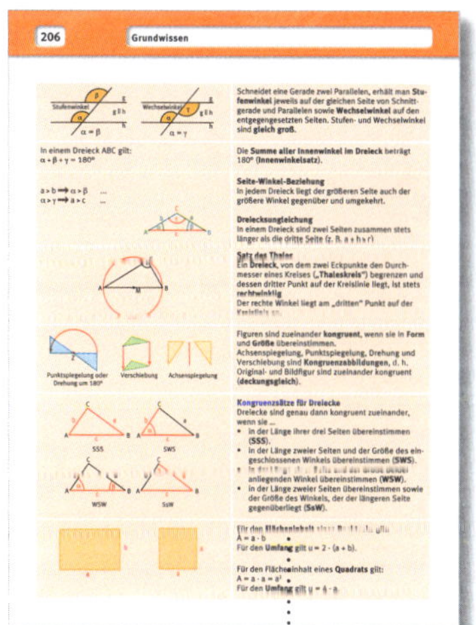

Die Seite **Auf einen Blick** enthält das Grundwissen des Kapitels in kompakter Form.

Habt ihr auch nichts vergessen? Auf den Seiten **Kreuz und quer**, die „zwischen zwei Kapiteln" stehen, könnt ihr testen, ob ihr im Stoff der zurückliegenden Kapitel bzw. Schuljahre noch fit seid.

Wollt ihr Mathe-Stoff nachschlagen, der schon länger zurückliegt? Am Ende des Buches findet ihr das **Grundwissen**.

mathe.delta 9

G9
Hessen

Herausgegeben von Michael Kleine

Bearbeitet von Mirjam Heintzeler,
Michael Kleine, Ilse Marx,
Susanne Müller, Thomas Prill

C.C.BUCHNER

mathe.delta
Hessen (G9)
Herausgegeben von Michael Kleine

mathe.delta 9 – Hessen (G9)
Bearbeitet von Mirjam Heintzeler, Michael Kleine, Ilse Marx, Susanne Müller und Thomas Prill

Passend zu diesem Band ist auch der Lehrerband (BN 61099) erhältlich.

1. Auflage, 1. Druck 2018
Alle Drucke dieser Auflage sind, weil untereinander unverändert, nebeneinander benutzbar.

Dieses Werk folgt der reformierten Rechtschreibung und Zeichensetzung. Ausnahmen bilden Texte, bei denen künstlerische und lizenzrechtliche Gründe einer Änderung entgegenstehen.

Redaktion: Mirjam Heintzeler
Gestaltung und Herstellung: Wildner+Designer GmbH, Fürth
Druck- und Bindearbeiten: creo Druck & Medienservice GmbH, Bamberg

www.ccbuchner.de

ISBN 978-3-661-**61079**-5

Inhalt

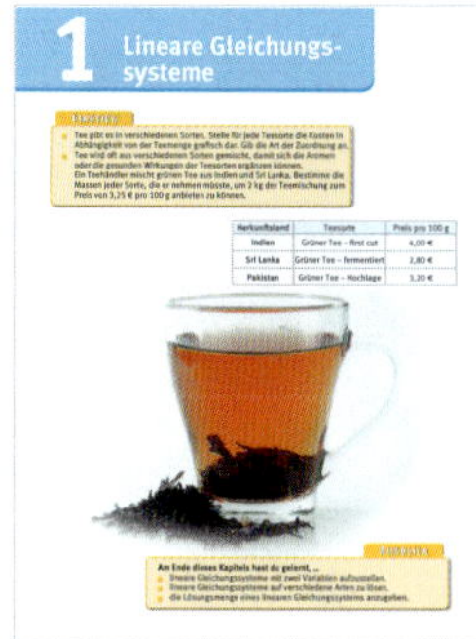
1 Lineare Gleichungs-systeme

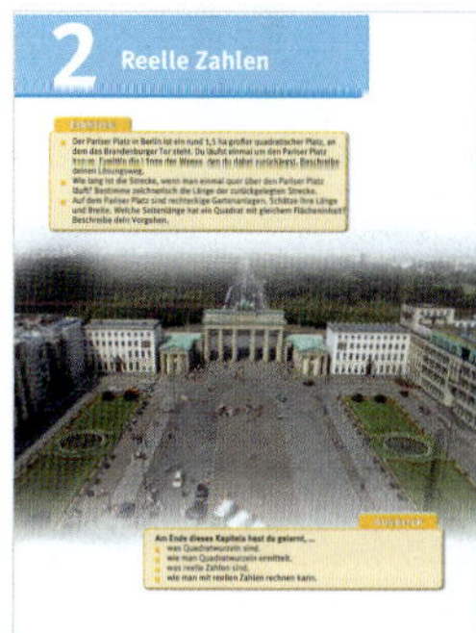
2 Reelle Zahlen

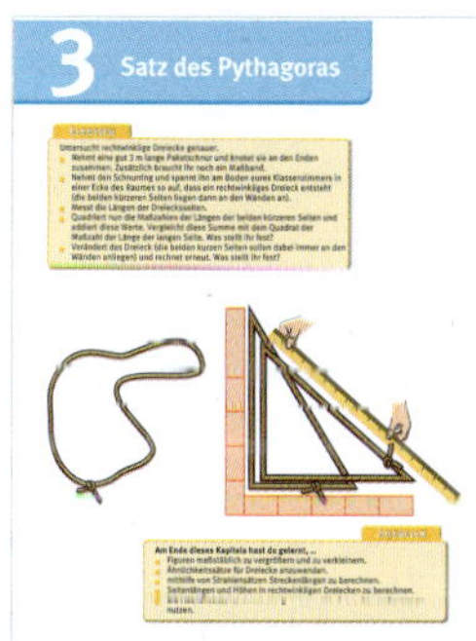
3 Satz des Pythagoras

Inhalt

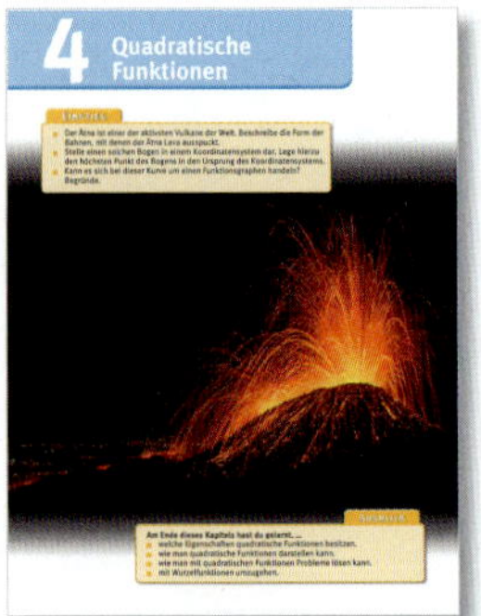
4 Quadratische Funktionen

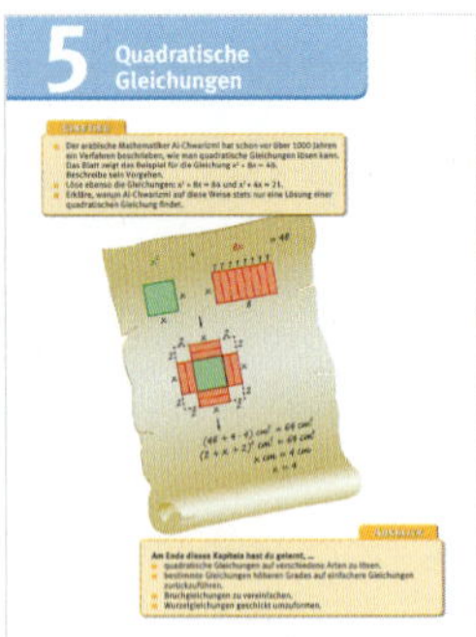
5 Quadratische Gleichungen

6 Kreis und Zylinder

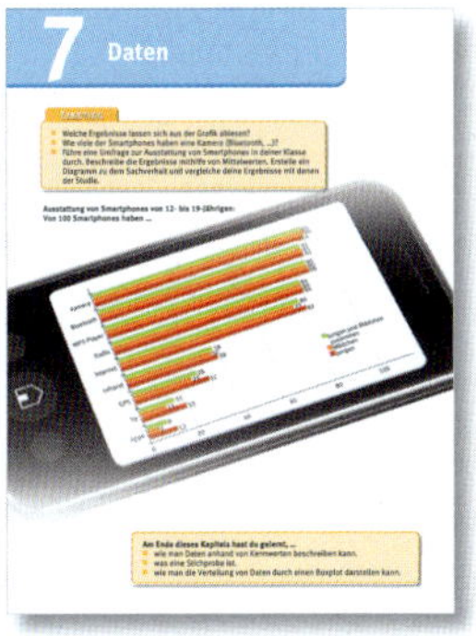
7
Daten

Mathematische Zeichen und Abkürzungen

$\mathbb{N}$	Menge der natürlichen Zahlen
$\mathbb{Z}$	Menge der ganzen Zahlen
$\mathbb{Q}$	Menge der rationalen Zahlen
$\mathbb{Q}^+$ ($\mathbb{Q}^-$)	Menge der positiven (negativen) rationalen Zahlen
$\mathbb{Q}_0^+$ ($\mathbb{Q}_0^-$)	Menge der positiven (negativen) rationalen Zahlen mit der Zahl 0
D	Definitionsmenge
L	Lösungsmenge
{ }	Leere Menge
{a; b; c}	Menge mit den Elementen a, b und c
$\mathbb{Q}\setminus\{a; b\}$	Menge $\mathbb{Q}$ ohne die Elemente a und b
$\in$	Element von
$\{x \in \mathbb{N} \mid ...\}$	Menge aller natürlichen Zahlen x, für die gilt ...
$=$/ $\neq$	gleich/ungleich
$\approx$	ungefähr gleich
$>$	größer als
$<$	kleiner als
$\geqq$	größer oder gleich
$\leqq$	kleiner oder gleich
$\triangleq$	entspricht
$\mid$	teilt
$\nmid$	teilt nicht
$+$	plus
$-$	minus
$\cdot$	mal, multipliziert mit
:	geteilt durch, dividiert durch
a^n	Potenz; „a hoch n“
$\frac{a}{b}$	Bruch mit Zähler a und Nenner b
%	Prozent
$T_n = \{...\}$	Teilermenge der Zahl n
$V_n = \{...\}$	Vielfachenmenge der Zahl n
kgV (m; n)	kleinstes gemeinsames Vielfaches von m und n
ggT (m; n)	größter gemeinsamer Teiler von m und n
H (Z)	absolute Häufigkeit, mit der das Ergebnis Z (z. B. Zahl) vorkommt
h (Z)	relative Häufigkeit, mit der das Ergebnis Z (z. B. Zahl) vorkommt
P (A)	Wahrscheinlichkeit, mit der Ereignis A eintritt
f (x)	Funktionsterm
G_f	Graph der Funktion f
$\overline{x}$	arithmetisches Mittel
$\lvert n \rvert$	Betrag der Zahl n
P, A, ...	Punkte
P (x|y)	Punkt P mit den Koordinaten x und y
AB, g, h, ...	Geraden, Strahlen
$\overline{PQ}$	Strecke mit den Endpunkten P und Q, auch Länge der Strecke
$m_{\overline{AB}}$	Mittelsenkrechte der Strecke $\overline{AB}$
w_α	Winkelhalbierende des Winkels α
$\sphericalangle$ACB	Winkel mit Scheitel C und Schenkel CA und CB
$\alpha, \beta, \gamma, ...$	Winkelbezeichnungen
$^\circ$	Grad, Maßeinheit für Winkel (z.B. 30°)
$\cong$	kongruent zu
d (A;B)	Abstand von A zu B
LE, FE, VE	Längen-, Flächen- und Volumeneinheit
A	Flächeninhalt
O	Oberflächeninhalt
V	Volumen, Rauminhalt
d	Durchmesser eines Kreises
u	Umfangslänge
r	Radius eines Kreises
$\perp$	senkrecht auf
$\not\perp$	nicht senkrecht auf
$\parallel$	parallel zu
$\nparallel$	nicht parallel zu
$\mapsto$	Ist zugeordnet
$\Rightarrow$	daraus folgt

1 Lineare Gleichungssysteme

Einstieg

- Tee gibt es in verschiedenen Sorten. Stelle für jede Teesorte die Kosten in Abhängigkeit von der Teemenge grafisch dar. Gib die Art der Zuordnung an.
- Tee wird oft aus verschiedenen Sorten gemischt, damit sich die Aromen oder die gesunden Wirkungen der Teesorten ergänzen können.
  Ein Teehändler mischt grünen Tee aus Indien und Sri Lanka. Bestimme die Massen jeder Sorte, die er nehmen müsste, um 2 kg der Teemischung zum Preis von 3,25 € pro 100 g anbieten zu können.

Herkunftsland	Teesorte	Preis pro 100 g
Indien	Grüner Tee – first cut	4,00 €
Sri Lanka	Grüner Tee – fermentiert	2,80 €
Pakistan	Grüner Tee – Hochlage	3,20 €

Ausblick

Am Ende dieses Kapitels hast du gelernt, ...

- lineare Gleichungssysteme mit zwei Variablen aufzustellen.
- lineare Gleichungssysteme auf verschiedene Arten zu lösen.
- die Lösungsmenge eines linearen Gleichungssystems anzugeben.

1.1 Lineare Gleichungen mit zwei Variablen

Der Eintritt in den Zoo kostet die Familien Meier und Michel insgesamt 91 €. Es gehen insgesamt 4 Erwachsene und 6 Kinder, wobei ein Kind noch keinen Eintritt zahlen muss.

- Mache verschiedene Vorschläge für mögliche Eintrittspreise.
- Begründe, welche Lösung du sinnvoll findest.

Gleichungen können auch mehr als zwei Variablen haben.

Erinnere dich:
$y = m \cdot x + n$

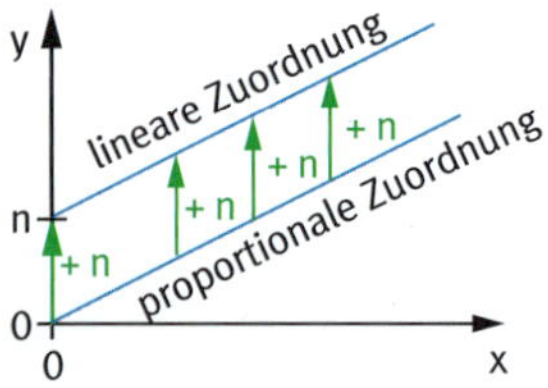

MERKWISSEN

Lineare Gleichungen können auch **zwei Variablen** enthalten.
Jedes **Zahlenpaar (x|y)**, das die Gleichung erfüllt, ist eine **Lösung** der Gleichung.

Beispiel: Bestimme Lösungspaare der linearen Gleichung $-x + 2y = -1$.

Nach y auflösen: $-x + 2y = -1 \quad | + x$

$2y = x - 1 \quad | : 2$

$y = \frac{1}{2}x - \frac{1}{2}$

① Werte für x einsetzen und y berechnen oder ② Graph zeichnen und Lösungen ablesen

x	−1	0	3
y	−1	$-\frac{1}{2}$	1

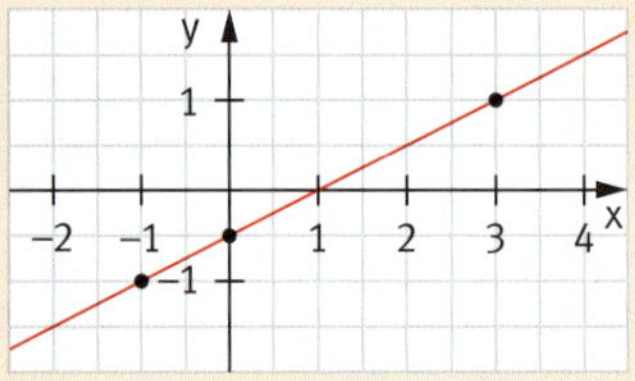

BEISPIELE

$-x$ bedeutet $-1 \cdot x$.
Also ist die Steigung -1.

I Bestimme grafisch und rechnerisch fünf Lösungspaare der Gleichung $2x + 2y = 3$.

Lösungsmöglichkeit:
Nach y aufgelöst: $y = -x + 1{,}5$

	A	B	C	D	E
x	−0,5	0	0,5	1	1,5
y	2	1,5	1	0,5	0

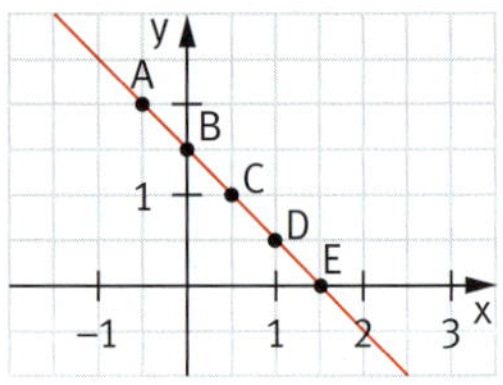

II Luisa und Katarina schenken ihrer Freundin Leila zum Geburtstag ein Armband mit Anhängern. Luisa kauft die Anhänger im Internet in Dreierpäckchen, Katarina kauft sie in einem Geschäft, das sie paarweise verkauft. Zusammen schenken sie Leila 10 Anhänger. Wie viele Päckchen hat jedes Mädchen gekauft?

Lösungsmöglichkeit:
Sei x die Anzahl der Dreierpäckchen, y die Anzahl der Zweierpäckchen.
Gleichung aufstellen: $3x + 2y = 10$ Nach y aufgelöst: $y = -1{,}5x + 5$
Einsetzen ergibt $x = 2$ und $y = 2$ als einzige realistische Lösung, bei der jedes Mädchen mindestens ein Päckchen kauft und es keinen Rest überzähliger Anhänger gibt.

III Überprüfe, ob die Zahlenpaare (1 | 1) und (0,5 | 1) Lösungen der Gleichung $2x + 2y = 3$ sind.

Lösungsmöglichkeit:
Setze die Punktkoordinaten in die Gleichung ein (Punktprobe):
$2 \cdot 1 + 2 \cdot 1 = 4 \neq 3 \Longrightarrow$ (1 | 1) ist keine Lösung der Gleichung.
$2 \cdot 0{,}5 + 2 \cdot 1 = 3 \Longrightarrow$ (0,5 | 1) ist eine Lösung der Gleichung.

Verständnis

- Begründe, dass eine Gleichung der Form $ax + by = c$ ($a, b, c \in \mathbb{Q}$) eine lineare Gleichung ist.
- Erkläre, dass unendlich viele Zahlenpaare eine Gleichung mit zwei Variablen erfüllen (lösen).

Aufgaben

oHiMi 1 4

1 Gib die Zahlenpaare an, die Lösungen der Gleichung $4x = y + 8$ sind.

A (−2 | 0) B (1 | −2) C (−9 | −44) D (24 | 8) E (20 | −72) F (15 | 52)

2 Die Zahlenpaare lösen die lineare Gleichung $2y - 4x = -10$.
Vervollständige die Lücken.

a) (2 | □) b) (−5 | □) c) (0 | □) d) (□ | −20) e) (□ | 10)

3 Bestimme grafisch und rechnerisch je fünf Zahlenpaare, welche die Gleichung lösen.

a) $y = 2x + 5$ b) $5x - 2y + 10 = 0$ c) $7x + y = 6x$ d) $3x + 3y = 3$

4 ① $x + 2y = 2$ ② $6x - 3y = -6$ ③ $3x - 8 = 2y$ ④ $-0{,}5x - 7 = -2y$

a) Bestimme drei Lösungspaare der linearen Gleichung.
b) Zeichne die zugehörige Gerade g: $y = mx + n$ mit der Steigung m und dem y-Achsenabschnitt n. Bestimme m und n.

5 Der Umfang eines Grundstücks in Form eines Parallelogramms beträgt 190 m. Benenne drei Lösungspaare (x | y) und bestimme eine Gleichung zu der Geraden, auf der die Punkte liegen.

6 Aus einer 45 cm langen und 2 cm dicken Leiste soll wie abgebildet ein Bilderrahmen gebaut werden.

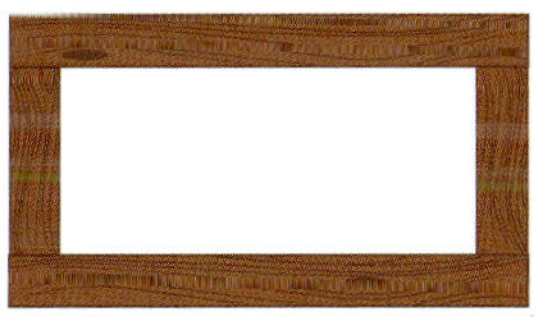

a) Bestimme verschiedene Seitenlängen x und y, die möglich sind.
b) Stelle den Sachverhalt grafisch dar.
c) Begründe, welche Lösungen realistisch sind.

7 Ergänze so, dass die Zahlenpaare Lösungen der Gleichung sind.

a) $x + y = 12$; (5 | □); (□ | −2)
b) $2x + y = 20$; (6 | □); (□ | 6)
c) $x - 2y = 8$; (□ | 8); (10 | □)
d) $x - y = 13$; (5 | □); (□ | −3)
e) $2x + 3y = 48$; (12 | □); (□ | 10)
f) $3y - 2x = 6$; (3 | □); (□ | 6)
g) $4x - 3y = 0$; (3 | □); (□ | 8)
h) $2 \cdot (x + y) = 12$; (□ | 3); (−1 | □)

Die Klasse 9a der Leo-Sternberg-Schule fährt auf eine Skifreizeit. In der Jugendherberge gibt es Zwei- und Dreibettzimmer. Insgesamt stehen der Gruppe 10 Zimmer mit 24 Betten zur Verfügung. Zur Bestimmung der Anzahl der Zwei- und Dreibettzimmer werden lineare Gleichungen aufgestellt:

I $x + y = 10$ II $2x + 3y = 24$

- Beschreibe die Bedeutung jeder Gleichung und insbesondere der verwendeten Variablen.

Um die Anzahl der Zimmer zu bestimmen, werden die Zahlenpaare, welche die Gleichungen erfüllen, grafisch dargestellt.

- Ordne den Geraden die zugehörige Gleichung zu. Begründe.
- Bestimme die Anzahl der Zwei- und Dreibettzimmer der Herberge.

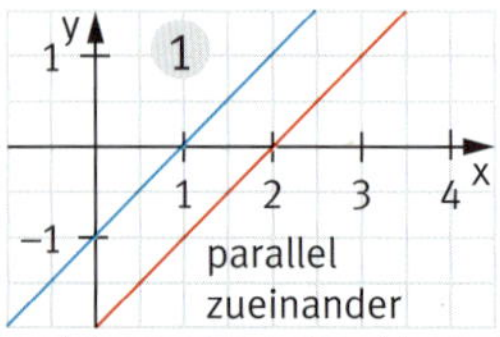

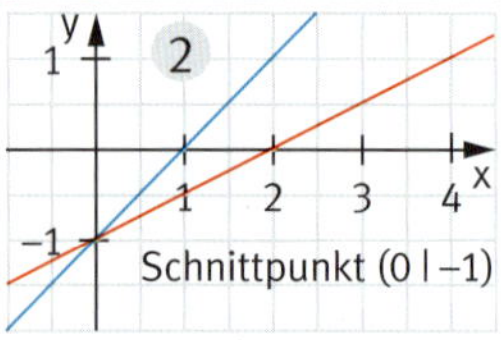

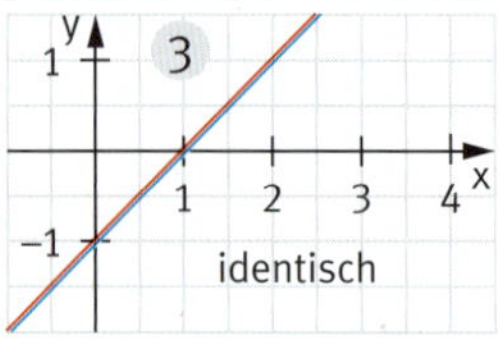

Merkwissen

Zwei Geraden können auf drei verschiedene Weisen in einer Ebene liegen, somit gibt es drei Möglichkeiten der Lösung für ein lineares Gleichungssystem.

Lage zweier Geraden in der Ebene	Lösung eines zugehörigen linearen Gleichungssystems
1 Die Geraden haben keinen gemeinsamen Punkt, sie verlaufen **parallel** zueinander.	Es gibt kein Zahlenpaar, das beide Gleichungen erfüllt. Es gibt **keine Lösung**. Die Lösungsmenge ist leer: L = { }.
2 Die Geraden **schneiden sich** in genau einem Punkt.	Es gibt genau ein Zahlenpaar, das beide Gleichungen erfüllt. Es gibt genau **eine Lösung**, z. B. L = {(0 | –1)}.
3 Die Geraden sind **identisch** (d. h. sie liegen übereinander).	Jedes Zahlenpaar, das die erste Gleichung erfüllt, ist auch Lösung der zweiten Gleichung. Es gibt **unendlich viele Lösungen**, z. B. L = {(x | y) mit y = x – 1}.

Beispiele

I Bestimme die Lösungsmenge. Beschreibe die Lösungen.

a) I $y = 0{,}5x + 1$
II $y = -x + 4$

b) I $y = 0{,}8x + 1{,}5$
II $y = \frac{4}{5}x$

c) I $y = x + 0{,}5$
II $y = 2 \cdot \left(\frac{1}{2}x + \frac{1}{4}\right)$

Lösung:

a)
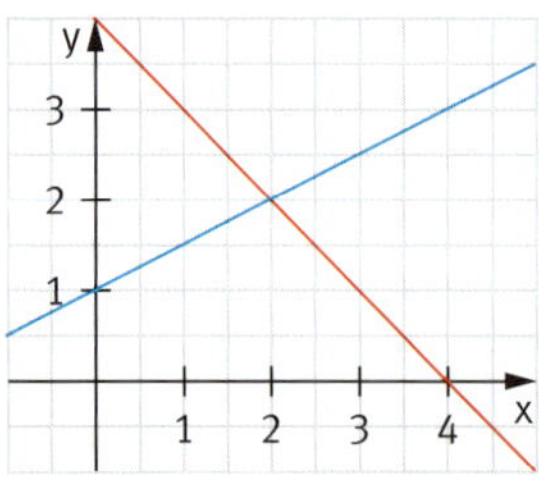

Schnittpunkt S (2 | 2)
L = {(2 | 2)}

b)
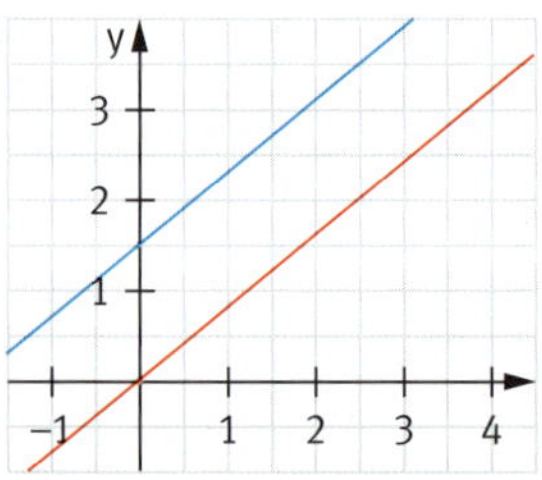

parallele Geraden
L = { }

c)
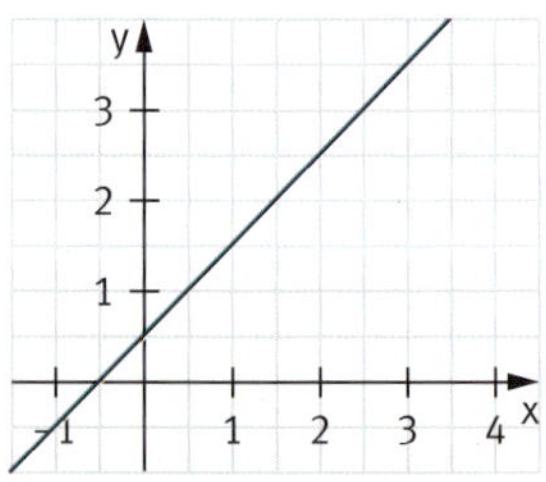

identische Geraden
L = {(x | y) mit $y = x + \frac{1}{2}$}

L = {(x | y) mit y = x + 0,5} bedeutet: Alle Zahlenpaare (x | y), die die Bedingung y = x + 0,5 erfüllen, gehören zur Lösungsmenge.

Verständnis

- Begründe, dass die Probe beim grafischen Lösungsverfahren besonders wichtig ist.
- Beschreibe den Graph von x = 3.
- Entscheide, ob die Lösungsmenge eines linearen Gleichungssystems aus genau zwei Zahlenpaaren bestehen kann. Begründe.

Aufgaben

oHiMi 1 – 5

1 Überprüfe durch Einsetzen, ob das Zahlenpaar zur Lösungsmenge einer Gleichung gehört oder sogar das lineare Gleichungssystem erfüllt.

a) I $y = x$ II $y = -0{,}5x + 3$ (2 | 2) (6 | 6) (8 | 3)

b) I $y = -x + 6$ II $y = \frac{1}{2}x - 3$ (6 | 0) (4 | −1) (5 | 1)

2 Prüfe, welches Zahlenpaar das Gleichungssystem erfüllt.

a) I $0 = 4x + 5y$
II $-5y = -20$

b) I $3x + 3y = -3$
II $-3x + 1{,}5 = 6y$

(4,5 | −3,5) (0,5 | 2,5) (4 | 5) (2 | −5) (−5 | 4)
(3 | 0) (7 | 4) (1,5 | 3,5) (−2,5 | 1,5)

3 Bestimme die Lösungsmenge zeichnerisch. Mache die Probe.

a) I $y = x - 3$
II $y = -x + 7$

b) I $y = 2x$
II $y = 0{,}5x + 3$

c) I $y = x - 3$
II $y = 4 + x$

d) I $y = 4x - 1$
II $y = -0{,}5x + 3{,}5$

Lösungen zu 3:
L = {(1 | 3)}; L = {(2 | 4)};
L = {(5 | 2)}; L = { }

4 Bestimme die Lösungsmenge zeichnerisch wie in Beispiel I. Forme jede Gleichung zunächst nach y um. Vergiss die Probe nicht.

a) I $-4y = 7 + x$
II $2x = -10 - 6y$

b) I $-5y + 33 = 4x$
II $35 - 5y = 0$

c) I $-2{,}5 + 5y = -3x$
II $-4x = 5y$

d) I $x - y + 5 = 0$
II $x + y + 3 = 0$

e) I $3x - 5y = 5$
II $2x = 5y$

f) I $y = 2x - 1$
II $2y - 2x = 4$

g) I $x - 2y + 6 = 0$
II $x - 2 = 0$

h) I $2{,}4x - 3{,}2y = 4$
II $4y + 3x = 5$

i) I $3{,}1 + 8{,}2y = 2{,}1x$
II $4{,}2x - 2{,}9 = 3{,}2y$

Lösungen zu 4:
$L = \{(-4|1)\}$; $L = \{(-2{,}5|2)\}$;
$L = \left\{\left(\frac{1}{2}\middle|-\frac{1}{4}\right)\right\}$; $L = \{(1|-2)\}$;
$L = \left\{\left(1\frac{2}{3}\middle|0\right)\right\}$; $L = \{(2|4)\}$;
$L = \{(3|5)\}$; $L = \{(5|2)\}$;
$L = \{(-0{,}5|7)\}$

5 **a)** Bestimme zu den Graphen eine zugehörige Gleichung und gib die Lösungsmenge des zugehörigen linearen Gleichungssystems an.

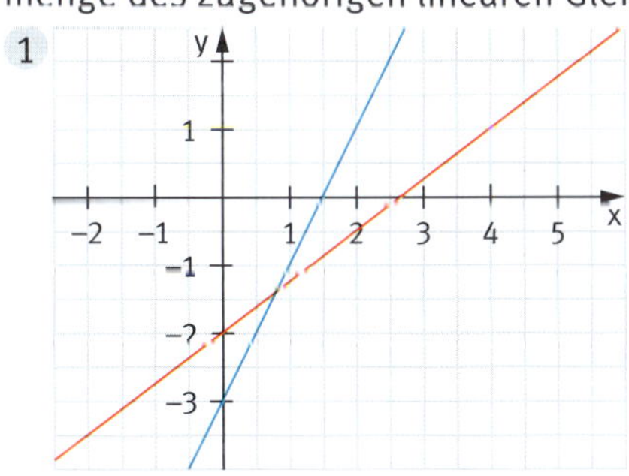

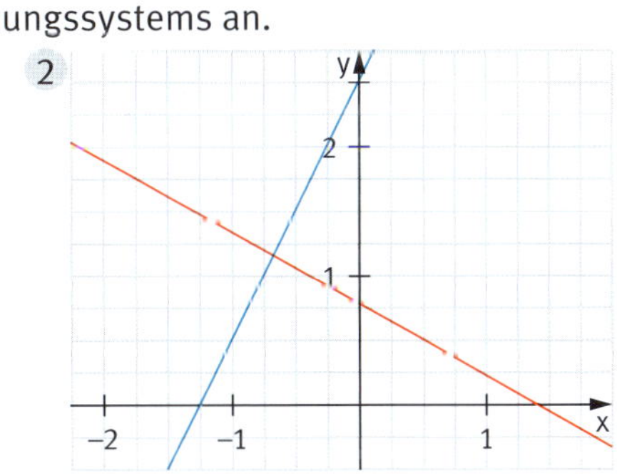

b) Gib mindestens zwei weitere Gleichungspaare an, die zu den Graphen aus a) passen. Wie viele Gleichungen gibt es?

Xenia und Mia lösen ein lineares Gleichungssystem unterschiedlich ($D = \mathbb{Z}$).

Xenia:

I $2x - y = 1$
II $y = -x + 2$

$2x - (-x + 2) = 1$
$2x + x - 2 = 1$
$3x - 2 = 1 \quad | + 2$
$3x = 3 \quad | : 3$
$x = 1$

Einsetzen in Gleichung I:
$2 \cdot 1 - y = 1 \quad | - 2$
$-y = -1 \quad | \cdot (-1)$
$y = 1$

Probe mit Gleichung II:
$1 = -1 + 2$ *wahr*
$L = \{(1|1)\}$

Mia:

I $2x - y = 1 \quad | + y - 1$
II $y = -x + 2$

Auflösen nach y:
I $y = 2x - 1$
II $y = -x + 2$

$2x - 1 = -x + 2 \quad | + x + 1$
$3x = 3 \quad | : 3$
$x = 1$

Einsetzen in Gleichung II:
$y = -1 + 2 = 1$

Probe mit Gleichung I:
$2 \cdot 1 - 1 = 1$ *wahr*
$L = \{(1|1)\}$

- Beschreibe das Vorgehen von Xenia und Mia.
- Erstelle jeweils einen Merkzettel zur Lösung eines linearen Gleichungssystems.
- Überprüfe das Vorgehen anhand der folgenden Gleichungssysteme:

  1. I $\frac{1}{4}x - y = -4$; II $y = 2x + 4$
  2. I $y = -x + 5$; II $-2x + y = -6$

Das Lösungsprinzip für lineare Gleichungssysteme besteht darin, aus zwei Gleichungen mit zwei Variablen eine Gleichung mit einer Variablen zu erhalten. Man sagt, eine Variable wird ***eliminiert****.*

Merkwissen

Es gibt verschiedene Verfahren, um ein lineares Gleichungssystem zu lösen.

Einsetzungsverfahren
Löst man **eine der Gleichungen** nach einer Variablen (z. B. y) auf, dann kann man den erhaltenen Term für die Variable in die andere Gleichung **einsetzen.**

Beispiel: I $-x - 2y = 3$
II $y = 2x - 1$

einsetzen

$-x - 2 \cdot (2x - 1) = 3$

Auflösen liefert: $x = -\frac{1}{5}$

Einsetzen in II: $y = 2 \cdot \left(-\frac{1}{5}\right) - 1 = -1\frac{2}{5}$ $\quad L = \left\{\left(-\frac{1}{5}\middle|-1\frac{2}{5}\right)\right\}$

Probe:
I $-\left(-\frac{1}{5}\right) - 2 \cdot \left(-1\frac{2}{5}\right) = 3$ wahr
II $-1\frac{2}{5} = 2 \cdot \left(-\frac{1}{5}\right) - 1$ wahr

Gleichsetzungsverfahren
Löst man **beide Gleichungen** nach einer Variablen (z. B. y) auf, dann kann man die erhaltenen Terme **gleichsetzen.**

Beispiel: I $y = 2x - 1$
II $y = -x + 5$ (gleichsetzen)
$2x - 1 = -x + 5$

Es folgt: $x = 2$

Einsetzen in I: $y = 2 \cdot 2 - 1 = 3$ $\quad L = \{(2|3)\}$

Probe:
I $3 = 2 \cdot 2 - 1$ wahr
II $3 = -2 + 5$ wahr

Beispiele

I Löse das lineare Gleichungssystem mithilfe des Einsetzungsverfahrens ($D = \mathbb{Q}$). Beschreibe dein Vorgehen.

I $3x + 4y = 12$
II $x + 3y = 4$

Lösung:

I $3x + 4y = 12$
II $x + 3y = 4 \quad | -3y$

I $3x + 4y = 12$
II $x = -3y + 4$

$3 \cdot (-3y + 4) + 4y = 12$
$-9y + 12 + 4y = 12$
$-5y + 12 = 12 \quad | -12$
$-5y = 0$
$y = 0$

Einsetzen in II:
$x = -3 \cdot 0 + 4$
$x = 4$

Probe:
I $3 \cdot 4 + 4 \cdot 0 = 12$ wahr
II $4 + 3 \cdot 0 = 4$ wahr
$L = \{(4|0)\}$

Vorgehen:
- Löse eine Gleichung nach einer Variablen (hier: x) auf.
- Setze den Term für x in die andere Gleichung ein. Vergiss die Klammern nicht.
- Berechne y duch Äquivalenzumformungen.
- Setze den Wert für y in eine Gleichung ein, in diesem Fall Gleichung II.
- Berechne den Wert für x.
- Führe die Probe durch.
- Gib die Lösungsmenge an.

Verständnis

- Begründe, dass das Gleichsetzungsverfahren ein Sonderfall des Einsetzungsverfahrens ist.
- Erläutere den Zusammenhang zwischen dem Gleichsetzungsverfahren und dem grafischen Lösen von linearen Gleichungssystemen.

Aufgaben

oHiMi 1 – 3

1 Löse das lineare Gleichungssystem aus Beispiel I mit dem Gleichsetzungsverfahren und beschreibe wie im Beispiel Schritt für Schritt das Vorgehen zur Lösung des Gleichungssystems.

2 Löse nach dem Einsetzungsverfahren ($D = \mathbb{Q}$).

a) I $2x + 5y = 4$
II $y = 2x + 8$

b) I $3x + y = 15$
II $y = 5x - 11$

c) I $x - y = 5$
II $x = 2y - 4$

d) I $4x + y = 9{,}6$
II $3x + y = 9{,}2$

e) I $2x - 15 = 7y$
II $6x = 3y + 9$

f) I $x - 3y = 5$
II $3x - 15 = 10y + 2$

Überlege zuerst, ob es günstiger ist, das Verfahren mit Variable y oder mit x durchzuführen.

3 Löse nach dem Gleichsetzungsverfahren ($D = \mathbb{Q}$).

a) I $y = 2x - 4$
II $3y = -2x + 12$

b) I $x - y = 65$
II $y = -x + 107$

c) I $6x + 2y = -10$
II $x + 2y = 5$

d) I $x = 3y - 1$
II $x + 5y = -7$

e) I $2x - 3 = 3y$
II $2x = 3$

f) I $3x - 2y = -7$
II $3x - 11 = 0$

g) I $5x + 3y = -1$
II $4x + 8y = 12$

h) I $7x + 32y = 13$
II $9x + 8y = 83$

i) I $2x - 5y = -9$
II $3x + 7y = 1$

Lösungen zu 3:
$L = \{(3|2)\}$, $L = \{(1{,}5|0)\}$,
$L = \left\{\left(-\frac{13}{4}\middle|-\frac{3}{4}\right)\right\}$;
$L = \{(86|21)\}$; $L = \{(-3|4)\}$;
$L = \left\{\left(-\frac{11}{7}\middle|\frac{16}{7}\right)\right\}$;
$L = \left\{\left(\frac{11}{3}\middle|9\right)\right\}$; $L = \{(11|-2)\}$;
$L = \{(-2|1)\}$

oHiMi 4 – 5

4 Sofie und Jenny lösen dasselbe Gleichungssystem ($D = \mathbb{Q}$).

Sofie:

I $4x + 2y = 5$
II $10x + 4y = 6$

I $2y = -4x + 5$
II $2y = -5x + 3$

$-4x + 5 = -5x + 3$

Jenny:

I $4x + 2y = 5$
II $10x + 4y = 6$

I $y = -2x + \frac{5}{2}$
II $y = -\frac{5}{2}x + \frac{3}{2}$

$-2x + \frac{5}{2} = -\frac{5}{2}x + \frac{3}{2}$

a) Vervollständige die Lösungswege in deinem Heft.

b) Vergleiche die Rechenwege. Welches Vorgehen findest du geschickter? Diskutiere mit einem Partner oder einer Partnerin.

Vergleiche die Lösungsmengen mit denen aus Kapitel 1.2.

c) Löse das lineare Gleichungssystem möglichst geschickt ($D = \mathbb{Q}$).

1 I $-3x + 2y = 2$
II $18x + 6y = 15$

2 I $5x + 4y = 16$
II $x + 7y = 22$

3 I $2x + 2y = 10$
II $2x + 16y = 38$

5 Löse das lineare Gleichungssystem ($D = \mathbb{Q}$). Was fällt dir auf?

a) I $3x - 2y = 8$
II $2y = 3x + 5$

b) I $2x + 5y = 12$
II $y = -\frac{2}{5}x + 2\frac{2}{5}$

c) I $y = 3x + 2{,}5$
II $6x - 5 = 2y$

Kontrolliere die Lösungen mit einem Taschenrechner.

6 Löse das lineare Gleichungssystem mit einem Verfahren deiner Wahl ($D = \mathbb{Q}$).

a) I $2x - 3y + 3 = 0$
II $2x = 3$

b) I $3x - 3y = -7$
II $3x = 11$

c) I $2x + 6y + 4 = 0$
II $y = -\frac{1}{3}x - \frac{2}{3}$

d) I $x + 4y = 2$
II $y = -\frac{1}{4}x + 1$

e) I $\frac{1}{3}x + \frac{1}{2}y = \frac{2}{3}$
II $3x - 5y = 25$

f) I $2x - 5y = -9$
II $2x + 7y = 1$

7 1

2

a) Formuliere eine passende Aufgabe zu jedem Bild und gib ein zugehöriges lineares Gleichungssystem an.

b) Löse die Gleichungssysteme aus a) mit einem Verfahren deiner Wahl. Begründe deine Wahl.

8 Löse das lineare Gleichungssystem mit einem Verfahren deiner Wahl ($D = \mathbb{Q}$).

a) I $4x + 5y = 7$
II $3y - 4x = 17$

b) I $2x + 5y - 3 = 0$
II $3x + 8y = 4$

c) I $2x - 2y = x - 6$
II $3 \cdot (x + 3) = 4 \cdot (y - 2)$

d) I $7x + 32y = 13$
II $9x + 8y = 83$

e) I $-x + 7y = -12$
II $2x - y = 11$

f) I $3 \cdot (y - 4) = -(x + 8)$
II $x + 1 + 2y - 8 = 0$

9 Die Variablen in einem linearen Gleichungssystem müssen nicht immer x und y heißen. Im Zahlenpaar ordnet man die Koordinaten in alphabetischer Reihenfolge.

(a|b) (v|w) (s|t) ...

a) I $2a - 4b = -10$
II $5a - 3b - 11 = 0$

b) I $4s - 3t = -5$
II $3s = 6 - t$

c) I $2v - 3w = 10$
II $3w + 5v = 25$

d) I $\frac{1}{3}m + \frac{1}{2}n = \frac{2}{3}$
II $3m - 5n = 25$

e) I $u + 4v = 4$
II $v = -\frac{1}{4}u + 1$

f) I $8k - 5l = 3$
II $5 \cdot (l - 3k) = -10$

10 Berechne die Koordinaten des Schnittpunkts S von g = AB und h = CD.

a) A (−4 | 0); B (4 | 4); C (4 | −2); D (0 | 4) **b)** A (1 | 2); B (4 | 5); C (−1 | 3); D (1 | 9)

c) A (2 | 3); B (−1 | 6); C (2 | 4); D (8 | 2) **d)** A (−3 | 1); B (4 | 3); C (−2 | 3); D (4 | −1)

Lösungen zu 10:
(−2,5 | −1,5); $\left(-\frac{1}{5} \middle| \frac{9}{5}\right)$; (1 | 2,5); (0,5 | 4,5)

11 a) Berechne die Koordinaten von C und D im Quadrat ABCD (A (1 | 2) und B (5 | 1)).

b) Bestimme rechnerisch die Koordinaten des Diagonalenschnittpunkts.

12 Wie lauten die rationalen Zahlen? Stelle ein lineares Gleichungssystem auf und löse es.

a) Die doppelte Summe zweier Zahlen ergibt 24, deren dreifache Differenz −6.

b) Eine Zahl ist um 8 größer als eine andere und um 10 kleiner als deren Dreifaches.

Beispiel: Die Summe zweier Zahlen ist 0,5, ihre Differenz −5,5.
I $x + y = 0{,}5$
II $x - y = -5{,}5$

c) Eine zweistellige Zahl ist 2,5-mal so groß wie ihre Quersumme. Vertauscht man die Ziffern der Zahl, ergibt sich eine neue Zahl, die um 6 größer ist als das Dreifache der ursprünglichen Zahl.

d) Gesucht ist eine dreistellige natürliche Zahl. Die Summe aus Einer- und Hunderterziffer ist 8, die Zehnerziffer lautet 5. Vertauscht man Hunderter- und Einerziffer, so erhält man eine Zahl, die um 396 kleiner ist als die ursprüngliche Zahl.

13 Gegeben ist die Gerade g = AB mit A (0 | 2) und B (8 | 6) sowie die Gerade h = CD mit C (0 | 6) und einem beweglichen Punkt D $\left(x \middle| y = \frac{1}{2}x\right)$. Nutze ein Geometrieprogramm.

a) Zeichne für x = 6 die beiden Geraden und lege den Schnittpunkt S von g und h fest.

b) Finde im Geometrieprogramm bei beweglichem D ganzzahlige Zahlenpaare für S. Welche besondere Lage haben alle diese Punkte S?

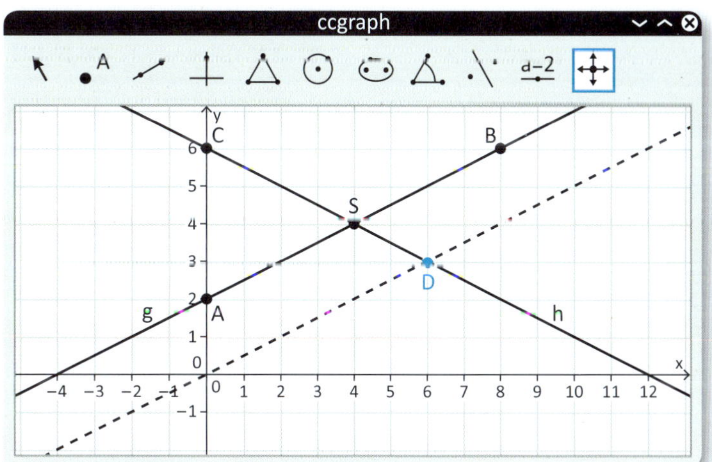

1 I $-3x + 14y = -1$
II $5x + y = 4$

2 I $2x = y + 27$
II $0{,}5x + y = 68$

- Löse das lineare Gleichungssystems zeichnerisch. Welche Probleme ergeben sich?
- Welche Vor- und Nachteile kann das zeichnerische Lösen eines linearen Gleichungssystems haben? Diskutiere mit einem Partner oder einer Partnerin.

Merkwissen

Das Ziel, aus zwei Gleichungen mit zwei Variablen eine Gleichung mit einer Variablen zu erhalten, lässt sich auch durch die Addition beider Gleichungen erreichen. Dazu müssen vor einer Variablen betragsgleiche Koeffizienten stehen, die ein unterschiedliches Vorzeichen haben. Man spricht vom **Additionsverfahren.** Mithilfe von Äquivalenzumformungen lassen sich die Koeffizienten zu einer Variablen in beiden Gleichungen auf die gewünschte Form bringen.

Beispiel:

I $2x - 2y = -5$
II $4x + 2y = -7$
I + II $6x = -12 \quad | : 6$
$\Leftrightarrow \quad x = -2$

Einsetzen in I:
$2 \cdot (-2) - 2y = -5$
$\Leftrightarrow \quad y = \frac{1}{2}$
$L = \left\{\left(-2 \mid \frac{1}{2}\right)\right\}$

Probe: II $4 \cdot (-2) + 2 \cdot \frac{1}{2} = -7$ wahr

Beispiel:

I $6x - 5y = 9 \quad | \cdot 2$
II $4x - 7y = -5 \quad | \cdot (-3)$
I $12x - 10y = 18$
II $-12x + 21y = 15$
I + II $11y = 33 \quad | : 11$
$\Leftrightarrow \quad y = 3$

Einsetzen in I:
$6x - 5 \cdot 3 = 9$
$\Leftrightarrow \quad x = 4$
$L = \{(4 \mid 3)\}$

Probe: II $4 \cdot 4 - 7 \cdot 3 = -5$ wahr

Die Probe macht man insbesondere mit der Gleichung, die man nicht für das Einsetzen genutzt hat.

Beispiele

I Löse das lineare Gleichungssystem mit dem Additionsverfahren.

I $y = -2x + 6{,}5$
II $3y - 4x = 2$

Lösungsmöglichkeit:

1 I $y = -2x + 6{,}5 \quad | \cdot 2$
II $3y = 4x + 2$
I + II: $5y = 15$
$y = 3$

2 y einsetzen in I: $3 = -2x + 6{,}5$
$L = \{(1{,}75 \mid 3)\}$

Probe:
$3 = -2 \cdot 1{,}75 + 6{,}5$ wahr
$3 \cdot 3 - 4 \cdot 1{,}75 = 2$ wahr

Verständnis

- Erläutere, dass durch ein rechnerisches Verfahren die Lösungsmenge eines linearen Gleichungssystems nicht verändert wird.
- Ist auch ein Subtraktionsverfahren denkbar? Erkläre, warum dieses nicht notwendig ist.

Aufgaben

1 Isa behauptet, dass das Gleichungssystem

I $-2x = 18 + y$
II $0 = -2y + 36$

gut mit dem Additionsverfahren zu lösen ist.
Stimmt das? Begründe.

2 Löse mit dem Additionsverfahren ($D = \mathbb{Q}$).

a) I $x + 5y = -14{,}5$
II $-x - y = 2{,}5$

b) I $2x + y = 10{,}3$
II $3x - y = 1{,}2$

c) I $8x - 5y - 3 = 0$
II $5 \cdot (y - 3x) = -10$

d) I $3x - 5y = 14$
II $x + y = 10$

oHiMi 1 – 3

Lösungen zu 2:
$L = \{(1|1)\}$; $L = \left\{\left(\frac{1}{2}|-3\right)\right\}$;
$L = \{(2{,}3;\ 5{,}7)\}$; $L = \{(8|2)\}$

3 Du hast verschiedene rechnerische Verfahren zur Lösung linearer Gleichungssysteme kennengelernt.

① I $y = 2x + 5$
II $y = -x + 3$

② I $y = 4 - x$
II $2x - y = 8$

③ I $6x - 3y = 5$
II $2x + 3y = 9$

a) Begründe, welches Verfahren für welches der obigen Beispiele dir am geeignetsten erscheint.

b) Löse die linearen Gleichungssysteme mit den von dir gewählten Verfahren.

4 Löse mit dem Additionsverfahren ($D = \mathbb{Q}$).

a) I $3x - 8y = -6{,}5$
II $3x - 4y = 9{,}5$

b) I $5 = 3x - 2y$
II $-7y + 9x = -2$

c) I $-3y = -22{,}5 + 3x$
II $6x = -3y - 7{,}5$

d) I $-11 + x = 0$
II $12 - 4y + 2x = 0$

e) I $-3x = -0{,}5 - 8y$
II $12 = -4y - 10$

f) I $-8x = 4 - 2y$
II $13x = 2y + 3x$

Wissen

Gauß-Algorithmus

Der Gauß-Algorithmus beschreibt das Lösungsverfahren für Gleichungssysteme mit n Variablen und n Gleichungen. Die Gleichungen werden so umgeformt, dass jede Zeile dank des Additionsverfahrens eine Variable weniger enthält als die Zeile darüber. Damit kann man dann durch Einsetzen in die Gleichungen darüber die restlichen Variablen bestimmen.

Carl Friedrich Gauß
(1777 – 1855)
Deutscher Mathematiker

Beispiel:

Nach Umformungen ergibt sich folgendes Gleichungssystem mit drei Variablen und drei Gleichungen:

I $0{,}5x + 2y + z = 12$
II $3y + z = 11$
III $z = 2$

Lösung:
Einsetzen von III in II ergibt $y = 3$.
Einsetzen von $z = 2$ und $y = 3$ ergibt $x = 8$.
$\Longrightarrow L = \{(8|3|2)\}$

- Suche im Internet Darstellungen für den Gauß-Algorithmus und führe die Lösungsschritte anhand eines selbst gewählten Gleichungssystems mit drei Variablen und drei Gleichungen durch.
- Löse ebenso:

a) I $0 = -6 + 2c$
II $-b = -17 + 8c - 2a$
III $4c - 4 = a$

b) I $-6x + 8y + 5z = -3$
II $-x + 8y - z = -3$
III $6z = 0$

c) I $-8{,}5 - 0{,}5x = -z + y$
II $x - 2z = -11$
III $-10 - 2x + 2z = 0$

oHiMi 1 – 7

1 Viele Alltagsaufgaben kann man mithilfe linearer Gleichungssysteme lösen.

Beispiel:
Laurenz ist in den Ferien auf einem Bauernhof. Dort zählt er die Hühner und Kühe und sagt seinem Vater Folgendes: „Zusammen sind es 23 Tiere. Insgesamt haben sie 62 Beine." Wie viele Hühner und Kühe sind auf dem Hof?

Lösungsmöglichkeit:

Variablen zuordnen:	Anzahl Kühe: x; Anzahl Hühner: y
Gleichung aufstellen zur 1. Bedingung: Zusammen sind es 23 Tiere.	$x + y = 23$
Gleichung aufstellen zur 2. Bedingung: Insgesamt haben sie 62 Beine.	$4x + 2y = 62$
Lineares Gleichungssystem mit einem Verfahren lösen:	I $x + y = 23$ II $4x + 2y = 62$ $L = \{(8 \mid 15)\}$
Lösung auf Ausgangssituation beziehen:	Es sind 8 Kühe und 15 Hühner.

a) Erkläre einem Partner oder einer Partnerin mit eigenen Worten das obige Vorgehen.

b) Löse ebenso: In Fulda ist am Dienstag Kinotag, dann sind die Eintrittspreise für den Kinobesuch besonders günstig. Ein Erwachsener und sechs Kinder zahlen 34,60 € und drei Erwachsene mit vier Kindern zahlen 36,60 €. Bestimme die Eintrittspreise für Erwachsene und Kinder am Kinotag in Fulda.

2 Die 31 Kinder der Klasse 9c essen am Projekttag in der Schulcafeteria ihr Mittagessen. Das vegetarische Menü kostet 3,50 €, das Menü mit Fleisch kostet 3,60 €. Insgesamt zahlen sie 110,30 €.

3 188 Eier werden in 24 Eierkartons verpackt. Wie viele Kartons von jeder abgebildeten Art hat man verwendet?

4 In einem Hotel gibt es nur Einzel- und Doppelzimmer. Wie viele Einzel- und wie viele Doppelzimmer hat das Hotel?

Ruhige Lage,
116 Zimmer,
192 Betten,
Übernachtung
ab 49 €

5 In einem Hotel mit 98 Betten stehen zusammen 60 Einzel- und Doppelzimmer zur Verfügung.

a) Stelle ein lineares Gleichungssystem für den Sachverhalt auf.

b) Löse das Gleichungssystem mithilfe einer Zeichnung (1 cm ≙ 10 Zimmer). Bestätige dein Ergebnis durch eine Rechnung.

6 Bei der Stichwahl für das Amt der Bürgermeisterin siegt Frau Schwab mit einer Mehrheit von 1236 Stimmen gegenüber Frau Beyer. Das Stimmenverhältnis der gültigen Stimmen war 5 : 4.
Wie viele Stimmen hatte jede der beiden Kandidatinnen?

7 Marie kauft für ihre Mitschülerinnen und Mitschüler Radiergummi zu je 0,70 € und Spitzer zu je 1,40 €. Insgesamt zahlt sie 10,50 €. Ermittle die Anzahl der Spitzer und Radiergummi, die sie gekauft haben könnte. Gib alle Möglichkeiten an.

8 Für die Bauplanung eines Hauses werden zwei Heizungsanlagen miteinander verglichen.

Heizungsanlage mit ...	Baukosten	Betriebskosten pro Jahr
Wärmepumpe	16 000 €	500 €
Öl	12 000 €	1500 €

a) Berechne die Gesamtkosten der Heizungsanlage mit Wärmepumpe nach fünf Jahren.

b) Stelle die Gesamtkosten der beiden Heizungsanlagen für mindestens sechs Jahre grafisch dar.

c) Nach wie viel Jahren sind die Gesamtkosten beider Anlagen gleich?

d) Welche Aussage ist wahr? Begründe deine Antwort.

1 Die Heizungsanlage mit Öl hat höhere Baukosten als die Heizungsanlage mit Wärmepumpe.

2 Nach drei Jahren Nutzung sind die Gesamtkosten der Heizung mit Wärmepumpe günstiger als die Gesamtkosten der Heizung mit Öl.

3 Nach sechs Jahren Nutzung spart man durch die Heizung mit Wärmepumpe 2000 € ein.

9 Lea und Steffi planen zusammen ihren Urlaub. Sie vergleichen die Kosten für eine Ferienwohnung und ein Doppelzimmer.

	Kosten pro Tag	Kosten für Endreinigung und Energie
Ferienwohnung	40,00 €	100,00 €
Doppelzimmer	60,00 €	0,00 €

In der grafischen Darstellung sind die Kosten in Abhängigkeit von der Anzahl der Urlaubstage für das Doppelzimmer dargestellt.

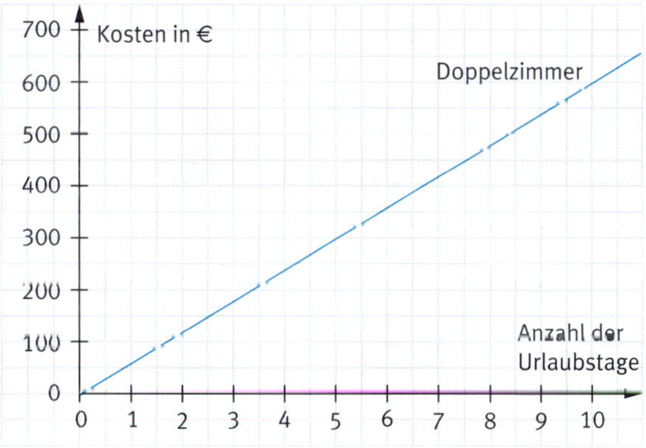

a) Ermittle die jeweiligen Kosten fur die Ferienwohnung und das Doppelzimmer bei einem Aufenthalt von 3 bzw. 8 Tagen.

b) Übertrage das Koordinatensystem in dein Heft und stelle für die Ferienwohnung diese Abhängigkeit in demselben Koordinatensystem dar.

c) Ermittle, bei welcher Anzahl der Urlaubstage die Kosten gleich sind.

10 Zwei Bratwürste und drei Portionen Pommes kosten 11,60 €, vier Bratwürste und sechs Portionen Pommes kosten 23,20 €.

a) Begründe, wieso man mit den obigen Angaben den Preis für eine Bratwurst bzw. eine Portion Pommes nicht eindeutig berechnen kann.

b) Verändere eine Angabe so, dass die Aufgabe eindeutig lösbar ist, und stelle die veränderte Aufgabe deinem Nachbarn oder deiner Nachbarin. Überprüfe das Ergebnis.

11 Schüttet man 1 l kaltes Wasser in einen Eimer mit 2 l heißem, erhält man 3 l Wasser mit einer Temperatur von 50 °C. Ein Eimer mit 2 l kaltem und 1 l heißem Wasser hat noch eine Temperatur von 40 °C.
Bestimme, wie warm welches Wasser ist.

12 Frau Reuter fährt täglich mit der Bahn zur Arbeit und zurück. Sie vergleicht verschiedene Angebote und geht dabei von 20 Arbeitstagen im Monat aus.

a) Gib jeweils eine Gleichung an, mit der sich die Kosten in Abhängigkeit von den Arbeitstagen berechnen lassen.

b) Stelle die Kosten in Abhängigkeit von den Arbeitstagen für einen Monat beim Kauf von Einzelfahrten, Monatskarte, Bahncard 25 und 50 in einem Diagramm grafisch dar. Interpretiere das Diagramm.

c) Ermittle das für Frau Reuter finanziell interessanteste Angebot. Diskutiere verschiedene Zeiträume.

13 Sarah möchte einen neuen Smartphonevertrag abschließen. Das passende Telefon erhält sie von ihren Eltern. Sie vergleicht dazu drei Tarife, bei allen ist ein Datenpaket von 1 GB inklusive. SMS schreibt Sarah so gut wie nie, deshalb ist sie daran nicht interessiert.

- Bei *Kingphone* erhält man eine Allnet-flat für 12,99 €.
- Bei *Teledome* gibt es 50 Freiminuten in alle Telefonnetze für 6,99 €. Allerdings kostet jede weitere Telefonminute 19 ct. Eine zweite Simkarte für ein Tablet oder ein Zweithandy kostet 2 € im Monat extra.
- Bei *yodastar* erhält man 70 Freiminuten in alle Telefonnetze für 9,99 €. Hier kostet jede weitere Minute 9 ct.

Vergleiche die angebotenen Tarife miteinander. Zeichne jeweils einen passenden Graphen und verwende dazu ein Computerprogramm. Welcher Tarif ist für welche Nutzungsgewohnheiten am günstigsten? Welches der drei Angebote würdest du Sarah empfehlen?

14 An einem Wandertag macht die Klasse 9a der Ziehenschule eine Aktion „Sauberer Fluss“. Die Schülerinnen und Schüler gehen entlang der Nidda und sammeln alle verwertbaren Abfälle in weißen Säcken, allen Müll in schwarzen Säcken.

a) Am Ende der Aktion haben die Schülerinnen und Schüler siebenmal so viele weiße Säcke wie schwarze Säcke gesammelt. Insgesamt waren es 32 Säcke. Ermittle die Anzahl der Säcke, die von jeder Sorte gesammelt wurden.

b) Durchschnittlich wog ein weißer Sack 12 kg, ein schwarzer 14 kg. Ermittle die Gesamtmasse an Müll, welchen die Klasse 9a entsorgt hat.

c) Pro Kilogramm „schwarzem“ Müll erhält die Klasse 0,80 € von der Stadtverwaltung für die Klassenkasse. Der Elternbeirat legt noch einmal 30 % des Betrags als Anerkennung oben drauf. Ermittle die Einnahmen für die Klassenkasse.

WISSEN

Rund um gleichschenklige Dreiecke

- In einem gleichschenkligen Dreieck ist der Winkel β um 24° kleiner als ein Basiswinkel. Wie groß sind die drei Winkel?
- Bei einem gleichschenkligen Dreieck sind die Schenkel um 3,2 cm länger als die Basis. Der Umfang des Dreiecks beträgt 24,4 cm. Wie lang sind Basis und Schenkel?
- Ein gleichschenkliges Dreieck mit der Basis c = 4,8 cm lässt sich durch Zerteilen und Zusammensetzen in ein flächeninhaltsgleiches Rechteck mit dem Umfang 14,8 cm umwandeln. Wie lang ist die Höhe des Dreiecks?
- Ein Draht von 50 cm Länge soll zu einem gleichschenkligen Dreieck gebogen werden, dessen Basis 2 cm länger (2 cm kürzer) ist als ein Schenkel. Bestimme die Seitenlängen des Dreiecks.

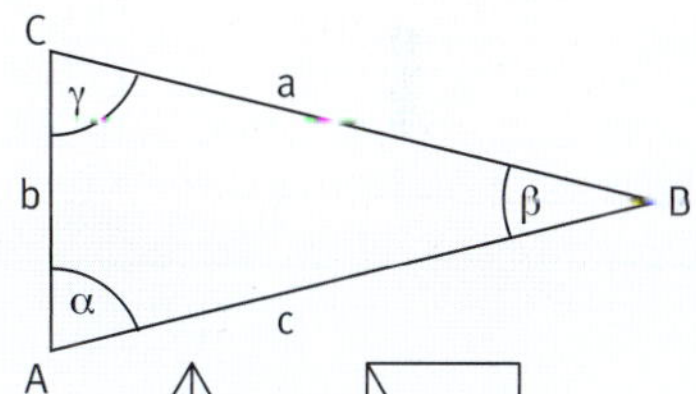

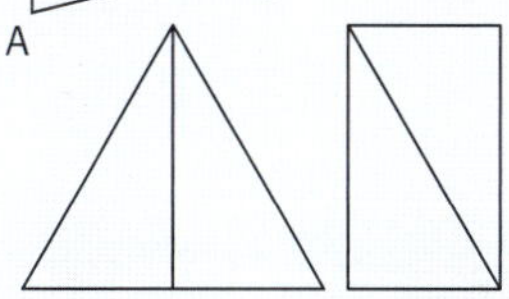

Rund um Vierecke

- Verkürzt man die längere Seite eines Rechtecks um 2 cm und verlängert die andere um 1 cm, dann nimmt der Flächeninhalt um 2 cm² ab. Wird jedoch beim ursprünglichen Rechteck die längere Seite um 3 cm gekürzt und die andere Seite um 3 cm verlängert, dann nimmt der Flächeninhalt um 3 cm² zu. Welche Seitenlängen hat das Ausgangsrechteck?
- Die Seite a eines Trapezes ist 2,4 cm länger als die Seite c. Die Höhe beträgt 4,5 cm. Es gilt: A = 36 cm². Wie lang sind a und c?

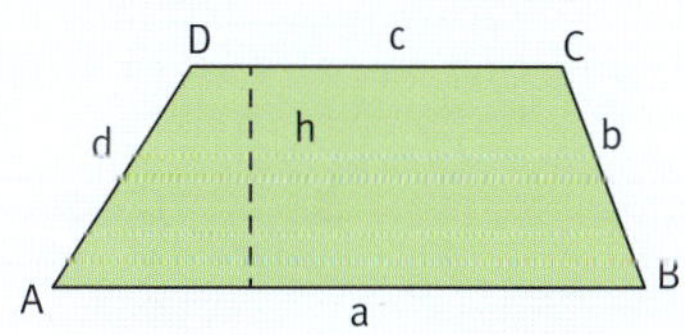

Rund um Quader

- Die Klasse 9b soll aus 80 cm langen Drahtstücken Kantenmodelle von Quadern mit quadratischer Grundfläche basteln. Die Körperhöhe soll dabei doppelt so lang sein wie die Kantenlänge der Grundfläche. Welche Kantenlängen hat der Quader?
- Aus einem Draht der Länge 112 cm soll das Kantenmodell eines Quaders mit quadratischer Grundfläche gebaut werden. Dabei ist die Quadratseite um 4 cm kürzer als die Höhe des Quaders. Welche Kantenlängen hat der Quader?

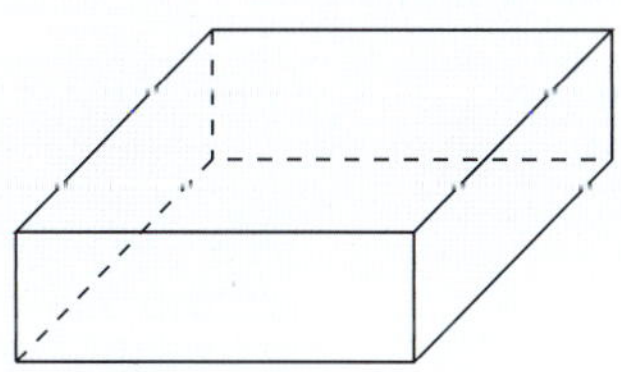

Zu 1.1

1 Bestimme grafisch und rechnerisch jeweils fünf Lösungspaare der jeweiligen Gleichung.

a) $y = 2x - 1$ b) $3x + 3y = 12$

a) $\frac{3}{4}x - \frac{1}{2}y = 1$ **b)** $0{,}8y - 0{,}1x = 1{,}2$

2 Bestimme a so, dass die Zahlenpaare die Gleichung lösen.

Gleichung: $y = 3x + 4$
a) $(a|2)$ b) $(3|a)$
c) $(0{,}5|a)$ d) $(-a|3{,}5)$
e) $(\frac{3}{4}|a)$ f) $(1|0{,}5a)$

Gleichung: $ay = 4x + 2$
a) $(4|4)$ **b)** $(-2|1)$
c) $(0{,}8|11)$ **d)** $(\frac{2}{3}|-1)$
e) $(-2|-\frac{1}{2})$ **f)** $(3|-3)$

Zu 1.2

3 Übertrage in dein Heft und vervollständige die Lücke so, dass ...
a) die Lösungsmenge leer ist.

1 I $y = 5x + 7$ II $y = 5x + \square$ 2 I $y = 3x - 2$ II $y = \square x - 4$

1 I $y = -4x + 5$ II $\square y = 2x - 1$ 2 I $y = -\frac{2}{3}x - 5$ II $y = \square$

b) es unendlich viele Lösungen gibt.

1 I $y = -3x + 2$ II $y = -3x + \square$ 2 I $y = x - 5$ II $y = \square x - 5$

1 I $2y = -6x - 2$ II $y = -3x + \square$ 2 I $y = -\frac{5}{6}x + \frac{3}{2}$ II $3y = \square$

c) die Lösungsmenge aus genau einem Zahlenpaar besteht.

1 I $y = \frac{1}{5}x - 4$ II $y = \square x - 4$ 2 I $y = 2x - 1$ II $y = \square x - 5$

1 I $y = -\frac{1}{4}x$ II $4y = \square x + \square$ 2 I $y = 2{,}5x - 4$ II $2y = \square$

4 Bestimme die Lösungsmenge zeichnerisch.

a) I $-6x = 3y - 27$
II $3y - 21 = -8x$
b) I $10 - 2x + 6y = 0$
II $2x - 13 = 3y$
c) I $x + 2y = 4$
II $2x = 8 - 4y$

a) I $4x - 4y - 6 = 0$
II $0 = 4x - 2y + 20$
b) I $2y = 3x + 5$
II $0{,}4y - 0{,}6x = -1$
c) I $y = -2x + 5$
II $\frac{1}{4}y - 1{,}25 = -\frac{1}{2}x$

5 Stelle die Gleichung auf und löse zeichnerisch.

Anna und ihre kleine Schwester Marie sind zusammen 16 Jahre alt. Anna ist zwei Jahre älter als Marie. Wie alt ist Marie, wie alt ist Anna?

Herr Kachel ist in fünf Jahren doppelt so alt wie sein heute 20 Jahre jüngerer Neffe Tobias. Wie alt sind die beiden heute?

6 Löse mit dem Einsetzungsverfahren. **Zu 1.3**

a) I $2y = -3x + 4$
II $3y = 4x + 6$

b) I $-2x + 4y = -28 - 4y$
II $2x - 4y = 32$

c) I $-3y = -4x + 16$
II $12y - 12x = 0$

a) I $-15x = -8y$
II $-10 = -4y + 5x$

b) I $-4y = -7x - 5{,}5$
II $0 = 4y - 8x$

c) I $0 = -5{,}5 + e - 5f$
II $2e - 5f = -1{,}5$

7 Löse mit dem Gleichsetzungsverfahren.

a) I $0 = 20x - 15y$
II $-5y = -5x + 20$

b) I $18{,}5 = x + 6y$
II $11{,}5 + x - 2y = 0$

c) I $-3a = -12$
II $9a = 4b - 4$

a) I $22x = -5y + 3{,}5$
II $-0{,}5 = 24x + 5y$

b) I $0 = -7 - y - 4x$
II $3y - 8x - 4y = -3$

c) I $4m - 2n = -10$
II $0 = 4m - 3n + 6$

8 Löse mit dem Additionsverfahren. **Zu 1.4**

a) I $-2e = -7 - 3d$
II $-1 = 15d - 8e$

b) I $0 = -12 + 3x$
II $-4 - 5y + 21x = 0$

c) I $-13q = -4p - 2$
II $4 = 4p - 14q$

a) I $4a - 2b = 4$
II $-36 = -2b$

b) I $-10 - 4c + 4d = 0$
II $6 = -8c + 4d$

c) I $120s - 28t = -10$
II $5t + 2s = 12s - 3t + 8$

9 Löse mit einem beliebigen rechnerischen oder grafischen Lösungsverfahren.

a) I $2y = -2x - 9$
II $2x + 3y + 3{,}5 = 0$

b) I $256x + 16y = 128$
II $y = -16x + 8$

c) I $1{,}2p + 2{,}5q = 5$
II $3{,}75q = 12{,}5 - 3p$

a) I $-5r = -5$
II $0 = 52 + 4s$

b) I $8x + 15y = -36$
II $9\frac{1}{3}x + 17\frac{1}{2}y = 42$

c) I $4x + \frac{1}{4}y = 2$
II $y = -16x + 8$

10 Beim Fußballturnier haben Sabine und Meike zusammen 13 Tore geschossen. Hätte Sabine 2 Tore weniger und Meike 3 Tore mehr geschossen, wären sie in der Treffertabelle torgleich. Wie viele Tore hat jede der beiden erzielt? Berechne. **Zu 1.5**

Heino und Malte zählen auf einem Autobahnrastplatz Pkw mit 4 Rädern und Lkw mit 10 Rädern, insgesamt 60 Fahrzeuge mit 414 Rädern. Nach einiger Zeit zählt Heino wieder und stellt fest: 428 Räder und 63 Autos. Nach kurzem Überlegen sagt Malte: „Da hast du dich aber ganz schön verzählt.“
Wie kommt Malte darauf? Begründe.

1.7 Vermischte Aufgaben

oHiMi 1 – 6

1 Gib jeweils eine lineare Gleichung so an, dass die gegebenen Zahlenpaare Lösungen der Gleichung sind.

a) (–2 | 1); (2 | –1) **b)** (–1 | –1); (1 | 3) **c)** (–5 | –2); (–3 | –1)

2 Gib jeweils fünf Zahlenpaare an, welche die Gleichung lösen.

a) $3y + 4x = 12$ **b)** $x + y = 1$ **c)** $2x - 2y = 7$

3 Stelle folgende Gleichung grafisch dar: $-4{,}5x - 10{,}5 = -3y$

Vergiss die Probe nicht.

4 Bestimme die Lösungsmenge des linearen Gleichungssystems zeichnerisch.

a) I $-x - 5y = 41{,}5$
II $5y + 2x + 40{,}5 = 0$

b) I $-2y = x - 11$
II $2y + 2x = 10$

c) I $2x - y = 3$
II $x - y = 1$

5 **a)** Gib jeweils ein lineares Gleichungssystem mit zwei Variablen so an, dass es ...

1 keine Lösung hat.
2 genau eine Lösung hat.
3 unendlich viele Lösungen hat.

b) Überprüfe deine Lösungen grafisch.

Findest du mehrere Möglichkeiten?

6 Bestimme zu den folgenden Graphen eine zugehörige Gleichung und lies die Lösung ab. Mache jeweils eine Probe.

a)

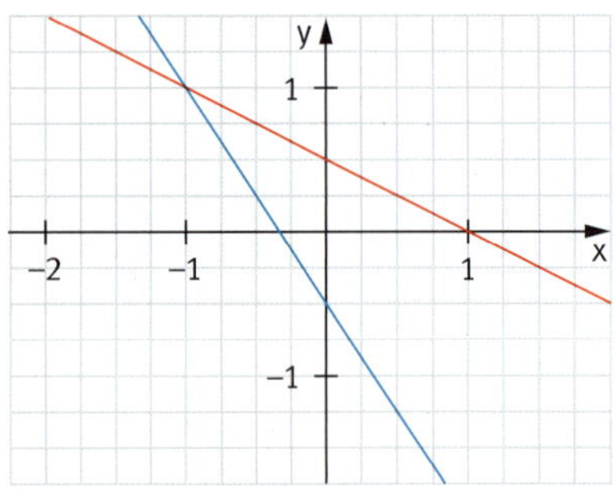

b)

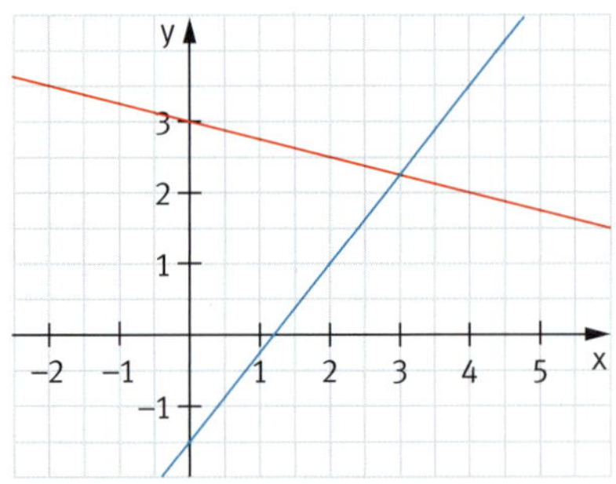

7 Aus der Geometrie. Stelle ein lineares Gleichungssystem auf und löse es.

a) Im Dreieck ABC mit $\alpha = 42°$ ist γ um 24° größer als β. Bestimme β und γ.

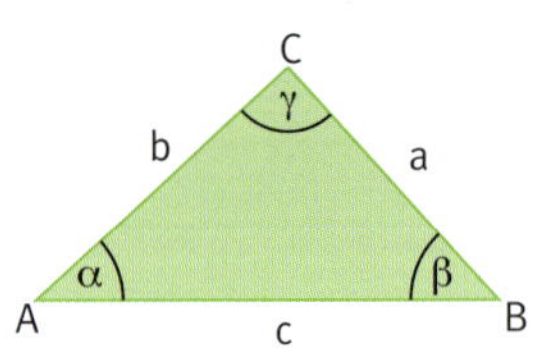

b) Ein Rechteck hat einen Umfang von 46 cm. Verlängert man eine Seite um 3 cm und verkürzt die andere gleichzeitig um 3 cm, so wächst der Flächeninhalt um 21 cm². Bestimme die Seitenlängen.

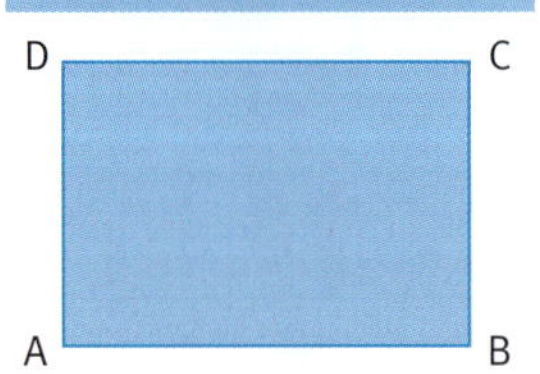

c) Ein Parallelogramm hat einen Umfang von 15 cm. Die Seite a ist um 1,5 cm länger als die Seite b. Bestimme a und b.

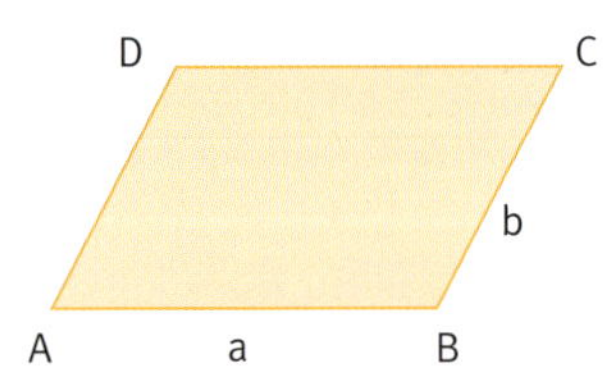

8 Löse mit dem Einsetzungsverfahren.

a) I $-3x + 3{,}5 = 5y$
II $3x + 2 = -37$

b) I $0 = -x - 8{,}5$
II $-2x = 3y - 4$

c) I $6x + 8y = 8$
II $-12 = 4x + 4y$

d) I $4 = 4x - 2y$
II $4x - y + 12 = 0$

9 Löse mit dem Gleichsetzungsverfahren.

a) I $y = -x - 10$
II $y = -2x - 6$

b) I $6 + 3x = 0$
II $-4y - 12x = 0$

c) I $-12y + 4x = 4$
II $-10 + 4y = 2x$

d) I $2y + 80 = -5x$
II $-y = 85 + 5x$

10 Löse mit dem Additionsverfahren.

a) I $-4x = 36 + 2y$
II $0 = -2y + 36$

b) I $7{,}5 = 5a$
II $-5b + 50a = -12{,}5$

c) I $-4 = -4r + 4s$
II $-17{,}5 = -s$

11 Löse das lineare Gleichungssystem mit einem beliebigen Verfahren.

a) I $x = 2y - 5$
II $y = \frac{1}{2}(3x - 8)$

b) I $3x + 5y = 7$
II $-5x - 8y + 2 = 0$

c) I $6y + 9x + 12 = 0$
II $x = 45 - 7y$

d) I $x = y + 3$
II $y = \frac{1}{2}(2x - 6)$

e) I $x - 2y = 1{,}5$
II $3{,}8y - 1{,}9x = -2{,}85$

f) I $\frac{4}{7}x - 1 = -y$
II $-2x + \frac{7}{2}y = 1$

g) I $-11{,}5 = -a$
II $-2b - 3{,}5 = -3a$

h) I $52 = -3y + 2x$
II $-3y = -4x + 50$

i) I $-6m = 60 + 4n$
II $-4n - 64 = 4m$

Lösungen zu 11:
$L = \{(-46 \mid 29)\}$;
$L = \{(-6\frac{4}{19} \mid 7\frac{6}{19})\}$;
$L = \{(-1 \mid -18)\}$;
$L = \{(\frac{5}{8} \mid -\frac{9}{14})\}$;
$L = \{(2 \mid -18)\}$;
$L = \{(6\frac{1}{2} \mid 5\frac{3}{4})\}$;
$L = \{(11\frac{1}{2} \mid 15\frac{1}{2})\}$;
$L = \{(x \mid y)$ mit $y = \frac{1}{2}x - \frac{3}{4}\}$;
$L = \{(x \mid y)$ mit $y = x - 3\}$

12 Von „Rechenmeister“ Adam Ries, der von 1518 an vier Jahre lang eine Rechenschule in Erfurt leitete, ist folgende Aufgabe überliefert:
Jemand stellt einen Arbeiter für 30 Tage an. Wenn er arbeitet, bekommt er 7 Pfennig am Tag; wenn er nicht arbeitet, muss er 3 Pfennig am Tag bezahlen. Nach 30 Tagen ist keiner dem anderen etwas schuldig.
Wie viele Tage hat der Arbeiter gearbeitet und wie viele frei gehabt?

13 Vervollständige so, dass das lineare Gleichungssystem …

1 keine Lösung hat.
2 unendlich viele Lösungen hat.
3 genau eine Lösung hat.

a) I $-2x + 13 = 2y$
II $x + y = \square$

b) I $\frac{2}{3}x + 2y = 5$
II $\square = 7{,}5 - 3y$

c) I $-2y + 8 = -x$
II $-2x - 5 = \square$

Bei welchem Fall findest du mehrere Lösungen?

14 In einem Versuch wird die Abhängigkeit der Stromstärke I (in Milli-Ampere) von der Spannung U (in Volt) bei zwei kleinen Elektromotoren gemessen.

U in V	10	20	30	40	50	60
Motor 1: I_1 in mA	15	30	45	60	75	90
Motor 2: I_2 in mA	12	24	36	48	60	72

a) Stelle den Sachverhalt in einem Schaubild dar.
(x-Achse: 1 cm ≙ 10 V; y-Achse: 1 cm ≙ 10 mA)

b) Begründe anhand des Schaubilds, dass eine Funktion vorliegt.

c) Gib für beide Zuordnungen jeweils einen Funktionsterm an.

d) Welche Stromstärken kann man bei beiden Motoren für eine Spannung von 70 V erwarten? Wie groß ist die prozentuale Abweichung, wenn bei dieser Spannung Stromstärken von $I_1 = 100$ mA und $I_2 = 86$ mA gemessen werden?

e) Bestimme, bei welcher Spannung in Motor 1 ein um 10 mA stärkerer Strom fließt als in Motor 2.

Break-even-point: Der Punkt zum Gewinn €

Wenn die Kosten höher sind als die Einnahmen, macht ein Unternehmen Verlust. In einem sogenannten Break-even-Diagramm sehen Wirtschaftsfachleute auf einen Blick, in welchem Bereich die Verlustzone und wo die Gewinnzone liegt. Als „Break-even-point" bezeichnet man den Punkt, an dem die Kosten und die Einnahmen eines Unternehmens gleich sind.

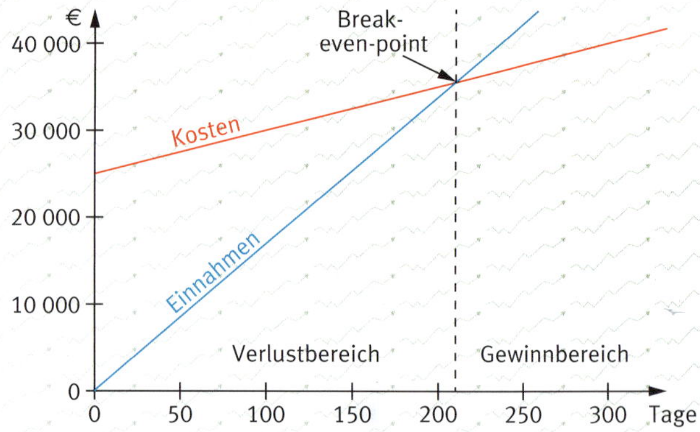

a) Ein Verleger möchte Arbeitshefte drucken lassen.

Kosten
- Heft durch einen Grafiker setzen lassen: 2000 € insgesamt
- Farbdruck: 1,70 € pro Heft

Einnahmen

Nettopreis 4,90 € pro Heft

1. Bestimme, wie viele Hefte der Verleger herstellen und verkaufen müsste, um den „Break-even-point" genau zu erreichen.
2. Der Verleger kalkuliert mit 3000 verkauften Heften. Bestimme den Mindestpreis, den der Verlag für den Verkauf pro Heft veranschlagen müsste, damit kein Verlust entsteht.
3. Der Verleger möchte im Durchschnitt pro Heft mindestens einen Euro Gewinn machen. Bestimme die Mindestanzahl verkaufter Hefte, um dieses Ziel zu erreichen.

b) Ein Hotelmanager stellt eine einfache Gewinn-und-Verlustrechnung für sein Hotel mit 80 Betten auf.

Kosten
- Versicherungen, Zinsen, Steuern: 150 000 € pro Jahr
- Unterhaltskosten pro vermietetes Zimmer (Reinigung, Wasser, Strom, Heizung, ...): 25 € pro Tag
- Unterhaltskosten pro leeres Zimmer (Strom, Heizung, ...): 10 € pro Tag

Einnahmen

Zimmermiete: 45 € pro Tag
Das Hotel hat an 365 Tagen im Jahr geöffnet.

Bestimme, wie viele Zimmer am Tag im Durchschnitt mindestens vermietet werden müssten, damit das Hotel am Ende des Jahres (Ende September) den Break-even-point erreicht.

Spare, spare, Häusle baue €

Familie Meisel finanziert den Bau eines Eigenheims mit einem Bauspardarlehen und einem Bankkredit. Beide zusammen betragen 320 000 €.
Das Bauspardarlehen ist mit 2,5 %, der Bankkredit mit 3 % verzinst. Die gesamten Zinsen im ersten Jahr betragen 8600 €.
Berechne die Höhe des Bauspardarlehens und des Kredits.

Money, money, money ... €€

Christopher hat 20 000 € geerbt und in zwei Fonds angelegt.

Global-Fonds Aussicht: stabil	4,5 % durchschnittlich erwarteter Ertrag
Öko-Fonds Aussicht: schwankend	5,5 % durchschnittlich erwarteter Ertrag

a) Wie viel Geld hat er in jedem Fonds investiert, wenn er im ersten Jahr 1050 € Zinsen erwartet?

b) Tatsächlich schwankte der Öko-Fonds im ersten Jahr erheblich, sodass nur ein durchschnittlicher Ertrag von 3,5 % erwirtschaftet wurde.
Wie hoch waren die Zinsen in dem Jahr mit den Ergebnissen aus a)?

Alles Theater €€

Ein Theatermanager kalkuliert die Kosten für ein Gastspiel eines bekannten Künstlers wie folgt:

- Der Künstler erhält 10 000 € sowie 40 % der Einnahmen aus dem Kartenverkauf.
- Mietkosten für einen Saal mit 1400 Plätzen, Sicherheitsdienst, Versicherungen, Werbung etc. betragen zusammen 15 000 €

Der Konzertveranstalter plant zwei verschiedene Kartenkategorien: 1. Rang und 2. Rang.

a) Macht Vorschläge, wie der Theatermanager die Kartenpreise kalkulieren sollte, damit er keinen Verlust macht.
Geht von verschiedenen Verkaufszahlen für die Karten aus und stellt eure Ergebnisse der Klasse vor.

b) Der Theatermanager glaubt, dass das Gastspiel ausverkauft ist, wenn er die Preise wie folgt festlegt:
1. Rang: 40 € 2. Rang: 32 €

① Der Term $10\,000 + 0{,}4 \cdot (40x + 32y)$ beschreibt die Kosten für den Künstler. Erläutere, wie man auf diesen Term kommt.

② Wie viele Karten müssen in jedem Rang verkauft werden, wenn der Manager mit einem Gewinn von 5000 € rechnet?

Überprüfe deine Fähigkeiten und Kenntnisse. Bearbeite dazu die folgenden Aufgaben und bewerte anschließend deine Lösungen mit einem Smiley.

☺	😐	☹
Das kann ich!	Das kann ich fast!	Das kann ich noch nicht!

Hinweise zum Nacharbeiten findest du auf der folgenden Seite. Die Lösungen stehen im Anhang.

Aufgaben zur Einzelarbeit

1 Bestimme jeweils fünf Lösungspaare.

a) $x - y = 5$ **b)** $3x + 2y = 8$

c) $5x - 10 = 2y$ **d)** $3y - 24x = y - 4$

2 Bestimme die Lösungsmenge.

a) I $4x - 2y = 10$
II $3x + y = 9$

b) I $-4 + x = 3y$
II $-8y + 3x - 7 = 0$

c) I $1{,}4 - 2x = 5y$
II $-2y + 2{,}4 = 3x$

d) I $2{,}2x + 9 = 4x$
II $3y - 1{,}8 = 5y$

3 Finde heraus, wie der Parameter $a \in \mathbb{Q}$ gewählt werden müsste, damit die folgenden linearen Gleichungssysteme 1 keine, 2 genau eine, 3 unendlich viele Lösung(en) haben.

a) I $a + x = y$
II $4 - y = 2x$

b) I $3x - 2y = a$
II $5x + a = 7$

c) I $a \cdot x + y = 10$
II $4x - 10 = -y$

d) I $a \cdot (2x - y) = a + 1$
II $4x - 2y = 2{,}2$

4 **a)** Löse die Gleichung nach y auf: $\frac{1}{2}x + y = 5$.

b) Vervollständige die Tabelle.

x	−3	−2	−1	0	1	2	3
y	☐	☐	☐	☐	☐	☐	☐

c) Stelle die Gleichung grafisch dar.

5 Vervollständige die Lücken so, dass die Zahlenpaare die lineare Gleichung $3y + 4{,}5x = 6$ lösen.

a) (1 | ☐) **b)** (☐ | −13)

c) (☐ | −5,5) **d)** (−3 | ☐)

6 Entscheide mit einer grafischen Darstellung, welches Zahlenpaar Lösung ist.
(−12,5 | 4); (−5 | 2,5); (−8 | 2); (−2,5 | 3); (1 | 0,5); (3 | −4,5)

a) I $12y = -3x$
II $-2{,}5x + 10y = 40$

b) I $-4x = -2 + 4y$
II $-4 - 4x = 2y$

7 Gib das zugehörige Gleichungssystem und die Lösung an. Mache die Probe.

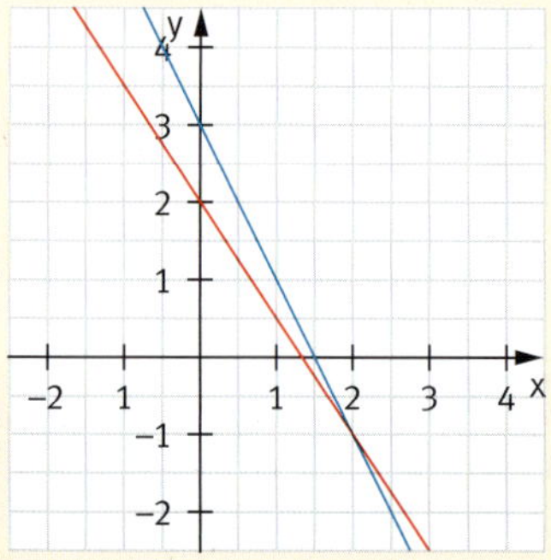

8 Bestimme zeichnerisch die Lösung des linearen Gleichungssystems. Mache die Probe.

a) I $-3x + 5y = 11{,}5$
II $5y + 9{,}5 = 6x$

b) I $4y = 4x - 6$
II $-4y + 2x = 4$

9 Gib jeweils an, ob es genau eine, keine oder unendlich viele Lösungen für das lineare Gleichungssystem gibt.

a) I $3x - 2y = 1$
II $1{,}5x - y = 1$

b) I $2{,}5y = 3{,}5 - 1{,}5x$
II $2x = 7 - 5y$

10

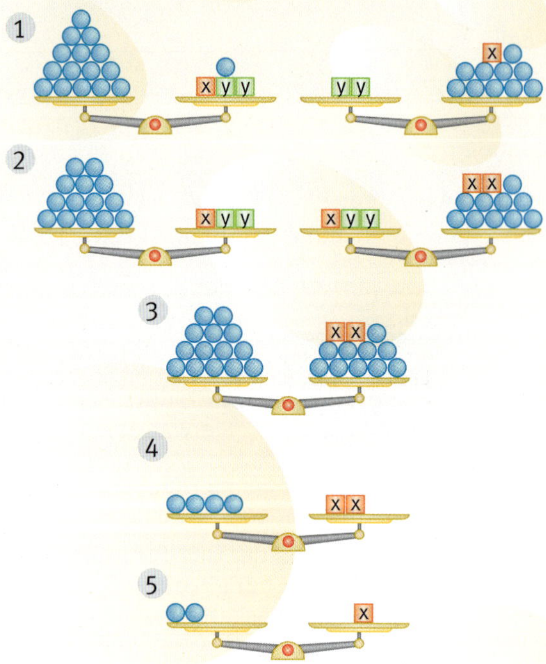

a) Wie lautet das zugehörige Gleichungssystem zu 1?

b) Beschreibe, wie die Lösung des linearen Gleichungssytems bestimmt wird. Gib die Lösungsmenge an.

11 Löse mit dem Additionsverfahren.

a) I $8y = 4x - 28$
II $-32 = -4x + 4y$

b) I $-2y + 2x = -6$
II $-2x + y = 7$

12 Löse mit dem Einsetzungsverfahren.

a) I $-9 + 3x = 6y$
II $-7{,}5 = -15y + 9x$

b) I $0 = -42 + 4y - 4x$
II $3y = 4x + 44$

13 Löse mit dem Gleichsetzungsverfahren.

a) I $-24 + 4y = -2x$
II $-2x = -18 + 6y$

b) I $-9 - 2x + y = 0$
II $-y + 3x = -5{,}5$

14 Löse mit einem beliebigen rechnerischen Lösungsverfahren.

a) I $-6b + 31 = 2a$
II $3b = 34 - 2a$

b) I $8x = 5y + 21$
II $-12x = 6 - 10y$

c) I $4y = 2 \cdot (3{,}5 - 0{,}5x)$
II $y = \frac{1}{4} \cdot (-12x - 20)$

d) I $-5a = \left(1 + \frac{1}{2}b\right) \cdot 8$
II $(-3) \cdot (b - 3) = 5a$

15 Löse mit einem beliebigen rechnerischen Lösungsverfahren. Achte auf die Brüche.

a) I $-\frac{3}{8}y = -1 + \frac{1}{2}x$
II $\frac{4}{7}x + \frac{1}{7} = -\frac{1}{2}y$

b) I $-\frac{4}{5} = -\frac{1}{8}y + \frac{1}{20}x$
II $\frac{4}{5}x - \frac{6}{5} = y$

16 Ali und seine Oma sind zusammen 110 Jahre alt. Vor fünf Jahren war seine Oma genau dreimal so alt wie Ali.

17 Ein Unternehmer nimmt zur Finanzierung seiner Maschinen zwei Kredite auf, die zusammen 125 000 € betragen. Der eine Kredit ist mit 7,5 %, der zweite mit 8 % verzinst. Die Zinsen belaufen sich in einem Jahr zusammen auf 9460 €.

18 Diana besorgt für ein Klassenfrühstück Käse- und normale Laugenstangen. Sie bestellt zunächst von jeder Sorte 15 Stück und soll dafür 27,00 € bezahlen. Es entscheiden sich aber drei Schüler um und wollen nun lieber Käselaugenstangen. Nun kostet alles zusammen 27,90 €.

19 Die Quersumme einer aus zwei Ziffern bestehenden Zahl beträgt 10. Vertauscht man die Ziffern, so entsteht eine Zahl, die um 2 kleiner ist als das Dreifache der ersten Zahl.

20 In einem rechtwinkligen Dreieck ist einer der spitzen Winkel fünfmal so groß wie der andere.

Aufgaben für Lernpartner

Arbeitsschritte

1 Bearbeite die folgenden Aufgaben alleine.
2 Suche dir einen Partner und erkläre ihm deine Lösungen. Höre aufmerksam und gewissenhaft zu, wenn dein Partner dir seine Lösungen erklärt.
3 Korrigiere gegebenenfalls deine Antworten und benutze dazu eine andere Farbe.

Sind folgende Behauptungen **richtig** oder **falsch**? Begründe schriftlich.

21 Das grafische Lösen ist schlechter als das rechnerische Lösen einer Gleichung.

22 Zur y-Achse gehört die Funktionsgleichung $y = 0$.

23 Ein lineares Gleichungssystem mit zwei Unbekannten kann man grafisch so verstehen, dass die Lage zweier Geraden zueinander dargestellt wird.

24 Hat ein lineares Gleichungssystem mit zwei Variablen unendlich viele Lösungen, ist die Lösung eine Gerade.

25 Beim Gleichsetzungsverfahren löse ich nach einer Variablen auf und erhalte dann durch Gleichsetzen eine Gleichung mit nur einer Variablen.

26 Die beiden Gleichungen $x = 3$ und $y = 4$ ergeben kein lineares Gleichungssystem.

Aufgabe	Ich kann ...	Hilfe
1, 21	lineare Gleichungen mit zwei Variablen lösen.	S. 8
4, 5, 22, 24	lineare Gleichungen mit zwei Variablen grafisch interpretieren und lösen.	S. 8
6, 7, 8, 23	lineare Gleichungssysteme zeichnerisch lösen.	S. 10
9, 10, 14, 15, 26	die Lösungsmenge linearer Gleichungssysteme angeben.	S. 12
2, 3, 11, 12, 13, 14, 15, 25	lineare Gleichungssysteme rechnerisch lösen.	S. 12, 16
16, 17, 18, 19, 20	Alltagsprobleme auf lineare Gleichungen anpassen und diese Gleichungssysteme lösen.	S. 18

S. 8

Fünf Zahlenpaare mit $D = \mathbb{Q}$, die die Gleichung $y = 3x + 7$ erfüllen:
$(-2|1)$; $(-1|4)$; $(0|7)$; $(1|10)$; $(2|13)$

Lineare Gleichungen können auch **zwei Variablen** enthalten. Alle Zahlenpaare, welche die Gleichung erfüllen, sind Lösungen der Gleichung.

S. 10

1
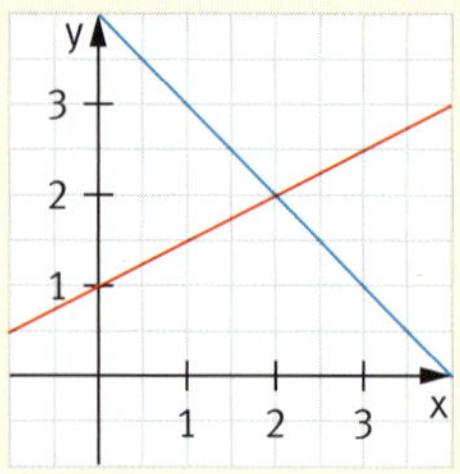

2
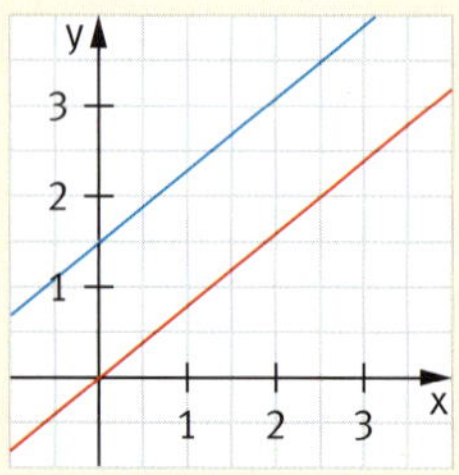

3
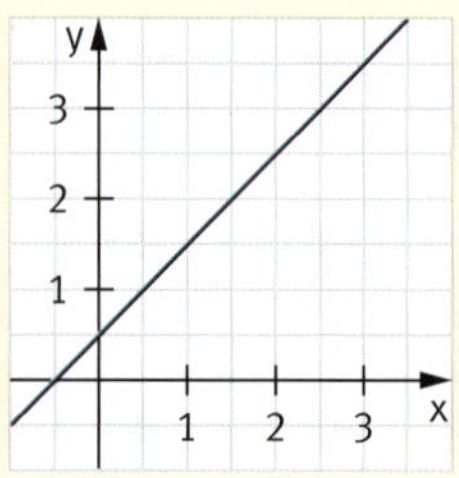

Sollen Zahlenpaare $(x|y)$ **zwei lineare Gleichungen gleichzeitig erfüllen**, so spricht man von einem **linearen Gleichungssystem.**
Die **Lösungsmenge L** eines linearen Gleichungssystem ist sowohl ein Element der Lösungsmenge der ersten als auch der zweiten Gleichung.

Es können folgende drei Fälle vorkommen:

1. Die Geraden **schneiden sich.** Das lineare Gleichungssystem hat **genau eine Lösung**: $L = \{(2|2)\}$
2. Die Geraden sind **parallel**. Das lineare Gleichungssystem hat **keine Lösung**: $L = \{\,\}$
3. Die Geraden sind **identisch**. Das lineare Gleichungssystem hat **unendlich viele Lösungen**: $L = \{(x|y) \mid y = x + 0{,}5\}$

S. 12

I $\quad -x - 2y = 3$
II $\quad y = 2x$

einsetzen

$-x - 2 \cdot (2x) = 3$

Einsetzungsverfahren
Löst man eine der Gleichungen nach einer Variablen (z. B. y) auf, dann kann man den erhaltenen Term für die Variable in die andere Gleichung einsetzen.

S. 12

I $\quad y = 2x - 1$
II $\quad y = -x + 5$
gleichsetzen
$2x - 1 = -x + 5$

Gleichsetzungsverfahren
Sind beide Gleichungen nach einer Variablen (z. B. y) aufgelöst, kann man die Terme gleichsetzen.

S. 16

I $\quad 2x - 2y = -5$
II $\quad 4x + 2y = -7$

$6x \quad = -12 \qquad |:6$

Additionsverfahren
Addition beider Gleichungen, wenn vor einer Variablen betragsgleiche Koeffizienten stehen, die ein unterschiedliches Vorzeichen haben.

S. 18

Peter ist zwei Jahre älter als Tina. Zusammen sind sie 30 Jahre alt.
Peters Alter: p; Tinas Alter: t
I $\quad p = t + 2$
II $\quad p + t = 30 \quad$ (...)
$p = 16$; $t = 14$
Peter ist also 16, Tina 14 Jahre alt.

Bei **Alltagsaufgaben** betrachtet man den Inhalt der Aufgabenstellung und versucht **Bedingungen** zu finden, die man in Gleichungen mit zwei **Variablen** umwandeln kann, um sie dann mit den bekannten Verfahren zu lösen.

Prismen

1 Skizziere zum Schrägbild das zugehörige Netz und gib an, wieviele Ecken, Kanten und Flächen das Prisma hat.

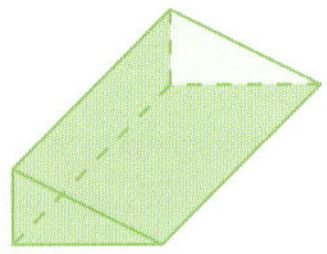

2 Entscheide, ob es sich um ein Prisma handeln kann oder nicht. Begründe deine Antwort.
Der Körper hat …

a) 6 Ecken und 5 Flächen.

b) 8 Kanten.

c) eine gerade Anzahl an Flächen und eine ungerade Anzahl an Kanten.

d) mehr als 5 Flächen, aber weniger als 12 Kanten.

3 Betrachte das Schrägbild eines Prismas:

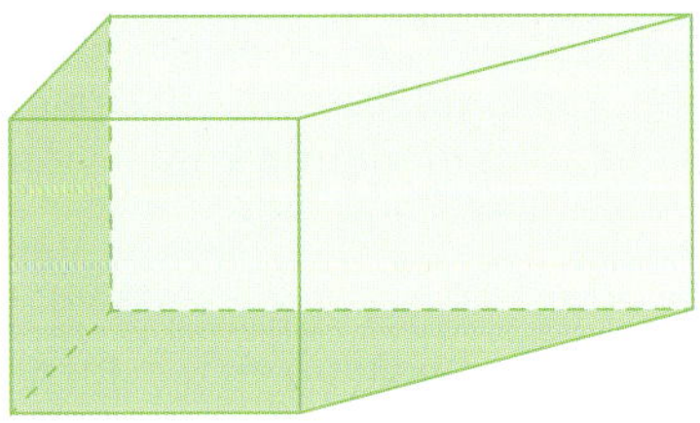

a) Welches Viereck ist die Grundfläche des Prismas? Begründe.

b) Gib die tatsächlichen Längen aller Kanten des Körpers an. Nutze die Zeichnung für Messungen. Senkrecht nach hinten verlaufende Kanten wurden unter 45° und auf die Hälfte verkürzt gezeichnet.
Tipp: Zeichne dir Hilfsfiguren in dein Heft.

4 Welches der begonnenen Schrägbilder lässt sich zum Schrägbild eines Quaders vervollständigen? Übertrage ins Heft und vervollständige.

a)

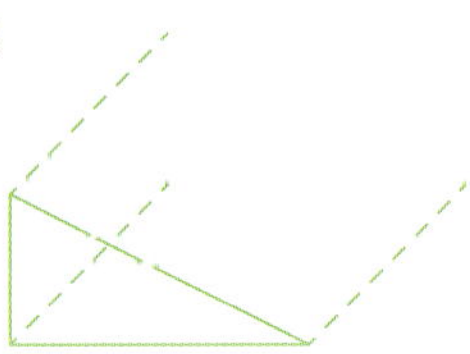

b)

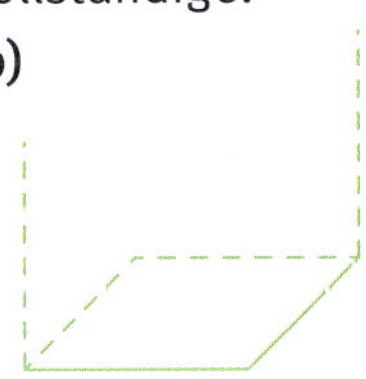

c)

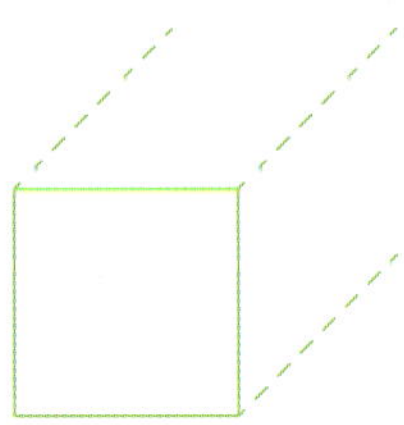

Lineare Funktionen

5 Ermittle jeweils die Gleichung der zugehörigen linearen Funktionen aus den Graphen.

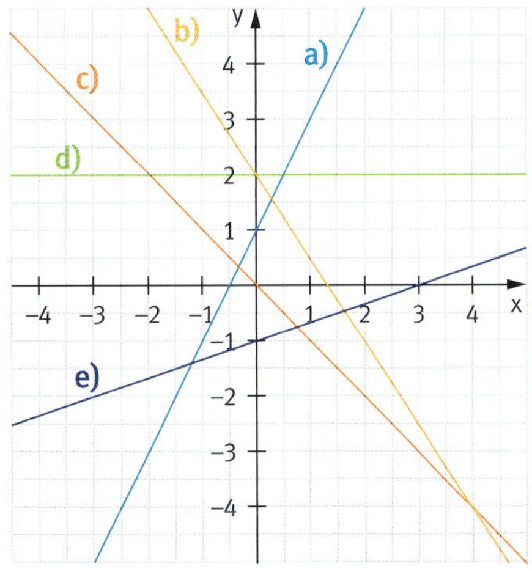

6 Begründe, ob die folgenden Aussagen wahr oder falsch sind.

a) Der Punkt A (3 | 4) liegt auf dem Graphen von $y = \frac{3}{4}x$.

b) Die Graphen der Funktionen mit den Gleichungen $y = 4x + 2$ und $y = 3x + 2$ verlaufen parallel zueinander.

c) Die Nullstelle der Funktion $y = -x + 8$ ist N (8 | 0).

7 Zeichne den Graphen der Funktion $y = -2x - 3$. Beschreibe dein Vorgehen, wenn du keine Wertetabelle erstellen möchtest.

8 Betrachte die Gleichung der linearen Funktion $y = 0{,}02x + 112$.

a) Gib den Funktionswert zum x-Wert 50 an.

b) Gib den x-Wert zum Funktionswert 116 an.

c) Bestimme die Schnittpunkte des Graphen mit den Koordinatenachsen.

9 Der Graph einer linearen Funktion verläuft durch die Punkte P (3 | 0) und Q (−3 | −2).

a) Zeichne den Graphen der Funktion.

b) Gib die Monotonie und die Nullstelle der Funktion an.

c) Bestimme die Funktionsgleichung.

Prozent- und Zinsrechnung

10 Ergänze die Tabelle.

	a)	b)	c)
Grundwert	200 €	□	28 m
Prozentsatz	12 %	32 %	□
Prozentwert	□	25,6 kg	7 m

11 Der Preis eines Gartengrills wird erst um 10 % gesenkt und dann wieder um 7 % angehoben.
In einem anderen Geschäft wird der Preis um 8 % gesenkt und anschließend um 5 % verteuert.
Bestimme, welcher Preis am Ende günstiger ist, wenn beide Gartengrills am Anfang gleich viel gekostet haben.

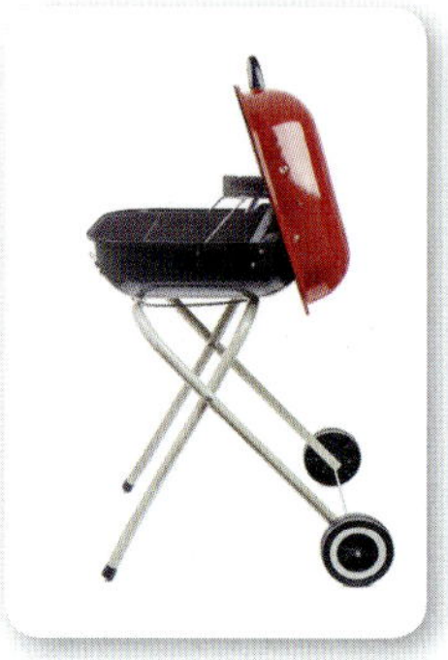

12 Die Abbildung zeigt die Mediennutzung von Kindern im Jahr 2016. Insgesamt wurden 1220 Kinder befragt.

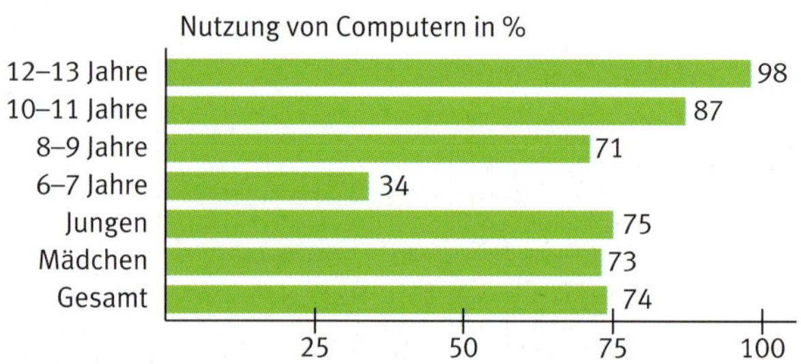

a) Berechne die Anzahl der befragten Kinder, die schon einmal einen Computer genutzt haben.

b) Sabrina behauptet: „Von den 12- und 13-Jährigen in der Befragung haben bisher mehr Kinder einen Computer genutzt als von den befragten 10- und 11-Jährigen.“
Nimm Stellung zu dieser Aussage.

c) Joris meint: „Die Darstellung ist falsch, da kommen ja mehr als 100 % bei Jungen und Mädchen zusammen.“
Erkläre Joris' Fehler.

13 Ein Vermögen wird zu 3,5 % p. a. verzinst. Berechne das Guthaben nach dreijähriger Laufzeit, wenn zu Beginn 12 000 € eingezahlt wurden. Die Zinsen werden mitverzinst.

Dreiecke

14 Welche Dreiecke haben denselben Flächeninhalt?

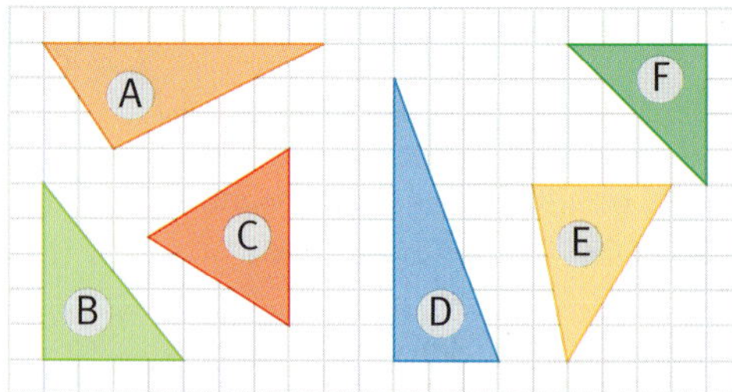

15 Wie verändern sich (1) die Innenwinkel, (2) der Flächeninhalt und (3) der Umfang eines Dreiecks, wenn man alle Seitenlängen ...

a) verdoppelt? **b)** drittelt?

16 Begründe, ob sich ein Dreieck ABC mit folgenden Maßen eindeutig konstruieren lässt. Konstruiere es gegebenenfalls.

a) $\alpha = 20°$; $\beta = 70°$; $\gamma = 90°$

b) a = 2,5 cm; b = 3,7 cm; c = 5,1 cm

c) $\alpha = 40°$; c = 7 cm; $\beta = 37°$; $\gamma = 120°$

d) a = 4 cm; b = 7,2 cm; $\gamma = 80°$

17 Zur Bestimmung der Länge eines Tunnels von A nach B betrachtet man die Orte vom Punkt S aus.
Bestimme die Länge des Tunnels durch eine maßstäbliche Zeichnung.

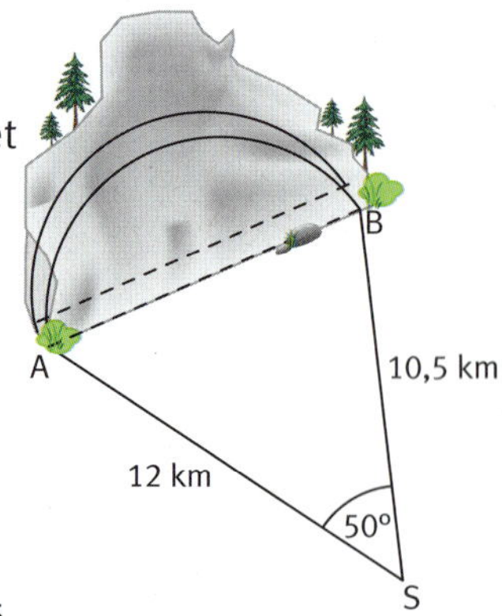

18 Gib an, welche besondere Linie des Dreiecks jeweils gestrichelt eingezeichnet ist.

a)

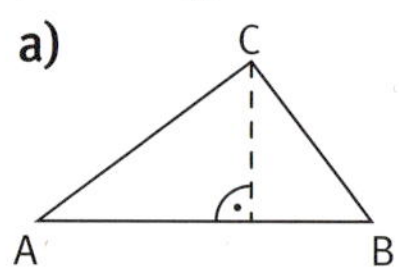

b)

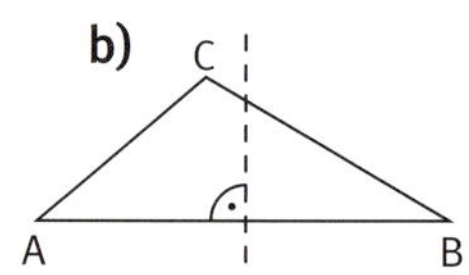

c)

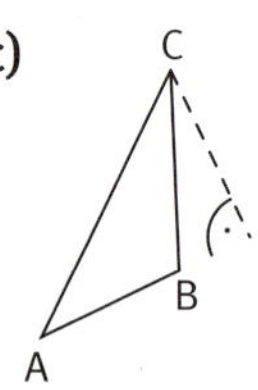

d)

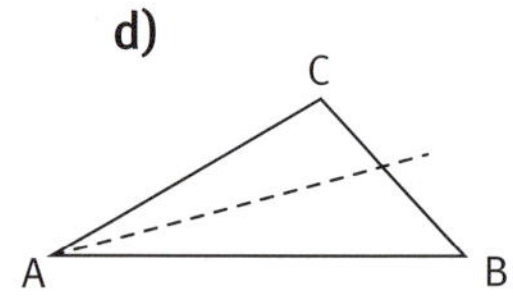

2 Reelle Zahlen

Einstieg

- Der Pariser Platz in Berlin ist ein rund 1,5 ha großer quadratischer Platz, an dem das Brandenburger Tor steht. Du läufst einmal um den Pariser Platz herum. Ermittle die Länge des Weges, den du dabei zurücklegst. Beschreibe deinen Lösungsweg.
- Wie lang ist die Strecke, wenn man einmal quer über den Pariser Platz läuft? Bestimme zeichnerisch die Länge der zurückgelegten Strecke.
- Auf dem Pariser Platz sind rechteckige Gartenanlagen. Schätze ihre Länge und Breite. Welche Seitenlänge hat ein Quadrat mit gleichem Flächeninhalt? Beschreibe dein Vorgehen.

Ausblick

Am Ende dieses Kapitels hast du gelernt, ...
- was Quadratwurzeln sind.
- wie man Quadratwurzeln ermittelt.
- was reelle Zahlen sind.
- wie man mit reellen Zahlen rechnen kann.

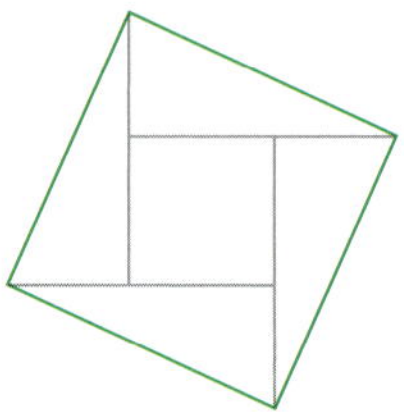

Auf dem Geobrett wurden Quadrate gespannt. Das blaue Quadrat mit 2 cm Seitenlänge hat einen Flächeninhalt von 4 cm^2.

1
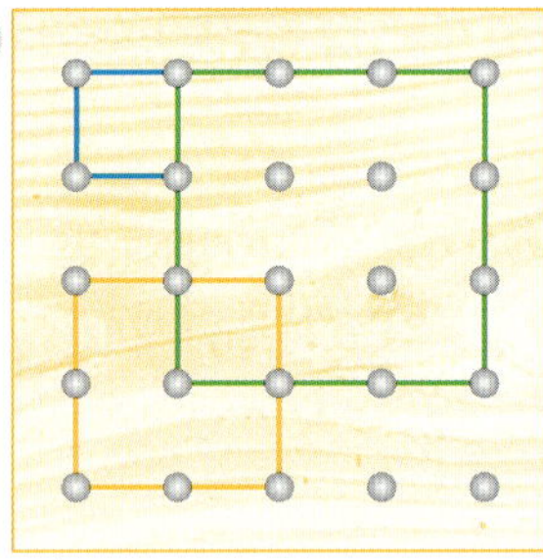

2
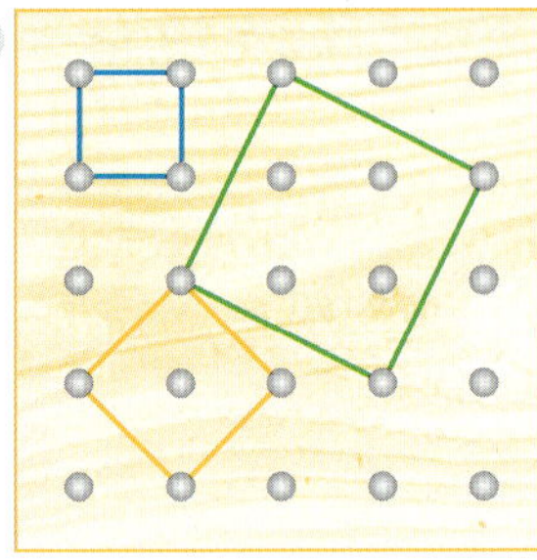

- Bestimme die Flächeninhalte der gelben und grünen Quadrate im Vergleich zum blauen Quadrat. Zerlege die Quadrate gegebenenfalls.
- Ermittle die Seitenlängen der Quadrate. Beschreibe auftretende Probleme.

Radix (lat.) bedeutet „Wurzel“. Radieschen sind Wurzelgemüse mit dem gleichen Wortstamm.

Quadrieren: $\sqrt{a}$ → a
Wurzelziehen: a → $\sqrt{a}$

Beachte:
$\sqrt{0} = 0$, denn $0^2 = 0$

Merkwissen

Die **Umkehrung des Potenzierens** bezeichnet man als **Wurzelziehen** (**Radizieren**).

Aus negativen Zahlen kann man keine Wurzeln ziehen. Für alle anderen Zahlen a ist die **Quadratwurzel** die nichtnegative Zahl, deren Quadrat a ergibt.
Man schreibt $\sqrt{a} = x$, wenn $x^2 = a$ mit $a, x \geqq 0$.
Sprechweise:
„Die Quadratwurzel aus a ist x.“ oder kurz: „Die Wurzel aus a ist x.“
Den Term unter der Wurzel (hier die Zahl a) nennt man **Radikand**.

Beispiel: $\sqrt{144} = 12$. „Die Wurzel aus 144 ist 12.“

Beispiele

I Gegeben sind Quadrate mit den Flächeninhalten 169 cm^2 und 324 cm^2.
Gib die Seitenlänge der Quadrate an. Nutze die Wurzelschreibweise.

Lösung:
$\sqrt{169\ cm^2} = 13\ cm$, da $13\ cm \cdot 13\ cm = 169\ cm^2$
$\sqrt{324\ cm^2} = 18\ cm$, da $18\ cm \cdot 18\ cm = 324\ cm^2$

II Bestimme die folgenden Quadratwurzeln und begründe deine Rechnung.
a) $\sqrt{289}$ **b)** $\sqrt{625}$ **c)** $\sqrt{1{,}44}$ **d)** $\sqrt{0{,}64}$

Lösung:
a) $\sqrt{289} = 17$, denn $17 \cdot 17 = 289$
b) $\sqrt{625} = 25$, denn $25 \cdot 25 = 625$
c) $\sqrt{1{,}44} = 1{,}2$, denn $1{,}2 \cdot 1{,}2 = 1{,}44$
d) $\sqrt{0{,}64} = 0{,}8$, denn $0{,}8 \cdot 0{,}8 = 0{,}64$

Verständnis

- Begründe, warum es keine Quadratwurzeln aus negativen Zahlen gibt.
- „Verzehnfacht man eine rationale Zahl, so verzehnfacht sich auch der Wert ihrer Quadratwurzel.“ Stimmt das? Begründe.

Aufgaben

1 Ein rechteckiges Grundstück ist 64 m lang und 25 m breit. Welche Maße muss ein quadratisches Grundstück mit dem gleichen Flächeninhalt haben?

2 a) Beschreibe den Zusammenhang zwischen den Quadratzahlen und den Quadratwurzeln. Welche Gesetzmäßigkeit erkennst du?

1 $\sqrt{4} = 2$ $\sqrt{400} = 20$ $\sqrt{40\,000} = 200$ $\sqrt{0{,}04} = 0{,}2$ $\sqrt{0{,}0004} = 0{,}02$

2 $\sqrt{196} = 14$ $\sqrt{19\,600} = 140$ $\sqrt{1{,}96} = 1{,}4$ $\sqrt{0{,}0196} = 0{,}14$

b) Radiziere im Kopf.

1 $\sqrt{625} = 25$: $\sqrt{62\,500}$ $\sqrt{0{,}0625}$ $\sqrt{6{,}25}$ $\sqrt{625\,000\,000}$

2 $\sqrt{3{,}61} = 1{,}9$: $\sqrt{3\,610\,000}$ $\sqrt{0{,}000361}$ $\sqrt{361}$ $\sqrt{36\,100}$

3 $\sqrt{48\,400} = 220$: $\sqrt{□} = 2{,}2$ $\sqrt{□} = 0{,}22$ $\sqrt{□} = 22\,000$ $\sqrt{□} = 22$

3 Bestimme die Quadratwurzeln im Kopf.

a) $\sqrt{36}$; $\sqrt{49}$; $\sqrt{81}$; $\sqrt{100}$; $\sqrt{121}$; $\sqrt{169}$; $\sqrt{225}$; $\sqrt{400}$; $\sqrt{625}$; $\sqrt{900}$; $\sqrt{10\,000}$

b) $\sqrt{1}$; $\sqrt{0{,}64}$; $\sqrt{0{,}25}$; $\sqrt{0{,}09}$; $\sqrt{0{,}81}$; $\sqrt{1{,}21}$; $\sqrt{1{,}44}$; $\sqrt{0{,}01}$; $\sqrt{0{,}0001}$; $\sqrt{0{,}0016}$

4 Welche Ziffern fehlen? Bestimme die Quadratwurzeln.

Findest du mehrere Möglichkeiten?

a) $\sqrt{1□1} = 11$ b) $\sqrt{□00} = 10$ c) $\sqrt{14□} = 12$ d) $\sqrt{□25} = □5$

$\sqrt{□4} = 8$ $\sqrt{□00} = 20$ $\sqrt{25□} = 16$ $\sqrt{□76} = 2□$

5 Die Quadrate mit den Seitenlängen a und die Rechtecke mit den Seitenlängen b und c sollen flächeninhaltsgleich sein. Vervollständige die Tabelle im Heft.

	a)	b)	c)	d)	e)	f)
A	324 cm²	□	12,25 dm²	□	1,69 ha	□
a	□	24 m	□	116 mm	□	□
b	27 cm	□	□	2,9 cm	100 m	3,5 dm
c	□	14,4 m	49 cm	□	□	1,4 m

Lösungen zu 5:
130; 169; 49; 7; 134,56; 46,4; 35; 25; 576; 40; 12; 18
Die Einheiten sind nicht angegeben.

6 Die **Kubikwurzel** aus einer positiven Zahl a ist diejenige positive Zahl b, deren dritte Potenz a ergibt. Wir betrachten vor allem die Kubikwurzeln von Kubikzahlen.
Es gilt: $\sqrt[3]{a} = b$, wenn $b \cdot b \cdot b = b^3 = a$ $(a, b > 0)$
Sprechweise: „Die 3. Wurzel aus a ist b.“ oder „Die Kubikwurzel aus a ist b.“

Wie lautet jeweils die zugehörige Kubikwurzel bzw. Kubikzahl?

Kubikzahl	1	□	□	□	1 000 000
Kubikwurzel	□	3	5	50	□

WISSEN

Wurzeln mit dem Taschenrechner bestimmen

Mit dem Taschenrechner kann man quadrieren (Taste z. B. [x^2]) und Quadratwurzeln ziehen (Taste z. B. [$\sqrt{\ }$]).

- Berechne mit deinem Taschenrechner: 3^2; 62^2; 245^2; $3{,}7^2$; $0{,}27^2$; $0{,}054^2$
- Berechne folgende Wurzeln mit dem Taschenrechner.
  a) $\sqrt{64}$; $\sqrt{361}$; $\sqrt{0{,}64}$; $\sqrt{1{,}21}$; $\sqrt{0{,}49}$ b) $\sqrt{\frac{16}{9}}$; $\sqrt{\frac{49}{196}}$; $\sqrt{\frac{361}{10\,000}}$; $\sqrt{0{,}0289}$
- Mit der Taste ($\sqrt[3]{\ }$) können auch 3. Wurzeln bestimmt werden, beispielsweise die Kantenlänge eines Würfels mit dem Volumen 27 cm³: $\sqrt[3]{27} = 3$. Berechne: $\sqrt[3]{125}$; $\sqrt[3]{8}$; $\sqrt[3]{0{,}125}$; $\sqrt[3]{729}$; $\sqrt[3]{3375}$; $\sqrt[3]{1}$

aus: © Hans Magnus Enzensberger: Der Zahlenteufel. Carl Hanser Verlag, München 1997, S. 77 f.

Der Zahlenteufel und Robert unterhalten sich:
Zahlenteufel: Rettich aus vier?
Robert: Rettich aus vier ist zwei.
Zahlenteufel: Rettich aus 5929?
Robert: Du spinnst ja. Wie soll ich das denn ausrechnen?
Zahlenteufel: Immer mit der Ruhe. Für solche kleinen Probleme haben wir doch unsern Taschenrechner. Also probier mal.
Robert: 77
Zahlenteufel: Wunderbar. Aber jetzt kommt's! Drücke bitte $\sqrt{2}$, aber halte dich gut fest!

- Informiere dich über die Bedeutung des Wortes „Rettich" im Text.
- Was liest Robert nach der Eingabe von $\sqrt{2}$ auf dem Taschenrechner? Probiere.

endlicher Dezimalbruch: 0,5; 1,4; 4,25; –8

periodischer Dezimalbruch: 0,333...; 1,45454545...

Merkwissen

Eine Zahl nennt man **irrational**, wenn man sie nicht als Bruch $\frac{p}{q}$ mit p, q $\in \mathbb{Z}$ und q $\neq$ 0 schreiben kann. Rationale Zahlen lassen sich als endliche oder periodische Dezimalbrüche darstellen, irrationale Zahlen nur als unendliche, nichtperiodische Dezimalbrüche.

Beispiel: $\sqrt{2}$ ist irrational, denn es gibt keine rationale Zahl, die quadriert 2 ergibt (zum Beweis siehe nächste Seite).

Jeder irrationalen Zahl ist ein Punkt auf der Zahlengeraden zugeordnet.

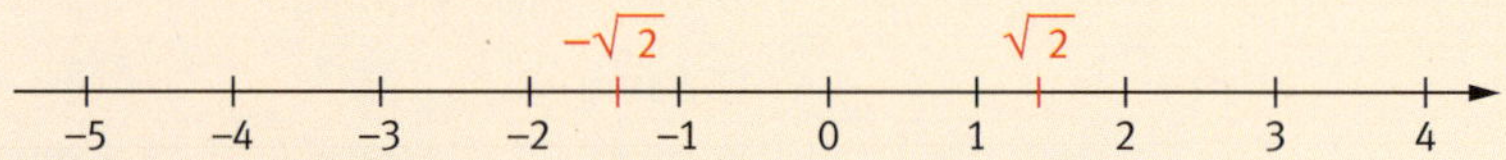

Es gilt beim Wurzelziehen die Monotonie:
$0 < a < b \Leftrightarrow 0 < \sqrt{a} < \sqrt{b}$.

Beispiele

LE steht für Längeneinheit, z. B. cm, dm, ...

FE steht für Flächeneinheit, z. B. cm^2, dm^2, ...

I Zeige grafisch, dass die Diagonale eines Quadrats der Seitenlänge 1 LE die Länge $\sqrt{2}$ LE hat.

Lösung:

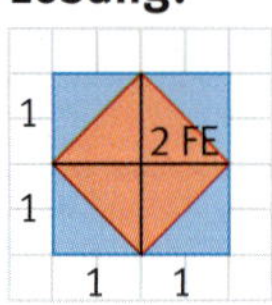

Setzt man vier Quadrate der Seitenlänge 1 LE zu einem großen Quadrat zusammen, dann hat es den Flächeninhalt 4 FE. Das rote Quadrat, dessen Seiten die Diagonalen der kleinen Quadrate sind, hat den halben Flächeninhalt, also 2 FE. Also müssen die Diagonalen die Länge $\sqrt{2}$ LE haben, denn $\sqrt{2}$ LE · $\sqrt{2}$ LE = 2 FE.

II Stelle die irrationale Zahl $\sqrt{2}$ auf dem Zahlenstrahl dar.

Lösung:

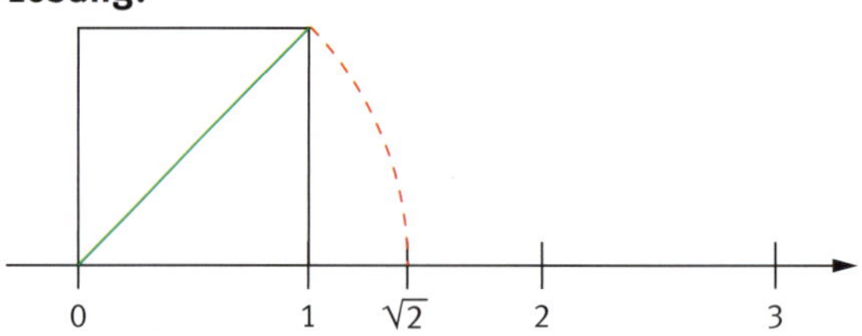

Verständnis

- Erkläre den Unterschied zwischen endlichen und periodischen Dezimalbrüchen.
- Welche natürlichen Zahlen kennst du, deren Wurzel auf keinen Fall eine irrationale Zahl ist? Beschreibe.
- Begründe die Monotonie des Wurzelziehens aus dem Merkwissen.

Aufgaben

Versuche, Quadratzahlen zu erkennen.

oHiMi 1, 3

1 Entscheide ohne Taschenrechner, ob die Zahl rational oder irrational ist.

a) $\sqrt{1}$ b) $\sqrt{2} + 3$ c) $3\sqrt{2}$ d) $5 + \sqrt{11}$
e) $\sqrt{20} + 5$ f) $\sqrt{5} \cdot \frac{1}{20}$ g) $\sqrt{1{,}44}$ h) $-\sqrt{4}$

2 Bestimme mit dem Taschenrechner. Runde irrationale Zahlen auf zwei Dezimalen.

a) $\sqrt{15}$ b) $\sqrt{36}$ c) $\sqrt{0{,}25}$ d) $\sqrt{\frac{17}{100}}$
e) $\sqrt{40}$ f) $\sqrt{\frac{9}{4}}$ g) $\sqrt{\frac{3}{4}}$ h) $\sqrt{0}$

3 Stelle die irrationale Zahl $\sqrt{18}$ auf dem Zahlenstrahl dar, indem du sie wie in Beispiel II als Diagonale eines Quadrats der Seitenlänge 3 cm abträgst. Versuche ein solches Vorgehen auch für $\sqrt{8}$.

4 Vergleiche und setze <, > oder =.

a) $\sqrt{5}$ ☐ $\sqrt{6}$ b) $1{,}5$ ☐ $\sqrt{3}$ c) $\sqrt{10}$ ☐ $(\sqrt{10})^2$ d) $\sqrt{25{,}25}$ ☐ 5
e) $\frac{12}{7}$ ☐ $\sqrt{3}$ f) $3\frac{1}{3}$ ☐ $\sqrt{11}$ g) $\sqrt{27{,}04}$ ☐ $5{,}2$ h) $\sqrt{\frac{1}{9}}$ ☐ $\sqrt{\frac{1}{3}}$

Wissen

$\sqrt{2}$ ist keine rationale Zahl

Ein Beweis, dass $\sqrt{2}$ irrational ist, stammt von Euklid von Alexandria (ungefähr von 360 bis 280 vor Christus): Man nimmt zunächst an, dass $\sqrt{2}$ eine rationale Zahl ist, und folgert dann, dass dies zu einem Widerspruch führt („Widerspruchsbeweis").

Wenn $\sqrt{2}$ eine rationale Zahl ist, so kann man sie als vollständig gekürzten Bruch schreiben (p, q $\in \mathbb{N}$): p und q haben also keine gemeinsamen Teiler mehr.

$$\sqrt{2} = \frac{p}{q} \quad \big| \ ^2$$

Man quadriert beide Seiten:

$$2 = \frac{p^2}{q^2} \quad \big| \cdot q^2$$

Durch Umformung erhält man:

$$2 \cdot q^2 = p^2$$
$$2 \cdot q^2 = p \cdot p$$

Da $2 \cdot q^2$ durch 2 teilbar ist, ist auch $p \cdot p$ durch 2 teilbar. Also ist p gerade und es gilt:

$$\mathbf{p = 2 \cdot k} \ (k \in \mathbb{N})$$

Dann gilt also:

$$2 \cdot q^2 = (2 \cdot k)^2$$
$$\mathbf{q^2 = 2 \cdot k^2}$$

Auf die gleiche Weise zeigt man, dass auch q durch 2 teilbar ist.
Damit sind p und q durch 2 teilbar. Folglich ist $\frac{p}{q}$ kein vollständig gekürzter Bruch. Widerspruch!
Demzufolge ist $\sqrt{2}$ keine rationale Zahl, da sie sich nicht als Bruch $\frac{p}{q}$ aus zwei natürlichen Zahlen p und q darstellen lässt.

- Übertrage die Umformungen in dein Heft und beschreibe sie mit eigenen Worten.
- Zeige auf die gleiche Weise, dass $\sqrt{3}$ ebenfalls eine irrationale Zahl ist.

2.3 Reelle Zahlen

Zwischen zwei rationalen Zahlen auf dem Zahlenstrahl liegen unendlich viele weitere rationale Zahlen. Man sagt: Die rationalen Zahlen liegen dicht. Ist noch Platz für die irrationalen Zahlen?

- Stelle $\frac{7}{5}$ und $\frac{8}{5}$ auf dem Zahlenstrahl dar (1 LE ≙ 10 cm).
- Bilde den Mittelwert der beiden Zahlen und dann jeweils den Mittelwert der neuen Zahl und der gegebenen Zahlen. Setze dieses Verfahren mindestens zweimal fort.
- Trage alle entstehenden Zahlen auf dem Zahlenstrahl ein.
- Wo liegt $\sqrt{2}$?

Geschlossenes Intervall [2,6; 2,7] bedeutet $2{,}6 \leqq x \leqq 2{,}7$.
Offenes Intervall]2,6; 2,7[bedeutet $2{,}6 < x < 2{,}7$.

Merkwissen

Jede **rationale Zahl** kann man als Bruch zweier ganzer Zahlen darstellen. Jeder unendliche, nicht periodische Dezimalbruch ist eine **irrationale** Zahl. Jede irrationale Zahl lässt sich beliebig genau zwischen zwei rationalen Zahlen **einschachteln**. Eine Folge von unendlich vielen Intervallen nennt man **Intervallschachtelung**, wenn jedes Intervall im vorhergehenden Intervall ganz enthalten ist und die Intervalllänge mit jedem Schritt kleiner wird und gegen Null geht.

Die Gesamtheit der rationalen und irrationalen Zahlen bezeichnet man als die Menge der **reellen Zahlen** mit dem Symbol $\mathbb{R}$.

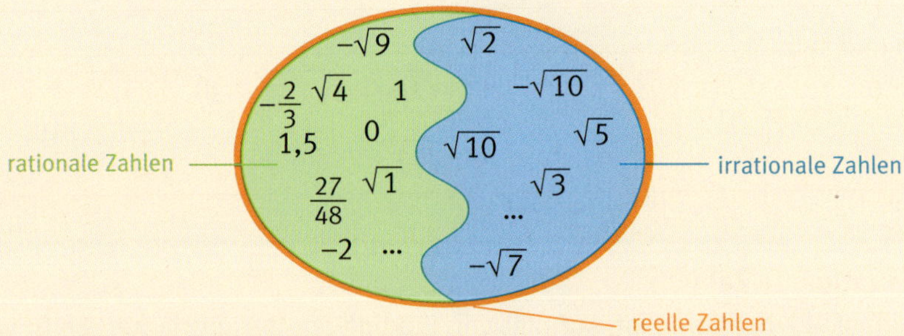

Jedem Punkt der Zahlengeraden ist genau eine reelle Zahl zugeordnet und jede reelle Zahl besitzt genau einen Punkt auf der Zahlengeraden.

Symbol	Bedeutung
$\mathbb{N}$	natürliche Zahlen
$\mathbb{Z}$	ganze Zahlen
$\mathbb{Q}$	rationale Zahlen
$\mathbb{R}$	reelle Zahlen

Beispiele

Vergleiche die Genauigkeit deiner Ergebnisse.

I $\sqrt{2}$ liegt im Intervall]1; 2[, denn $1^2 < 2 < 2^2$. Gib vier weitere Intervalle für $\sqrt{2}$ an …
a) durch Halbierung der Intervalle. **b)** durch sinnvolle Einschachtelung.

Lösung:

a)

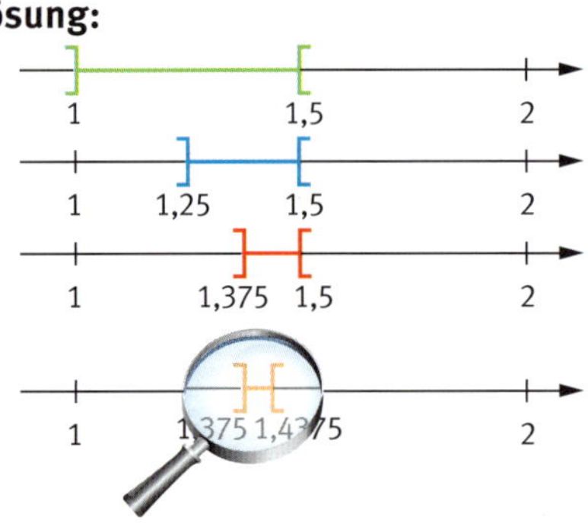

$\sqrt{2} \in$]1; 1,5[, denn $1^2 < 2 < 1{,}5^2$

$\sqrt{2} \in$]1,25; 1,5[, denn $1{,}25^2 < 2 < 1{,}5^2$

$\sqrt{2} \in$]1,375; 1,5[, denn $1{,}375^2 < 2 < 1{,}5^2$

$\sqrt{2} \in$]1,375; 1,4375[, denn $1{,}375^2 < 2 < 1{,}4375^2$

Das Intervall wird halbiert. Es wird entschieden, ob das Quadrat der gesuchten Zahl zwischen den Quadraten der Intervallgrenzen liegt.

b) $\sqrt{2} \in \,]1{,}4;\ 1{,}5[$, denn $1{,}4^2 < 2 < 1{,}5^2$
$\sqrt{2} \in \,]1{,}41;\ 1{,}42[$, denn $1{,}41^2 < 2 < 1{,}42^2$
$\sqrt{2} \in \,]1{,}414;\ 1{,}415[$, denn $1{,}414^2 < 2 < 1{,}415^2$
$\sqrt{2} \in \,]1{,}4142;\ 1{,}4143[$, denn $1{,}4142^2 < 2 < 1{,}4143^2$

Durch jeweils eine Dezimale mehr („dezimale“ Intervallschachtelung) gelangt man schneller zu einem näherungsweisen Wert für $\sqrt{2}$, Taschenrechner zeigen z. B. an: $\sqrt{2} \approx 1{,}414213562$.

Verständnis

- Gib je drei rationale Zahlen an mit $\sqrt{a} > a$ bzw. $\sqrt{a} < a$.
- Vervollständige folgende Sätze und gib einige Beispiele an.
  Die Wurzeln aus Primzahlen sind ... Zahlen.
  Ein gemischt periodischer Dezimalbruch ist eine ... Zahl.

Aufgaben

1 Ermittle ohne Taschenrechner, zwischen welchen natürlichen Zahlen die folgenden Wurzeln liegen.
a) $\sqrt{6}$ b) $\sqrt{13}$ c) $\sqrt{170}$ d) $\sqrt{650}$ e) $\sqrt{990}$

2 Gib die ersten vier Intervalle einer Intervallschachtelung für $\sqrt{5}$ ($\sqrt{11}$, $\sqrt{29}$) an.

oHiMi 1, 3 – 5

3 a) Bestimme die ersten vier Dezimalen des in der Abbildung angegebenen Punkts P auf dem Zahlenstrahl.
b) Konstruiere mithilfe eines Quadrats der Seitenlänge 7 cm den Punkt der reellen Zahl $\sqrt{98}$ auf der Zahlengeraden. Erläutere dein Vorgehen.

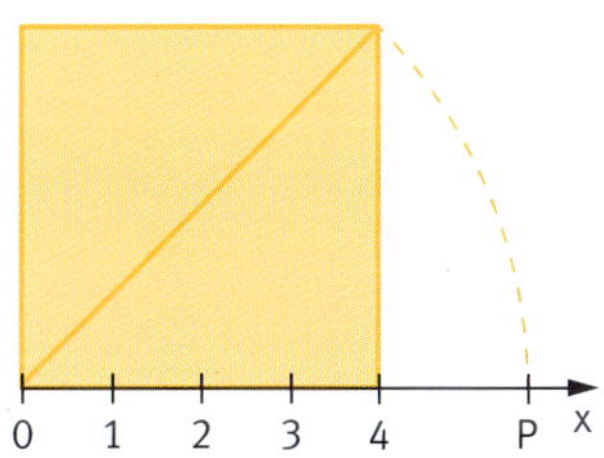

4 Führe ebenso wie beim Beweis zur Irrationalität von $\sqrt{2}$ nach Euklid von Alexandria (Seite 37) den Nachweis, dass $\sqrt{11}$ eine irrationale Zahl ist.

5 Gib die Zahlen als Dezimalbruch an.
a) $-\frac{3}{4}$ b) $3\frac{6}{8}$ c) $11\frac{3}{7}$ d) $\frac{3}{9}$ e) $\frac{13}{40}$ f) $\frac{7}{13}$

6 Gib die Dezimalbrüche in der Bruchschreibweise an.
a) $1{,}25$ b) $10{,}\overline{3}$ c) $1{,}0\overline{1}$ d) $0{,}34$ e) $0{,}1\overline{4}$ f) $1{,}\overline{72}$

7 Stelle die angegebenen Zahlen auf der Zahlengeraden dar. Was stellst du fest?
a) $\sqrt{2}$ b) $\sqrt{8}$ c) $\sqrt{18}$ d) $\sqrt{3}$ e) $\sqrt{12}$ f) $\sqrt{27}$

8 1 $\sqrt{50}$ 2 $\sqrt{245}$ 3 $\sqrt{1040}$ 4 $\sqrt{600}$ 5 $\sqrt{4000}$
a) Gib die beiden natürlichen Zahlen an, zwischen denen die Wurzel liegt. Begründe jeweils.
b) Bestimme mit dem Taschenrechner einen Wert für die angegebene Wurzel. Runde auf zwei Dezimalen.

9 Addiere $\frac{1}{3}$ dreimal mit sich selbst in der Bruchschreibweise und in der Dezimalbruchschreibweise. Was stellst du fest?

Ist $0{,}\overline{9} = 1$ oder gilt $0{,}\overline{9} < 1$?

$\frac{\sqrt{225}}{\sqrt{100}} \overset{?}{=} \sqrt{\frac{225}{100}}$ $\sqrt{7+9} \overset{?}{=} \sqrt{7}+\sqrt{9}$ $\sqrt{9}\cdot\sqrt{4} \overset{?}{=} \sqrt{9\cdot 4}$ $\sqrt{\frac{144}{169}} \overset{?}{=} \frac{\sqrt{144}}{\sqrt{169}}$

$\sqrt{64}-\sqrt{15} \overset{?}{=} \sqrt{64-15}$ $\sqrt{6\cdot 13{,}5} \overset{?}{=} \sqrt{6}\cdot\sqrt{13{,}5}$ $\sqrt{16-9} \overset{?}{=} \sqrt{16}-\sqrt{9}$ $\sqrt{81}+\sqrt{16} \overset{?}{=} \sqrt{81+16}$

- Überprüfe, ob das Gleichheitszeichen gesetzt werden kann.
- Nenne die Rechenarten, für die die Gleichheit gilt.
- Beschreibe die Gesetzmäßigkeiten in Worten und überprüfe an weiteren Beispielen.

Merkwissen

Die bisher **bekannten Rechengesetze** (Kommutativgesetz, Assoziativgesetz und Distributivgesetz) gelten auch für **reelle Zahlen**.

Terme mit Wurzeln lassen sich wie folgt vereinfachen:
Die **Multiplikation** und **Division zweier Quadratwurzeln** lässt sich zu **einer Quadratwurzel zusammenfassen**.

Beispiel	Beispiel
$\sqrt{16}\cdot\sqrt{9} = 4\cdot 3 = 12$ $\sqrt{16\cdot 9} = \sqrt{144} = 12$ (=) Also gilt: $\sqrt{16}\cdot\sqrt{9} = \sqrt{16\cdot 9}$	$\frac{\sqrt{4}}{\sqrt{64}} = \frac{2}{8} = \frac{1}{4}$ $\sqrt{\frac{4}{64}} = \sqrt{\frac{1}{16}} = \frac{1}{4}$ (=) Also gilt: $\frac{\sqrt{4}}{\sqrt{64}} = \sqrt{\frac{4}{64}}$
Multiplikation	**Division**
$\sqrt{a}\cdot\sqrt{b} = \sqrt{a\cdot b}$ für $a, b \geqq 0$	$\frac{\sqrt{a}}{\sqrt{b}} = \sqrt{\frac{a}{b}}$ für $a \geqq 0$, $b > 0$

Bei der **Addition** und **Subtraktion** lassen sich zwei Quadratwurzeln **nicht** zu einer Quadratwurzel **zusammenfassen**. Ausnahme: Wurzeln mit gleichen Radikanden kann man mithilfe des Distributivgesetzes zusammenfassen.

Beispiele:

$\sqrt{9}+\sqrt{16} = 3+4 = 7$
$\sqrt{9+16} = \sqrt{25} = 5$ ($\neq$)

gleicher Radikand:
$2\sqrt{5}+4\sqrt{5} = (2+4)\cdot\sqrt{5} = 6\sqrt{5}$

Lässt sich ein Radikand in ein Produkt zerlegen, bei dem mindestens ein Faktor das Quadrat einer Zahl ist, so kann man **teilweise radizieren**.

Beispiele:

$\sqrt{75} = \sqrt{25\cdot 3} = \sqrt{25}\cdot\sqrt{3} = 5\sqrt{3}$

$\sqrt{45a^5} = \sqrt{9\cdot 5\cdot a^4\cdot a} = 3a^2\cdot\sqrt{5a}$

Beispiele

I Vereinfache, wenn möglich.

a) $\sqrt{2}\cdot\sqrt{32}$ b) $\sqrt{2}+\sqrt{5}$ c) $\frac{\sqrt{2}}{\sqrt{32}}$ d) $3\sqrt{7}-5\sqrt{7}$

Durch Zusammenfassen lassen sich manchmal Wurzeln einfacher ziehen.

Lösung:

a) $\sqrt{2}\cdot\sqrt{32} = \sqrt{2\cdot 32} = \sqrt{64} = 8$

b) Es ist keine Vereinfachung möglich.

c) $\frac{\sqrt{2}}{\sqrt{32}} = \sqrt{\frac{2}{32}} = \sqrt{\frac{1}{16}} = \frac{1}{4}$

d) $3\sqrt{7}-5\sqrt{7} = (3-5)\cdot\sqrt{7} = -2\sqrt{7}$

II Radiziere teilweise.

a) $\sqrt{192}$ b) $\sqrt{180 \cdot x^5}$ mit $x \geqq 0$

Lösung:

a) $\sqrt{192} = \sqrt{64 \cdot 3} = 8 \cdot \sqrt{3}$ b) $\sqrt{180 \cdot x^5} = \sqrt{36 \cdot x^4 \cdot 5 \cdot x} = 6x^2 \cdot \sqrt{5x}$

III Entscheide, ob die Umformungen richtig sind.

a) $\sqrt{2} \cdot \sqrt{8} = \sqrt{2 \cdot 8} = 4$ b) $\frac{\sqrt{40}}{\sqrt{10}} = \sqrt{\frac{40}{10}} = \sqrt{4} = 2$ c) $\sqrt{20} + \sqrt{5} = \sqrt{25} = 5$

Lösung:

a) richtig b) richtig c) falsch

Verständnis

- Warum gilt folgende Gleichheit: $\sqrt{0} + \sqrt{0} = \sqrt{0 + 0}$?
- Ist $\sqrt{8} + \sqrt{6} = \sqrt{6} + \sqrt{8}$? Begründe ohne Rechnung.
- Begründe die Regel zur Multiplikation und Division von Wurzeln.

Aufgaben

1 Berechne. Welche Aufgabe kannst du im Kopf lösen?

a) $\sqrt{12} \cdot \sqrt{3}$ b) $\frac{\sqrt{24}}{\sqrt{6}}$ c) $\sqrt{49} \cdot \sqrt{4}$ d) $\sqrt{144} \cdot \sqrt{9}$

e) $\sqrt{3} \cdot \sqrt{27}$ f) $\sqrt{100} : \sqrt{25}$ g) $\sqrt{45} \cdot \sqrt{5}$ h) $\sqrt{169 \cdot 16}$

i) $\sqrt{5} \cdot \sqrt{45}$ j) $\sqrt{\frac{36}{49}}$ k) $\sqrt{\frac{81}{144}}$ l) $\sqrt{225} \cdot \sqrt{\frac{1}{25}}$

Lösungen zu 1:
$\frac{3}{4}$; $\frac{6}{7}$; 2; 2; 3; 6; 9; 14; 15; 15; 36; 52

2 Berechne im Kopf. Nutze Gesetzmäßigkeiten.

a) $\sqrt{5} \cdot \sqrt{20}$ b) $\sqrt{2} \cdot \sqrt{50}$ c) $3\sqrt{4} + 6\sqrt{4}$ d) $\sqrt{0{,}1} \cdot \sqrt{1000}$

e) $\sqrt{\frac{3}{4}} \cdot \sqrt{3}$ f) $\frac{\sqrt{48}}{\sqrt{75}}$ g) $\frac{\sqrt{1350}}{\sqrt{6}}$ h) $\sqrt{0} \cdot \sqrt{7}$

i) $\sqrt{25} + \sqrt{9}$ j) $\sqrt{36 \cdot 81}$ k) $\sqrt{\frac{5}{245}}$ l) $\sqrt{4 \cdot 144 \cdot 25}$

oHiMi 1–4

Lösungen zu 2:
0; $\frac{1}{7}$; 0,8; 1,5; 8; 10; 10; 10; 15; 18; 54; 120

3 Lege die Steine gedanklich zu einer geschlossenen Kette zusammen. Schaffst du es, die Aufgabe im Kopf zu lösen? Notiere als Lösung die Folge der Ergebniszahlen.

Der vordere Teil ist jeweils das Ergebnis eines Aufgabenteils.

20	$\sqrt{1125} : \sqrt{5}$	18	$\sqrt{36} \cdot \sqrt{16}$	9	$\sqrt{1690} : \sqrt{10}$
16	$\sqrt{324} : \sqrt{4}$	24	$\frac{\sqrt{432}}{\sqrt{27}}$	15	$\sqrt{32} \cdot \sqrt{8}$
4	$\sqrt{18} \cdot \sqrt{8}$	13	$\sqrt{6} \cdot \sqrt{54}$	12	$\frac{\sqrt{2000}}{\sqrt{5}}$

4 Vereinfache durch teilweises Radizieren.

a) $\sqrt{18}$ b) $\sqrt{50}$ c) $\sqrt{63}$ d) $\sqrt{343}$

e) $\sqrt{48}$ f) $\sqrt{18} + \sqrt{45}$ g) $\sqrt{80} - \sqrt{112}$ h) $\sqrt{99} + \sqrt{44}$

i) $\frac{\sqrt{60} + \sqrt{15}}{\sqrt{3}}$ j) $\frac{\sqrt{25} - \sqrt{175}}{\sqrt{63}}$ k) $\frac{\sqrt{700} - \sqrt{112}}{\sqrt{175} + \sqrt{63}}$ l) $\frac{\sqrt{1331}}{\sqrt{176}}$

oHiMi 7–9

5 Vereinfache mithilfe von Gesetzmäßigkeiten so weit wie möglich.

a) $\sqrt{4} \cdot \sqrt{12{,}5}$ b) $\frac{\sqrt{144-32}}{\sqrt{14}}$ c) $\sqrt{\frac{2}{7}} \cdot \sqrt{91}$

d) $\sqrt{0{,}0045} : \sqrt{0{,}0003}$ e) $\sqrt{2} \cdot \sqrt{3{,}6} \cdot \sqrt{50}$ f) $\sqrt{12{,}5} \cdot \sqrt{21} \cdot \sqrt{8}$

g) $\sqrt{\frac{3}{7}} \cdot \frac{1}{\sqrt{9}} \cdot \sqrt{49}$ h) $\sqrt{0{,}75} \cdot \frac{\sqrt{8}}{\sqrt{5}} \cdot \sqrt{15}$ i) $\frac{\sqrt{31} \cdot \sqrt{32}}{\sqrt{6{,}4}}$

6 Radiziere die folgenden Zahlen mit dem Taschenrechner.
Was stellst du fest? Begründe mithilfe der Regeln.

1	0,729	7,29	72,9	729	7290	72 900
2	1258	125,8	12,58	1,258	0,1258	0,01258

7 Übertrage das Rechennetz in dein Heft und vervollständige es.
Entlang derselben Richtung wird immer mit derselben Zahl multipliziert bzw. dividiert.

a) 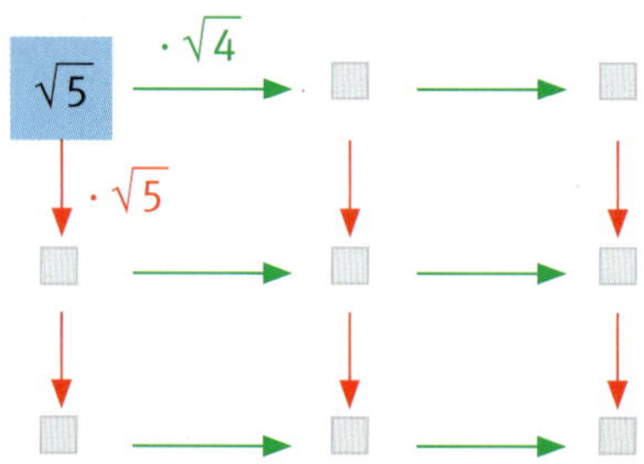

b) 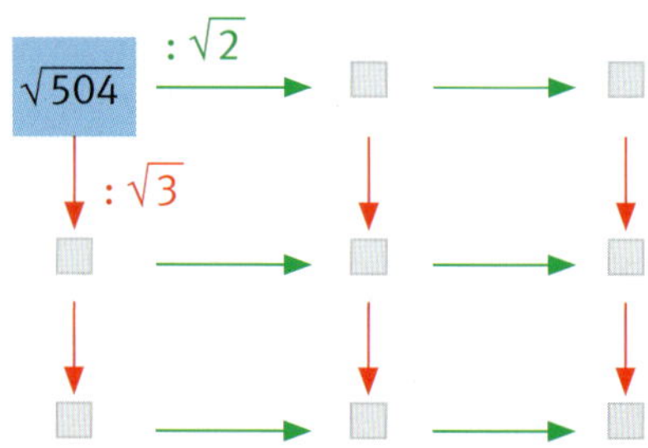

Alle Variablen stehen für positive rationale Zahlen.

8 a) Beschreibe die Vereinfachungen ($D = \mathbb{R}^+$).

1 $\sqrt{2x} \cdot \sqrt{8x} = \sqrt{2 \cdot 8 \cdot x \cdot x} = \sqrt{16x^2} = \sqrt{16} \cdot \sqrt{x^2} = 4x$

2 $\frac{\sqrt{x^3y}}{\sqrt{xy}} = \sqrt{\frac{x^3y}{xy}} = \sqrt{x^2} = x$

Lösungen zu 8 b):
$\frac{3}{7a}$; $6ab$; $\frac{2}{a}$; $4ax$; $\frac{y}{x}$; $3ab$; $8x$; $12xy$; $\frac{4}{5}a$; $\frac{5}{6}x$

b) Vereinfache ebenso folgende Terme so weit wie möglich ($D = \mathbb{R}^+$).

1 $\frac{\sqrt{xy^5}}{\sqrt{x^3y^3}}$ 2 $\sqrt{4x} \cdot \sqrt{16x}$ 3 $\sqrt{\frac{0{,}4a^2}{0{,}625}}$ 4 $\sqrt{3a} \cdot \sqrt{12ab^2}$ 5 $\frac{\sqrt{12a}}{\sqrt{3a^3}}$

6 $\frac{\sqrt{18a^3b^3}}{\sqrt{2ab}}$ 7 $\frac{\sqrt{150x^3}}{\sqrt{216x}}$ 8 $\sqrt{8x^2y} \cdot \sqrt{18y}$ 9 $\frac{\sqrt{45a^2}}{\sqrt{245a^4}}$ 10 $\frac{\sqrt{48a^5x^3}}{\sqrt{3a^3x}}$

Alle Variablen stehen für positive rationale Zahlen.

9 Vereinfache durch teilweises Radizieren. Finde den Weg vom Start zum Ziel.

$5a^2bc\sqrt{7ac}$	$\frac{\sqrt{18a^3b}}{\sqrt{27b^6}}$	Start	$\sqrt{5a^2}$	$\frac{1}{2} \cdot \sqrt{2}$	Ziel
$a \cdot \sqrt{5}$	$\sqrt{27a^3}$	$5a^3\sqrt{2a}$	$\frac{\sqrt{80a^5 + 9a^5}}{\sqrt{2b^2 \cdot 14b^3}}$	$3a\sqrt{3a}$	$\sqrt{175a^5b^2c^3}$
$\frac{a^2}{2b^2} \cdot \sqrt{\frac{89a}{7b}}$	$\frac{\sqrt{3a^3 \cdot 2b^4}}{\sqrt{4a^3 \cdot 3b^4}}$	$\frac{a}{b^2} \cdot \sqrt{\frac{2a}{3b}}$	$\sqrt{21a^7 + 29a^7}$		

10 Brüche werden in der Mathematik meist ohne Wurzeln im Nenner geschrieben.

> Nenner von **Brüchen** lassen sich **durch Erweitern rational** machen.
> **Beispiele:**
>
> 1 $\frac{3}{\sqrt{5}} = \frac{3 \cdot \sqrt{5}}{\sqrt{5} \cdot \sqrt{5}} = \frac{3 \cdot \sqrt{5}}{5} = \frac{3}{5} \cdot \sqrt{5}$
>
> 2 $\frac{7}{\sqrt{7} - \sqrt{2}} = \frac{7 \cdot (\sqrt{7} + \sqrt{2})}{(\sqrt{7} - \sqrt{2}) \cdot (\sqrt{7} + \sqrt{2})} = \frac{7 \cdot (\sqrt{7} + \sqrt{2})}{7 - 2} = \frac{7}{5} \cdot (\sqrt{7} + \sqrt{2})$

a) Begründe, warum Summenterme im Nenner in vielen Fällen nur durch die 3. binomische Formel, aber nicht durch die 1. oder 2. binomische Formel rational gemacht werden können. Gib Beispiele an für Summenterme im Nenner, die nur durch die 3. binomische Formel und nicht durch die 1. oder 2. binomische Formel rational gemacht werden können.

b) Mache den Nenner rational und vereinfache so weit wie möglich.

1 $\frac{1}{\sqrt{7}}$ 2 $\frac{8}{\sqrt{5}}$ 3 $\frac{12}{\sqrt{15}}$ 4 $\frac{5}{\sqrt{15}}$ 5 $\frac{24}{\sqrt{32}}$

6 $\frac{\sqrt{4}}{\sqrt{4} - \sqrt{7}}$ 7 $\frac{\sqrt{12}}{\sqrt{3} - \sqrt{11}}$ 8 $\frac{9}{2 + \sqrt{7}}$ 9 $\frac{\sqrt{7} + \sqrt{13}}{\sqrt{7} - \sqrt{13}}$ 10 $\frac{1}{\sqrt{3}} - \frac{4}{\sqrt{12}}$

Lösungen zu 10 b):
$\frac{8}{5}\sqrt{5}; -\frac{1}{3}\sqrt{3}; -3(2 - \sqrt{7});$
$3\sqrt{2}; -\frac{10 + \sqrt{91}}{3}; -\frac{4 + 2\sqrt{7}}{3};$
$\frac{\sqrt{7}}{7}; -\frac{3 + \sqrt{33}}{4}; \frac{1}{3}\sqrt{15};$
$\frac{4}{5}\sqrt{15}$

11 Mache den Nenner rational und vereinfache, falls möglich.

a) $\frac{3}{\sqrt{x}}$ b) $\frac{\sqrt{5}}{\sqrt{6 - c}}$ c) $\frac{a - b}{\sqrt{a} + \sqrt{b}}$ d) $\frac{a}{\sqrt{3a} - \sqrt{2a}}$ e) $\frac{12x}{\sqrt{6}}$

f) $\frac{\sqrt{4x}}{\sqrt{4x} - \sqrt{9x}}$ g) $\frac{8b}{\sqrt{11b} - \sqrt{7b}}$ h) $\frac{\sqrt{5x} - 3\sqrt{2y}}{\sqrt{20x} + 4\sqrt{8y}}$ i) $\frac{\sqrt{x} - \sqrt{y}}{\sqrt{4x} + \sqrt{5y}}$ j) $\frac{3x - 4\sqrt{y}}{3x + 4\sqrt{y}}$

Beachte die binomischen Formeln.

12 Quadratische Gleichungen können mit Wurzeln gelöst werden.

> Für das Lösen von einfachen quadratischen Gleichungen gilt:
> Die Gleichung $x^2 = a$ mit $a \in \mathbb{R}^+$ hat die Lösungsmenge $L = \{-\sqrt{a}; +\sqrt{a}\}$.
> **Beispiel:**
> $x^2 = 169$ hat die Lösungen $x = -13$ und $x = +13$, denn $(+13)^2 = 169$ und $(-13)^2 = 169$.
> $L = \{13; 13\}$

Bestimme die Lösungsmenge in $D = \mathbb{R}$.

a) $x^2 = 5$ b) $x^2 = 36$ c) $x^2 = -25$ d) $x^2 - 7 = 0$

e) $x^2 = 0{,}5$ f) $2x^2 - 12 = 0$ g) $0{,}5x^2 = 5$ h) $0{,}75x^2 - 9 = 0$

i) $x^2 - 6{,}25 = 0$ j) $x^2 + 5 = 0$ k) $3x^2 = 44 - x^2$ l) $4x^2 = 2 - x^2$

13 Vereinfache so weit wie möglich. Bestimme die Lösungsmenge in $D = \mathbb{R}$.

a) $(4x + 1)^2 - (5x - 2)^2 = 13x - 15 \cdot (2 - x)$

b) $(5x - 3) \cdot (2x - 1) - 16x^2 + 1 = x - (x + 6)^2$

c) $(3x - 4)^2 + (2x - 5)^2 = (7 - 3x) \cdot (8 - 6x) + 22x$

d) $(x + 3)^2 + (x - 3)^2 = (x + 3) \cdot (x - 3) + 31$

e) $(x + 3) \cdot (x - 4) + (x + 4) \cdot (x - 3) = 8$

f) $(x + 3)^2 - (x - 3)^2 + 45 = (2x + 3)^2$

g) $(2x - 3) \cdot (x + 4) - (x - 0{,}5)^2 = 6x + 8$

2.5 Aufgaben zur Differenzierung

Zu 2.1

1 Berechne im Kopf.

a) $\sqrt{4}$ $\sqrt{400}$ $\sqrt{0{,}04}$
b) $\sqrt{25}$ $\sqrt{225}$ $\sqrt{2{,}25}$

a) $\sqrt{64}$ $\sqrt[3]{64}$ $\sqrt{6400}$
b) $\sqrt[3]{8}$ $\sqrt[3]{27}$ $\sqrt[3]{125}$

2 Wie lautet die Gleichung? Jede Lücke steht für eine Ziffer.

a) $\sqrt{8\square} = 9$
b) $\sqrt{\square} = 2$
c) $\sqrt[3]{\square 7} = 3$

a) $\sqrt{\square\square} = 8$
b) $\sqrt[3]{0{,}0\square 7} = 0{,}\square$
c) $\sqrt{22\square} = 1\square$

3 Korrigiere die Hausaufgaben von Peter.

a) $\sqrt{90} = 30$
b) $\sqrt{0{,}16} = 0{,}04$

a) $\sqrt[3]{8000} = 200$
b) $\sqrt[3]{0{,}27} = 0{,}3$

Zu 2.2

4 Finde mindestens drei verschiedene x so, dass die Zahl rational (irrational) wird.
Beispiel:
$\sqrt{20 + x}$ ist ...
rational für $x = 5$, denn $\sqrt{25} = 5$; ...
irrational für $x = 3$, denn $\sqrt{23}$ ist irrational; ...

a) $\sqrt{x + 10}$
b) $\sqrt{x \cdot 10}$

a) $\sqrt{x - 10}$
b) $\sqrt{\frac{x}{10}}$

5 Die Abbildung zeigt den Beginn einer Quadratwurzelschnecke.

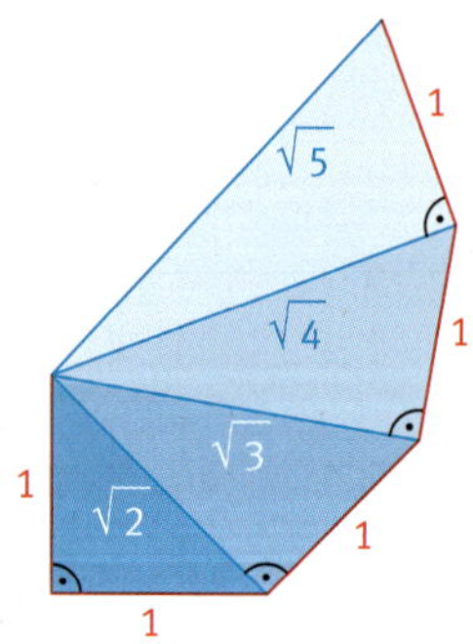

a) Zeichne selbst eine solche Quadratwurzelschnecke bis $\sqrt{5}$.
b) Miss in deiner Zeichnung nach, wie lang die Strecken für $\sqrt{2}$, $\sqrt{3}$, $\sqrt{4}$ und $\sqrt{5}$ sind, und vergleiche jeweils mit dem Wert, den du auf deinem Taschenrechner erhältst.

a) Zeichne selbst eine solche Quadratwurzelschnecke bis $\sqrt{7}$.
b) Begründe, warum die grün dargestellte Seitenlänge im ersten Dreieck der Schnecke $\sqrt{2}$ ergibt.

Zu 2.3

6 Ordne der Größe nach. Beginne mit der kleinsten Zahl.

a) $\sqrt{2}$; $\sqrt{16}$; 2; 6; $\sqrt{4}$

b) $\sqrt[3]{64}$; $\sqrt{64}$; 6; 64; 4

c) $\sqrt[3]{81}$; $\sqrt{81}$; $\sqrt[3]{8}$; $\sqrt[3]{27}$; $\sqrt{10}$

Ersetze die Lücken durch Ziffern.
Finde mehrere Lösungen, wenn möglich.

a) $\sqrt{\square\square} = 4$

b) $\sqrt{12\square} = 11$

c) $\sqrt{16} < \square < \sqrt{81}$

d) $\sqrt{19} > \square$

e) $3 < \sqrt{\square\square} < 4$

f) $\sqrt{1\square} < \sqrt{\square 7}$

Zu 2.4

7 Berechne im Kopf.

a) $\sqrt{2} \cdot \sqrt{18}$

b) $\sqrt{3} \cdot \sqrt{48}$

c) $\sqrt{8} \cdot \sqrt{12{,}5}$

d) $\frac{\sqrt{12}}{\sqrt{3}}$

e) $\frac{\sqrt{27}}{\sqrt{3}}$

f) $\frac{\sqrt{8}}{\sqrt{50}}$

a) $\sqrt{5} \cdot \sqrt{45}$

b) $\sqrt{2} \cdot \sqrt{3} \cdot \sqrt{6}$

c) $\sqrt{\frac{25}{16}}$

d) $\frac{\sqrt{3}}{\sqrt{5}} \cdot \sqrt{15}$

e) $\sqrt{6} \cdot \frac{\sqrt{3}}{\sqrt{8}}$

f) $\frac{\sqrt{3} \cdot \sqrt{2}}{\sqrt{1{,}5}}$

8

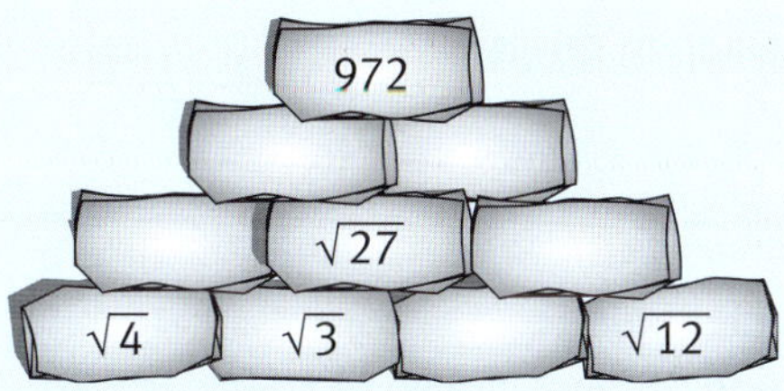

a) Vervollständige die Multiplikationszahlenmauer in deinem Heft.

b) Beschreibe dein Vorgehen bei der Berechnung.

c) Welche Wurzeln ergeben irrationale, welche rationale Zahlen?

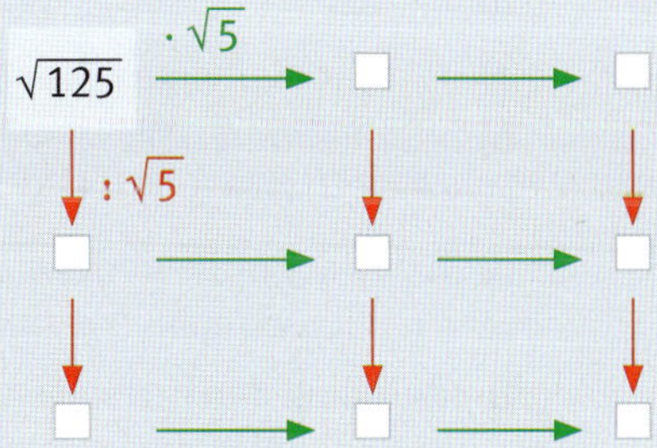

a) Zeichne das Rechennetz in dein Heft und ergänze die fehlenden Zahlen.

b) Kannst du Muster erkennen? Erkläre, wie diese zustande kommen.

c) Welche Wurzeln ergeben irrationale, welche rationale Zahlen?

9

Für welche Zahlen gilt
$\sqrt{(a+b)} = \sqrt{a} + \sqrt{b}$?
Findest du mehrere Möglichkeiten?
Setze das Gespräch fort.

Quadriere die Gleichung
$\sqrt{(a+b)} = \sqrt{a} + \sqrt{b}$ auf beiden Seiten.
Beachte die binomische Formel.
Was muss gelten, damit beide Seiten gleich sind?

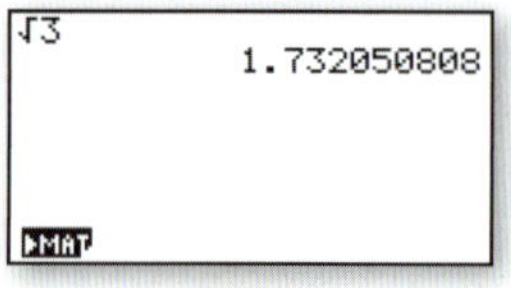

1 Peter berechnet mit dem Taschenrechner $\sqrt{3}$.
Begründe, dass die dargestellte Anzeige des Taschenrechners nicht exakt sein kann.

oHiMi 1 – 4, 9 – 12

2 Zwischen welchen benachbarten natürlichen Zahlen liegt die Wurzel?
Begründe deine Antwort. Rechne im Kopf.

a)	b)	c)	d)	e)	f)
$\sqrt{40}$	$\sqrt{18}$	$\sqrt{316}$	$\sqrt{88}$	$\sqrt{112}$	$\sqrt{360}$
$\sqrt{10}$	$\sqrt{32}$	$\sqrt{145}$	$\sqrt{77}$	$\sqrt{170}$	$\sqrt{420}$
$\sqrt{5}$	$\sqrt{60}$	$\sqrt{200}$	$\sqrt{99}$	$\sqrt{168}$	$\sqrt{501}$

3 Ein Fliesenleger legt Muster aus dreieckigen roten und gelben Fliesen. Aus jeweils zwei bzw. vier bzw. acht Fliesen legt er ein Quadrat. Bestimme die Seitenlängen einer Fliese …

a) zeichnerisch.
b) rechnerisch.

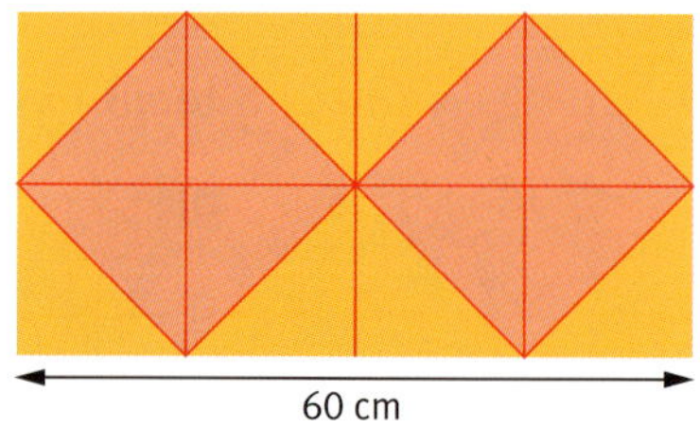

4 Entscheide, ob die Aussage wahr oder falsch ist.
Begründe.

a) $\sqrt{16}$ ist diejenige rationale Zahl, die quadriert 16 ergibt.
b) $\sqrt{81}$ kann +9 oder –9 sein.
c) $\sqrt{25}$ ist größer als $\sqrt{36}$.
d) Wenn a größer wird, wird auch $\sqrt{a}$ größer ($a \in \mathbb{R}^+$).
e) Es gibt natürliche Zahlen, die reelle Zahlen sind.
f) Zwischen den irrationalen Zahlen $\sqrt{2}$ und $\sqrt{3}$ liegen unendlich viele weitere irrationale Zahlen (rationale Zahlen, reelle Zahlen).

5 Finde eine natürliche Zahl, deren Quadratwurzel möglichst nahe an …

a) 20 b) 25 c) 100 d) 500

liegt, aber nicht gleich dieser Zahl ist. Bestimme jeweils die Abweichung.

6 a) Erkläre mithilfe der Darstellung, dass
$\sqrt{9} + \sqrt{16} \neq \sqrt{9+16}$.

b) Überprüfe die Aussage aus a) an mindestens einem weiteren Beispiel.

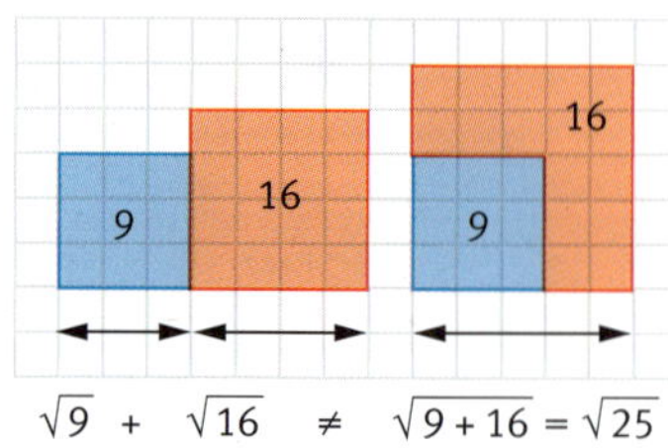

7 Fülle die Lücken richtig aus.

a) $\sqrt{5} \cdot \sqrt{\square} = \sqrt{10}$ b) $\sqrt{7} \cdot \sqrt{\square} = \sqrt{21}$ c) $\frac{\sqrt{12}}{\sqrt{\square}} = \sqrt{3}$

d) $\sqrt{\square} \cdot \sqrt{2{,}5} = \sqrt{20}$ e) $\frac{\sqrt{30}}{\sqrt{\square}} = \sqrt{30}$ f) $\sqrt{13} \cdot \sqrt{\square} = 13$

g) $\frac{\sqrt{\square}}{\sqrt{11}} = \sqrt{11}$ h) $\sqrt{12} \cdot \sqrt{\square} = \sqrt{576}$ i) $\sqrt{\square} \cdot \sqrt{36} = 18$

j) $\sqrt{\square 36} : \sqrt{\square 1} = 4$ k) $\sqrt{121} \cdot \sqrt{\square} = 0$ l) $\sqrt{169} : \sqrt{\square} = \sqrt{13}$

Lösungen zu 8:
5; 2,5; 9; 24; 8

8 Berechne.

a) $(\sqrt{5})^2$ b) $3 \cdot (\sqrt{8})^2$ c) $1{,}5 \cdot (\sqrt{6})^2$ d) $(0{,}5 \cdot \sqrt{10})^2$ e) $\frac{2}{3} \cdot (\sqrt{12^2})$

Alle Variablen stehen für positive rationale Zahlen.

9 Radiziere teilweise.

a) $\sqrt{32}$ b) $\sqrt{250}$ c) $\sqrt{49 \cdot x^5}$ d) $\sqrt{275} - \sqrt{99}$

e) $\sqrt{288x^3y}$ f) $\sqrt{10a^3 + 22a^3}$ g) $\frac{\sqrt{45} + \sqrt{80}}{\sqrt{147}}$ h) $\frac{\sqrt{363a^2b^7c^9}}{ab^2c}$

10 Mache den Nenner rational.

a) $\frac{1}{\sqrt{32}}$ b) $\frac{\sqrt{63}}{\sqrt{288}}$ c) $\frac{6}{\sqrt{3} - \sqrt{15}}$ d) $\frac{a}{7 - \sqrt{a}}$

e) $\frac{\sqrt{6a} - \sqrt{3b}}{\sqrt{3b} - \sqrt{6a}}$ f) $\frac{\sqrt{3x} + \sqrt{3y}}{\sqrt{9x} - \sqrt{9y}}$ g) $\frac{x - 5}{\sqrt{x - 5}}$ h) $\frac{9}{3 - \sqrt{7}} - \frac{7}{3 - \sqrt{7}}$

11 Ordne wertgleiche Terme einander zu. Ein Term bleibt übrig.

$\sqrt{100 + 44}$ | $(\sqrt{2})^2 \cdot \sqrt{2}$ | 2^2 | $\sqrt{100} + \sqrt{44}$ | $\frac{\sqrt{32}}{\sqrt{2}}$ | 12 | $2^2 \cdot \sqrt{2}$ | $\sqrt{8}$ | $\sqrt{32}$

12 Radiziere, wenn möglich, im Kopf.

a) $\sqrt{9}$; $\sqrt{100}$; $\sqrt{0{,}01}$; $\sqrt{0{,}25}$; $\sqrt{10^6}$; $\sqrt{0{,}0169}$; $\sqrt{3{,}24}$

b) $\sqrt{\frac{1}{36}}$; $\sqrt{\frac{48}{75}}$; $\sqrt{57\,600}$; $\sqrt{10^8}$; $\sqrt{\frac{20}{45}}$; $\sqrt{0{,}000144}$; $\sqrt{\frac{180}{405}}$

c) $\sqrt{\sqrt{81}}$; $\sqrt{\sqrt{625}}$; $\sqrt{\sqrt{0{,}0001}}$; $\sqrt{\sqrt{0{,}0625}}$; $\sqrt{\sqrt{10\,000}}$

d) $\sqrt{2 \cdot \sqrt{64}}$; $\sqrt{6 \cdot \sqrt{36}}$; $\sqrt{3 \cdot \sqrt{144}}$; $\sqrt{25 \cdot \sqrt{8 \cdot \sqrt{4}}}$; $\sqrt{0{,}8 \cdot \sqrt{0{,}04}}$

Es gilt:
$\sqrt{\sqrt{16}} = \sqrt{4} = 2$

13 Ordne der Größe nach. Beginne mit der kleinsten Zahl.

a) $\sqrt{\frac{121}{324}}$; $\sqrt{1{,}2}$; $0{,}45$; $\sqrt{\frac{48}{147}}$ b) $-\sqrt{2{,}25}$; $-\sqrt{\frac{3}{7}}$; $-\sqrt{2{,}45}$; $-\sqrt{2}$

c) $\sqrt{45{,}3}$; $\sqrt{\frac{3}{7}}$; $0{,}\overline{3}$; $\sqrt{1{,}1}$ d) $\sqrt{1{,}4}$; $\frac{6}{5}$; $\sqrt{\frac{64}{49}}$; $\sqrt{\frac{162}{128}}$; $\sqrt{1{,}3225}$

14 Bestimme die Lösungsmenge im Kopf ($D = \mathbb{R}$).

a) $x^2 = 225$ b) $x^2 - 169 = 0$ c) $3x^2 - 3 = 2{,}07$ d) $\frac{1}{5}x^2 = 1$

e) $x^2 = 0$ f) $-x^2 + 1{,}44 = 0$ g) $-1{,}5x^2 + 0{,}54 = 0$ h) $\frac{3}{4}x^2 - \frac{1}{2} = -\frac{19}{50}$

i) $x^2 = -4$ j) $x^2 + 0{,}16 = 0$ k) $1 + 2{,}5x^2 = 2{,}225$ l) $-\frac{4}{5} + \frac{3}{10}x^2 = -1\frac{2}{5}$

15 Vereinfache und bestimme die Lösungsmenge in $D = \mathbb{R}$.

a) $(x + 4)^2 = 19 + 8x$ b) $(x + 3) \cdot (x + 9) = 2 \cdot (x + 3)^2$

c) $2x^2 - 16x + 24 = (x - 8)^2$ d) $(x + 4{,}5) \cdot (x - 8) = -0{,}2 \cdot (17{,}5x - 65)$

Lösungen zu 15:
$L = \{-3; 3\}$; $L = \{-7; 7\}$;
$L = \{-\sqrt{3}; \sqrt{3}\}$;
$L = \{-2\sqrt{10}; 2\sqrt{10}\}$

16 Herr Müller hat ein großes trapezförmiges Grundstück.

a) Welchen Flächeninhalt hat das Grundstück?

b) Vergleiche den Umfang des trapezförmigen Grundstücks mit dem eines flächengleichen quadratischen Grundstücks.

c) Jassin sagt, dass man nicht hätte rechnen müssen, um zu wissen, dass der Umfang des Quadrats kleiner ist als der des Trapezes. Was meinst du?

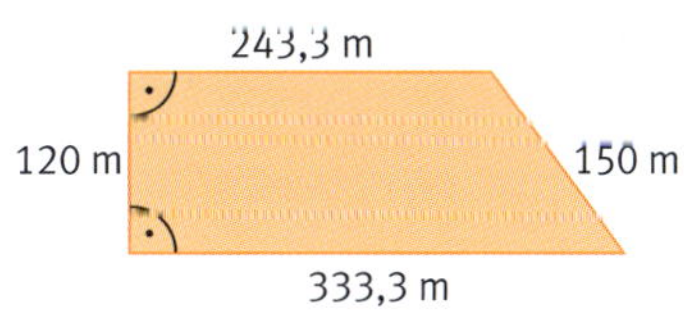

Das Heronverfahren nach klassischer Art

Schon seit Jahrtausenden nutzt man Näherungsverfahren, wenn man Wurzeln nicht exakt angeben kann. Eines davon ist nach Heron von Alexandria benannt, der vor 2000 Jahren in Ägypten lebte.

Beispiel: Bestimme einen Näherungswert für $\sqrt{10}$.

Idee

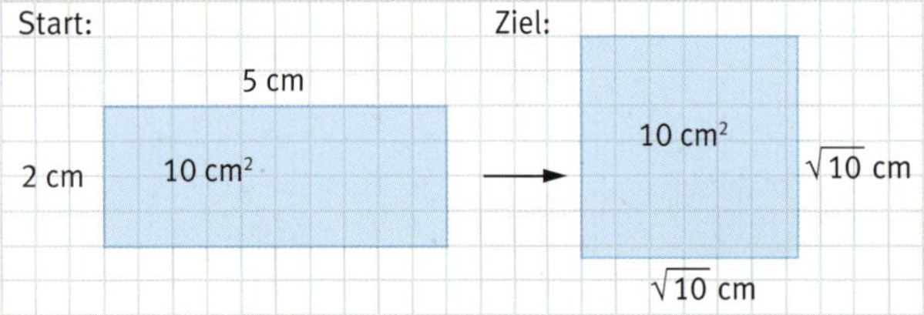

Ein Rechteck mit dem Flächeninhalt 10 cm² wird schrittweise in ein flächengleiches Quadrat umgewandelt. Das Verfahren hat den Vorteil, dass man für jede Quadratwurzel $\sqrt{n}$ ein solches Ausgangsrechteck finden kann. Im einfachsten Fall hat es die Maße 1 cm · n cm. Im Beispiel starten wir mit den Seitenlängen a = 2 cm und b = 5 cm.

Ablauf

Wandle das bestehende Rechteck jeweils in ein flächengleiches Rechteck um, indem du als eine neue Seitenlänge das arithmetische Mittel aus den beiden alten Seitenlängen verwendest. Die zweite Seitenlänge ergibt sich dann, indem du den Flächeninhalt durch diese erste neue Seitenlänge teilst.

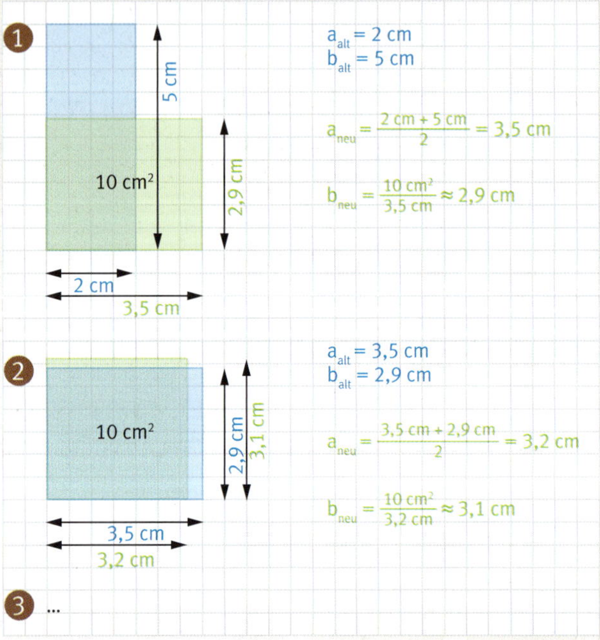

Das Heronverfahren kann bis zu jeder beliebigen Genauigkeit fortgesetzt werden. Man erkennt im Beispiel, dass bereits nach wenigen Schritten die Seitenlängen dicht beieinander liegen.

a) Bestimme einen Näherungswert für die Wurzel mit dem Heronverfahren auf zwei Dezimalen genau.
 ❶ $\sqrt{2}$ ❷ $\sqrt{6}$ ❸ $\sqrt{12}$ ❹ $\sqrt{20}$

b) Welche Rolle spielen die Startwerte beim Heronverfahren? Überprüfe am Beispiel $\sqrt{50}$.

Das Heronverfahren mit dem Computer

Beim Heronverfahren werden stets dieselben Rechenschritte durchlaufen, um $\sqrt{n}$ zu bestimmen. Dabei steht n für den Flächeninhalt des Quadrats bzw. für den Radikanden der zu berechnenen Wurzel.

neue Länge: $a_{neu} = \frac{a_{alt} + b_{alt}}{2}$ (alte Länge, alte Breite)

neue Breite: $b_{neu} = \frac{n}{a_{neu}}$

Die Rechenschritte kann man gut durch ein Tabellenprogramm durchführen lassen.

	A	B	C	D
1	**Heronverfahren**			
2				
3	**Berechnung von Wurzel**		10	
4				
5	**Schritt**	**Länge**	**Breite**	**Kontrolle**
6	1	2	5	10
7	2	3,5	2,85714286	10
8	3	3,17857143	=$C$3/B8	10
9	4	3,16231942	3,1622359	10
10	5	3,16227766	3,16227766	10

a) Beschreibe den Aufbau und die Einträge des Tabellenblatts.

b) Übertrage das Tabellenblatt und berechne damit $\sqrt{40}$ ($\sqrt{99}$) auf vier Dezimalen genau.

Intervallhalbierung $\sqrt{x}\sqrt{x}$

Intervallhalbierung ist ein Näherungsverfahren. Es wird beim systematischen Probieren oftmals angewendet.

Beispiel: Bestimme einen Näherungswert für $\sqrt{10}$.

Idee

Das Quadrat von $\sqrt{10}$ ist 10. Man sucht jetzt einen unteren Wert, der quadriert kleiner als 10 ist, und einen oberen, der quadriert größer als 10 ist. Anschließend bestimmt man zwischen diesen beiden Werten einen neuen Wert und überprüft, ob man damit den unteren oder oberen Wert ersetzen kann.

Ablauf

Bei der Intervallhalbierung bestimmt man das arithmetische Mittel aus unterem und oberem Wert. Dann wird überprüft, ob das Quadrat des Mittelwerts größer oder kleiner als 10 ist. Je nachdem ersetzt man im nächsten Schritt den oberen oder den unteren Wert durch den Mittelwert.

	unterer Wert	oberer Wert	Mittelwert
1	2, denn $2^2 = 4 < 10$	5, denn $5^2 = 25 > 10$	$\frac{2+5}{2} = 3{,}5$ $3{,}5^2 = 12{,}25 > 10$ $\Longrightarrow$ oberen Wert ersetzen
2	2,0, denn $2{,}0^2 = 4$ $4 < 10$	3,5 denn $3{,}5^2 = 12{,}25$ $12{,}25 > 10$	$\frac{2{,}0+3{,}5}{2} = 2{,}75$ $2{,}75^2 \approx 7{,}6 < 10$ $\Longrightarrow$ unteren Wert ersetzen
3	2,75, denn $2{,}75^2 \approx 7{,}6 < 10$	3,50 denn $3{,}50^2 = 12{,}25 > 10$	$\frac{2{,}75+3{,}50}{2} = 3{,}125$ $3{,}125^2 \approx 9{,}8 < 10$ $\Longrightarrow$ unteren Wert ersetzen
4	3,125, denn $3{,}125^2 \approx 9{,}8 < 10$	3,500, denn $3{,}500^2 = 12{,}25 > 10$	$\frac{3{,}125+3{,}500}{2} = 3{,}3125$ $3{,}3125^2 \approx 11{,}0 > 10$ $\Longrightarrow$ oberen Wert ersetzen
5	…		

a) Bei jedem Schritt betrachtet man eine Dezimale mehr. Erkläre die Aussage anhand des Beispiels.

b) Führe die ersten vier Schritte des Intervallhalbierungsverfahrens für $\sqrt{2}$ ($\sqrt{8}$, $\sqrt{500}$) durch.

c) Erkläre den Begriff „Intervallhalbierung".

d) Führe das Verfahren mit einem Tabellenkalkulationsprogramm durch. Präsentiere dein Ergebnis.

Alles Näherung $\sqrt{x}\sqrt{x}$

Beim systematischen Probieren ist uns das Hintereinandereinsetzen als geschicktes Vorgehen bekannt. Nutze dieses Verfahren.

Beispiel: Bestimme einen Näherungswert für $\sqrt{10}$.

Idee

Man sucht eine natürliche Zahl als Startwert, deren Quadrat gerade kleiner als 10 ist. Dann erhöht man schrittweise um 0,1.

Ablauf

Sobald das Quadrat des Wertes erstmals größer als 10 ist, wird der letzte kleinere Wert genommen und die nächste Dezimale schrittweise erhöht.

1

	A	B	C
1	Berechnung von Wurzel		10
2		Startwert	3
3		Schrittweite	0,1
4			
5	Schritt	a	a²
6	1	3	9
7	2	=B6+$C$3	9,61
8	3	3,2	10,24

2

	A	B	C
1	Berechnung von Wurzel		10
2		Startwert	3,1
3		Schrittweite	0,01
4			
5	Schritt	a	a²
6	1	3,1	9,61
7	2	3,11	9,6721
8	3	3,12	9,7344
9	4	3,13	9,7969
10	5	3,14	9,8596
11	6	3,15	9,9225
12	7	3,16	9,9856
13	8	3,17	10,0489

3 …

a) Beschreibe den Aufbau des Tabellenblattes.

b) Bestimme mit diesem Verfahren einen Näherungswert für $\sqrt{3}$ ($\sqrt{12}$, $\sqrt{200}$) auf vier Dezimalen genau.

c) Beschreibe den Ablauf, wenn man einen Startwert wählt, dessen Quadrat gerade größer als 10 ist.

2.8 Das kann ich!

Überprüfe deine Fähigkeiten und Kenntnisse. Bearbeite dazu die folgenden Aufgaben und bewerte anschließend deine Lösungen mit einem Smiley.

☺	😐	☹
Das kann ich!	Das kann ich fast!	Das kann ich noch nicht!

Hinweise zum Nacharbeiten findest du auf der folgenden Seite. Die Lösungen stehen im Anhang.

Aufgaben zur Einzelarbeit

1 Berechne im Kopf.

a) $\sqrt{25}$; $\sqrt{81}$; $\sqrt{121}$; $\sqrt{144}$; $\sqrt{625}$; $\sqrt{10\,000}$

b) $\sqrt{0{,}04}$; $\sqrt{0{,}16}$; $\sqrt{\frac{1}{4}}$; $\sqrt{0{,}25}$; $\sqrt{\frac{36}{49}}$; $\sqrt{0{,}0009}$

2 Berechne mit dem Taschenrechner und runde auf zwei Dezimalen.

a) $\sqrt{3}$; $\sqrt{5}$; $\sqrt{6}$; $\sqrt{10}$; $\sqrt{50}$; $\sqrt{80}$; $\sqrt{111}$; $\sqrt{300}$

b) $\sqrt{0{,}01}$; $\sqrt{0{,}5}$; $\sqrt{2{,}5}$; $\sqrt{1{,}44}$; $\sqrt{17{,}6}$; $\sqrt{35{,}8}$; $\sqrt{\frac{4}{8}}$

3 Zeichne jeweils ein Quadrat mit folgendem Flächeninhalt in dein Heft.

a) 6 cm^2 **b)** 20 cm^2 **c)** 30 cm^2

4 ① $\sqrt{4}$; $\sqrt{40}$; $\sqrt{400}$; $\sqrt{4000}$; $\sqrt{40\,000}$; ...

② $\sqrt{9}$; $\sqrt{90}$; $\sqrt{900}$; $\sqrt{9000}$; $\sqrt{90\,000}$; ...

a) Berechne und setze die Reihe um drei weitere Schritte fort.

b) Beschreibe auftretende Gesetzmäßigkeiten und überprüfe diese an weiteren Beispielen.

5 Das Rechteck mit den Seitenlängen a cm und b cm und das Quadrat mit der Seitenlänge c cm haben den gleichen Flächeninhalt. Vervollständige die Tabelle. Runde auf zwei Dezimalen.

A in cm^2	a in cm	b in cm	c in cm
144		32	
625	12,5		
	7	19	
		5	$\sqrt{7}$
150	13		
	10,75	43	

6 Gib alle a ∈ ℕ im Intervall]1; 1000[an, für die die Gleichung $x^2 = a$ eine rationale Lösung hat. Gib jeweils die Lösungsmenge an.

7 Übertrage die Tabelle ins Heft. Bestimme die Lösungsmenge der folgenden Gleichungen in den angegebenen Definitionsmengen.

	Lösungsmenge in	$D = \mathbb{N}_0$	$D = \mathbb{Q}$	$D = \mathbb{R}$
a)	$x^2 - 196 = 0$			
b)	$x^2 = 7{,}29$			
c)	$x^2 + 169 = 0$			
d)	$x^2 - \frac{5}{16} = 0{,}25$			
e)	$3x^2 - 35 = 9 - x^2$			

8 Für Rechtecke mit einem Flächeninhalt von 12 FE gilt für die Maßzahlen der Seitenlängen x und y mit $x, y \in \mathbb{R}^+$: $x \cdot y = 12$.

a) Fertige eine Tabelle für $x \in [1; 12]$ und $\Delta x = 1$ an und trage die möglichen Werte für x und y in ein Koordinatensystem ein.

b) Unter allen Rechtecken mit dem gegebenen Flächeninhalt befindet sich ein Quadrat. Ermittle die Seitenlänge des Quadrats aus dem Diagramm aus a). Überprüfe durch eine Rechnung.

9 Kontrolliere ohne Taschenrechner. Berichtige gegebenenfalls.

a) $\sqrt{1600} = 400$ **b)** $\sqrt{9{,}3^2} = 9{,}3$

c) $\sqrt{0{,}36} = -0{,}6$ **d)** $-\sqrt{(1{,}5)^2} = -1{,}5$

e) $\sqrt{0{,}09} = 0{,}03$ **f)** $\sqrt{0{,}5^2} = 0{,}25$

10 Berechne, wenn möglich, im Kopf.

a) $\sqrt{2} \cdot \sqrt{2}$ **b)** $\sqrt{2} \cdot \sqrt{18}$ **c)** $\sqrt{3} \cdot \sqrt{27}$

d) $\sqrt{6} \cdot \sqrt{24}$ **e)** $\sqrt{3} \cdot \sqrt{75}$ **f)** $\sqrt{8} \cdot \sqrt{50}$

g) $\frac{\sqrt{8}}{\sqrt{18}}$ **h)** $\frac{\sqrt{72}}{\sqrt{50}}$ **i)** $\frac{\sqrt{6}}{\sqrt{54}}$

11 Vereinfache, falls möglich.

a) $\sqrt{3} \cdot \sqrt{8}$ $\sqrt{3} + \sqrt{8}$ $\sqrt{3} : \sqrt{8}$

b) $\sqrt{27} : \sqrt{18}$ $\sqrt{27} - \sqrt{18}$ $\sqrt{27} \cdot \sqrt{18}$

c) $\sqrt{99} - \sqrt{11}$ $\sqrt{99} + \sqrt{11}$ $\sqrt{99} : \sqrt{11}$

d) $\sqrt{2{,}5} \cdot \sqrt{4}$ $\sqrt{2{,}5} + \sqrt{4}$ $\sqrt{2{,}5} - \sqrt{4}$

12 Radiziere teilweise ($a, b, c \in \mathbb{R}^+$).

a) $\sqrt{48}$ **b)** $\sqrt{96a^3}$

c) $\sqrt{320ab^2}$ **d)** $\sqrt{1000a^4b^3c^2}$

13 Setze Ziffern so in die Lücken ein, dass die Rechnungen stimmen. Findest du mehrere Möglichkeiten?

a) $\sqrt{2} \cdot \sqrt{\square} = \sqrt{50}$ b) $\sqrt{\square 9} \cdot \sqrt{\square} = \sqrt{196}$

c) $\sqrt{\square 0} \cdot \sqrt{5} = \sqrt{1\square}$ d) $\sqrt{432} : \sqrt{\square} = 6$

e) $\frac{\sqrt{1083}}{\sqrt{\square}} = 19$ f) $\sqrt{\square} \cdot \sqrt{57,\square} = 17$

14 Welche Zahlen sind irrational, welche rational?

a) $\sqrt{4}$; $\sqrt{6}$; $\sqrt{8}$; $\sqrt{100}$; $\sqrt{104}$; $\sqrt{400}$; $\sqrt{1000}$

b) 0; 1; $\sqrt{0}$; $\sqrt{1}$; $\frac{1}{3}$; $\sqrt{\frac{1}{3}}$; $\frac{1}{9}$; $\sqrt{\frac{1}{9}}$; $\sqrt{\frac{12}{7}}$

15 Bestimme die Lösungsmenge in $D = \mathbb{R}$.

a) $x^2 = 5{,}67$

b) $x^2 - 0{,}36 = 2x^2$

c) $(x - 0{,}2)^2 = \frac{2}{5} \cdot (0{,}2 - x)$

16 Mache den Nenner rational.

a) $\frac{\sqrt{63}}{\sqrt{100}}$ b) $\frac{5}{2 + \sqrt{3}}$ c) $\frac{\sqrt{x}}{\sqrt{2x} - \sqrt{5}}$

Aufgaben für Lernpartner

Arbeitsschritte

1 Bearbeite die folgenden Aufgaben alleine.
2 Suche dir einen Partner und erkläre ihm deine Lösungen. Höre aufmerksam und gewissenhaft zu, wenn dein Partner dir seine Lösungen erklärt.
3 Korrigiere gegebenenfalls deine Antworten und benutze dazu eine andere Farbe.

Sind folgende Behauptungen **richtig** oder **falsch**? Begründe schriftlich.

17 Wenn $a < b$ ist, dann ist auch $a^2 < b^2$.

18 Wenn $a = a^2$ ist, dann ist $a = 1$.

19 Wenn a eine gerade Zahl ist, dann ist auch a^2 eine gerade Zahl.

20 Quadrieren lässt sich durch das Ziehen der Wurzel rückgängig machen.

21 $\sqrt{5^2} = 5^2$

22 Jede Gleichung $x^2 = a$ mit $a \in \mathbb{R}\setminus\{0\}$ hat mindestens eine Lösung.

23 Es gibt eine Gleichung $x^2 = a$ mit $a \in \mathbb{R}_0^+$, die genau eine Lösung besitzt.

24 Ein Quadrat mit dem Flächeninhalt 5 m² hat die Seitenlänge 2,5 m.

25 Ein Rechteck mit den Seitenlängen 3 cm und 4 cm kann in ein flächeninhaltsgleiches Quadrat mit der Seitenlänge $\sqrt{12}$ cm umgewandelt werden.

26 $\sqrt{100} + \sqrt{49} = \sqrt{100 + 49}$

27 Zwei Quadratwurzeln, die multipliziert werden, lassen sich zu einer Quadratwurzel zusammenfassen.

28 $\sqrt{100} : \sqrt{36} = \frac{5}{3}$

29 $3\sqrt{7} + 2\sqrt{7} = 5\sqrt{7}$

30 Jede irrationale Zahl lässt sich als Bruch darstellen.

31 Jeder Bruch lässt sich in einen Dezimalbruch mit endlich vielen Dezimalstellen umwandeln.

32 $\sqrt{6}$ ist eine irrationale Zahl.

33 Jede Quadratwurzel ist eine irrationale Zahl.

34 Beim Rationalmachen des Nenners muss der Quotient immer mit dem Nenner erweitert werden.

35 Jede durch vier teilbare natürliche Zahl lässt sich teilweise radizieren.

Aufgabe	Ich kann ...	Hilfe
1, 4, 5, 8, 9, 17, 18, 19, 20, 21, 24, 25	Quadratwurzeln bestimmen.	S. 34
2, 3, 7, 14, 30, 31, 32, 33	irrationale von rationalen Zahlen unterscheiden.	S. 36, 38
10, 11, 12, 13, 26, 27, 28, 29, 35	Terme mit Quadratwurzeln vereinfachen und Quadratwurzeln teilweise radizieren	S. 40
6, 7, 15, 22, 23	Gleichungen der Art $x^2 = a$ lösen.	S. 40, 43
16, 34	Nenner von Bruchtermen rational machen.	S. 43
8, 25	irrationale Zahlen näherungsweise bestimmen.	S. 38, 48

2.9 Auf einen Blick

S. 34

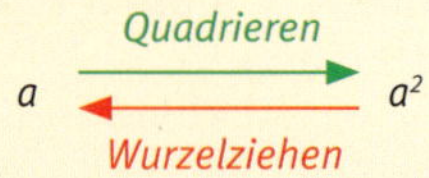

$\sqrt{0} = 0$

$\sqrt{144} = 12$, denn $12 \cdot 12 = 144$
„Die Quadratwurzel aus 144 ist 12."
„12 ist die Wurzel aus 144."

Die **Umkehrung des Potenzierens** bezeichnet man als **Wurzelziehen (Radizieren)**.
Aus negativen Zahlen kann man keine Wurzeln ziehen. Für alle anderen Zahlen a ist die Wurzel die nichtnegative Zahl, deren Quadrat a ergibt. Man schreibt $\sqrt{a} = x$, wenn $x^2 = a$ mit $a, x \geqq 0$.
Den Term unter der Wurzel nennt man **Radikand**.

S. 36
S. 38

$\sqrt{2} = 1{,}414213562...$

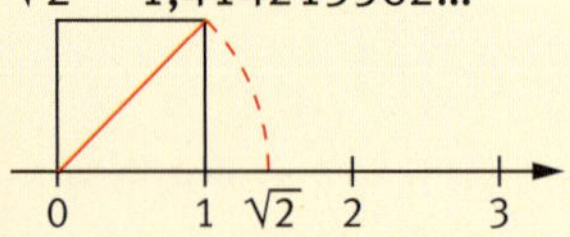

Eine Zahl nennt man **irrational**, wenn man sie **nicht als Bruch** aus zwei ganzen Zahlen darstellen kann. Der zugehörige Dezimalbruch hat unendlich viele Dezimalen, die nicht periodisch angeordnet sind.

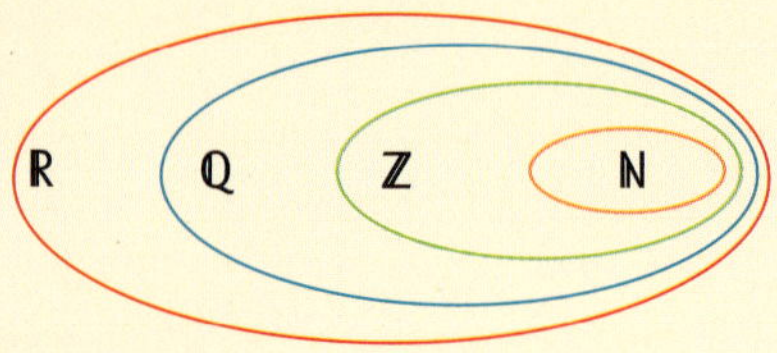

Die Mengen der **rationalen** und **irrationalen Zahlen** bilden zusammen die Menge der **reellen Zahlen** $\mathbb{R}$.

Jeder reellen Zahl entspricht genau ein Punkt der Zahlengeraden und umgekehrt.

S. 40

Multiplikation

$\sqrt{16} \cdot \sqrt{9} = 4 \cdot 3 = 12$
$\sqrt{16 \cdot 9} = \sqrt{144} = 12$
Also gilt: $\sqrt{16} \cdot \sqrt{9} = \sqrt{16 \cdot 9}$

Division

$\frac{\sqrt{4}}{\sqrt{64}} = \frac{2}{8} = \frac{1}{4}$

$\sqrt{\frac{4}{64}} = \sqrt{\frac{1}{16}} = \frac{1}{4}$

Also gilt: $\frac{\sqrt{4}}{\sqrt{64}} = \sqrt{\frac{4}{64}}$

$\left.\begin{array}{l}\sqrt{9} + \sqrt{16} = 3 + 4 = 7 \\ \sqrt{9 + 16} = \sqrt{25} = 5\end{array}\right\} \sqrt{9} + \sqrt{16} \neq \sqrt{9 + 16}$

$3\sqrt{2} + 5\sqrt{2} = (3 + 5) \cdot \sqrt{2} = 8\sqrt{2}$

$\sqrt{75} = \sqrt{25 \cdot 3} = \sqrt{25} \cdot \sqrt{3} = 5 \cdot \sqrt{3}$

$\sqrt{45a^5} = \sqrt{9 \cdot 5 \cdot a^4 \cdot a} = 3a^2 \cdot \sqrt{5a}$

Beim Rechnen mit reellen Zahlen gelten die **bekannten Rechengesetze**.

Multiplikation zweier Quadratwurzeln
$\sqrt{a} \cdot \sqrt{b} = \sqrt{a \cdot b}$ für $a, b \geqq 0$

Division zweier Quadratwurzeln
$\frac{\sqrt{a}}{\sqrt{b}} = \sqrt{\frac{a}{b}}$ für $a \geqq 0, b > 0$

Bei der **Addition** und **Subtraktion** lassen sich zwei Quadratwurzeln **nicht** zu einer Quadratwurzel **zusammenfassen**.

Ausnahme: Wurzeln mit gleichen Radikanden kann man mithilfe des Distributivgesetzes zusammenfassen.

Lässt sich ein Radikand in ein Produkt zerlegen, bei dem ein Faktor eine Quadratzahl ist, so kann man **teilweise radizieren**.

S. 43

$x^2 = 144$	$L = \{-12; +12\}$
$x^2 = 7$	$L = \{-\sqrt{7}; +\sqrt{7}\}$
$x^2 = 0$	$L = \{0\}$
$x^2 = -5$	$L = \{\,\}$

Die Gleichung $\mathbf{x^2 = a}$ mit $a \in \mathbb{R}^+$ hat die Lösungsmenge $L = \{-\sqrt{a}; +\sqrt{a}\}$.

Gleichungssysteme lösen

1 Löse die Gleichungssysteme rechnerisch. Begründe die Wahl des von dir gewählten Verfahrens.

a) I $x + y = 2$
II $x - y = 0$

b) I $x + 2y = 3$
II $x = 7 - 4y$

c) I $x = 3y + 5$
II $x = 12 - 4y$

d) I $x - 2y = 2$
II $2x + y = 29$

2 Gib ein Gleichungssystem an, das folgende Lösungsmenge hat. Lass deinen Nachbarn dein Gleichungssystem lösen.

a) $L = \{(1 \mid 2)\}$ **b)** $L = \{(2 \mid -3)\}$
c) $L = \{(11 \mid 0)\}$ **d)** $L = \{\ \}$

3 Nimm Stellung zu folgender Aussage:
„Das Gleichungssystem
I $x + y = -3$
II $-2x - 2y = 6$
hat die Lösungsmenge $L = \{(2 \mid -5)\}$, denn wenn man für $x = 2$ und $y = -5$ einsetzt, ergeben beide Gleichungen wahre Aussagen."

4 Tanja muss sich zwischen diesen beiden Handytarifen entscheiden:

Grundgebühr: 10 €
Verbrauchskosten: 3 ct/min

Grundgebühr: 8 €
Verbrauchskosten: 9 ct/min

Gib ihr eine Entscheidungshilfe, bei welchem Telefonierverhalten sie sich für welchen Tarif entscheiden soll.

5 Von einem linearen Gleichungssystem ist aufgrund eines Druckfehlers nur noch die erste Gleichung sichtbar:
I $3x + 2y = 8$
II xxx
Die zweite Gleichung war ebenfalls in der Form $ax + by = c$ gegeben und die Lösungsmenge des Gleichungssystems war leer. Gib eine mögliche zweite Gleichung an. Findest du mehrere Möglichkeiten?

6 In einem gleichschenkligen Dreieck ist die Basis 2 cm kürzer als einer der Schenkel. Die Summe der Länge der Schenkel ist 7 cm länger als die Basis. Bestimme die Längen von Basis und Schenkel.

Brüche

7 Ordne die Terme nach der Größe ihrer Ergebnisse.

a) ① $\frac{1}{2} \cdot \frac{1}{2}$ ② $\frac{1}{5} + \frac{1}{4}$ ③ $\frac{3}{8} \cdot \frac{8}{3}$
④ $\frac{6}{7} - \frac{2}{7}$ ⑤ $\frac{3}{4} + \frac{1}{8}$

b) ① $1{,}25 - 0{,}8$ ② $0{,}1 \cdot 10$ ③ $\frac{1}{3} + \frac{1}{4}$
④ $0{,}4 : \frac{1}{2}$ ⑤ $\frac{1}{3} \cdot 0{,}1$

8

A $\frac{1}{5}$ von $\frac{1}{7}$	① $\frac{1}{5} - \frac{1}{7}$
B $\frac{1}{5}$ vermehrt um $\frac{1}{7}$	② $\frac{1}{5} + \frac{1}{7}$
C $\frac{1}{5}$ vermindert um $\frac{1}{7}$	③ $\frac{1}{5} \cdot \frac{1}{7}$
D Wie oft passt $\frac{1}{7}$ in $\frac{1}{5}$?	④ $\frac{1}{5} : \frac{1}{7}$

a) Welche Aufgabe gehört zu welcher Beschreibung? Ordne zu.

b) Berechne zu jeder Aufgabe das Ergebnis.

9 Gib das Verhältnis an, in dem die Volumina der Körper zueinander stehen.

a)

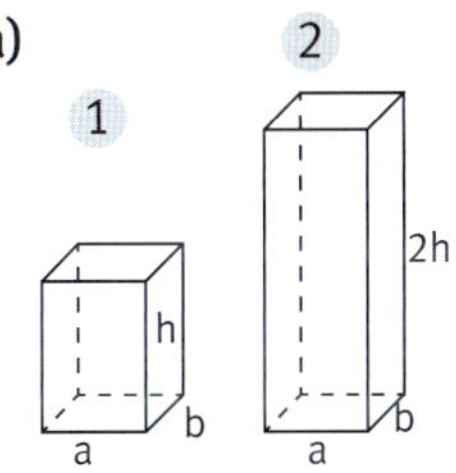

$\frac{V_2}{V_1} = \square$

b)

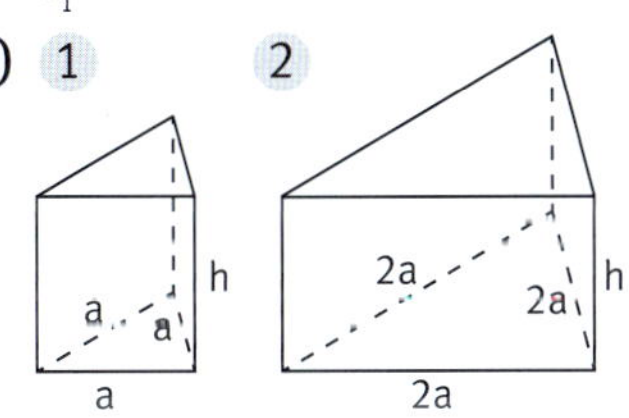

$\frac{V_2}{V_1} = \square$

10 Wie müsste man x verändern, sodass der Bruchterm $\frac{2 \cdot x}{3}$ …

a) einen doppelt so großen Wert erhält?

b) vom Betrag denselben Wert erhält, aber niemals negativ wird?

c) um 1 vermehrt wird?

Figuren

11 Entscheide, welche Aussagen wahr und welche falsch sind.

a) Jedes Parallelogramm ist ein Rechteck.

b) Jedes Quadrat ist ein Drachenviereck.

c) Es gibt Trapeze, die Drachenvierecke sind.

d) Ein Rechteck ist niemals eine Raute.

12 Überprüfe, ob die Eigenschaftskarten zu dem Viereck gehören.

1 Gegenüberliegende Seiten sind parallel.

2 Hat mindestens zwei rechte Winkel.

3 Hat mindestens zwei Symmetrieachsen.

4 Hat vier gleich lange Seiten.

5 Hat mindestens zwei gleich große Winkel.

a) Trapez **b)** Quadrat

c) Raute **d)** Parallelogramm

13 Ein Viereck besitzt genau eine Symmetrieachse und hat einen Umfang von 20 cm.

a) Begründe, dass es sich dabei nicht um ein Rechteck handeln kann.

b) Zeichne mindestens zwei verschiedene Vierecke, die diese Eigenschaft erfüllen.

c) Entscheide, welche Vierecksarten überhaupt bei den Eigenschaften möglich sind.

14 Bestimme Flächeninhalt und Umfang der dargestellten Figuren. Zeichne die Figur, wenn nötig.

a) Trapez

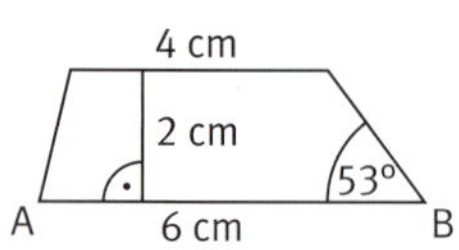

b) rechtwinkliges Dreieck

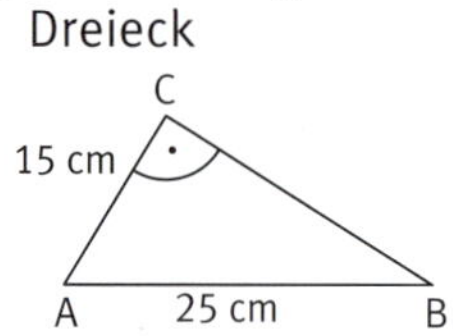

c) Parallelogramm

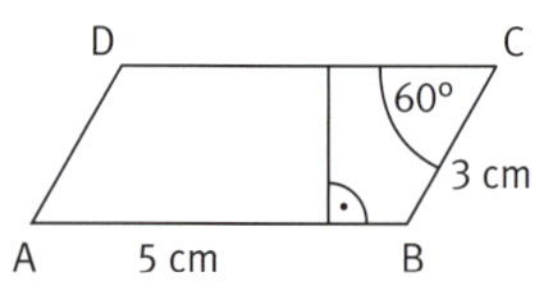

d) Raute

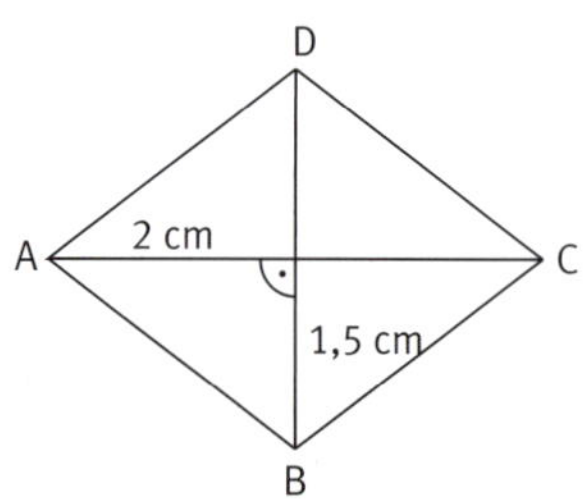

Daten und Zufall

15 Während eines Fußballspiels wurde notiert, welche Strecke jeder einzelne Spieler in dieser Zeit gelaufen ist:
7,2 km; 8,0 km; 12,1 km; 9,4 km; 10,0 km; 8,7 km; 8,9 km; 10,2 km; 0,5 km; 9,9 km; 4,5 km; 4,5 km

a) Bestimme Median, Modalwert und arithmetisches Mittel der Laufwege.

b) Welche der bei a) berechneten Größen stellt einen geeigneten Mittelwert für die Laufwege dar? Begründe auch, dass die anderen nicht so gut geeignet sind.

16 Bei einem Talentwettbewerb erhalten die Teilnehmer bis zu 10 Punkte. Die Tabelle zeigt die Punkteverteilung für die 19 Teilnehmer:
9; 9; 7; 10; 6; 8; 5; 9; 2; 7; 8; 8; 10; 9; 4; 7; 6; 8; 10

a) Zeichne einen Boxplot zum Sachverhalt.

b) Wie viele Punkte müsste ein weiterer Teilnehmer bekommen, damit sich der Boxplot nicht verändert?

17 Gib für folgende Ereignisse das Gegenereignis an.

a) Beim Würfeln wird eine gerade Augenzahl geworfen.

b) Beim doppelten Münzwurf tritt mindestens einmal Wappen auf.

c) Beim Ziehen einer Karte aus einem Skatblatt zieht man entweder eine rote Karte oder das Pik Ass.

18 Ein Glücksrad besteht wie in der Abbildung aus einem roten, einem blauen und einem gelben Feld.

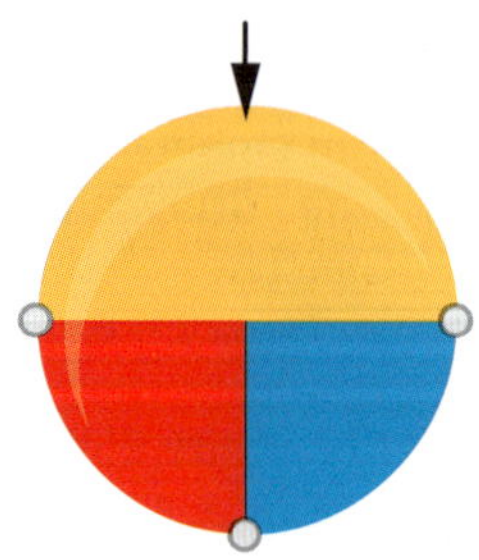

a) Gib für jede Farbe die Wahrscheinlichkeit beim einmaligen Drehen des Glücksrads an.

b) Das Glücksrad wird zweimal gedreht. Wie viele verschiedene Farbkombinationen sind insgesamt möglich? Beachte die Reihenfolge.

c) Beim ersten Drehen wird Rot gedreht. Konrad sagt: „Dann ist es jetzt viel wahrscheinlicher als gerade eben, dass nun Gelb gedreht wird.“ Äußere dich zu dieser Aussage.

3 Satz des Pythagoras

Einstieg

Untersucht rechtwinklige Dreiecke genauer.
- Nehmt eine gut 3 m lange Paketschnur und knotet sie an den Enden zusammen. Zusätzlich braucht ihr noch ein Maßband.
- Nehmt den Schnurring und spannt ihn am Boden eures Klassenzimmers in einer Ecke des Raumes so auf, dass ein rechtwinkliges Dreieck entsteht (die beiden kürzeren Seiten liegen dann an den Wänden an).
- Messt die Längen der Dreiecksseiten.
- Quadriert nun die Maßzahlen der Längen der beiden kürzeren Seiten und addiert diese Werte. Vergleicht diese Summe mit dem Quadrat der Maßzahl der Länge der langen Seite. Was stellt ihr fest?
- Verändert das Dreieck (die beiden kurzen Seiten sollen dabei immer an den Wänden anliegen) und rechnet erneut. Was stellt ihr fest?

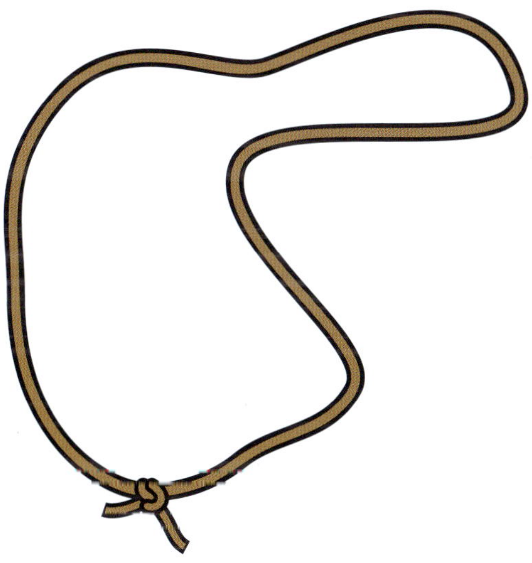

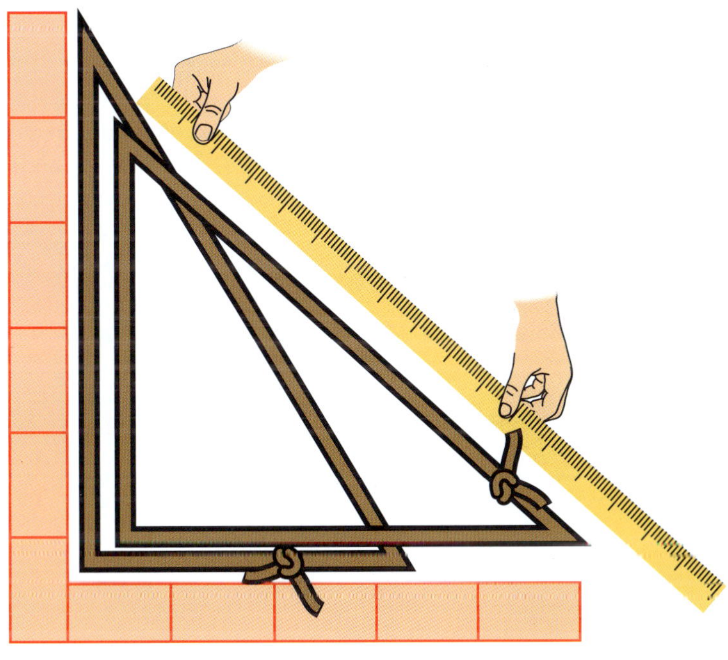

Ausblick

Am Ende dieses Kapitels hast du gelernt, ...
- Figuren maßstäblich zu vergrößern und zu verkleinern.
- Ähnlichkeitssätze für Dreiecke anzuwenden.
- mithilfe von Strahlensätzen Streckenlängen zu berechnen.
- Seitenlängen und Höhen in rechtwinkligen Dreiecken zu berechnen.
- die Flächensätze für Berechnungen in verschiedenen Anwendungen zu nutzen.

Mathematische Zusammenhänge werden häufig für gestalterische Zwecke genutzt.

- Beschreibe die Ordnung der Dreiecke in der Grafik.
- Nenne Eigenschaften von Dreiecken, die sich harmonisch in das Bild einfügen.
- Zeichne selbst ein vergleichbares Bild. Beginne dabei mit nur einem Dreieck und entwickle daraus das Gesamtbild.

Merkwissen

Unter dem **Verhältnis a : b** (lies: **a zu b**) zweier Streckenlängen a und b versteht man den **Quotienten ihrer Maßzahlen** (bei gleichen Längeneinheiten). Verhältnisse werden als **Bruch** oder in der **Verhältnisschreibweise (mit natürlichen Zahlen)** angegeben.

Beispiel: $a = 3{,}2\text{ cm};\ b = 8{,}0\text{ cm}$
Bruch: $\frac{a}{b} = \frac{3{,}2}{8{,}0} = \frac{2}{5}$
Verhältnis: $a : b = 3{,}2 : 8{,}0$ oder $a : b = 32 : 80$
Gekürzt: $a : b = 2 : 5$

Eine Figur A heißt zu einer Figur B **ähnlich**, wenn die beiden Figuren die **gleiche Form** haben und in der **Größe entsprechender Winkel** sowie im **Verhältnis einander entsprechender Seitenlängen übereinstimmen**.
Man schreibt: **A~B** (sprich: „A ist ähnlich zu B.“)

Beispiele

Wenn zwei Figuren nicht ähnlich zueinander sind, reicht es aus, ein Seitenverhältnis zu betrachten, das nicht übereinstimmt.

I Zeige, dass die rote Figur zur gelben Figur ähnlich ist.

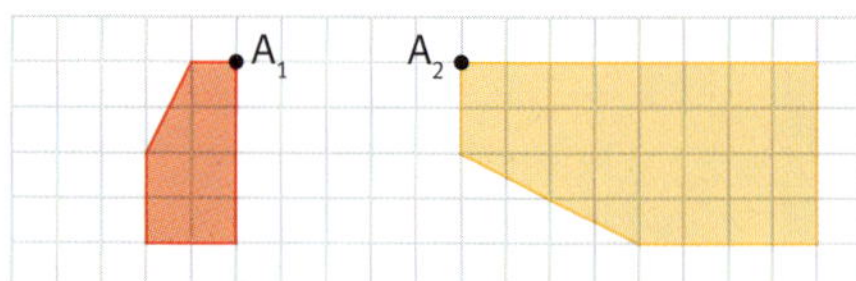

Lösung:

1 Die Form der roten und der gelben Figur ist gleich: beide Figuren sind gleichartige Trapeze.

2 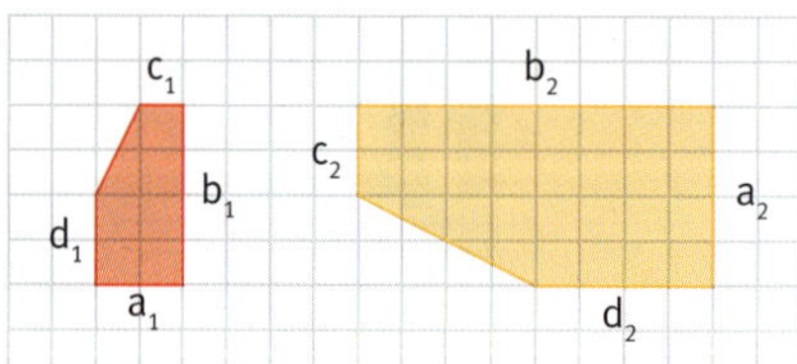

Der Vergleich entsprechender Seitenverhältnisse liefert:
$$\frac{a_1}{a_2} = \frac{b_1}{b_2} = \ldots = \frac{2}{1}$$
bzw. $$\frac{a_2}{a_1} = \frac{b_2}{b_1} = \ldots = \frac{1}{2}$$
... (weitere Vergleiche möglich)

3 Die Größe entsprechender Winkel ist gleich.

Die rote Figur ist zur gelben Figur ähnlich.

Verständnis

- Begründe, dass kongruente Figuren auch ähnlich zueinander sind. Entscheide, ob auch die Umkehrung gilt.
- Begründe: Quadrate sind immer zueinander ähnlich. Nenne weitere Figuren, für die das zutrifft.

Aufgaben

1 Finde die Rechtecke, die zueinander ähnlich sind. Begründe deine Entscheidung.

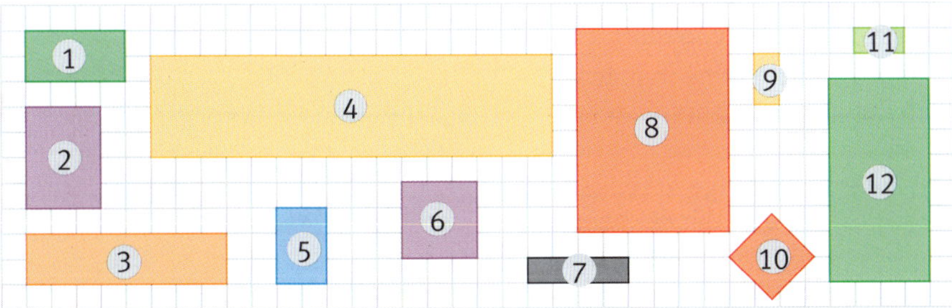

Farbe und Material sind für die Ähnlichkeit in der Mathematik ohne Bedeutung.

2 Erkläre anhand der Bilder den Unterschied zwischen dem Begriff „ähnlich" im Alltag und im mathematischen Sinn.

a)

b)

c)

3 Zeichne ein Rechteck und trenne davon wie abgebildet ein Teilrechteck ab, das zum ursprünglichen Rechteck ähnlich ist.

a) a = 10 cm; b = 5 cm
b) a = 6 cm; b = 2 cm
c) a = 120 mm; b = 80 mm
d) a = 7,2 cm; b = 5,4 cm

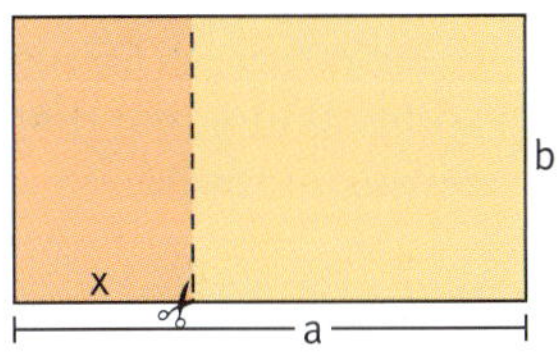

4 Übertrage die Figuren in dein Heft und weise wie in Beispiel I die Ähnlichkeit der Figuren nach.

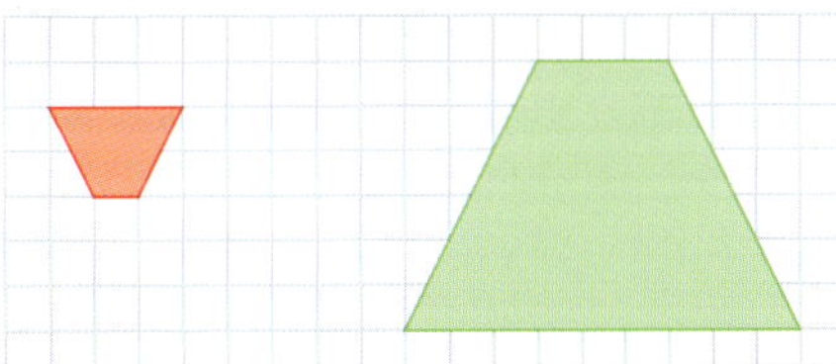

5 a) Übertrage die beiden Figuren in dein Heft. Zeige, dass die Figuren ähnlich zueinander sind.

b) Ein Fünfeck mit a = b = c = 5 cm, d = 4 cm und e = 3 cm soll zu den abgebildeten ähnlich sein. Unter welchen Bedingungen ist dies möglich?

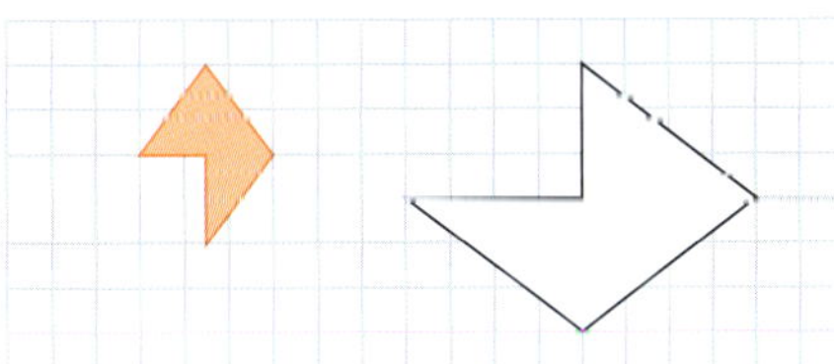

Wenn du sehr genau gezeichnet und gemessen hast, sind die Seiten der gelben Figur 0,75 cm, 1,25 cm und 1 cm lang.

6 Kornkreise sind besonders kunstvolle Objekte, in denen häufig ähnliche Figuren vorkommen.

a) Welche Figuren sind im Kornkreis zueinander ähnlich? Begründe.

b) Zeichne mithilfe von ähnlichen Figuren einen eigenen Kornkreis.

Du brauchst:
- *ein 15 cm hohes „Monster“ aus Pappe*
- *Taschenlampe*
- *Maßband*

Hast du mit einer Taschenlampe schon einmal „Monster“ erschaffen? Welche Effekte lassen sich dabei erzielen?

- Führe eine Versuchsreihe in einem dunklen Raum durch. Vervollständige die Tabelle.
- Welche Zusammenhänge erkennst du zwischen Formen und Winkel bei der Originalfigur und beim Schattenbild?
- Finde Zusammenhänge in der Tabelle. Überprüfe die Zusammenhänge für eine Schattenhöhe von 1,80 m (2,10 m).

Höhe des Schattenbildes	Das Schattenbild ist □-mal so groß wie das Pappmonster.	Abstand l (Lichtquelle – Monster)	Abstand b (Lichtquelle – Schattenbild)
60 cm	4		
90 cm			
120 cm			

Merkwissen

|k| gibt die Art der Vergrößerung bzw. Verkleinerung an, das Vorzeichen von k die Richtung der Streckung von Z aus.

Bei **maßstäblichen Vergrößerungen** und **Verkleinerungen** legt der Maßstab fest, in welchem Verhältnis die Länge der Bildstrecke zur Länge der Originalstrecke steht. Man nennt diesen Vorgang auch **zentrische Streckung**. Der Maßstab heißt **Streckfaktor |k|**.

$$|k| = \frac{\text{Länge der Bildstrecke}}{\text{Länge der Originalstrecke}}$$

$|k| = 1$: Das Bild ist so groß wie das Original.

$|k| > 1$: Das Bild ist größer als das Original.

$0 < |k| < 1$: Das Bild ist kleiner als das Original.

$k < 0$: Das Bild wurde an Z gespiegelt und ggf. vergrößert oder verkleinert.

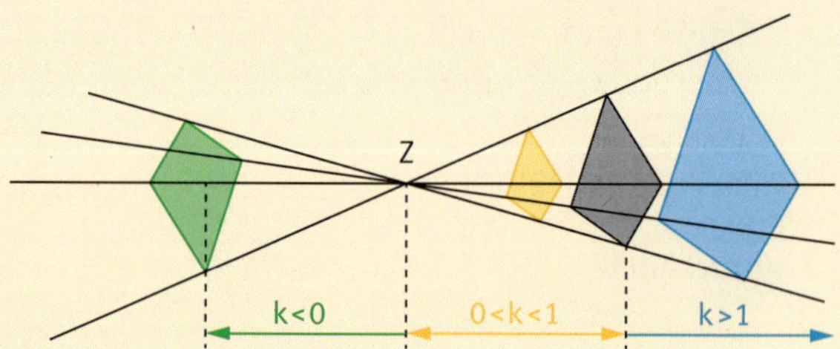

Eine Vergrößerung mit dem Faktor $k = 2$ ergibt den Maßstab 2 : 1.
Eine Verkleinerung mit dem Faktor $k = \frac{1}{4}$ ergibt den Maßstab 1 : 4.

Von einem **Streckzentrum Z** aus liegen zugehörige Originalpunkte und Bildpunkte auf einer Geraden durch Z. Alle **Streckenlängen** werden mit dem **Streckfaktor |k| multipliziert**.
Die Größe von Winkeln und Formen bleiben bei der Originalfigur und der Bildfigur erhalten. Original- und Bildstrecken sind parallel.

Beispiele

I Verkleinere ein Rechteck mit a = 3,0 cm und b = 1,8 cm mit dem Faktor $k = \frac{1}{3}$.

Lösung:

b = 1,8 cm

a = 3,0 cm

$a' = k \cdot a$

$a' = \frac{1}{3} \cdot 3\ \text{cm} = 1\ \text{cm}$

$b' = k \cdot b$

$b' = \frac{1}{3} \cdot 1{,}8\ \text{cm} = 0{,}6\ \text{cm}$

b’ = 0,6 cm

a’ = 1,0 cm

II Ein beliebiges Dreieck ABC soll mit dem Streckzentrum Z = A um den Faktor k = 1,5 vergrößert werden. Beschreibe dein Vorgehen.

Lösung:

1 Ausgangsfigur und Z zeichnen

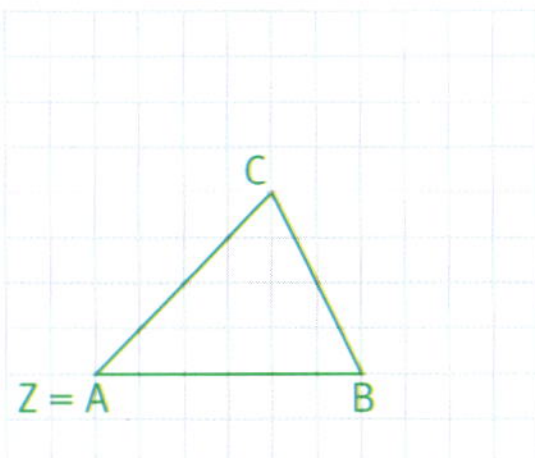

2 Strahlen durch Z einzeichnen

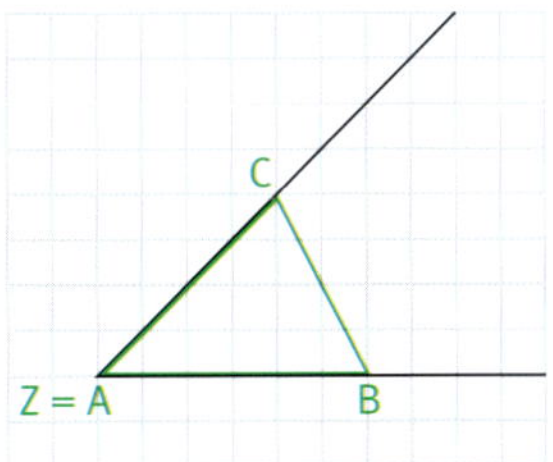

3 Länge der Bildstrecken abtragen

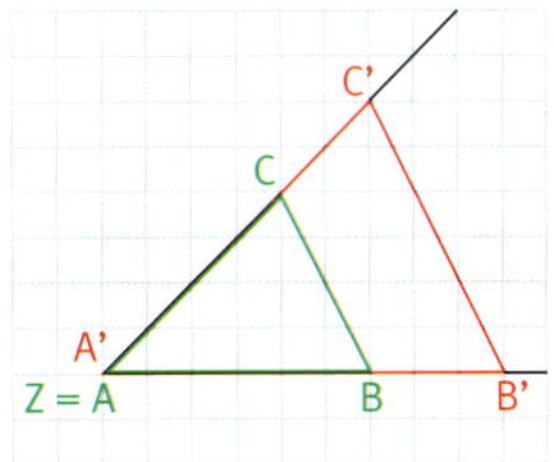

III Die rote Figur ist durch zentrische Streckung aus der grünen Figur entstanden. Bestimme das Streckzentrum Z sowie den Streckfaktor k. Beschreibe dein Vorgehen.

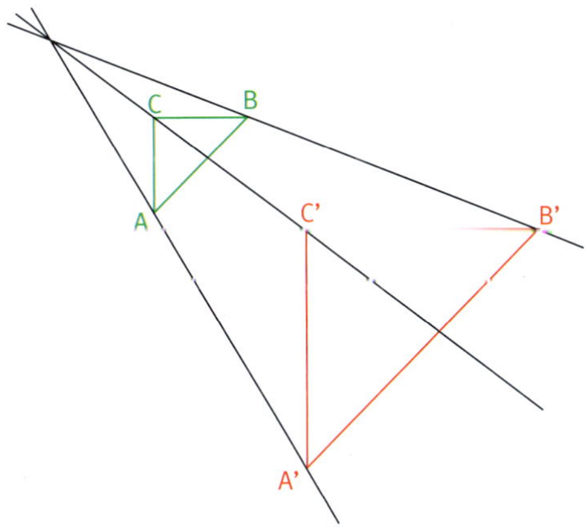

Lösung:
Die einander entsprechenden Strecken von Original- und Bildfigur verlaufen parallel zueinander. Das Streckzentrum Z ergibt sich als Schnittpunkt der Geraden, die durch zusammengehörige Original- und Bildpunkte verlaufen. Messungen der Streckenlängen ergeben, dass jede Bildstrecke 2,5-mal so lang ist wie die Originalstrecke, somit ist k = 2,5.

Verständnis

- Begründe: Beim Streckfaktor k = 1 ist der Maßstab 1 : 1.
- Tom meint, dass das Streckzentrum Z auch innerhalb der Figur liegen darf. Was meinst du?

Aufgaben

oHiMi 1–3

1 Ein Quadrat hat die Seitenlänge a = 12 cm.
1 k = 12 2 k = 2,5 3 $k = \frac{1}{2}$ 4 $k = \frac{1}{4}$ 5 k = 1 6 k = 0,6
a) Bestimme mithilfe des Streckfaktors die Seitenlängen des durch die Streckung entstandenen Bildquadrates.
b) Bestimme den zugehörigen Maßstab als Verhältnis zweier natürlicher Zahlen.

2 Zeichne jeweils einen Kreis und verändere dessen Größe um die gegebenen Streckfaktoren. Beschreibe dein Vorgehen.
a) k = 1,5 b) k = 0,4 c) k = 2,4 d) $k = \frac{3}{5}$

3 Zeichne ein Rechteck mit den Seitenlängen a = 3 cm und b = 4 cm. Berechne die neuen Seitenlängen des um den Faktor k vergrößerten bzw. verkleinerten Rechtecks und zeichne das neue Rechteck.
a) k = 1,5 b) k = 2,5 c) $k = \frac{1}{2}$ d) $k = \frac{2}{3}$ e) k = 1,2 f) k = 0,8

oHiMi 4, 8

Achte genau auf ...
- *die Aufgabenstellung,*
- *die Seitenverhältnisse,*
- *die Winkel und*
- *die Orientierung.*

4 Begründe, dass die weißen Figuren nicht alle durch eine einzige zentrische Streckung der grünen Figur entstanden sein können.

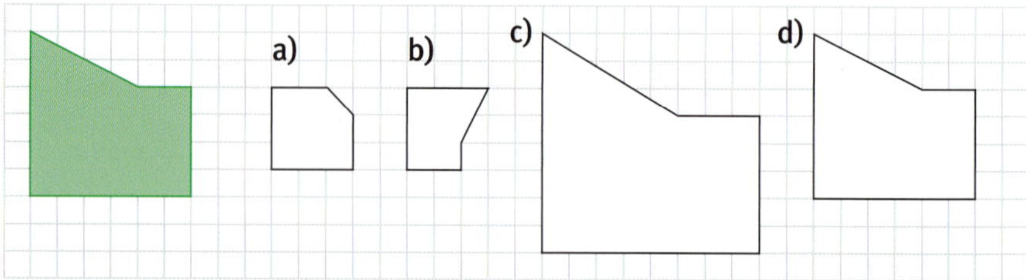

Du brauchst meist ein großes Koordinatensystem für die zentrischen Streckungen.

5 Übertrage das Koordinatensystem mit der Figur in dein Heft. Führe anschließend die folgenden zentrischen Streckungen durch.

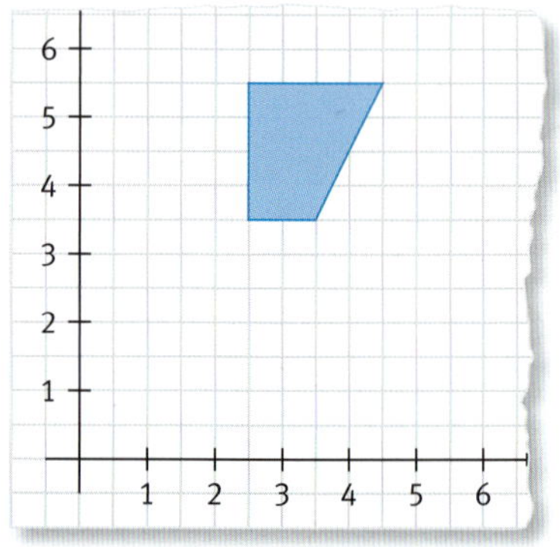

a) Vergrößerung k = 3; Zentrum Z_1 (1,5 | 4,5)
b) Verkleinerung k = 0,5; Zentrum Z_2 (2,5 | 0,5)
c) Vergrößerung k = 2; Zentrum Z_3 (4 | 3)
d) Durch Überlappung der Originalfigur und der zentrisch gestreckten Figur aus c) ist eine weitere Figur entstanden. Begründe, warum diese Figur nicht durch zentrische Streckung aus der Originalfigur entstehen kann.

6 Zeichne ein Dreieck ABC mit $\alpha = 50°$, $\beta = 70°$ und c = 4 cm. Lege das Streckzentrum Z ...

(1) außerhalb des Dreiecks. (2) innerhalb des Dreiecks.
(3) auf eine Dreiecksseite. (4) in eine Dreiecksecke.

Bilde anschließend das Dreieck ABC mit folgenden Streckfaktoren ab.

a) k = 1,5 **b)** $k = \frac{2}{3}$ **c)** k = –1 **d)** k = –2,5

7 Gegeben ist ein Fünfeck ABCDE mit A (2 | 1), B (5 | 1), C (5 | 4), D (3 | 5), E (1 | 4).
a) Verwende Z (6 | 3) als Streckzentrum und ...
(1) vergrößere das Fünfeck mit k = 2. (2) verkleinere das Fünfeck mit $k = \frac{1}{2}$.
b) Vergrößere das Fünfeck so, dass der Bildpunkt von A die Koordinaten (0 | 0) besitzt. Bestimme k.

Lösungen zu 8:
Streckfaktoren k:
–1; 0,5; 2; 3

Streckzentren Z:
(–3,5 | 4); (–1 | –1); (3 | 1); (6 | 1)

8 Zeichne die Figuren sowie deren zentrisch gestreckte Bildfiguren in ein geeignetes Koordinatensystem. Bestimme anschließend die jeweiligen Streckzentren Z und Streckfaktoren k.

a) Original: A (2 | 1,5); B (3 | 2); C (3 | 3)
Bild: A' (1 | 2); B' (3 | 3); C' (3 | 5)
b) Original: D (–4 | 3); E (–3 | 3); F (–2,5 | 5); G (–4,5 | 5)
Bild: D' (–5 | 1); E' (–2 | 1); F' (–0,5 | 7); G' (–6,5 | 7)
c) Original: H (–3 | –3); I (–2 | –3); J (–3 | –2); K (–4 | –2)
Bild: H' (–2 | –2); I' (–1,5 | –2); J' (–2 | –1,5); K' (–2,5 | –1,5)
d) Original: L (–1 | –1); M (2 | –4); N (5 | –1); O (5 | 2); P (2 | 2)
Bild: L' (13 | 3); M' (10 | 6); N' (7 | 3); O' (7 | 0); P' (10 | 0)

9 Im Zusammenhang mit der zentrischen Streckung gibt es als **Grundkonstruktionen** die Konstruktion von Bildpunkten, Originalpunkten sowie des Streckzentrums Z.

Die Konstruktion eines Bildpunkts findest du in Beispiel II auf Seite 59.

Nimm als Streckfaktor den Kehrwert k' von k: $k' = \frac{1}{k}$.

zu 1: $k' = \frac{2}{3}$

zu 2: $k' = -\frac{3}{2}$

I Beispiel zur Konstruktion der Originalpunkte von A' (3 | 0) und B' (3 | 3) mit …

1 Z (0 | 0); k = 1,5 2 Z (1 | 2); $k = -\frac{2}{3}$

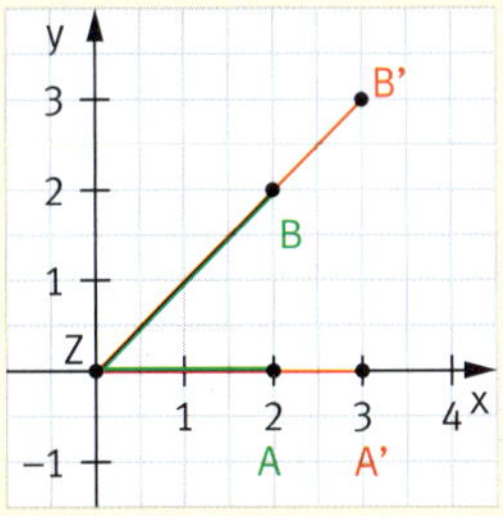

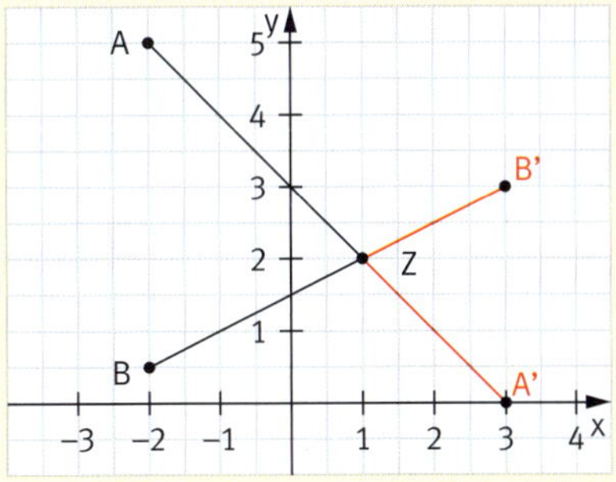

II Beispiel zur Konstruktion des Streckzentrums Z zum Punkt P und seinem Bildpunkt P' mit dem Streckfaktor $k = \frac{m}{n} = \frac{5}{4}$.

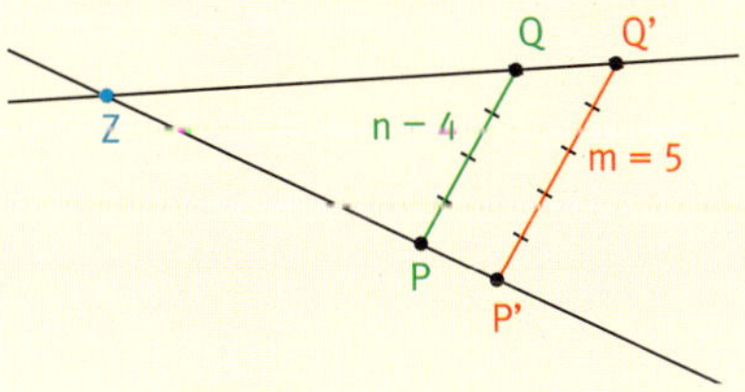

a) Beschreibe das Vorgehen in den Beispielen.

b) Konstruiere die Bildpunkte der Dreiecke für die zentrische Streckung.

1 Z_1 (−2 | −3); $k = \frac{1}{2}$ ΔABC mit A (1 | 1); B (−4 | 0); C (4 | −2)

2 Z_2 (1 | 4); k = 2,5 ΔDEF mit D (−1 | 3); E (4 | 2); F (3 | 5)

3 Z_3 (2 | 4); $k = -\frac{1}{4}$ ΔPQR mit P (6 | 2); Q (2 | 8); R (4 | −2)

4 Z_4 (3 | −2); $k = \frac{6}{5}$ ΔSTU mit S (−2 | 5,5); T (−2 | 3); U (3 | 3)

c) P' (6 | 5) ist der Bildpunkt von P bei einer zentrischen Streckung mit Streckfaktor k und Zentrum Z (0 | 8). Bestimme die Koordinaten von P.

1 k = 2 2 $k = -\frac{1}{2}$ 3 k = 1,5 4 $k = \frac{6}{5}$

d) Konstruiere das Streckzentrum Z und gib seine Koordinaten an.

1 P (2 | 0); P' (−3 | 3); $k_1 = \frac{3}{2}$ 2 Q (5 | 4); Q' (2 | 1); $k_2 = \frac{4}{7}$

10 Ein Dreieck mit den Eckpunkten A (0,5 | 4,5), B (2 | 2,5) und C (3 | 4,5) wurde an einem Streckzentrum Z mit dem Streckfaktor k = −2 gestreckt. Dabei ist der Bildpunkt A' (−2,5 | −3) entstanden.

a) Ermittle die Koordinaten des Streckzentrums Z.

b) Konstruiere die fehlenden Bildpunkte B' und C'.

11 Die Punkte A' (6,5 | 1,5) und B' (4 | 4) sind durch zentrische Streckung aus den Punkten A (2 | 0) und B (1 | 1) entstanden.

Erinnere dich an das Aufstellen von linearen Funktionen.

a) Berechne die Koordinaten des Zentrums Z.

b) Ermittle den Streckfaktor k.

Wir basteln einen Fisch aus einem quadratischen Stück Papier.

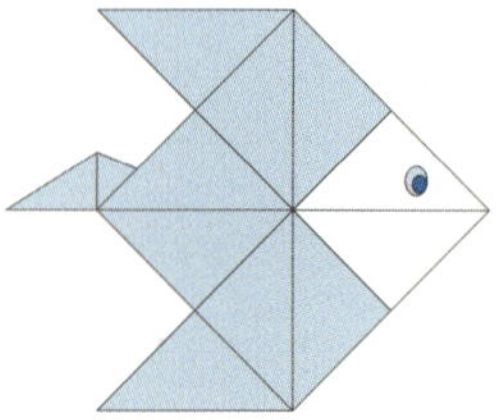

1

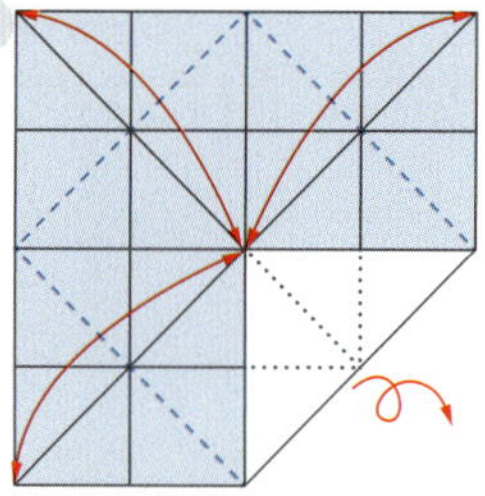

Falte die Diagonalen und Mittellinien. Viertle jede Quadratseite. Öffne nach jeder Faltung. Falte alle vier Ecken zur Mitte. Öffne drei Ecken, nur die rechte untere Ecke nicht. Wende das Blatt.

2

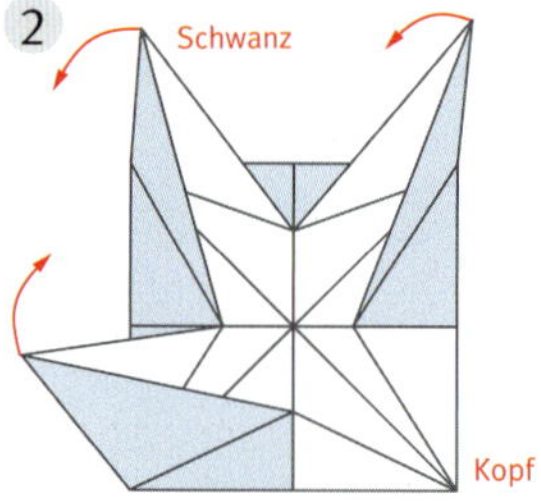

Knicke die Kanten so um, dass die drei äußeren Ecken hoch stehen. Sie bilden Flossen und Schwanz. Die Flossen werden nach hinten gelegt, der Schwanz nach unten geklappt.

3

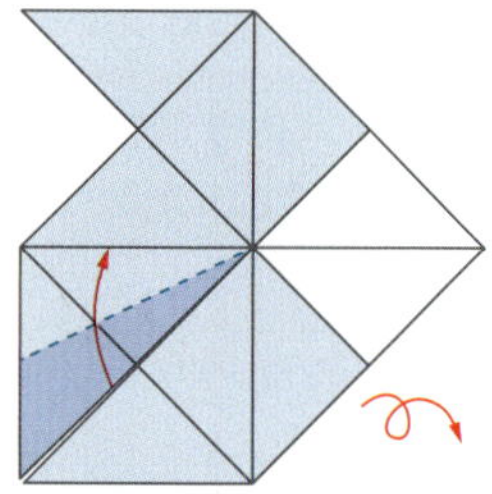

Knicke für den Schwanz die nach unten geklappte Ecke zur Hälfte nach oben, sodass Kante auf Kante liegt. Drehe die Figur: Der Fisch ist fertig.

- Entfalte den Fisch wieder und zeichne die Geraden mit dem Streckzentrum Z sowie das Dreieck ABC in das Faltmuster ein. Markiere die Bilddreiecke für k = 2, k = 3, k = 4.
- Untersuche Winkel und Streckenlängen in den Dreiecken.
- Untersuche die Flächeninhalte: Das Original ist für k = 1 ein Dreieck. Wie viele Dreiecke hat das Bilddreieck für k = 2 (k = 3, k = 4)?
  Beschreibe in Worten den Zusammenhang.

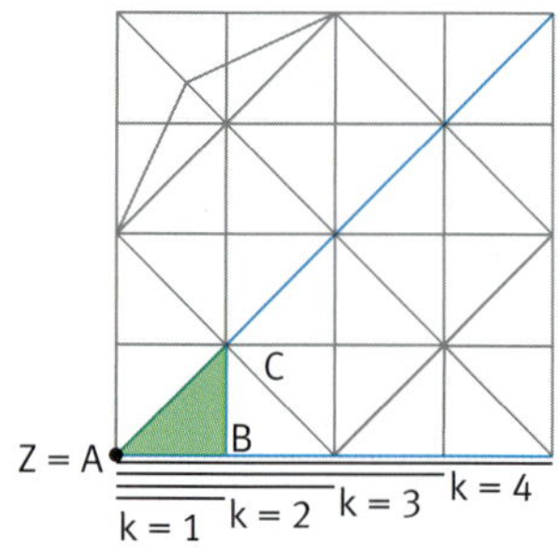

Merkwissen

Die zentrische Streckung hat folgende Eigenschaften:

- Sie ist **geradentreu**, **winkeltreu** und **kreistreu**.
- Originalfigur und Bildfigur haben den **gleichen Umlaufsinn**.
- Die zentrische Streckung ist **verhältnistreu**, d. h. das Längenverhältnis von Bildstrecken ist gleich dem Verhältnis der entsprechenden Originalstrecken.
- Der Inhalt der Bildfläche ist das k^2-Fache des Inhalts der Originalfläche:
  $\mathbf{A_{Bild} = k^2 \cdot A_{Original}}$
- Der Umfang der Bildfläche ist das |k|-Fache des Umfangs der Originalfläche.

Der Mittelpunkt einer Strecke wird auf den Mittelpunkt der Bildstrecke abgebildet.

Beispiele

I Überprüfe den Zusammenhang zwischen den Flächeninhalten A und A' der Originalfigur und Bildfigur.

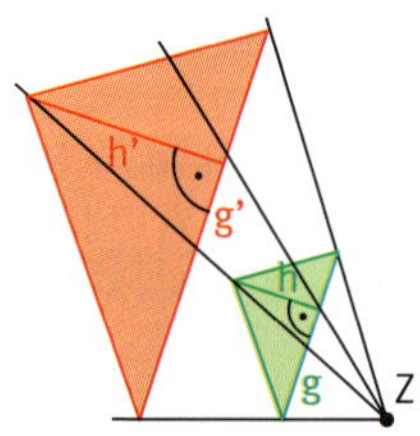

Lösung:

$A = \frac{1}{2} \cdot g \cdot h$

$A' = \frac{1}{2} \cdot g' \cdot h' = \frac{1}{2} \cdot (|k| \cdot g) \cdot (|k| \cdot h)$

$A' = (|k| \cdot |k|) \cdot \frac{1}{2} \cdot (g \cdot h) = k^2 \cdot A$

Verständnis

- Begründe: Wenn M bei einer zentrischen Streckung der Mittelpunkt von $\overline{BC}$ ist, dann ist M' der Mittelpunkt von $\overline{B'C'}$.
- Für welche Streckfaktoren gilt A = A'?

Aufgaben

Lösungen zu 1 (gerundete Werte ohne Einheiten): 2,4; 4; 23,18; 31,83; 489,6; 240

oHiMi 3–5

1 Berechne den Flächeninhalt A_{Bild} der Bildfigur bei zentrischer Streckung.

a) Trapez: $A = 15\ m^2$; $k = 4$
b) Fünfeck: $A = 10{,}3\ m^2$; $k = 1{,}5$
c) Quadrat: $a = 5$ cm; $k = 0{,}4$
d) Rechteck: $a = 2$ cm; $b = 3$ dm; $k = -0{,}2$
e) Kreis: $r = \frac{1}{\pi}$ dm; $k = 10$
f) Dreieck: $a = 10{,}2$ mm; $h_a = 2{,}4$ cm; $k = 2$

2 Ein Dreieck ABC wird wie in der Abbildung mittels zentrischer Streckung so vergrößert, dass das Dreieck A'B'C' entsteht. Berechne den Streckfaktor k sowie den Flächeninhalt des Trapezes BB'C'C.

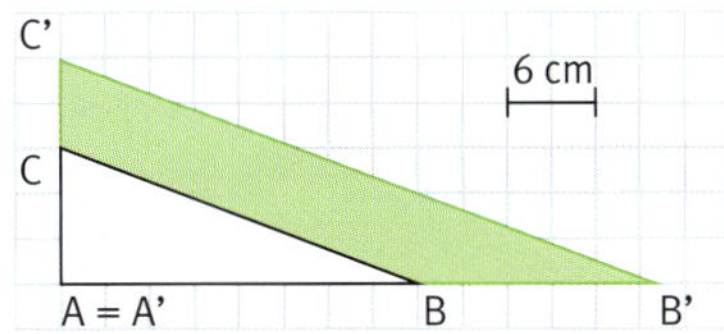

3 Zeichne ein Dreieck ABC. Bilde es durch zentrische Streckung mit Z = C und k = −1,5 ab. Zeige, dass die Seitenmittelpunkte von ΔABC auf diejenigen von ΔA'B'C' abgebildet werden.

4 Eine gegebene Strecke $\overline{AB}$ soll im Verhältnis 2 : 1 geteilt werden.

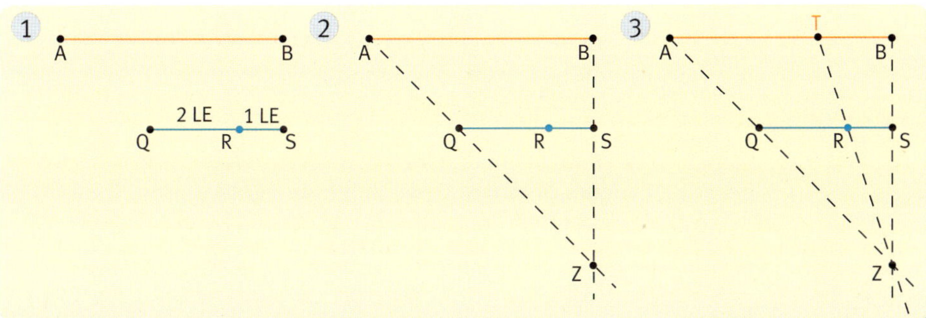

a) Beschreibe das Vorgehen im Beispiel. Welche besondere Lage haben dabei die Punkte Q, R und S?

b) Zeichne eine Strecke $\overline{AB}$ der Länge 5 cm und teile sie wie in der Abbildung im Verhältnis $\overline{AT} : \overline{TB} = 2 : 1$. Beschreibe dein Vorgehen in Worten.

c) Teile ebenso eine 7 cm lange Strecke $\overline{AB}$ im angegebenen Verhältnis.
(1) $\overline{AT} : \overline{TB} = 3 : 2$ (2) $\overline{AT} : \overline{TB} = 1 : 4$ (3) $\overline{AT} : \overline{TB} = 3 : 3$

5 Ein Makler bietet eine Wohnung mit dem hier abgebildeten Grundriss an. Leider hat der Makler den Maßstab der Darstellung nicht angegeben. Die Wohnung soll jedoch ca. 72 m^2 groß sein, wobei die Fläche der Loggia nur halb gezählt ist. Ermittle die Länge der Wohnzimmerwände.

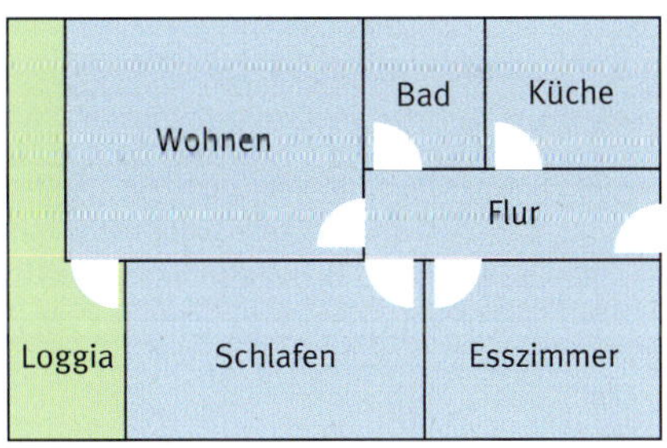

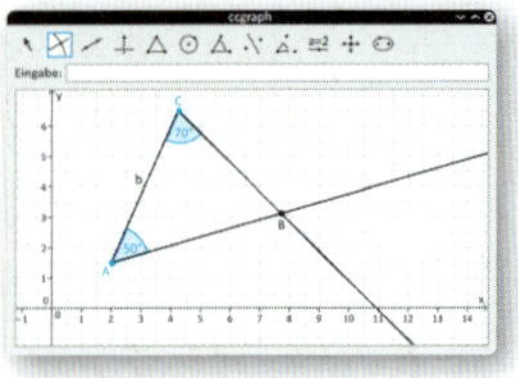

- Erzeuge mit einem Geometrieprogramm verschieden große Dreiecke mit den Winkelgrößen $\alpha = 50°$ und $\gamma = 70°$. Untersuche die Dreiecke auf Ähnlichkeit. Was fällt dir auf?
- Überprüfe mit einem Geometrieprogramm, welche Angaben du mindestens benötigst, um ähnliche Dreiecke zu zeichnen.

Beispiele:

1 Zwei Seiten sind bekannt:
Untersuche Dreiecke mit $a = 4$ cm und $b = 5$ cm auf Ähnlichkeit.

2 Eine Seite und ein Winkel sind bekannt:
Untersuche Dreiecke mit $c = 6$ cm und $\beta = 90°$ auf Ähnlichkeit.

Merkwissen

Zwei Dreiecke sind zueinander ähnlich, ...

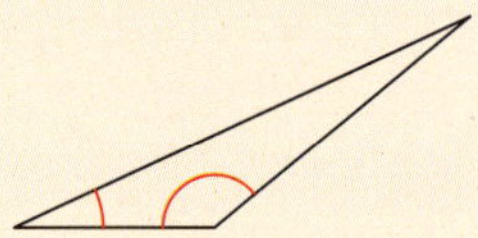

1 wenn sie in den **Maßen zweier Winkel** übereinstimmen (**Hauptähnlichkeitssatz**).

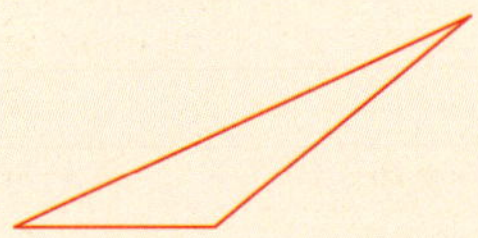

2 wenn sie in den **Verhältnissen dreier Seiten** übereinstimmen.

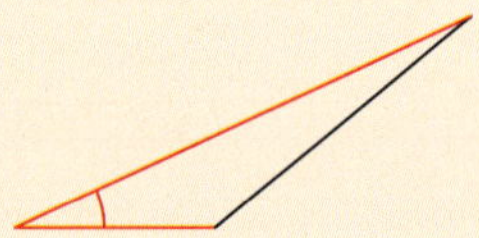

3 wenn sie in den **Verhältnissen zweier Seiten** und dem **Maß des von ihnen eingeschlossenen Winkels** übereinstimmen.

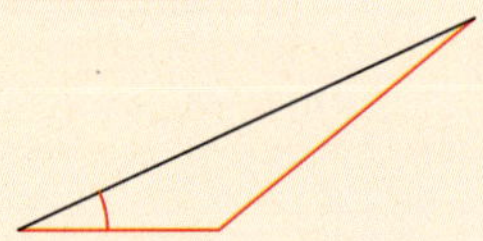

4 wenn sie in den **Verhältnissen zweier Seiten** und dem **Maß des Gegenwinkels der längeren Seite** übereinstimmen (w : s : s) oder (s : s : w).

Beispiele

I Zeichne das Dreieck ABC mit $\alpha = 65°$ und $\beta = 70°$ sowie das Dreieck A'B'C' mit $\alpha' = 65°$ und $\gamma' = 45°$. Sind die Dreiecke zueinander ähnlich? Begründe.

Lösung:
Wegen $\beta' = 180° - 65° - 45° = 70°$ stimmen die Dreiecke in den Maßen zweier Winkel überein.
Sie sind zueinander ähnlich nach dem Hauptähnlichkeitssatz.

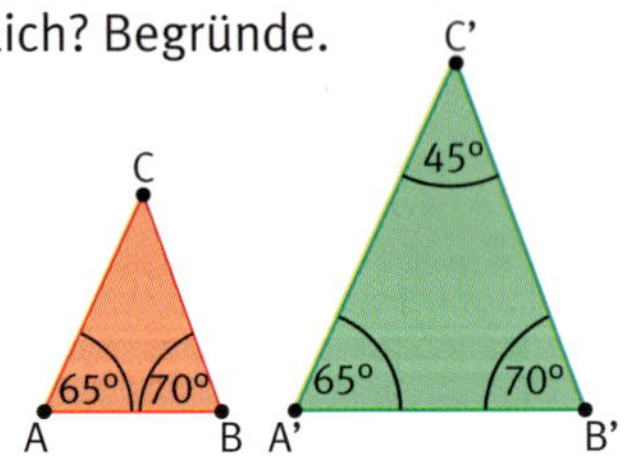

Verständnis

- Begründe, dass nur zwei Winkel in Dreiecken übereinstimmen müssen, damit die Dreiecke zueinander ähnlich sind.
- Begründe, dass die Kongruenz ein Sonderfall der Ähnlichkeit ist.
- Erläutere, dass es einen Kongruenzsatz WSW gibt, aber keinen entsprechenden Ähnlichkeitssatz.

Aufgaben

1 Welche der abgebildeten Dreiecke sind ähnlich zueinander? Begründe.

alle Längenmaße in cm

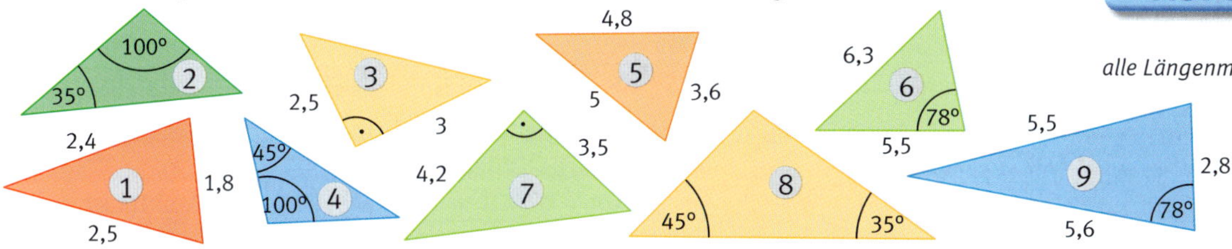

2 Überprüfe die Dreiecke ABC und A'B'C' auf Ähnlichkeit.

a) $\alpha = 57°$; b = 8 cm; c = 12 cm $\alpha' = 57°$; b' = 16 cm; c'= 24 cm
b) $\alpha = 70°$; $\beta = 50°$; c = 35 mm $\beta' = 50°$; $\gamma' = 60°$; b' = 6,7 cm
c) b = 6,4 cm; c = 2,5 cm; $\beta = 34°$ b' = 24,32 cm; c' = 9,5 cm; $\beta' = 34°$
d) a = 58 mm; c = 26 mm; $\gamma = 45°$ a' = 2,9 cm; c' = 1,3 cm; $\gamma = 45°$
e) a = 2,6 m; $\alpha = \beta = 60°$ b' = 47 mm; c' = 4,7 cm; $\gamma' = 60°$

oHiMi 1, 3, 7

3 In einem Dreieck ABC sind zwei der Innenwinkel 30° und 65° groß. Gegeben sind weiterhin zwei Innenwinkel eines weiteren Dreiecks. Prüfe die beiden Dreiecke auf Ähnlichkeit.

a) 65°; 85° **b)** 85°; 45° **c)** 30°; 95° **d)** 85°; 30°

4 Die Dreiecke ABC und A'B'C' sind ähnlich zueinander. Berechne die fehlenden Seitenlängen. Zeichne jeweils eines der beiden Dreiecke.

a) a = 5 cm; b = 7 cm; c = 8,5 cm; a' = 13,5 cm
b) a = 25 mm; b = 45 mm; c = 55 mm; c' = 11 mm
c) b = 45 m; a' = 38 mm; b' = 5 cm; c' = 0,65 dm

5 Die Dreiecke ABC und A'B'C' sind ähnlich zueinander. Berechne die Längen der Strecken x und y.

a)

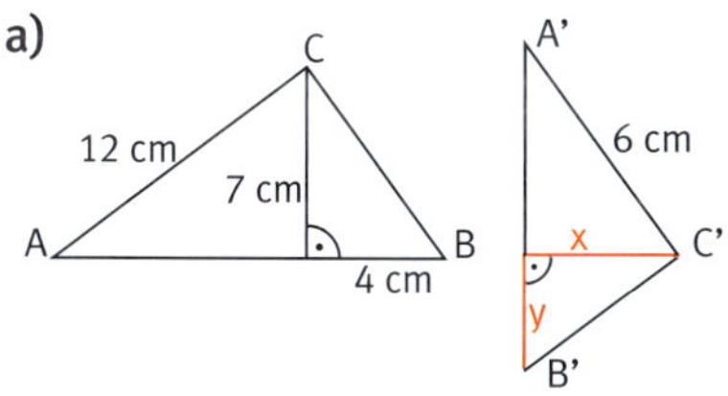

b)

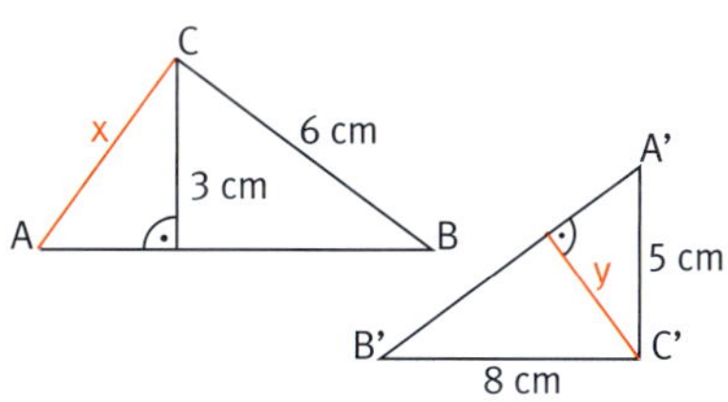

6 Konstruiere ein Dreieck ABC mit den gegebenen Maßen. Zeichne anschließend ein zweites Dreieck A'B'C' so, dass dieses ähnlich zu Dreieck ABC ist.

a) a = 6 cm; b = 4,5 cm; $\gamma = 80°$ a' = 4 cm
b) a = 5 cm; b = 4 cm; c = 7 cm a' = 3 cm
c) b = 5,5 cm; c = 5 cm; $\alpha = 80°$ $h_b' = 6$ cm

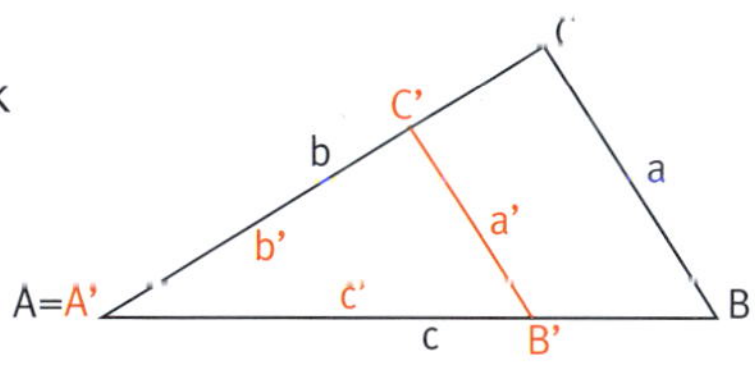

7 Überprüfe die Aussage und korrigiere sie gegebenenfalls.

Zwei gleichschenklige Dreiecke sind zueinander ähnlich, wenn sie in der Größe eines Winkels übereinstimmen.

oHiMi 8, 10

8 Lies den folgenden Beweis genau durch.

> Behauptung: [redacted]
>
> Voraussetzung: ABCD sei ein Rechteck.
> Beweis: Betrachte die Dreiecke ABD und BCD.
> (1) ∢BAD = ∢DCB = 90° (Winkel im Rechteck)
> (2) ∢DBA = ∢BDC (Wechselwinkel)
>
> Da die Dreiecke ABD und BCD nach (1) und (2) zwei gleiche Winkel haben, sind sie nach dem Hauptähnlichkeitssatz für Dreiecke zueinander ähnlich.

a) Gib eine Behauptung an, die hier bewiesen wurde.

b) Erstelle eine passende Skizze zu dem Beweis.

c) Beweise wie im gelben Kasten die folgenden Behauptungen:

Erinnere dich an wichtige mathematische Sätze.

(1) Die Abbildung zeigt ein bei C rechtwinkliges Dreieck ABC mit der Höhe $h_c = \overline{CD}$.

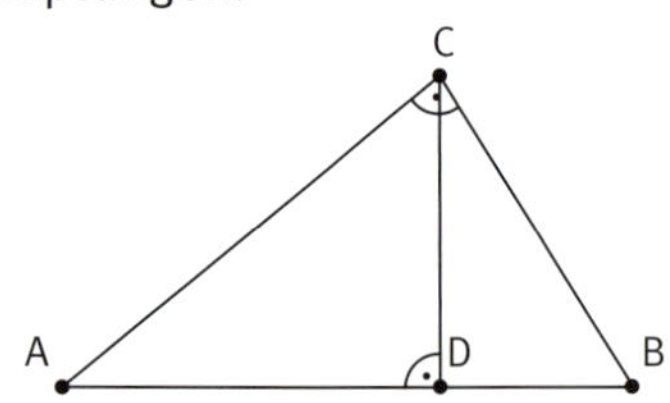

> Behauptung: Die Dreiecke ABC, ADC und BCD sind zueinander ähnlich.
> Kurz: $\Delta ABC \sim \Delta ADC \sim \Delta BCD$

(2) Die Abbildung zeigt die Strecke $\overline{AB}$ sowie die Punkte C und D, die auf einem Halbkreis über $\overline{AB}$ liegen. Der Punkt E sei der Schnittpunkt der Strecken $\overline{AD}$ und $\overline{BC}$.

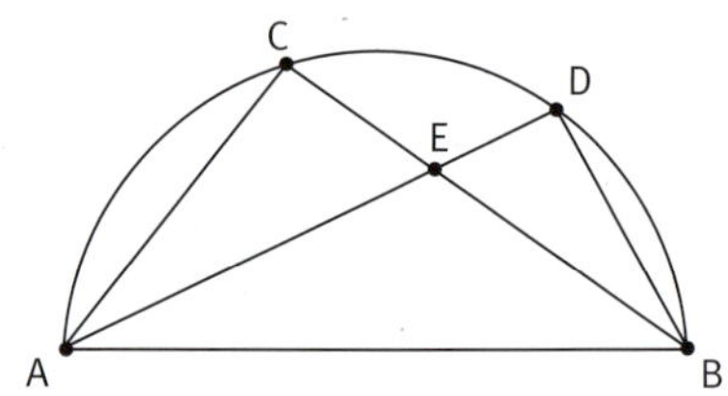

> Behauptung: Die Dreiecke AEC und BDE sind zueinander ähnlich.
> Kurz: $\Delta AEC \sim \Delta BDE$

9 Die abgebildete Figur besteht aus Parallelogrammen mit jeweils gleichen Winkeln.

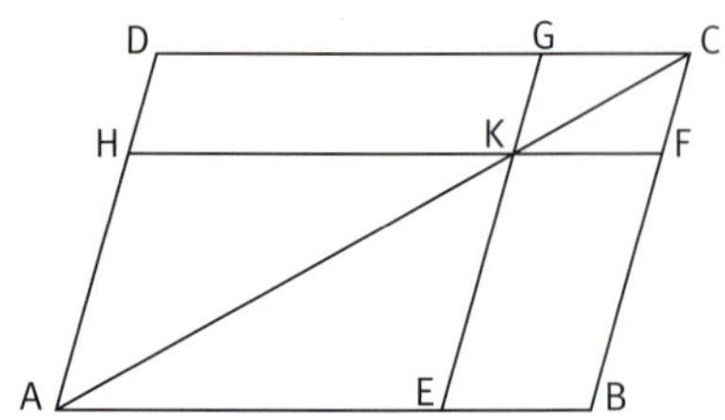

a) Begründe, dass die Dreiecke AEK und KFC ähnlich zueinander sind.

b) Nenne zwei Dreiecke, die zum Dreieck KCG ähnlich, aber nicht kongruent sind.

c) Es gilt: $\overline{AE} = 4$ cm; $\overline{EK} = 2{,}4$ cm und $\overline{FC} = 1{,}8$ cm. Bestimme die Länge von $\overline{KF}$.

10 Übertrage die Figuren in dein Heft und zerlege sie mit nur einer Strecke in zueinander ähnliche Dreiecke.

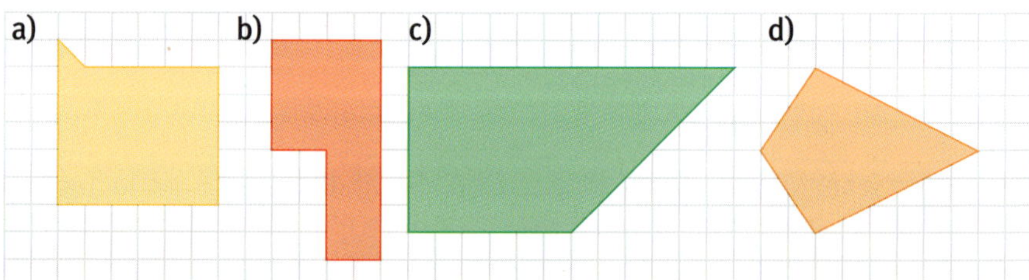

11 Das Sechseck ADGHCI besteht aus vier gleich großen Quadraten. Zeige, dass die Dreiecke ABC und CDE zueinander ähnlich sind.
Tipp:
Der Nachweis fällt dir leichter, wenn du zusätzliche Quadrate einzeichnest und Winkel markierst.

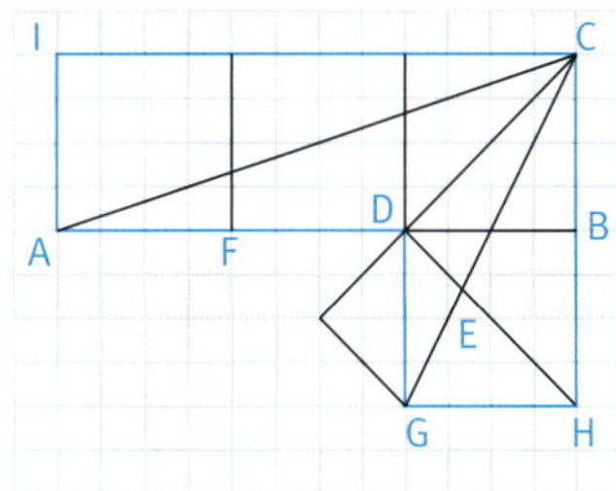

Werkzeug

Ähnliche Figuren erstellen

Mithilfe dynamischer Geometriesoftware kannst du Figuren spiegeln, drehen, verschieben und strecken.

Achsenspiegelung einer Figur am Beispiel eines Dreiecks

1. Zeichne ein Dreieck (z. B. ABC) und eine Gerade als Spiegelachse.
2. Wähle in der Menüleiste den Befehl zur Achsenspiegelung (z. B. „Spiegle an Gerade.“). Danach musst du nacheinander die Figur und die Gerade markieren. Du erhältst die gespiegelte Figur (im Beispiel A'C'B').

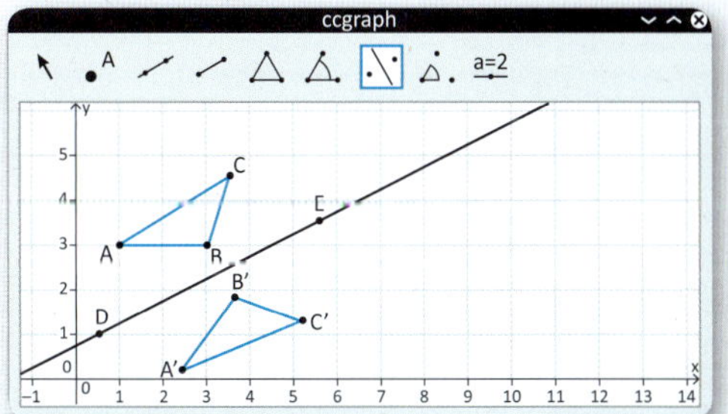

Drehung einer Figur am Beispiel eines Dreiecks

1. Erstelle einen Schieberegler für den Drehwinkel.
2. Zeichne die Figur und das Drehzentrum (z. B. das Dreieck A'C'B' und den Punkt E). Wähle in der Menüleiste den Befehl zur Drehung (z. B. „Drehe um Punkt.“). Danach musst du das zu drehende Objekt, das Drehzentrum sowie den Schieberegler für den Drehwinkel markieren. Mit Betätigung des Schiebereglers ändert sich der Drehwinkel. Du erhältst die gedrehte Figur (im Beispiel A''C''B'').

- Beschreibe ebenso die Verschiebung einer Figur.

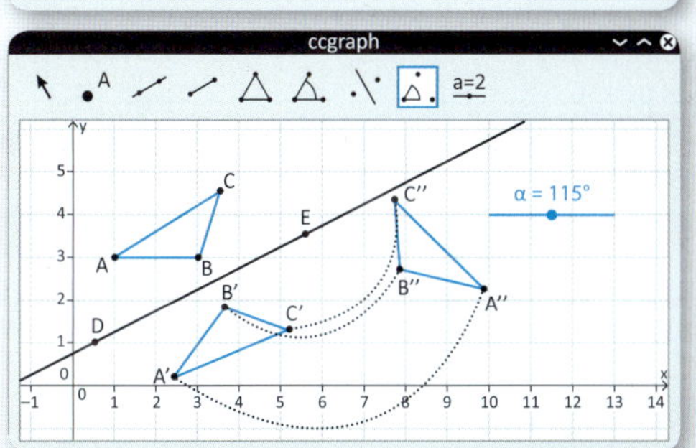

Zentrische Streckung einer Figur am Beispiel eines Dreiecks

1. Erstelle mit einem Icon einen Schieberegler. Das Intervall für den Schieberegler kannst du auch nachträglich ändern. Meistens ist ein Intervall [−5; 5] ausreichend.
2. Zeichne eine Figur (z. B. das Dreieck DEF) und lege einen Punkt Z als Streckzentrum fest.
3. Wähle in einem Menüpunkt zum „Abbilden“ von Objekten das Icon „Objekt zentrisch strecken“. Dabei muss das Objekt (z. B. das Dreieck), das Streckzentrum Z sowie der Schieberegler für den Streckfaktor k markiert werden. Du erhältst die gestreckte Figur (D'E'F').

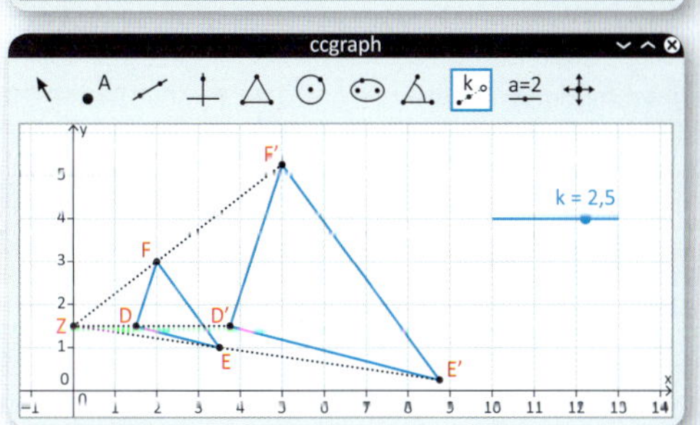

- Strecke mithilfe einer dynamischen Geometriesoftware verschiedene Figuren. Wähle für jede Figur verschiedene Streckzentren.
- Beschreibe die Bildfigur, wenn $k < 0$ ist. Wann erhältst du eine Vergrößerung (Verkleinerung)?
- Zeichne mithilfe der Verknüpfung von Spiegeln, Drehen, Verschieben und Strecken ähnliche Dreiecke. Überprüfe die Eigenschaften ähnlicher Dreiecke.

Manchmal verdecken viel kleinere Objekte die Sicht auf große, aber weit entfernte Dinge. Ihr könnt das selbst mit diesem Experiment ausprobieren.

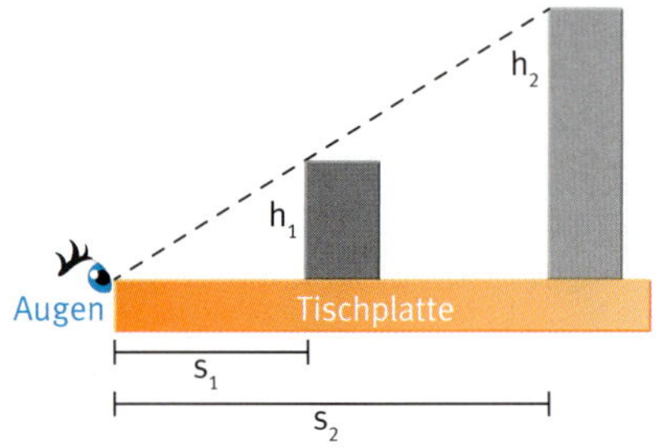

- Stellt ein großes und ein kleines Objekt auf einen Tisch. Guckt nun so über den Tisch, dass ihr noch die Kante, aber nicht die Tischplatte seht.
- Verschiebt den kleinen Körper so, dass er den großen gerade so verdeckt.
- Füllt dabei die folgende Tabelle aus und fasst die Besonderheiten zusammen.

kleiner Körper			großer Körper		
Höhe h_1	Abstand s_1	$h_1 : s_1$	Höhe h_2	Abstand s_2	$h_2 : s_2$
2 cm	6 cm	1 : 3	4 cm		

Merkwissen

Bei ähnlichen Dreiecken ist das Verhältnis zugehöriger Seiten stets gleich. Diese Eigenschaft wird bei den sogenannten **Strahlensätzen** ausgenutzt:

*Je nach Lage der Parallelen spricht man von einer **V-Figur***

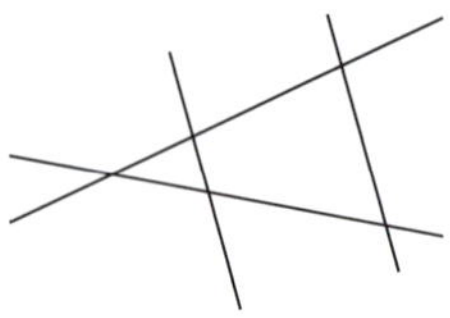

*oder von einer **X-Figur**.*

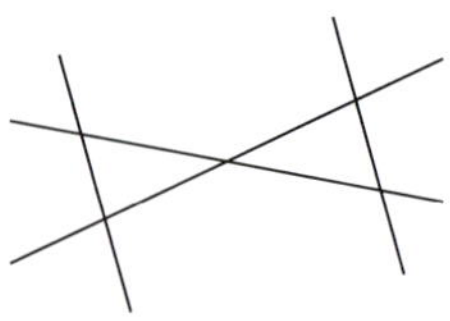

Beachte: Beim 2. Strahlensatz müssen die zugehörigen Abschnitte immer auf derselben Geraden in Z beginnen.

Werden zwei sich in Z schneidende Geraden von zwei Parallelen geschnitten, ...

- dann stehen einander entsprechende Streckenabschnitte auf den Geraden durch Z im gleichen Verhältnis (**1. Strahlensatz**).

Beispiel:

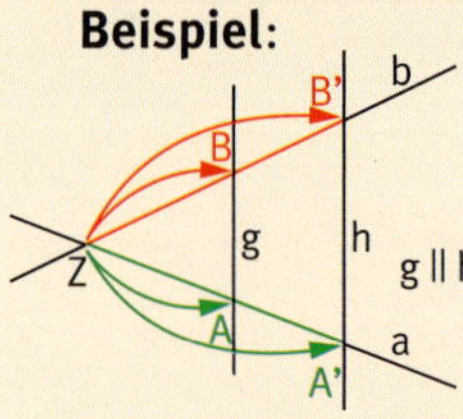

$$\frac{\overline{ZA}}{\overline{ZA'}} = \frac{\overline{ZB}}{\overline{ZB'}}$$

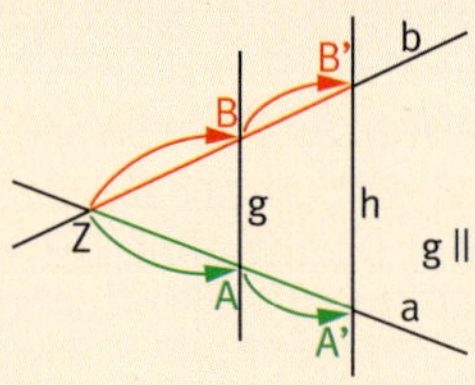

$$\frac{\overline{ZA}}{\overline{AA'}} = \frac{\overline{ZB}}{\overline{BB'}}$$

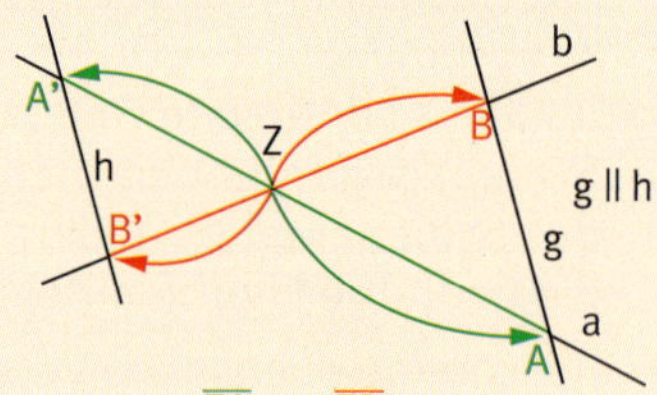

$$\frac{\overline{ZA}}{\overline{ZA'}} = \frac{\overline{ZB}}{\overline{ZB'}}$$

- dann ist das Verhältnis der Streckenabschnitte auf den Parallelen gleich dem zugehörigen Streckenverhältnis auf jeder der Geraden durch Z (**2. Strahlensatz**).

Beispiel:

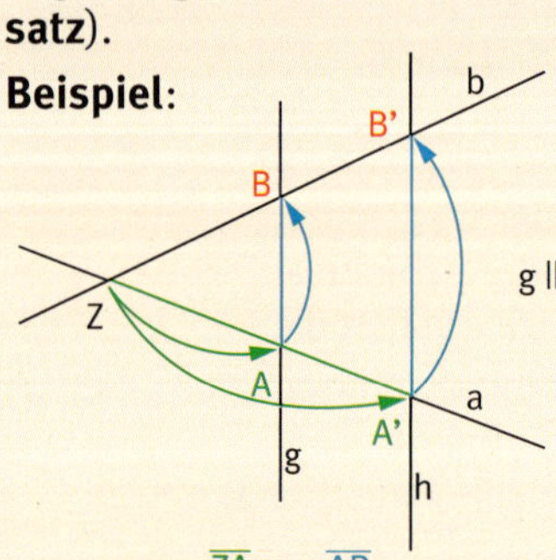

$$\frac{\overline{ZA}}{\overline{ZA'}} = \frac{\overline{AB}}{\overline{A'B'}}$$

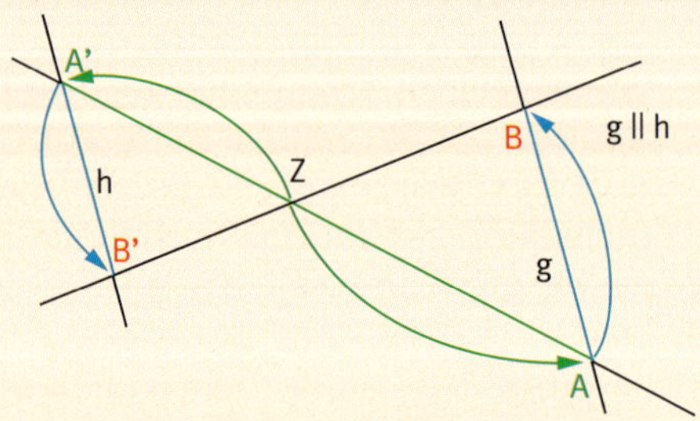

$$\frac{\overline{ZA}}{\overline{ZA'}} = \frac{\overline{AB}}{\overline{A'B'}}$$

Beispiele

I Berechne mithilfe der Strahlensätze die fehlenden Längen.

Lösung:
Berechnung von ...

y mit dem 1. Strahlensatz:

$$\frac{\overline{ZB}}{\overline{BB'}} = \frac{\overline{ZA}}{\overline{AA'}}$$

$$\frac{y}{9{,}5\text{ cm}} = \frac{6\text{ cm}}{7{,}6\text{ cm}} \quad | \cdot 9{,}5$$

$$y = 7{,}5\text{ cm}$$

x mit dem 2. Strahlensatz:

$$\frac{\overline{A'B'}}{\overline{AB}} = \frac{\overline{ZA'}}{\overline{ZA}}$$

$$\frac{x}{3\text{ cm}} = \frac{(6 + 7{,}6)\text{ cm}}{6\text{ cm}} \quad | \cdot 3$$

$$x = 6{,}8\text{ cm}$$

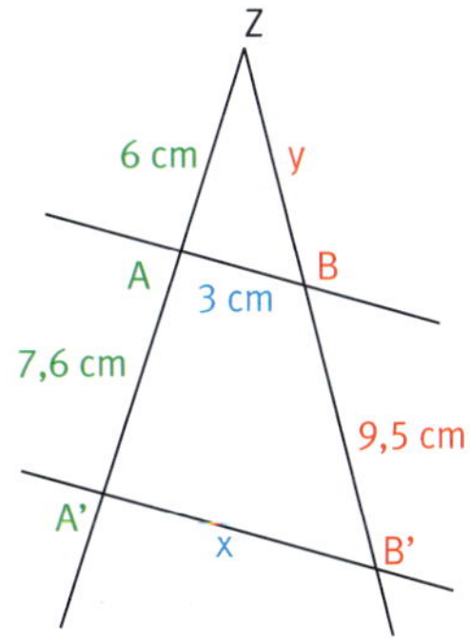

Die Strahlensätze führen zu Verhältnisgleichungen. Es ist einfacher, wenn die gesuchte Länge im Zähler steht.

Verständnis

- Weise die Gültigkeit der Strahlensätze mithilfe ähnlicher Dreiecke nach.
- Wie kann man mithilfe der Strahlensätze den Streckfaktor k bestimmen?

Aufgaben

oHiMi 1–4

1 Überprüfe, ob die Strahlensätze richtig angewendet wurden (g ∥ h).

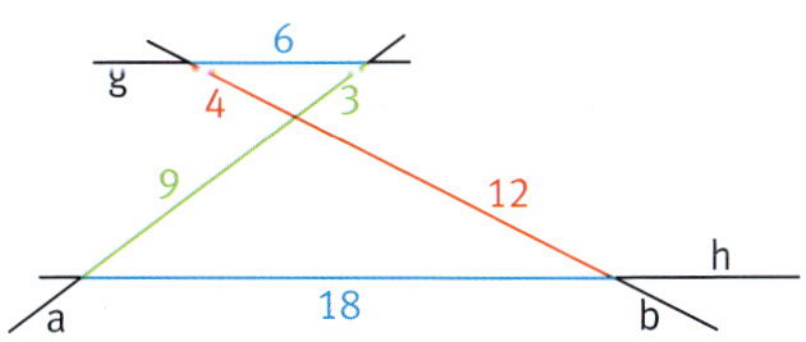

① $\frac{3}{9} = \frac{18}{6}$ ② $\frac{4}{9} = \frac{6}{18}$

③ $\frac{6}{18} = \frac{4}{12}$ ④ $\frac{3}{4} = \frac{9}{12}$

⑤ $\frac{6}{18} = \frac{9}{12}$ ⑥ $\frac{4}{6} = \frac{9}{18}$

2 Berechne die farbig markierten Längen mithilfe der Strahlensätze.

a)

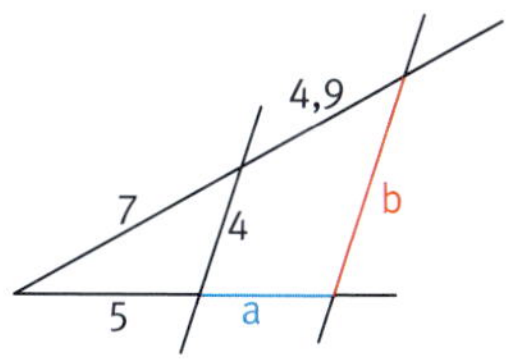

b)

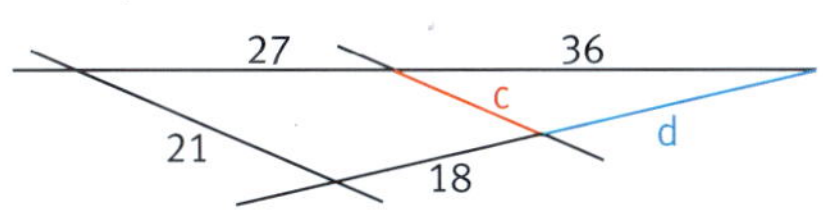

c)

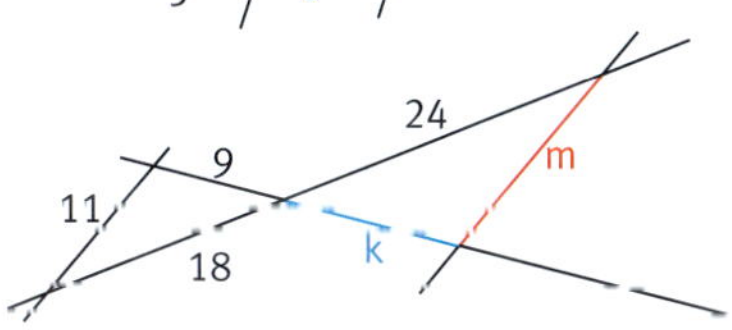

d)

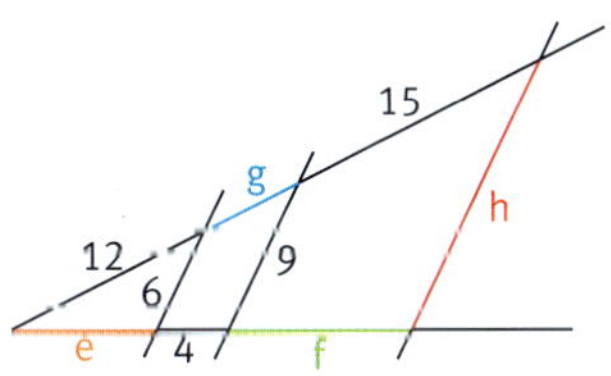

Es liegen jeweils „Strahlensatzfiguren“ vor, d. h. die sich nicht schneidenden Geraden sind parallel.

Eigentlich müsste man die Streckenlängen mit Maßeinheiten versehen, z. B. cm oder m. Wenn man die Einheiten jedoch stets gleich wählt, kann man sie auch weglassen.

Lösungen zu 2:
12; 24, 12, 14 $\frac{2}{3}$; 8; 10; 6; 16,5; 3,5; 6,8

3 Finde weitere zugehörige Streckenverhältnisse zum 1. Strahlensatz wie im Beispiel aus dem Merkwissen.

4 Finde möglichst viele Zusammenhänge mithilfe der Strahlensätze. Findest du mehrere Lösungen?

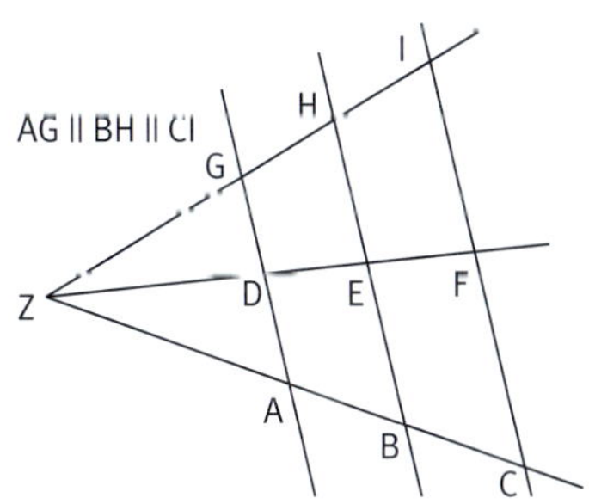

a) $\frac{\overline{ZA}}{\overline{ZB}} = \frac{\square}{\square}$ b) $\frac{\overline{ZG}}{\overline{ZI}} = \frac{\square}{\square}$ c) $\frac{\overline{ZE}}{\overline{ZF}} = \frac{\square}{\square}$ d) $\frac{\overline{ZE}}{\overline{ZH}} = \frac{\square}{\square}$ e) $\frac{\overline{ZE}}{\overline{EH}} = \frac{\square}{\square}$

f) $\frac{\overline{ZA}}{\overline{AG}} = \frac{\square}{\square}$ g) $\frac{\overline{ZI}}{\overline{ZC}} = \frac{\square}{\square}$ h) $\frac{\overline{DA}}{\overline{FC}} = \frac{\square}{\square}$ i) $\frac{\overline{HE}}{\overline{GD}} = \frac{\square}{\square}$ j) $\frac{\overline{DE}}{\overline{DF}} = \frac{\square}{\square}$

Lösungen zu 5:
1,4; 15; 18; 46,25; 50,4

5 Bei Strahlensätzen müssen Verhältnisgleichungen gelöst werden. Bestimme die unbekannte Größe.

a) $\frac{5}{9} = \frac{x}{27}$ **b)** $\frac{6}{y} = \frac{45}{135}$ **c)** $\frac{12{,}5}{36} = \frac{17{,}5}{x}$ **d)** $\frac{z}{17{,}5} = \frac{22{,}2}{8{,}4}$ **e)** $\frac{0{,}5}{x} = \frac{2{,}25}{6{,}3}$

6 Der nebenstehende Stern wurde aus sechs Geraden gebildet, wobei je zwei Geraden parallel zueinander sind.
Wie viele Dreiecke siehst du?
Begründe mithilfe der Strahlensätze, dass alle vorkommenden Dreiecke zueinander ähnlich sind.

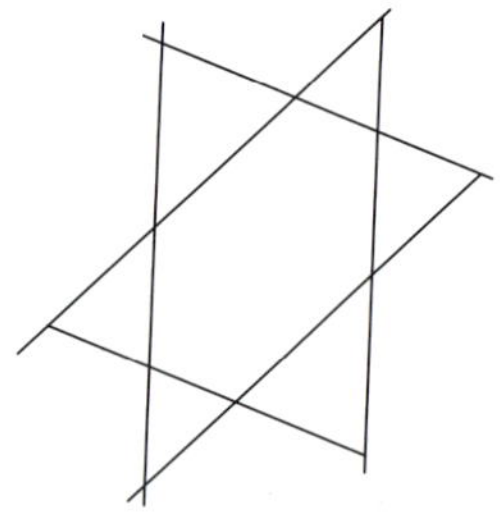

7 In einen Dachstuhl muss im Punkt A eine 0,8 m lange Stütze eingebracht werden. Berechne die Entfernung zum Dachstuhlende Z.

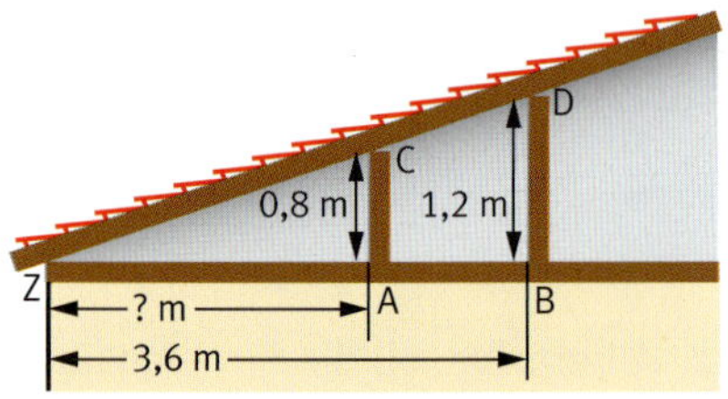

8 Mithilfe eines Försterdreiecks werden Höhen von Bäumen ermittelt.

a) Übertrage die Skizze ins Heft.

b) Berechne die Höhe des Baumes. Beachte dabei die Größe der Person mit dem Dreieck.

c) Erkläre, warum nicht der Boden angepeilt wird.

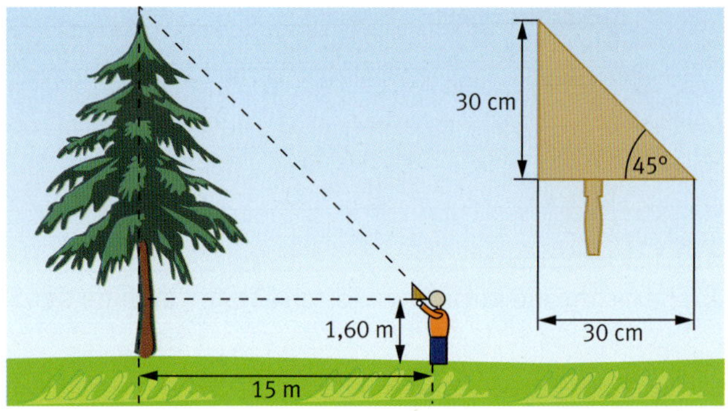

9 Mithilfe der Strahlensätze kann man die Längen unzugänglicher Strecken berechnen, beispielsweise die Breite eines Gewässers oder die Höhe eines Gebäudes. Bei einer Übung soll die Breite eines Teichs bestimmt werden.

Alle Längenangaben sind in Metern gegeben.

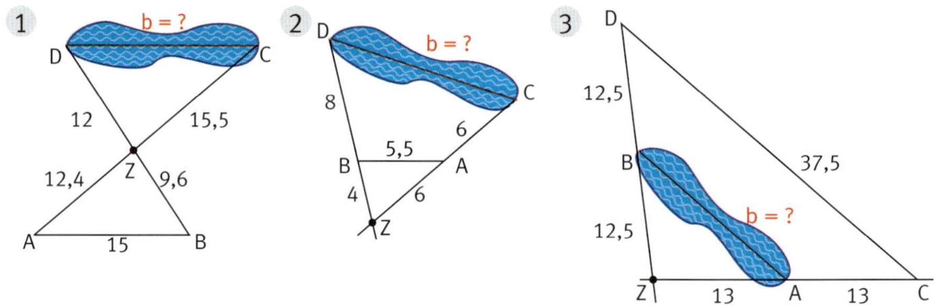

a) Entscheide, ob die Gruppen 1 bis 3 die Breite b bestimmen können. Begründe.

b) Bestimme die Breite des Teichs mit den Ergebnissen aus a).

10 Der Schatten eines Turms ist 45,5 m lang. Zur gleichen Zeit misst der Schatten eines 1,85 m großen Mannes 2,59 m. Beide Schatten enden im gleichen Punkt. Skizziere die Situation und berechne die Höhe des Turmes.

11 Schon im Altertum wurde, um die Höhe einer Pyramide zu bestimmen, ein Stab senkrecht so aufgestellt, dass die Spitze des Pyramidenschattens auf den Schatten des Stabs fiel. Berechne die Höhe der quadratischen Pyramide in der Zeichnung.

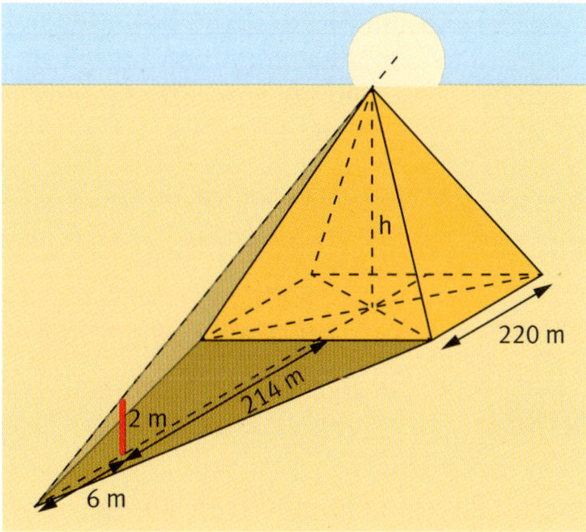

Die Zeichnung ist nicht maßstabsgetreu.

12 Unbekannte Größen kann man „Pi mal Daumen" bestimmen. Dazu peilt man einen Gegenstand bei ausgestreckter Armlänge l über den Daumen mit Daumenlänge d an. Bei einem Abstand a lässt sich damit ein Gegenstand der Länge g abdecken.

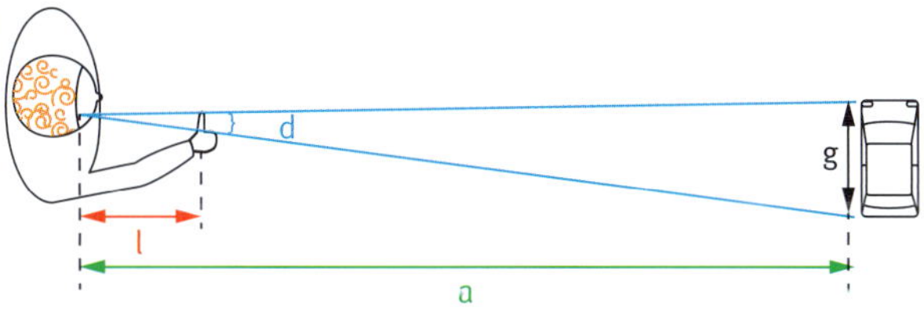

a) Ein Auto ist etwa 4,50 m lang. Bestimme mit deinen Maßen d und l die Entfernung vom Auto.

b) Probiere selbst aus, entweder den Abstand a oder die Länge g von Gegenständen mithilfe deiner Daumen- und Armlänge zu bestimmen.

Wissen

Umkehrung des 1. Strahlensatzes

Werden zwei Geraden a und b, die sich in einem Punkt Z schneiden, von zwei Geraden g und h so geschnitten, dass das Verhältnis der Streckenlängen zugehöriger Abschnitte auf a und b jeweils gleich ist, dann sind die Geraden g und h parallel zueinander.

- Begründe rechnerisch, dass die beiden roten Geraden g und h parallel zueinander sind.
- Konstruiere mithilfe der Umkehrung des 1. Strahlensatzes zueinander parallele Geraden.
- Finde heraus, welche der Geraden m, a, l, e und r in Wirklichkeit parallel zueinander sind. Begründe deine Aussage. Die Zeichnung ist nicht maßstäblich.

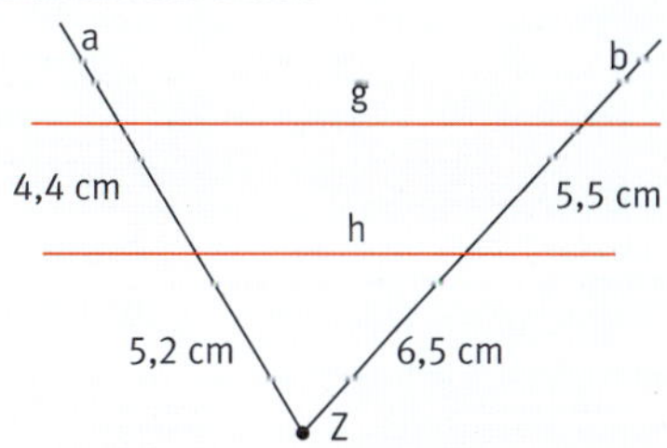

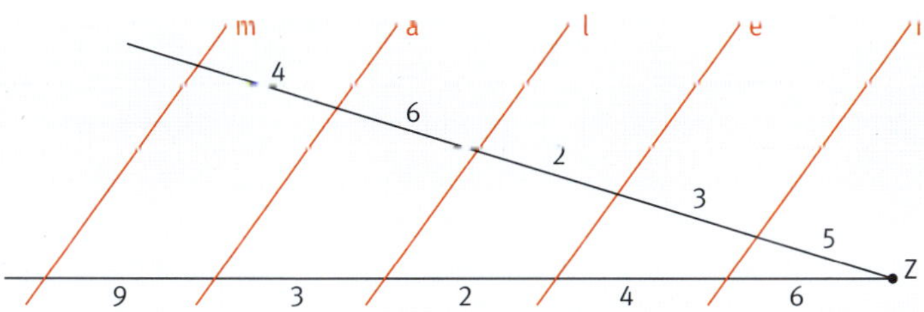

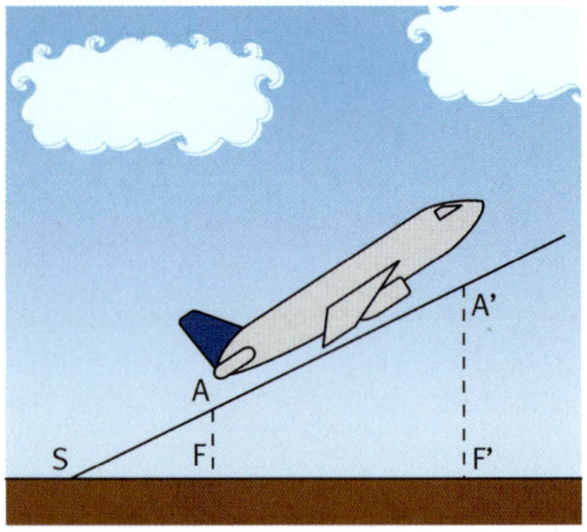

13 Ein Airbus A380 befindet sich bis zu einer Flughöhe von etwa 10 000 m im gleichmäßigen Steigflug. Im Flugzeug kannst du auf Monitoren Flugdaten ablesen. Der Monitor zeigt folgende Daten an:

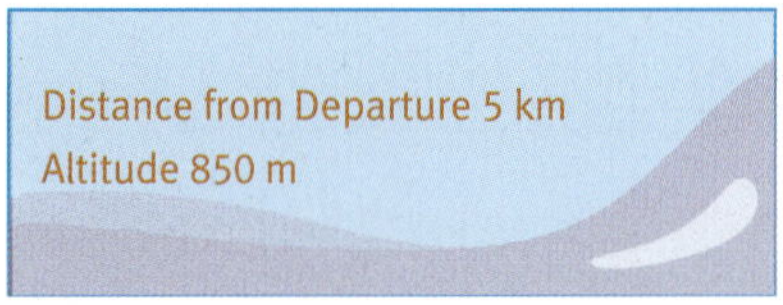

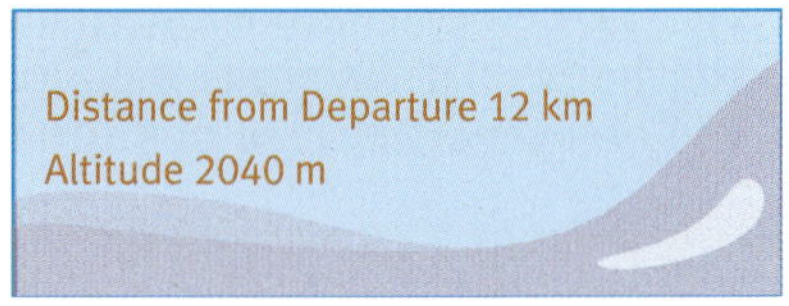

a) Erkläre die Begriffe auf dem Monitor.

b) Berechne die Höhe des Airbus bei einer „Distance from Departure" von 20 km (22,5 km; 26 km).

14 Um die Höhe eines Turms auf der anderen Seite eines Flusses zu bestimmen, wurden verschiedene Messungen durchgeführt. Dabei ergaben sich diese Daten:
$a = 24$ m; $b = 28$ m; $c = 42$ m und $s = 2$ m
Berechne die Höhe des Turms.

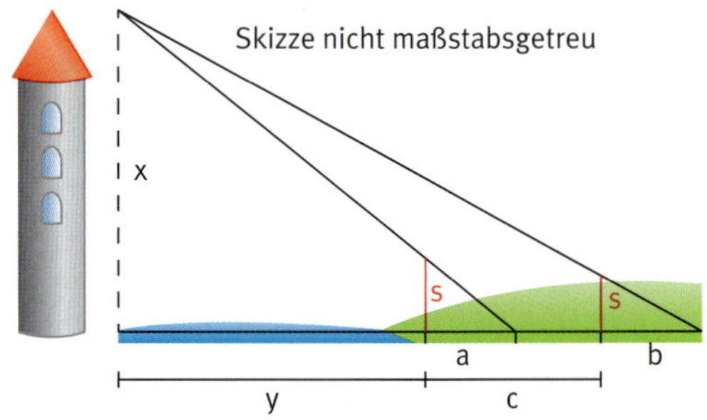

15 Ein Grundstück hat die Form eines rechtwinkligen Dreiecks. Durch eine Straße wird ein Streifen in Trapezform abgetrennt. Berechne die Seitenlängen des verkleinerten Grundstücks.

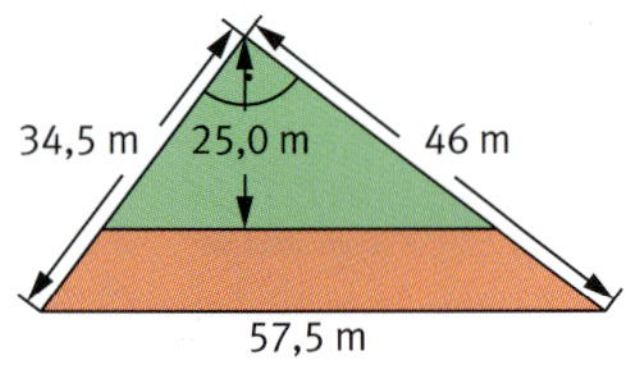

16 Bei einem Haus wird der Giebel durch eine Fachwerkkonstruktion getragen. Berechne die Balkenlängen b_1 und b_2.
$a = 9$ m $\quad b = 2{,}5$ m
$c = 2$ m $\quad d = 4{,}5$ m

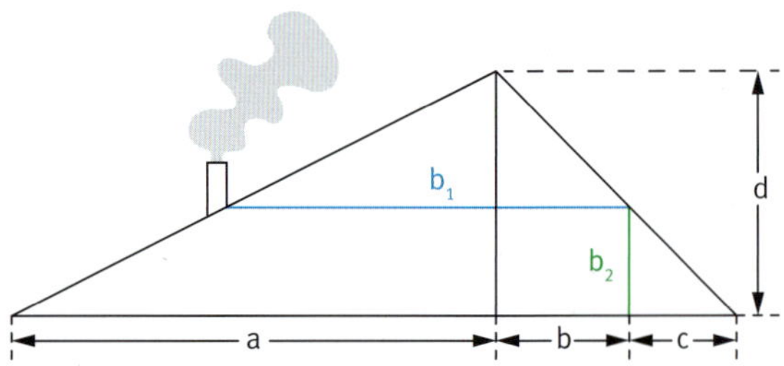

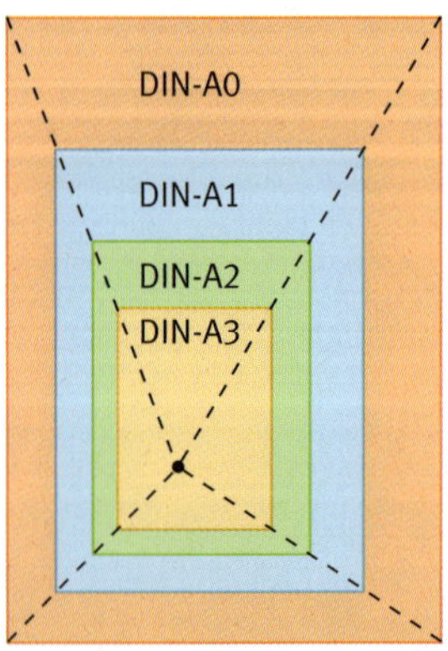

17 Tim hält eine Glasmurmel mit einem Durchmesser von 0,6 cm in 70 cm Entfernung vor sein Auge, sodass der Vollmond gerade verdeckt wird. Der Durchmesser des Mondes beträgt 3476 km. Berechne daraus die Entfernung zwischen Erde und Mond zu diesem Zeitpunkt.

18 DIN-Formate sind genormte Papierformate. Das Urformat ist ein Rechteck, das 1189 mm lang und 841 mm breit ist. Sein Flächeninhalt beträgt 1 m^2. Durch Halbierung der größeren Seite ergibt sich jeweils das nächste DIN-Format.

a) Berechne den Streckfaktor von einem DIN-Format zum nächstgrößeren (nächstkleineren).

b) Bestimme das Verhältnis der langen zur kurzen Blattkante bei einem Blatt vom Format DIN-A4 (vom Format DIN-A5).

19 Ein breiter See wird an einer Seite durch eine hohe, steile Klippe begrenzt. Eine Seilbahn, deren Talstation am gegenüberliegenden Seeufer ist, braucht bei einer gleichmäßigen Geschwindigkeit 12 Minuten von der Tal- zur Klippenstation. Die Fahrstrecke beträgt 1720 m. Nach 4,5 Minuten bleibt die Seilbahn 393,75 Höhenmeter unter der Klippenstation wegen eines Defektes stehen.

a) Skizziere die beschriebene Situation.

b) Berechne die Höhe, in der die Seilbahn über dem See schwebt.

20 Die Klasse 9c möchte das Klassenzimmer neu gestalten. Dazu wollen sie ein Bild mittels Tageslichtprojektor an eine Wand des Klassenzimmers projizieren und die Umrisse nachzeichnen. Bei ersten Versuchen ist das Bild an der Wand zehnmal so groß wie das Original auf der Folie.

a) Das Originalbild ist 5 cm hoch. Die Folie liegt 50 cm von der Linse entfernt. Berechne die Entfernung des Projektors von der Wand.

b) Gib eine Formel an, die die Entfernung von Linse-Wand in Abhängigkeit von der Entfernung Linse-Bild und der Größe des Bildes beschreibt.

21 Erkläre anhand der Zeichnung, dass die Umkehrung des zweiten Strahlensatzes zu einer falschen Aussage führt.
Tipp:
Recherchiere auch im Internet.

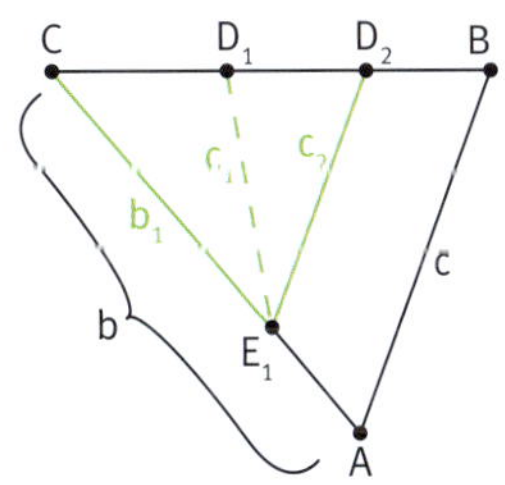

Basteln

Lochkamera

Funktionsweise
Wie entsteht ein Bild in einem Fotoapparat?
Von jedem Gegenstand werden Lichtstrahlen reflektiert. Diese fallen durch die Linse einer Kamera in deren Inneres, wo sie auf Fotopapier oder einen lichtempfindlichen Chip treffen und dort gespeichert werden.
Das Prinzip eines Fotoapparats kann man mit einer einfachen Lochkamera verdeutlichen.

Bauanleitung
Nimm einen von innen schwarzen Schuhkarton und schneide eine kleine Seitenwand heraus. Beklebe die Öffnung anschließend mit Transparentpapier. Hier kannst du später die Bilder sehen. Setze den Deckel auf den Schuhkarton und versiegle alle Stellen mit Klebeband, sodass kein Licht einfällt. Steche gegenüber dem Transparentpapier in die Wand mittig ein möglichst kleines, rundes Loch.

- Erkläre die Funktionsweise einer Lochkamera.
- Bestimme die Größe des Bildes der Kerze in der Abbildung.
- Überprüfe mithilfe des Strahlensatzes die Größe des Bildes in deiner Lochkamera.

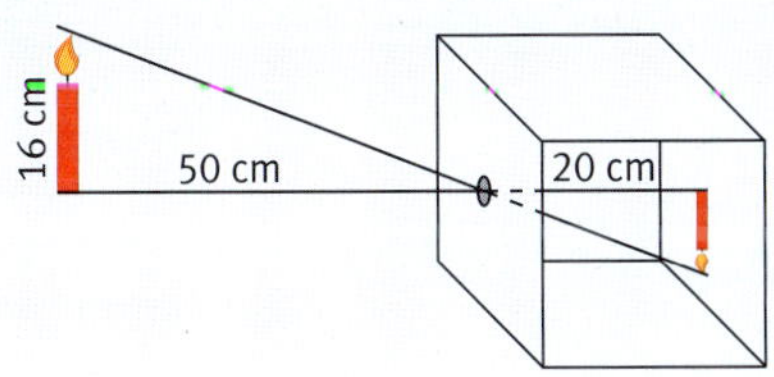

Verwende ein Geometrieprogramm, wenn möglich.

- Konstruiere drei verschiedene bei C rechtwinklige Dreiecke ABC und zeichne jeweils die Höhe $h_c = \overline{CH}$ ein.
- Übertrage die Tabelle in dein Heft und ergänze jeweils die Länge einzelner Strecken. Beschreibe Zusammenhänge und interpretiere sie durch Flächen.

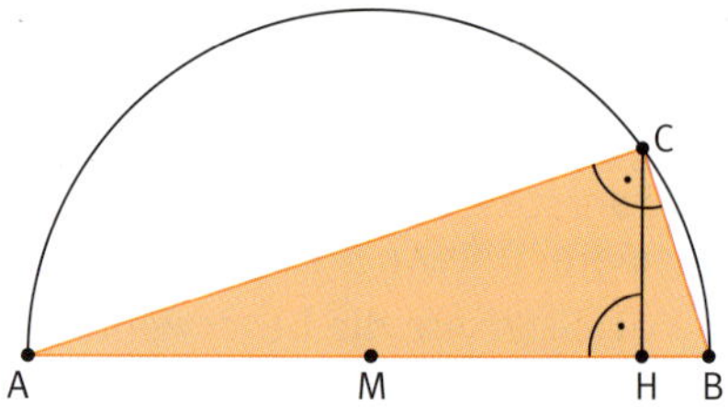

Dreieck	$\overline{CH}$	$\overline{AH}$	$\overline{HB}$	$\overline{CH}^2$	$\overline{AH} \cdot \overline{HB}$	$\overline{AC}^2$	$\overline{AB} \cdot \overline{AH}$
Beispiel	3 cm	9 cm	1 cm	9 cm²	9 cm²	90 cm²	90 cm²
1	▢	▢	▢	▢	▢	▢	▢

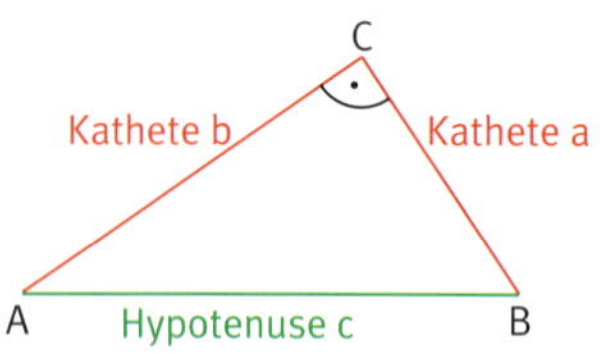

Die Hypotenuse liegt stets dem rechten Winkel gegenüber.

Die Beziehungen im rechtwinkligen Dreieck beschrieb bereits Euklid (ca. 300 v. Chr.) in seinem Buch „Elemente“.

*Höhensatz, Kathetensätze und der Satz des Pythagoras (siehe nächstes Kapitel) werden auch als **Flächensätze** bezeichnet.*

Merkwissen

In jedem bei C **rechtwinkligen Dreieck ABC** mit der Hypotenuse c und den Katheten a und b teilt die Höhe h_c das Dreieck in zwei bei H rechtwinklige Dreiecke AHC und HBC. Diese sind **ähnlich** zum Ausgangsdreieck ABC: In den Dreiecken ABC, AHC und HBC treten aufgrund des Satzes über die Innenwinkelsumme im Dreieck nur Winkel mit den Maßen α, β und 90° auf.
Also gilt: $\Delta ABC \sim \Delta AHC \sim \Delta HBC$.
In ähnlichen Dreiecken stehen entsprechende Seiten im gleichen Verhältnis.

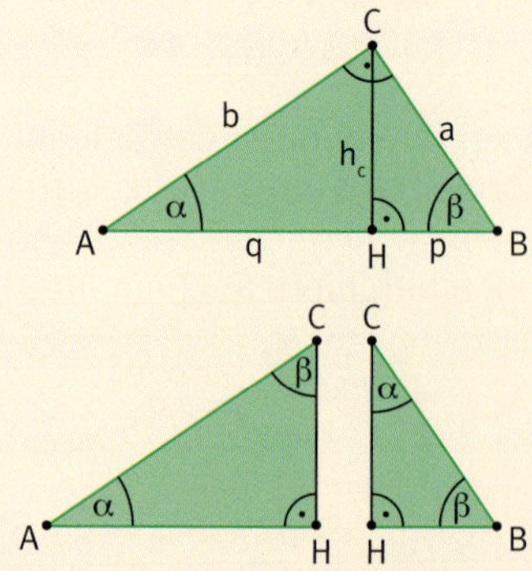

Höhensatz
In einem rechtwinkligen Dreieck ist das Quadrat über der zur Hypotenuse gehörenden Höhe h flächeninhaltsgleich dem Rechteck aus den beiden Hypotenusenabschnitten.
Beweis: $\Delta HBC \sim \Delta AHC$: $\frac{\overline{HC}}{\overline{HB}} = \frac{\overline{AH}}{\overline{HC}} \Leftrightarrow \overline{HC}^2 = \overline{AH} \cdot \overline{HB}$

$\Rightarrow$ $\mathbf{h^2 = p \cdot q}$

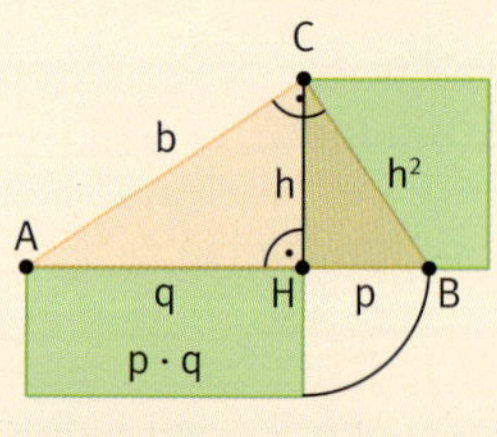

Kathetensätze
In einem rechtwinkligen Dreieck ist das Quadrat über einer Kathete flächeninhaltsgleich dem Rechteck aus Hypotenuse und dem zugehörigen Hypotenusenabschnitt.
Beweis: $\Delta AHC \sim \Delta ABC$: $\frac{\overline{AC}}{\overline{AH}} = \frac{\overline{AB}}{\overline{AC}} \Leftrightarrow \overline{AC}^2 = \overline{AB} \cdot \overline{AH}$

$\Rightarrow$ $\mathbf{b^2 = c \cdot q}$

$\Delta HBC \sim \Delta ABC$: $\frac{\overline{BC}}{\overline{HB}} = \frac{\overline{AB}}{\overline{BC}} \Leftrightarrow \overline{BC}^2 = \overline{AB} \cdot \overline{HB}$

$\Rightarrow$ $\mathbf{a^2 = c \cdot p}$

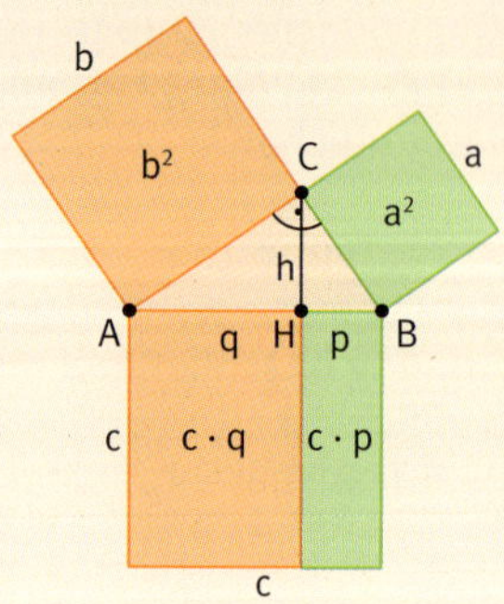

Beispiele

I Im rechtwinkligen Dreieck ABC mit der Hypotenuse $\overline{AB}$ gilt c = 10 cm und b = 6 cm. Bestimme a, p, q und h_c durch Anwendung der Flächensätze.

Lösung:

Kathetensatz: $b^2 = c \cdot q \iff q = \frac{b^2}{c} \implies q = \frac{(6\,\text{cm}^2)}{10\,\text{cm}} = 3{,}6\,\text{cm}$

Mit $c = p + q$ folgt: $p = c - q \implies p = 10\,\text{cm} - 3{,}6\,\text{cm} = 6{,}4\,\text{cm}$

Kathetensatz: $a^2 = c \cdot p \implies a = \sqrt{10\,\text{cm} \cdot 6{,}4\,\text{cm}} = \sqrt{64\,\text{cm}^2} = 8\,\text{cm}$

Höhensatz: $h_c^{\,2} = p \cdot q \implies h_c = \sqrt{3{,}6\,\text{cm} \cdot 6{,}4\,\text{cm}} = \sqrt{23{,}04\,\text{cm}^2} = 4{,}8\,\text{cm}$

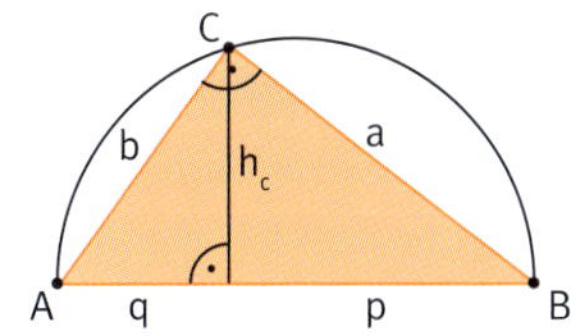

Verständnis

- „Da jedes stumpfwinklige Dreieck eine Höhe besitzt, kann man den Höhensatz auch bei diesen Dreiecken anwenden." Stimmt das?

Aufgaben

1 Bestimme rechnerisch die fehlenden Längen für das bei C rechtwinklige Dreieck ABC.

	a)	b)	c)	d)	e)	f)
a			72 mm	80 cm		
b	4,0 km				6,8 cm	
c	5,0 km		100 mm		12 cm	6 dm
h_c						
p		5,6 cm		4 dm		22 cm
q		3,4 cm				

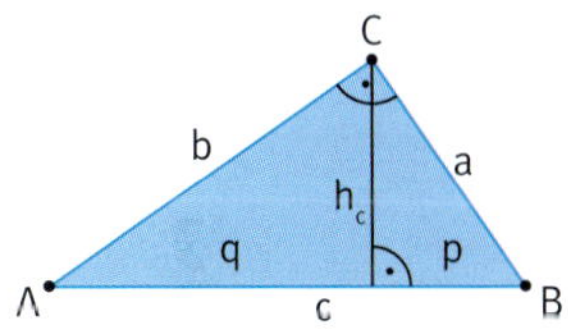

2 Bestimme den Flächeninhalt des rechtwinkligen Dreiecks ABC.

a) $q = 6\,\text{cm}$; $c = 14{,}5\,\text{cm}$; $\gamma = 90°$ **b)** $b = 8\,\text{cm}$; $q = 4{,}8\,\text{cm}$; $\gamma = 90°$

c) $q = 6\,\text{cm}$; $h_c = 11\,\text{cm}$; $\gamma = 90°$ **d)** $b = 8\,\text{cm}$; $c = 14{,}8\,\text{cm}$; $\gamma = 90°$

3 a) Thomas wandelt ein Quadrat der Seitenlänge $s = 6\,\text{cm}$ durch Konstruktion und mithilfe einer Rechnung in ein flächeninhaltsgleiches Rechteck der Seitenlängen q und p um mit $p = 4{,}8\,\text{cm}$. Begründe das Vorgehen von Thomas.

Verwende jeweils den Höhensatz.

Konstruktion

1. Zeichne das Quadrat ABCD.
2. Verlängere $\overline{AB}$ über B hinaus um $p = 4{,}8\,\text{cm}$, Eckpunkt E.
3. Zeichne die Mittelsenkrechte der Strecke $\overline{CE}$ und schneide sie mit der Strecke $\overline{AB}$. Als Schnittpunkt erhältst du den Punkt M.
4. Zeichne einen Kreis um M mit Radius $r = \overline{MC}$. Die Schnittpunkte des Kreises mit der Geraden AB sind die Punkte E und F.
5. $q = FB$
6. Zeichne das Rechteck mit den Seitenlängen q und p.

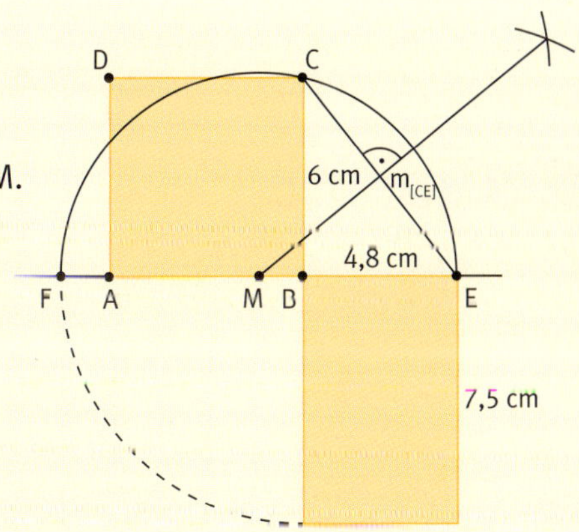

Rechnung

$h^2 = p \cdot q$ (Höhensatz mit $h = s$)

$(6\,\text{cm})^2 = 4{,}8\,\text{cm} \cdot q \implies q = 36\,\text{cm}^2 : 4{,}8\,\text{cm} \implies q = 7{,}5\,\text{cm}$

$p = 4{,}8\,\text{cm}$; $q = 7{,}5\,\text{cm}$

b) Wandle ebenso ein Quadrat der Seitenlänge s durch Konstruktion und Rechnung in ein flächengleiches Rechteck mit den Seitenlängen q und p um.

Findest du auch eine Lösung mit dem Kathetensatz?

1 $s = 40\,\text{mm}$; $q = 80\,\text{mm}$ 2 $s = 6{,}6\,\text{cm}$; $p = 99\,\text{mm}$

3 $s = 20\,\text{mm}$; $p = 25\,\text{mm}$ 4 $s = 0{,}48\,\text{dm}$; $p = 64\,\text{mm}$

Verwende ein Geometrieprogramm, wenn möglich.

- Konstruiere über der Strecke $\overline{AB}$ einen Thaleskreis k. Lege dann fünf Punkte C_1, C_2, ..., C_5 auf k fest. Damit werden fünf rechtwinklige Dreiecke ABC_n festgelegt. Bestimme anschließend die Längen der Strecken $a = \overline{BC_n}$, $b = \overline{AC_n}$ und $c = \overline{AB}$ durch genaues Abmessen.

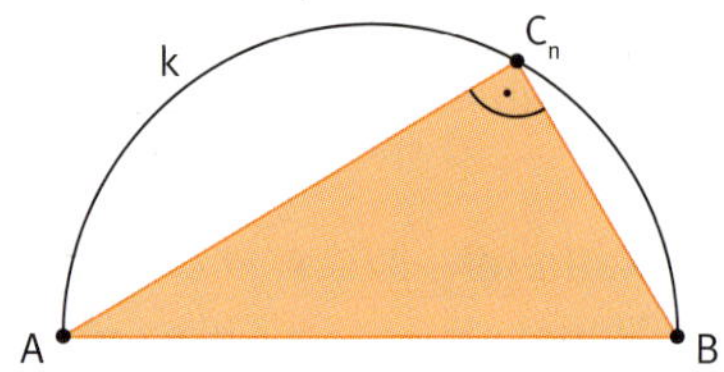

- Trage die zusammengehörigen Werte in eine Tabelle ein. Beschreibe algebraische Zusammenhänge.

Dreieck	c^2	$(a-b)^2$	$(a+b)^2$	a^2+b^2	a^2-b^2
Beispiel	25 cm²	1 cm²	49 cm²	25 cm²	7 cm²
1	▢	▢	▢	▢	▢
2	▢	▢	▢	▢	▢
3	▢	▢	▢	▢	▢
4	▢	▢	▢	▢	▢
5	▢	▢	▢	▢	▢

Merkwissen

Satz des Pythagoras
In einem rechtwinkligen Dreieck ist das Quadrat über der Hypotenuse flächeninhaltsgleich zur Sume der beiden Quadrate über den Katheten.

Mit den Bezeichnungen in der Abbildung gilt kurz:
$a^2 + b^2 = c^2$

Beweis:
Nach den Kathetensätzen gilt: I $a^2 = c \cdot p$
II $b^2 = c \cdot q$
I + II liefert: $a^2 + b^2 = c \cdot p + c \cdot q$ (Distributivgesetz)
$\Leftrightarrow a^2 + b^2 = c \cdot (p + q)$ $(c = p + q)$
$\Leftrightarrow a^2 + b^2 = c^2$

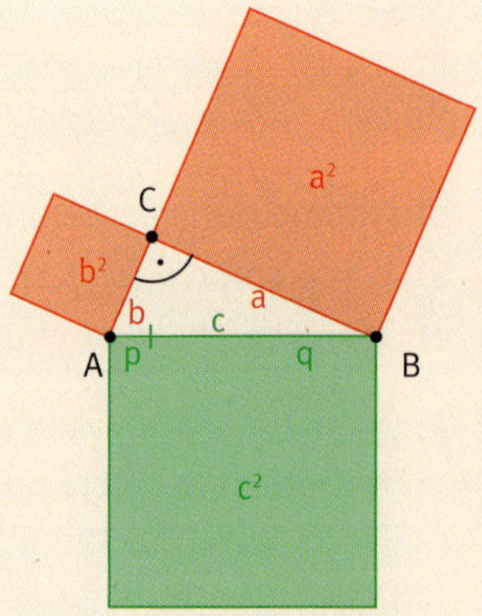

Beispiele

In einem Dreieck liegt die Seite a dem Eckpunkt A gegenüber.

I 1

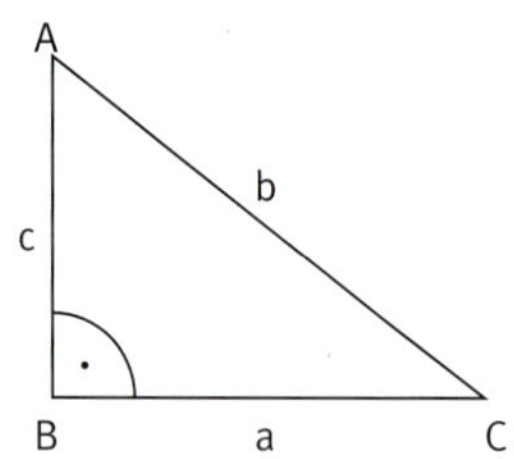

2

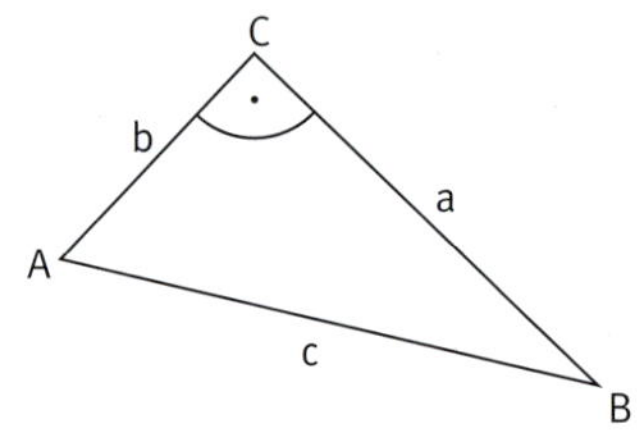

a) Benenne die Seiten der Dreiecke mit den Begriffen Hypotenuse und Katheten.
b) Stelle jeweils den Satz des Pythagoras im Dreieck auf.

Lösung:

1 a) Hypotenuse b; Katheten a und c
b) $b^2 = a^2 + c^2$

2 a) Hypotenuse c; Katheten a und b
b) $c^2 = a^2 + b^2$

II Berechne die fehlenden Seitenlängen im rechtwinkligen Dreieck.

a)

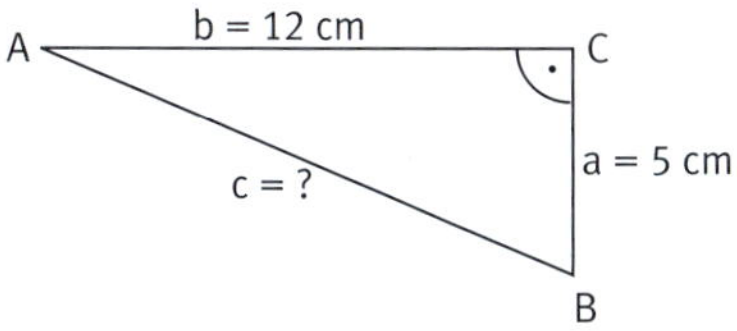

b)

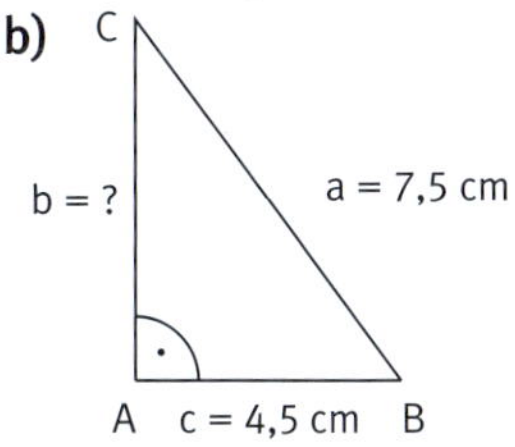

Lösung:

a) $c^2 = a^2 + b^2$
$c^2 = (5\text{ cm})^2 + (12\text{ cm})^2$
$c^2 = 25\text{ cm}^2 + 144\text{ cm}^2 = 169\text{ cm}^2$
$c = 13\text{ cm}$ oder $c = -13\text{ cm}$

Seitenlängen sind stets positiv, also ist $c = 13$ cm lang.

b) $a^2 = b^2 + c^2$
$b^2 = a^2 - c^2$
$b^2 = (7{,}5\text{ cm})^2 - (4{,}5\text{ cm})^2$
$b^2 = 56{,}25\text{ cm}^2 - 20{,}25\text{ cm}^2 = 36\text{ cm}^2$
$b = 6\text{ cm}$ oder $b = -6\text{ cm}$

Seitenlängen sind stets positiv, also ist $b = 6$ cm lang.

Verständnis

- Wozu kann man den Satz des Pythagoras verwenden? Beschreibe.
- Stefan ist der Meinung, dass die Formel von Pythagoras für alle Dreiecke angewendet werden kann. Hat er Recht?
- Marta meint, dass die Seitenlängen der beiden Katheten zusammen die Seitenlänge der Hypotenuse ergeben. Stimmt das? Erläutere.

Aufgaben

1 Skizziere das Dreieck im Heft. Markiere die beiden Katheten und die Hypotenuse mit unterschiedlichen Farben. Wie lautet der Satz des Pythagoras mit den jeweiligen Bezeichnungen?

oHiMi 1

a)

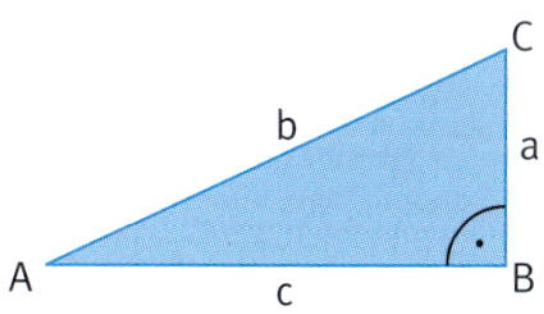

b)

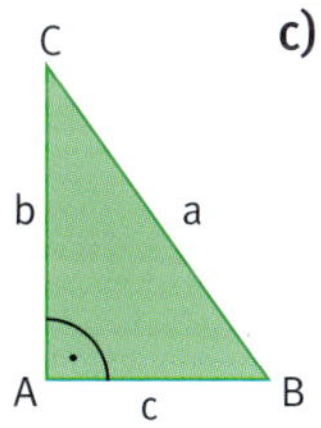

c)

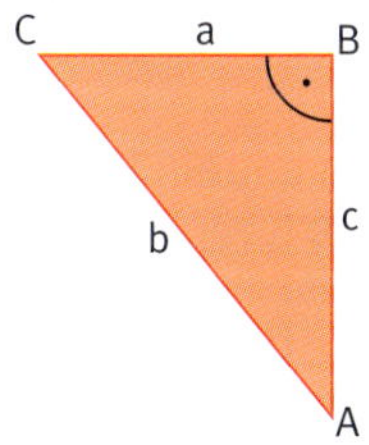

d)

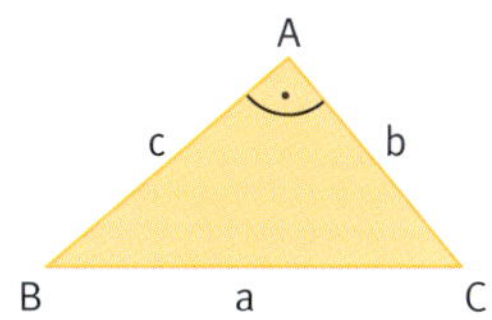

2 Übertrage die Tabelle in dein Heft. Zeichne jeweils das Dreieck (alle Maßangaben in cm). Was fällt dir auf?

	a	b	c	a^2	b^2	$a^2 + b^2$	<, >, =	c^2	Dreiecksart
a)	4	5	7						
b)	4	5	5,5						
c)	4	3	5						
d)	6	5	8						
e)	3,5	3,5	6						
f)	2,0	2,5	2,8						
g)	4,2	5,6	7						
h)	2,6	5,9	8,2						

Ein Dreieck kann spitzwinklig, rechtwinklig oder stumpfwinklig sein. Dabei richtet sich die Bezeichnung nach der Winkelart des größten Innenwinkels.

oHiMi 3–4

3 Überprüfe durch Auszählen der Kästchen, ob der Satz des Pythagoras im Dreieck ABC gilt.

a)
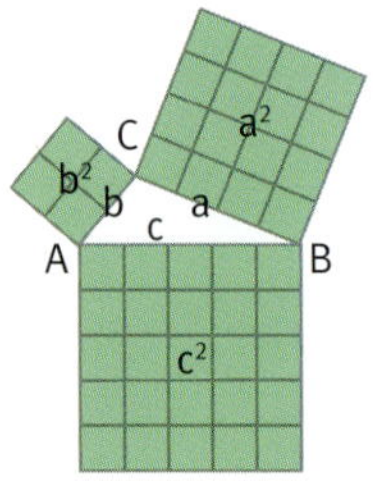

b)
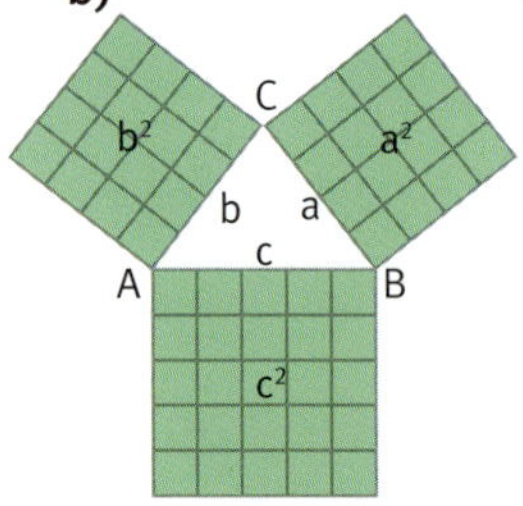

c)
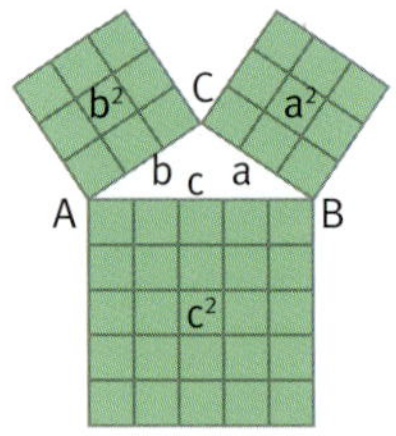

d)
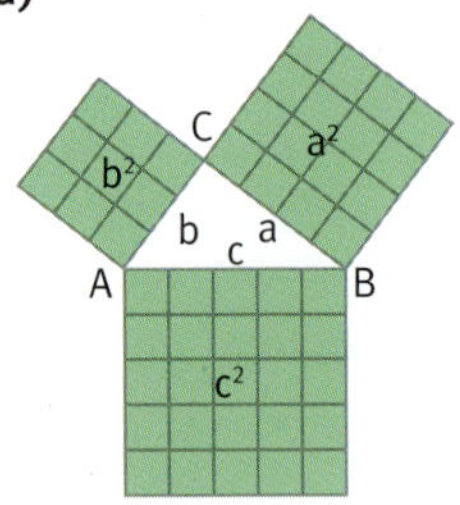

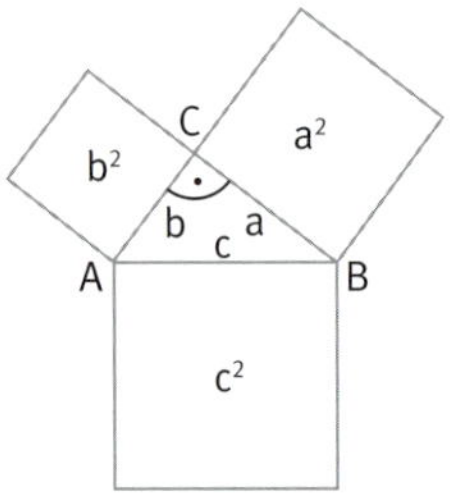

4 Erkläre die Rechnung. Welche Überlegung zu den Seitenlängen wurde angestellt?

Gegeben	**a)** a = 6 cm; b = 8 cm	**b)** a = 3 cm; c = 5 cm
Gesucht	c	b
Rechnung ohne Einheiten	$c^2 = a^2 + b^2$ $c^2 = 6^2 + 8^2$ $c^2 = 36 + 64$ $c^2 = 100$ $c = 10$ oder $c = -10$	$b^2 = c^2 - a^2$ $b^2 = 5^2 - 3^2$ $b^2 = 25 - 9$ $b^2 = 16$ $b = 4$ oder $b = -4$
Antwort	c = 10 cm	b = 4 cm

Lösungen zu 5:
8; 10; 12; 15; 24; 41
Die Maßeinheiten sind nicht angegeben.

5 Berechne die Seitenlängen im rechtwinkligen Dreieck ABC.

	a)	b)	c)	d)	e)	f)
Kathete a	9 cm	5 dm		7 mm	9 m	
Kathete b	12 cm		15 cm		40 m	24 cm
Hypotenuse c		13 dm	17 cm	25 mm		26 cm

Achte auf die Einheiten.

6 Übertrage die Tabelle in dein Heft und berechne den Flächeninhalt des dritten Quadrats in einem bei C rechtwinkligen Dreieck ABC.

	a)	b)	c)	d)	e)	f)
a^2	16 cm^2		81 dm^2	2,5 dm^2	2,48 m^2	
b^2	25 cm^2	49 cm^2		75 cm^2		122 dm^2
c^2		112 cm^2	135 dm^2		4,32 m^2	2,6 m^2

Lösungen zu 7:
24,0; 58; 144,5; 3,5; 16; 7,0; 3,7; 9,8; 4,2; 0,8; 6,4; 1,2
Die Einheiten sind nicht angegeben.

7 Berechne mithilfe des Satzes des Pythagoras die fehlenden Seitenlängen, den Umfang und den Flächeninhalt des Dreiecks. Runde auf eine Dezimale.

a)
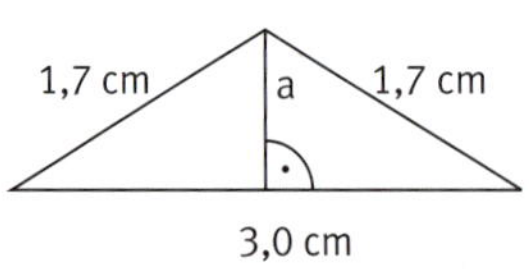

b)
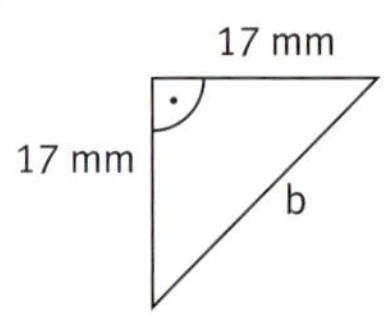

c)
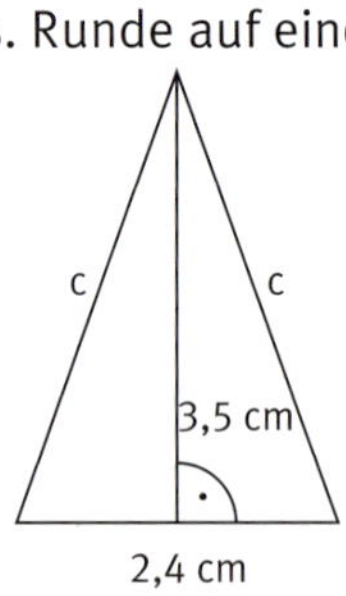

d)
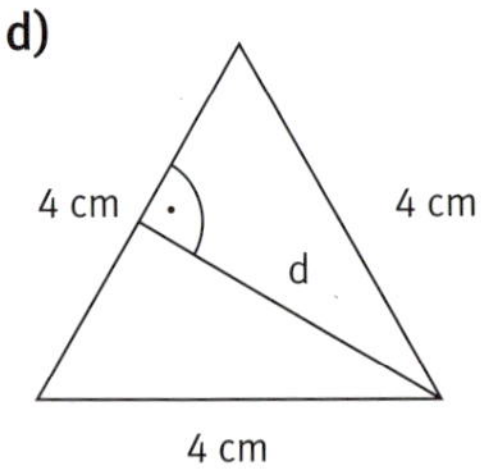

8 1 $\overline{AB} = 6$ cm; $\overline{BC} = 4{,}5$ cm
2 $\overline{AB} = 5{,}4$ cm; $\overline{BC} = 4{,}8$ cm
3 $\overline{AB} = 5{,}2$ cm; $\overline{BC} = 5{,}2$ cm
4 $\overline{AB} = 52$ mm; $\overline{BC} = 4{,}4$ cm

a) Zeichne das Rechteck ABCD und trage die Diagonale $\overline{BD}$ ein. Berechne $\overline{BD}$.
b) Fälle das Lot von A auf die Diagonale und berechne die Länge der Lotstrecke.

9 Die Flächeninhalte der Kathetenquadrate betragen in einem rechtwinkligen Dreieck 441 cm^2 und 4 dm^2.
a) Bestimme den Flächeninhalt des Hypotenusenquadrats.
b) Berechne die Länge der Hypotenuse.

10 Oft werden Fußwege über Wiesen abgekürzt. Ermittle die Ersparnis der Weglänge in Metern (Prozent der ursprünglichen Länge) bei Verwendung des Trampelpfads.

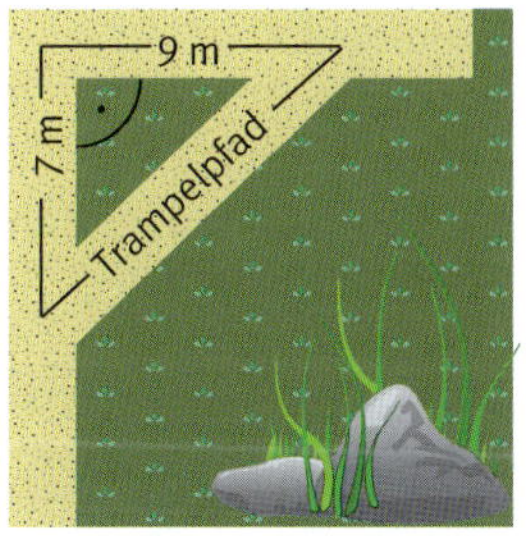

11 In einem gleichschenklig-rechtwinkligen Dreieck beträgt der Flächeninhalt des Hypotenusenquadrats 128 cm^2. Wie lang sind die beiden Katheten?

12 Zeichne mit einem Geometrieprogramm ein bei C rechtwinkliges Dreieck ABC, wobei C auf dem Thaleskreis über der Strecke $\overline{AB}$ liegt. Konstruiere über den Seiten des Dreiecks jeweils die Seitenquadrate und lass dir den jeweiligen Flächeninhalt anzeigen (Werkzeug „Messen"). Verändere nun die Lage des Punktes C und überprüfe die Gültigkeit des Satzes von Pythagoras.

13 Die Darstellungen zeigen zwei historische Beweise für den Satz von Pythagoras durch die Zerlegung von Figuren in Teilfiguren. Vergleiche ihre Flächen und Flächeninhalte miteinander. Stelle dazu geeignete Terme auf.
a) China (ca. 2000 Jahre alt)
b) Indien (ca. 1000 Jahre alt)

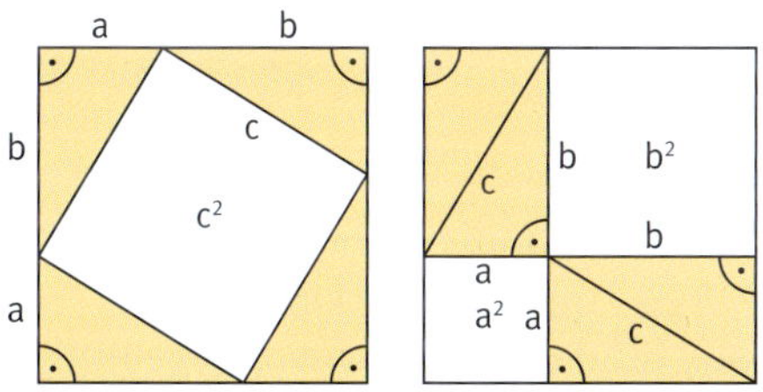

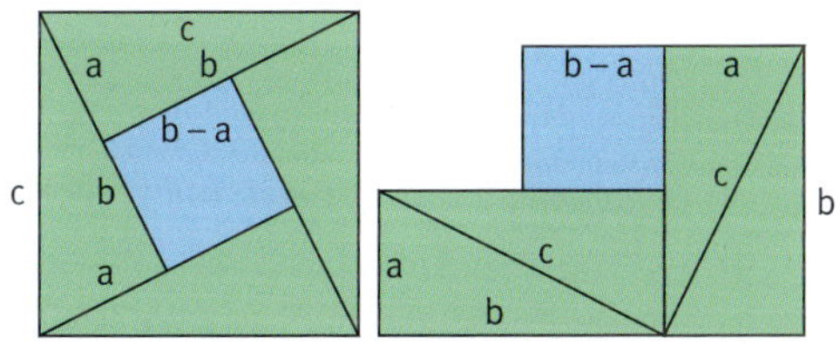

Wissen

Dic Umkehrung des Satzes von Pythagoras

Pythagoras war ein berühmter griechischer Philosoph und Mathematiker, der vor über 2500 Jahren auf Samos lebte. Er gründete eine „Schule" für Wissenschaftler, die sich mit Philosophie und Mathematik beschäftigte. Den nach ihm benannten Satz hat Pythagoras nicht entdeckt, doch er hat wohl versucht, ihn zu begründen.

Überprüfe die Umkehrung des Satzes von Pythagoras:
- Untersuche die Zahlentripel (3 | 4 | 5), (5 | 12 | 13) und (35 | 84 | 91), indem du sie als Einsetzung in der Gleichung $a^2 + b^2 = c^2$ verwendest.
  Welche Bedeutung haben die Zahlentripel für rechtwinklige Dreiecke?
- Formuliere die Umkehrung des Satzes von Pythagoras.
- Überprüfe, ob die zugehörigen Dreiecke rechtwinklig sind.
  (56 | 90 | 106) (119 | 120 | 169) (8,5 | 4 | 7,5) (12 | 5 | 16)
- Recherchiere zu den Themen „Pythagoreische Tripel" und „Satz des Pythagoras".

Überlege, welche Seite die Hypotenuse darstellen würde.

14 Ist das ΔABC rechtwinklig? Prüfe mit der Umkehrung des Satzes von Pythagoras.

a) a = 5 cm; b = 4 cm; c = 7 cm
b) a = 18 cm; b = 24 cm; c = 30 cm
c) a = 4 dm; b = 3 dm; c = 5 dm
d) a = 12 m; b = 13 m; c = 5 m
e) a = 14 m; b = 6 m; c = 8 m
f) a = 40 mm; b = 50 mm; c = 3 cm

15 In einem Kreis mit Radius r = 5,8 cm ist eine Sehne s mit 8 cm Länge eingezeichnet.

a) Zeichne den Kreis und die dazugehörige Sehne.
b) Berechne den Abstand des Mittelpunkts M des Kreises von der Sehne s.

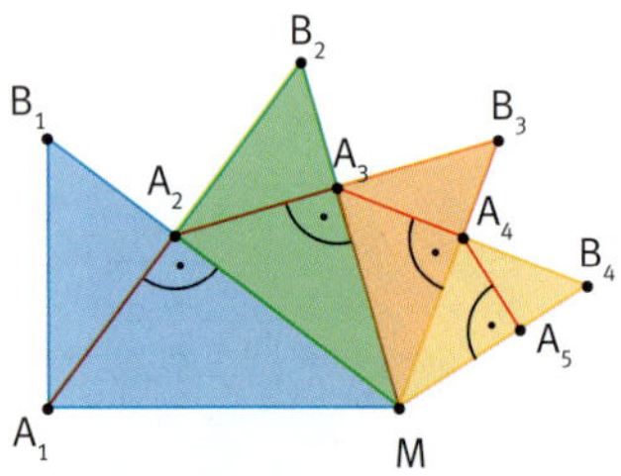

16 a) Übertrage die abgebildete „pythagoreische Spirale“ in dein Heft und ergänze das fehlende Dreieck A_5MB_5.
Folgende Maße sind dabei gegeben:
$\overline{A_1M} = 8$ cm; $\overline{A_1B_1} = 6$ cm; $\sphericalangle MA_1B_1 = 90°$
und $\overline{A_1A_2} = \overline{A_2B_2}$ bzw. allgemein $\overline{A_{n-1}A_n} = \overline{A_nB_n}$

b) Berechne die Länge des eingezeichneten roten Streckenzugs von A_1 bis A_6.

17 Bei einem Drachen sollen der komplette Rahmen und die beiden Diagonalen aus leichten Carbonstreben hergestellt werden. Bei der Bauanleitung fehlen leider die Längen der Diagonalen. Berechne sie.

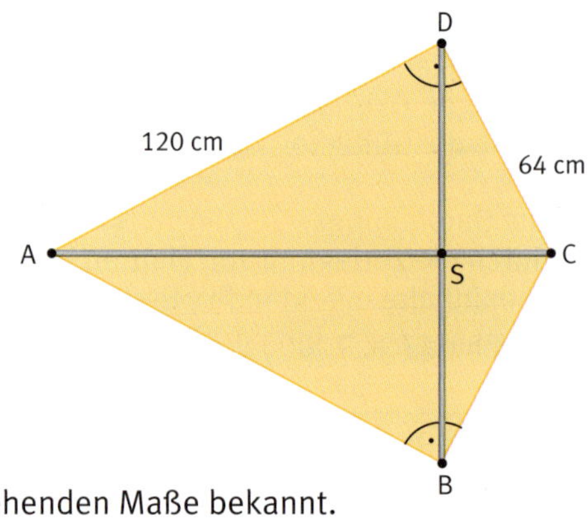

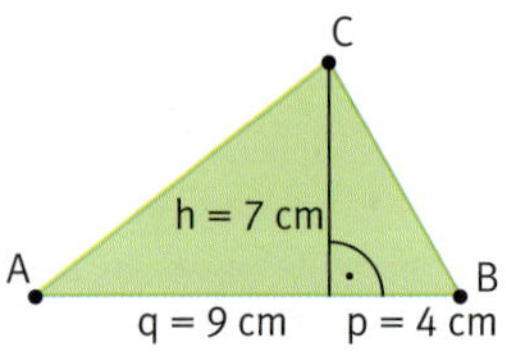

18 Von einem Dreieck ABC sind die nebenstehenden Maße bekannt.

a) Zeige, dass das Dreieck nicht rechtwinklig ist. Begründe deine Antwort.
b) Verändere ein Maß so, dass das dazugehörige Dreieck rechtwinklig wird. Bestimme anschließend alle weiteren Maße für das neue rechtwinklige Dreieck. Zeichne das Dreieck und trage den Thaleskreis ein.

19 a) Konstruiere ein gleichseitiges Dreieck ABC mit der Seitenlänge a = 5 cm.
b) Berechne die Höhe des Dreiecks. Überprüfe das Ergebnis an der Konstruktion.

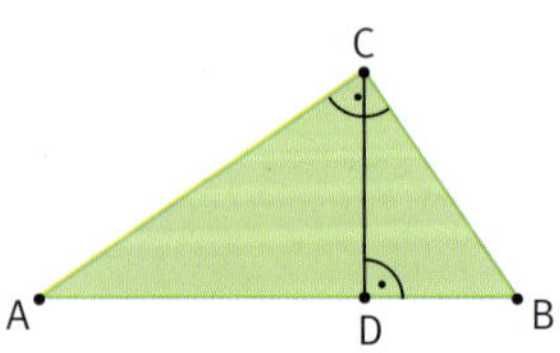

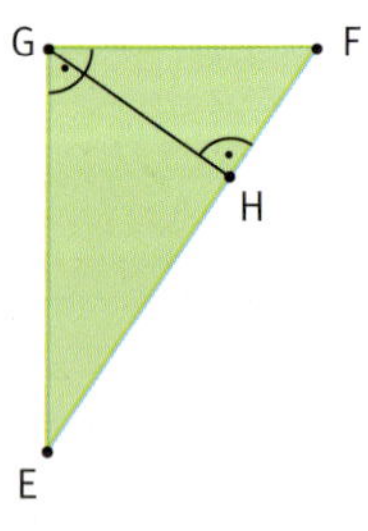

20 Suche die zu den Zeichnungen in der Randspalte passenden Formeln. Die dazugehörigen Buchstaben ergeben in der richtigen Reihenfolge ein Lösungswort.

A	$\overline{CD}^2 = \overline{AB} \cdot \overline{DB}$	C	$\overline{BC}^2 = \overline{BD} \cdot \overline{BA}$	F	$\overline{BC}^2 = \overline{BD} + \overline{BA}$
S	$\overline{AC}^2 = \overline{AB} \cdot \overline{DB}$	K	$\overline{FG}^2 = \overline{HF} \cdot \overline{FE}$	E	$\overline{AC}^2 = \overline{AD} \cdot \overline{BA}$
D	$\overline{AC}^2 = \overline{AD} \cdot \overline{AB}$	T	$\overline{EG}^2 = \overline{EF} \cdot \overline{GH}$	I	$\overline{GH}^2 = \overline{FG}^2 - \overline{FH}^2$
R	$\overline{GH}^2 = \overline{HE} \cdot \overline{FH}$	E	$\overline{AB}^2 = \overline{BC}^2 + \overline{AC}^2$		

21 Gegeben: a = 10 cm; c = 26 cm im rechtwinkligen Dreieck ABC mit $\gamma = 90°$
Gesucht: p, q und h

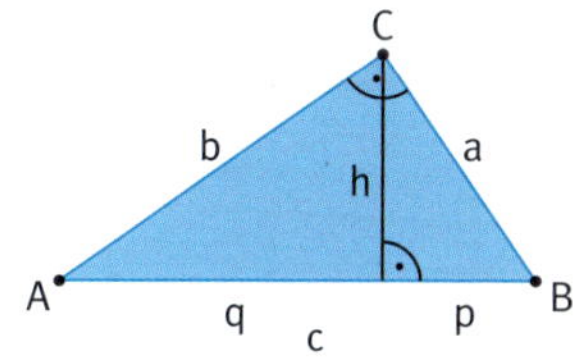

Felix:

1 $a^2 = c \cdot p$
$\Rightarrow (10\ cm)^2 = 26\ cm \cdot p$
$\Rightarrow 100\ cm^2 : 26\ cm = p$
$\Leftrightarrow 3{,}85\ cm \approx p$

2 $q = c - p \Rightarrow q = 6{,}15\ cm$

3 $h^2 = p \cdot q$
$\Rightarrow h^2 = 10\ cm \cdot 3{,}85\ cm = 38{,}5\ cm$
$\Rightarrow h = 6{,}2\ cm$ (gerundet)

Anna:

1 $b^2 = c^2 - a^2$
$\Rightarrow b = \sqrt{(26\ cm)^2 - (10\ cm)^2} = 24\ cm$
$\Rightarrow (24\ cm)^2 : 26\ cm = q$
$\Leftrightarrow 22{,}15\ cm \approx q$

2 $p = c - q \Rightarrow p = 3{,}85\ cm$

3 $h^2 = pq$
$\Rightarrow h^2 = 26\ cm \cdot 3{,}85\ cm = 100{,}10\ cm^2$
$\Leftrightarrow h \approx 10{,}0\ cm$

a) Untersuche die Rechnungen von Felix und Anna. Verbessere fehlerhafte Teilrechnungen und Notationen.

b) Erstelle eine Musterlösung zur Aufgabe. Finde verschiedene Rechenwege.

22 Dem gleichseitigen Dreieck ABC wird ein rechtwinkliges Dreieck BTS einbeschrieben (siehe Skizze).

a) Zeige, dass die Dreiecke ABS und BTS ähnlich zueinander sind.

b) Berechne für die angegebenen Maße die Flächeninhalte der beiden Dreiecke ABS und BTS.

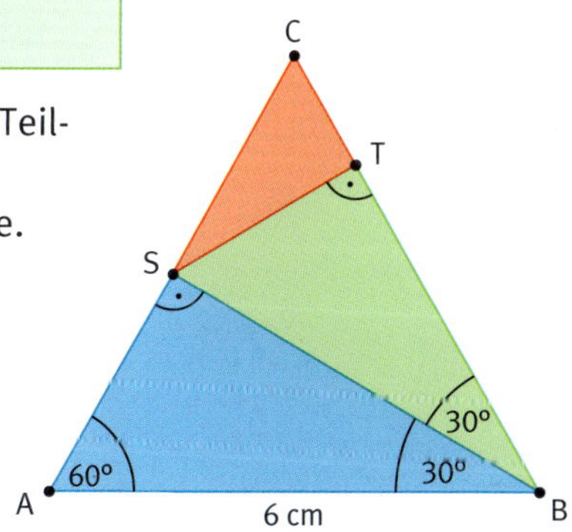

WISSEN

Beweise des Satzes von Pythagoras

Der Satz des Pythagoras ist sicherlich einer der mathematischen Sätze, für die es die meisten Beweise gibt. Hier findest du zwei bekannte Möglichkeiten.

a) Beweis von Garfield:
James A. Garfield (1831 – 1881) war der 20. Präsident der USA.
Seine Beweisfigur:

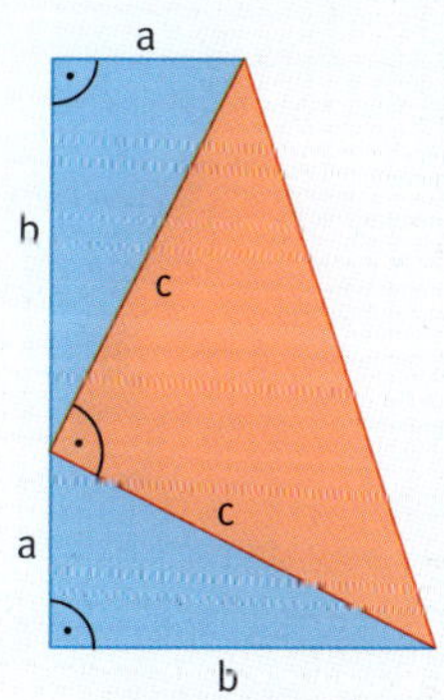

- Begründe, dass die Beweisfigur ein Trapez ist.
- Beweise den Satz des Pythagoras, indem du den Flächeninhalt des Trapezes und der drei Teildreiecke betrachtest.

b) Beweis von Leonardo da Vinci:
Leonardo da Vinci (1452 – 1519) war ein italienischer Bildhauer, Maler und Architekt.
Seine Beweisfigur:

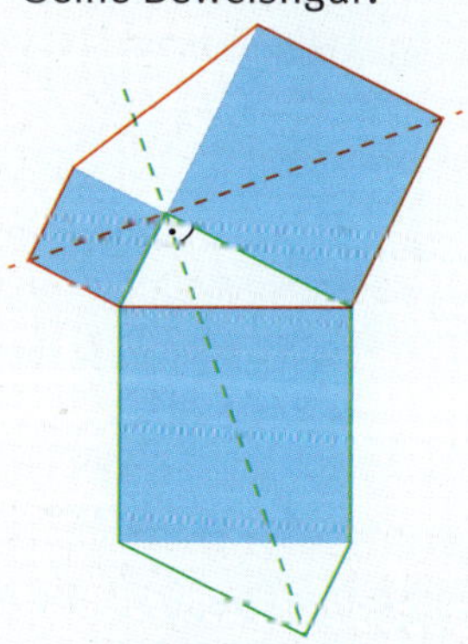

Ergänzung zweier kongruenter Dreiecke zur Pythagoras-Figur.

- Untersuche die Symmetrieeigenschaften des rot (grün) umrandeten Sechsecks.
- Zeige, dass man durch Drehung eine Sechseckhälfte in die andere überführen kann. Folgere damit den Satz des Pythagoras.

In einem Körper bezeichnet man die Strecke von einem Eckpunkt zu einem gegenüberliegenden Eckpunkt als Raumdiagonale.

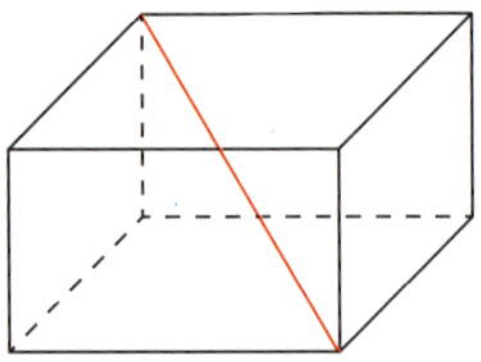

Die Länge der Flächen- und der Raumdiagonalen in einem Quader kann man über rechtwinklige Dreiecke bestimmen.

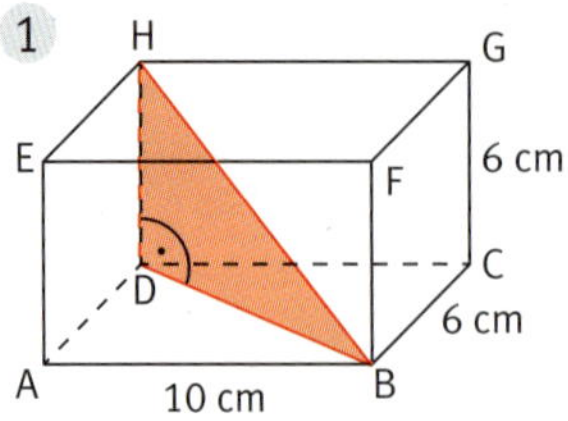

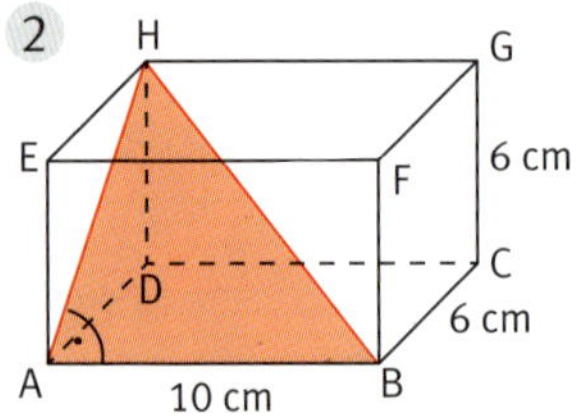

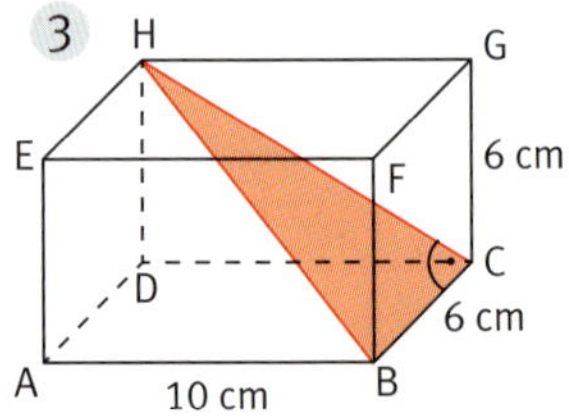

- Begründe, dass die roten Dreiecke rechtwinklig sind.
- Beschreibe einen Rechenweg zur Bestimmung …
  - der Längen der Flächendiagonalen der Seitenflächen.
  - der Länge der Raumdiagonalen.

Merkwissen

Der Satz des Pythagoras kann bei der Suche nach unbekannten Streckenlängen oftmals hilfreich sein. Hierzu geht man in der Regel folgendermaßen vor:

Suche ein rechtwinkliges Dreieck.

Sind die beiden anderen Seitenlängen des Dreiecks bekannt?

ja: Berechne die gesuchte Seitenlänge über den Satz des Pythagoras.

nein: Suche ein weiteres rechtwinkliges Dreieck, um zunächst die fehlende Seitenlänge zu bestimmen.

Beispiele

I Bestimme für einen Würfel mit der Kantenlänge a = 8 cm die Länge einer …

a) Flächendiagonalen f. b) Raumdiagonalen d.

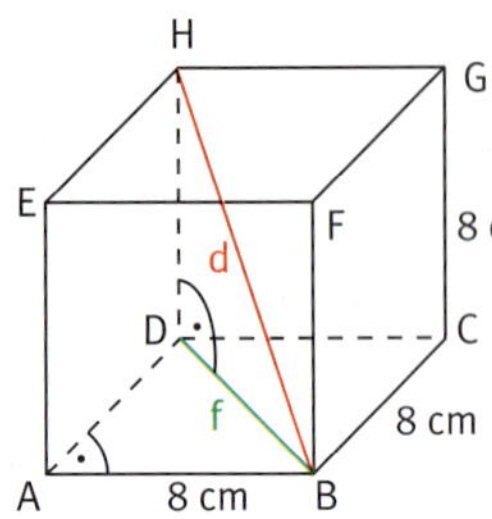

Lösung:

a) Die Flächendiagonale f ist im Dreieck ABD enthalten, das in A einen rechten Winkel hat.
Nach dem Satz des Pythagoras gilt für das Dreieck ABD:
$f^2 = a^2 + a^2 = (8\text{ cm})^2 + (8\text{ cm})^2 = 128\text{ cm}^2$
$\Rightarrow f = \sqrt{128\text{ cm}^2} \approx 11{,}3\text{ cm}$

b) Das Dreieck DBH hat in D einen rechten Winkel, die Raumdiagonale d ist die Hypotenuse.
In a) hat man die Flächendiagonale des Würfels mit f = 11,3 cm bestimmt.
Nach dem Satz des Pythagoras gilt für das Dreieck DBH:
$d^2 = f^2 + a^2 = 128\text{ cm}^2 + 64\text{ cm}^2 = 192\text{ cm}^2$
$\Rightarrow d = \sqrt{192\text{ cm}^2} \approx 13{,}9\text{ cm}$

VERSTÄNDNIS

- Wie ändert sich die Länge der Flächendiagonalen (Raumdiagonalen) eines Würfels, wenn sich die Kantenlänge verdoppelt? Formuliere eine Vermutung und begründe rechnerisch. Du kannst auch ein einfaches Zahlenbeispiel zu Hilfe nehmen.
- Beantworte die vorige Frage auch für eine Verdreifachung der Kantenlänge.

AUFGABEN

oHiMi 1, 3–4

1 Das abgebildete Zelt hat gleichseitige Dreiecke als Wände und soll einen neuen Reißverschluss bekommen. Lisa hat einen 2,70 m langen Reißverschluss gekauft. Weise nach, dass die Länge ausreicht.

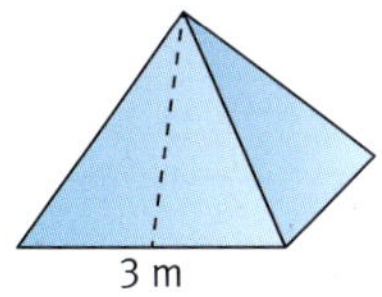

2

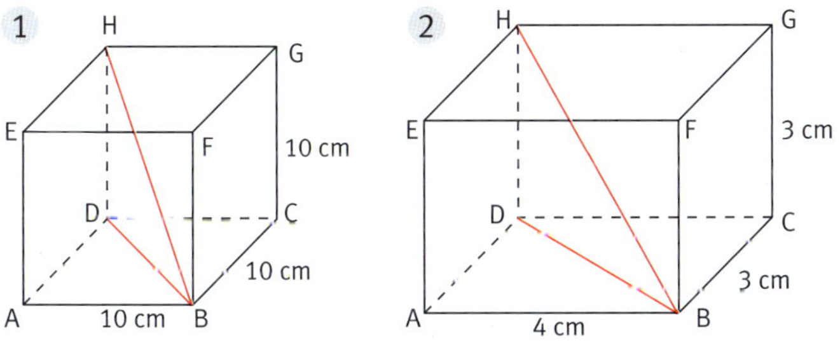

a) Baue das Kantenmodell der Körper aus Holzstäbchen nach.

b) Bestimme die Länge der eingezeichneten Diagonalen durch Abmessen.

c) Überprüfe das Ergebnis aus b) durch eine Rechnung.

3 Lena hat für die Pause ein Trinkpäckchen dabei. Leider verschwindet der 13 cm lange Strohhalm komplett darin, als sie ihn in das Päckchen steckt, um daraus zu trinken. Das Trinkpäckchen ist 3 cm breit, 5 cm lang und 13 cm hoch.
Wie lang muss der Strohhalm mindestens sein, damit er nicht im Trinkpäckchen verschwindet?

4 Weise rechnerisch nach, dass die Wände in deinem Klassenzimmer senkrecht zueinander stehen.

5 Der Quader ABCDEFGH ist 12 cm lang, 5 cm breit und 5 cm hoch.

a) Zeichne ein Schrägbild des Quaders in wahrer Größe.

b) Zeichne das Dreieck AFD in wahrer Größe. Berechne dazu die fehlenden Seitenlängen.

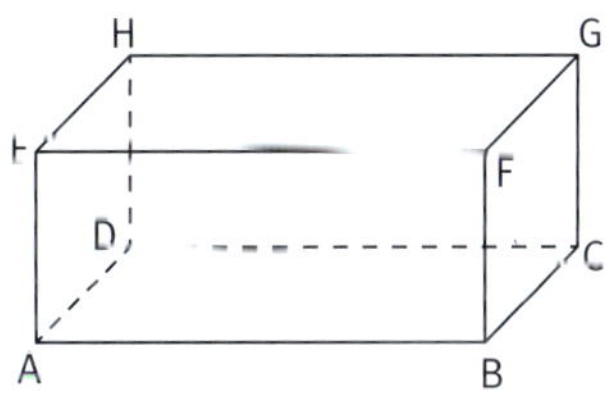

6 Die nebenstehende Abbildung zeigt zwei aufeinander gestapelte Würfel mit einer Kantenlänge von je 4 cm. Berechne die Länge der eingezeichneten Diagonalen $\overline{AB}$, $\overline{BC}$ und $\overline{CA}$. Beschreibe dein Vorgehen.

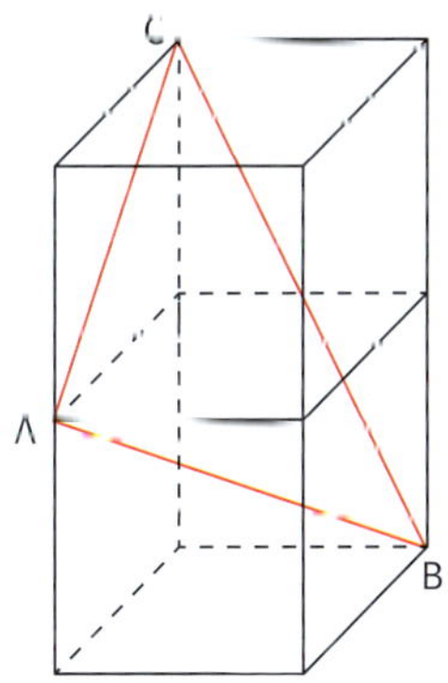

7 Die Diagonalen e und f eines Trapezes stehen rechtwinklig zueinander mit $a \parallel c$.
Zeige, dass dann gilt: $(a + c)^2 = e^2 + f^2$.

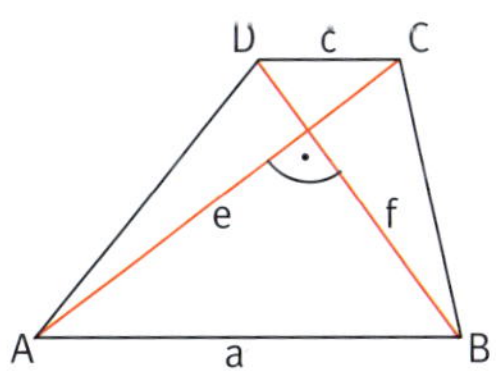

8 Auch in einer Pyramide lassen sich mit dem Satz des Pythagoras unbekannte Seitenlängen bestimmen, beispielsweise die Höhe h_a eines Seitendreiecks.

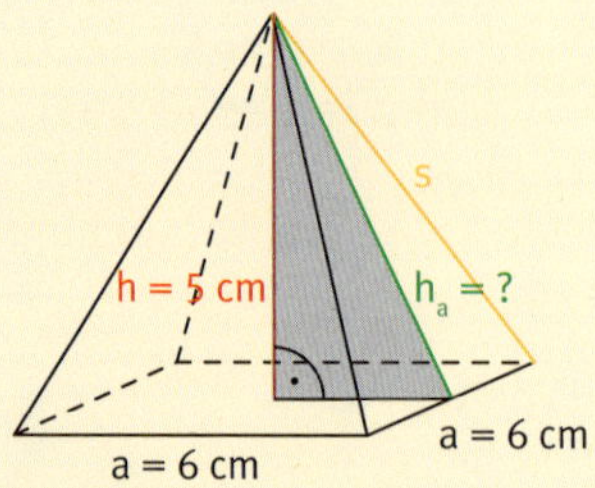

Gesucht: Seitenhöhe h_a

Rechnung: $h_a^2 = h^2 + \left(\frac{a}{2}\right)^2$

$h_a^2 = 5^2 + 3^2$

$h_a^2 = 25 + 9$

$h_a^2 = 34$

$h_a \approx 5{,}8$ oder $h_a \approx -5{,}8$

Antwort: Die Seitenhöhe misst 5,8 cm.

a) Erkläre das Vorgehen mit eigenen Worten.

b) Zeichne das Netz der obigen Pyramide auf Papier und schneide es aus.

c) Berechne die Länge der Kante s und überprüfe durch Messung.

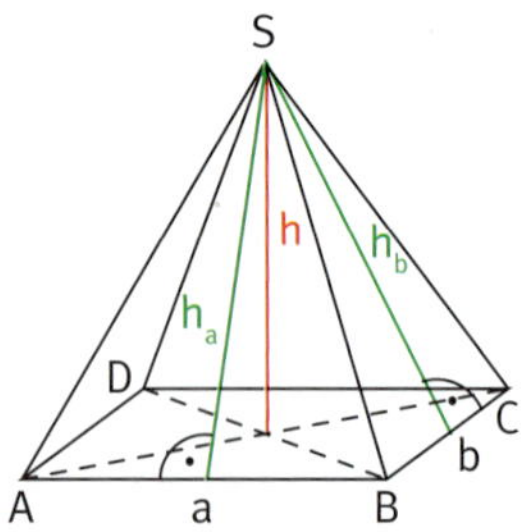

9 Fertige zunächst zu den Pyramiden mit rechteckiger Grundfläche eine Skizze an und berechne dann die Höhen h_a und h_b der Seitendreiecke.

	a)	b)	c)	d)	e)	f)
Länge a	6 cm	8 cm	7 cm	10 cm	8 cm	14 cm
Breite b	4 cm	5 cm	9 cm	12 cm	8 cm	36 cm
Höhe h	5 cm	4 cm	6 cm	7 cm	8 cm	24 cm

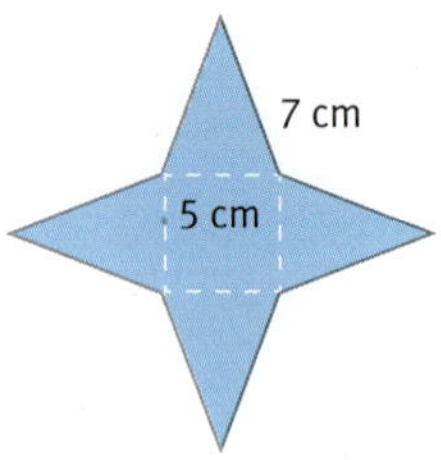

10 Mithilfe des Netzes einer Pyramide soll deren Höhe bestimmt werden.

a) Skizziere ein Schrägbild der Pyramide.

b) Berechne die Pyramidenhöhe. Erkläre anhand des Schrägbildes dein Vorgehen.

11 Berechne die gesuchten Streckenlängen am Kegel.

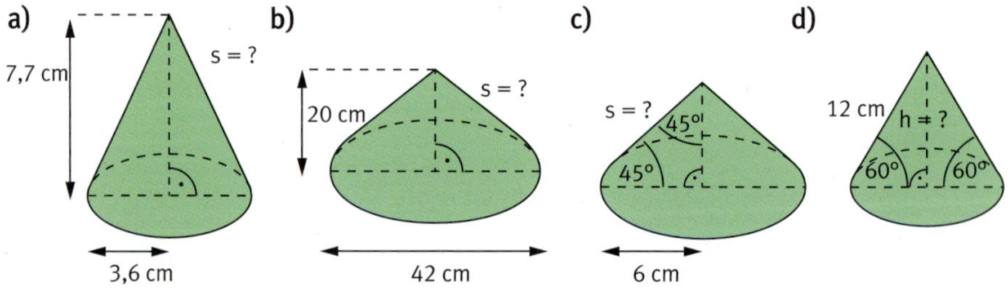

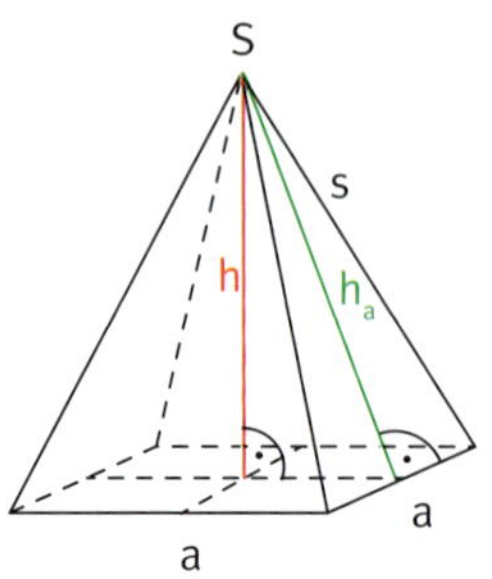

12 Die quadratische Pyramide mit der Grundkantenlänge a besteht aus vier kongruenten gleichschenkligen Dreiecken mit Schenkellänge s.
Gib mithilfe des Satzes von Pythagoras Terme für die Höhe h und für die Seitenhöhe h_a an, die jeweils nur von a und s abhängen. Beschreibe dein Vorgehen.

13 Die Oberfläche eines Würfels hat den Inhalt 96 cm².

a) Zeichne ein Schrägbild des Würfels.

b) Wie lang sind die Flächen- und die Raumdiagonalen des Würfels? Zeichne beide Diagonalen in das Schrägbild des Würfels ein.

c) Berechne das Volumen des Würfels.

14 Ein Einfamilienhaus besteht aus einem Erdgeschoss und einem Dachgeschoss. Das Dachgeschoss soll nach einer Sanierung vermietet werden.

a) Eine neue Dacheindeckung kostet 42,50 € pro m^2. Berechne die Kosten für die Dacheindeckung.

b) Wegen der Dachschrägen werden für die Miete nur 40 % der Fläche des Dachbodens angerechnet. Pro Quadratmeter werden 9,60 € fällig. Berechne die gesamten Mietkosten.

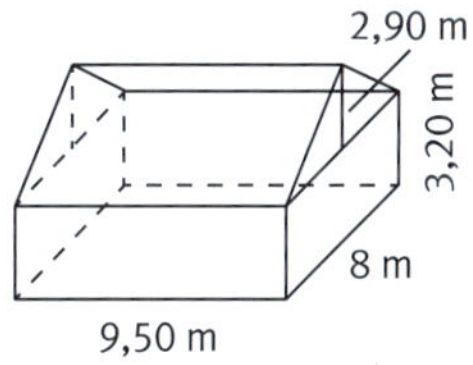

15 Ein Gefrierschrank (Höhe 2,25 m, Breite 85 cm, Tiefe 85 cm) soll in einem Kellerraum der Höhe 2,35 m aufgestellt werden. Überprüfe zeichnerisch und durch Rechnung, ob der Gefrierschrank aufgestellt werden kann.

16 Gegeben ist ein Oktaeder.

a) Berechne die Körperhöhe h für a = 3 cm.

b) Das Schrägbild eines Oktaeders lässt sich leicht zeichnen, indem man die Seitenmitten eines Würfels verbindet. Finde eine Formel, mit der man die Seitenlänge des umgebenden Würfels in Abhängigkeit von der Kantenlänge a des Oktaeders berechnen kann.

c) Zeichne ein Schrägbild eines Oktaeders für a = 5 cm.

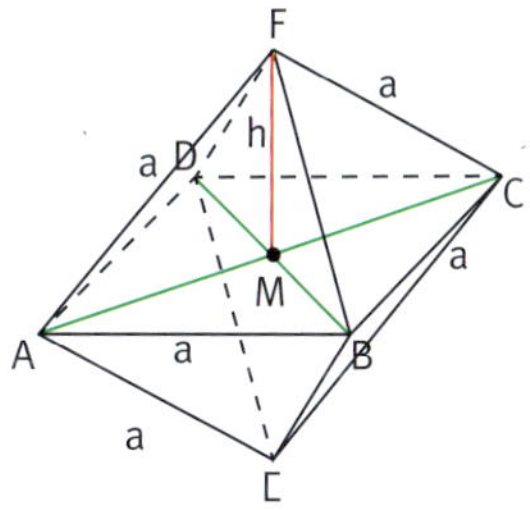

Ein Oktaeder (Achtflächner) ist ein regelmäßiger Körper. Die Seitenflächen sind gleichseitige Dreiecke.

17 Ein Tunnel hat einen halbkreisförmigen Querschnitt. Er besitzt vier Fahrspuren von je 3,5 m Breite; auf beiden Seiten und in der Tunnelmitte ist je ein 1,0 m breiter nicht befahrbarer Sicherheitsstreifen freigelassen. Welche maximale Höhe darf ein Lastwagen haben, der auf der rechten Fahrspur fährt, wenn bis zur Tunneldecke ein vertikaler Sicherheitsabstand von 40 cm eingehalten werden soll?

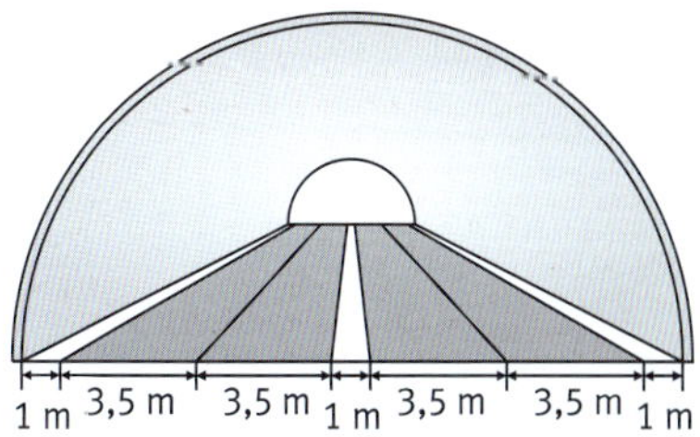

18 Aus vier gleich großen Kugeln mit dem Radius r wird eine Pyramide gebaut. Dabei berührt jede Kugel jeweils die drei anderen Kugeln. Ermittle die Höhe der Kugelpyramide in Abhängigkeit von r.

19 Eine zufällig gefundene Tonscherbe entpuppt sich als Teil eines Tellers aus römischer Zeit. Archäologen vermessen die antike Scherbe wie folgt: $\overline{AB} = 9$ cm und $\overline{PQ} = 1{,}5$ cm. Rekonstruiere aus diesen Angaben die tatsächliche Größe des Tellers.

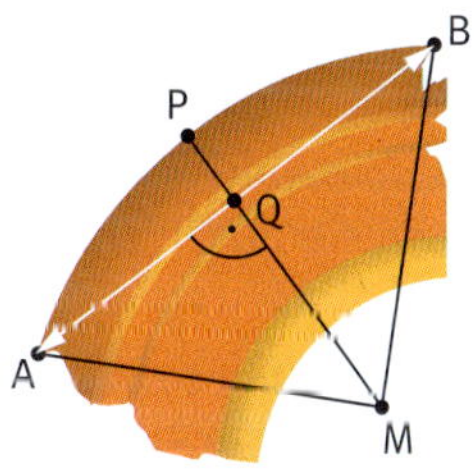

20 An einer Küste steht ein Leuchtturm der Höhe h.

a) Gib einen Term für die Sichtweite s an. Berechne die Sichtweite für h = 40 m.

b) Als Faustformel findet man oft $s(r;\, h) = \sqrt{2rh}$. Erkläre die Gültigkeit dieser Formel. Berechne mit ihr die Sichtweite vom Leuchtturm aus und vergleiche diese mit dem Ergebnis aus Teilaufgabe a).

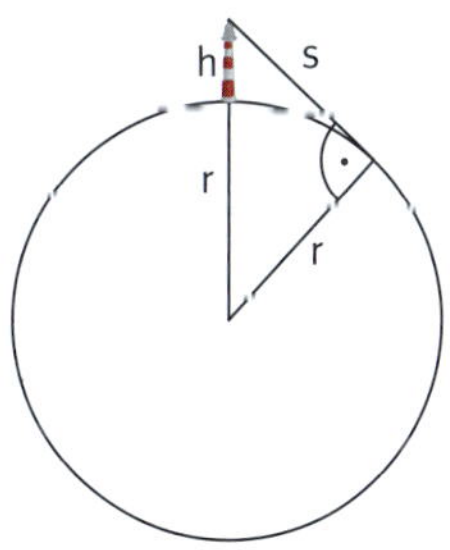

In einer Formelsammlung findet man: Der Radius der Erde beträgt im Mittel 6371 km.

Zu 3.1

1

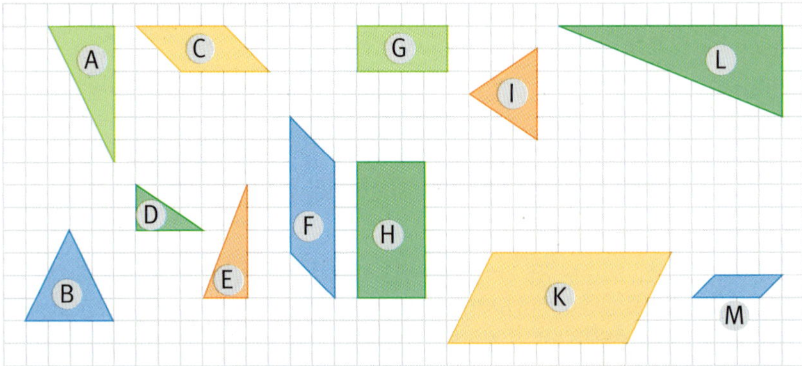

Welche Figuren haben die gleiche Form? Benenne die unterschiedlichen Formen.

Welche Figuren sind zueinander ähnlich? Begründe jeweils schriftlich.

Zu 3.2

2 Gib den Streckfaktor k an.

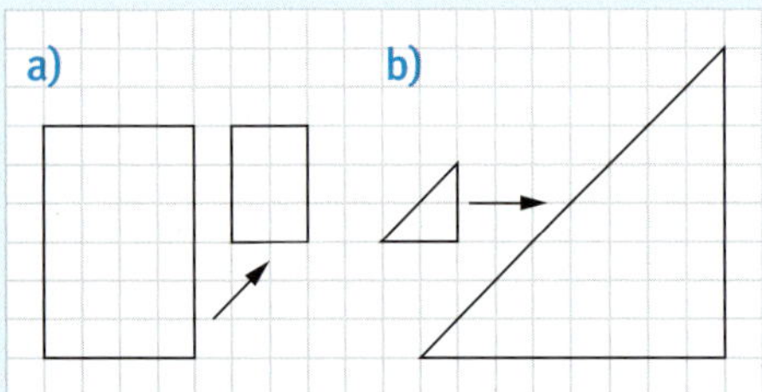

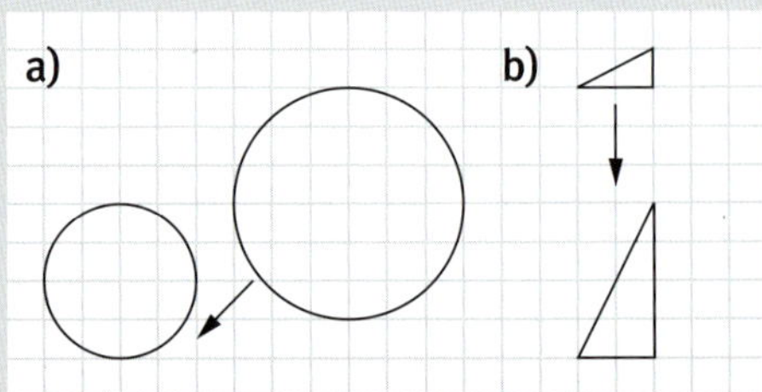

Zu 3.3

3 Zeichne eine Strecke der Länge 7 cm und teile sie im Verhältnis ...

a) 1 : 3

b) 2 : 3

Zeichne zwei Strecken im Verhältnis ...

a) 6 : 4, wobei die kürzere Strecke 4,8 cm lang ist.

b) 5 : 2, wobei die längere Strecke 7 cm lang ist.

Zu 3.4

4 Überprüfe die Aussagen auf Richtigkeit. Beweise sie, wenn sie richtig sind, und korrigiere sie, wenn sie falsch sind.

a) Die Diagonalen einer Raute teilen das Viereck in vier zueinander ähnliche Dreiecke.

b) Ein beliebiges Rechteck ABCD wird in drei Dreiecke zerlegt, die zueinander ähnlich sind.

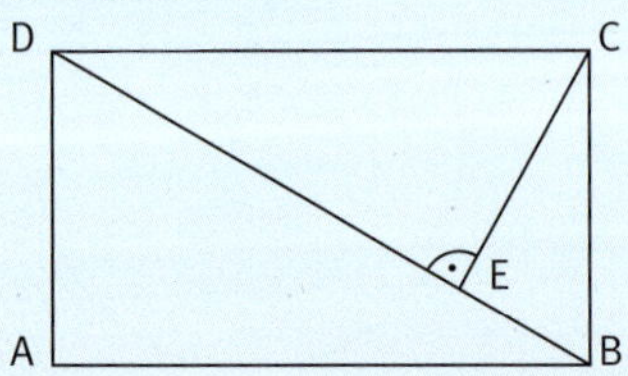

a) Eine Diagonale im Drachenviereck teilt das Viereck stets in zwei zueinander ähnliche Dreiecke.

b) Sei ABC ein Dreieck und g eine Gerade, die parallel zu einer Dreiecksseite ist und die anderen Dreiecksseiten je einmal schneidet. Das durch die Schnittpunkte und einen Eckpunkt des Dreiecks entstandene Dreieck ist zum Dreieck ABC ähnlich.

5 Bestimme die Längen der farbig markierten Strecken (alle Maße in cm). **Zu 3.5**

a)

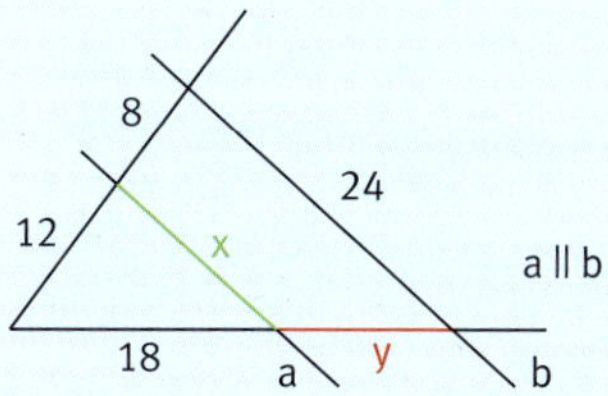

b)

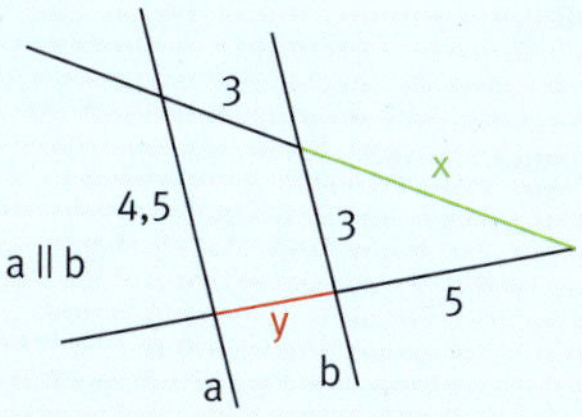

a)

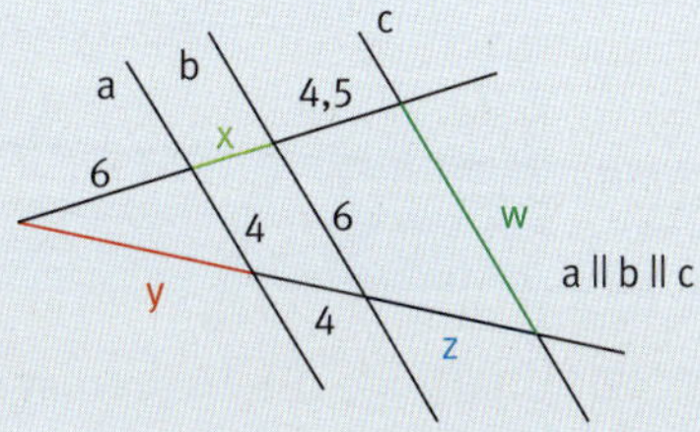

b)

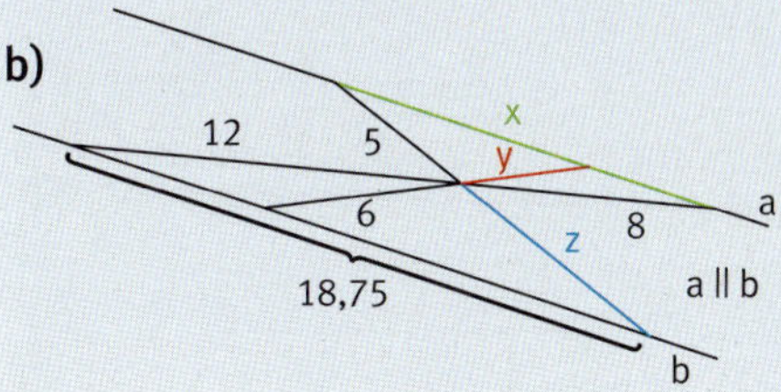

6 **Zu 3.6**

Verwandle ein Quadrat mit der Seitenlänge 5 cm in ein flächengleiches Rechteck mit einer Seitenlänge von 3 cm. Benutze dabei den Höhensatz.

Verwandle ein Rechteck mit den Seitenlängen a = 4 cm und b = 6 cm in ein flächengleiches Quadrat. Benutze dabei den Höhensatz.

7 **Zu 3.7**

1 Quadrat	2 Rechteck	3 gleichseitiges Dreieck
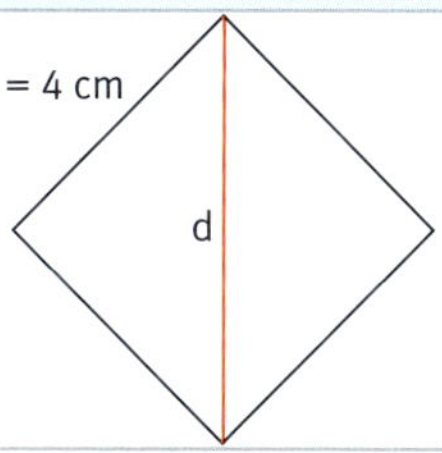	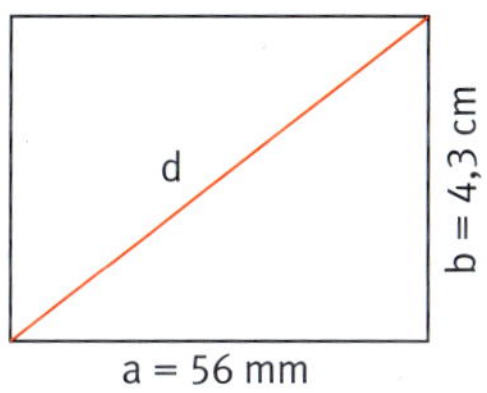	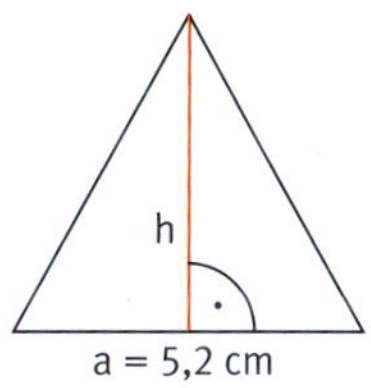

Bestimme die Länge der rot markierten Strecke. Beschreibe dein Vorgehen.

Leite eine allgemeine Formel für die rot markierte Strecke her. Beschreibe dein Vorgehen.

8 Berechne die Länge der drei Flächendiagonalen und der Raumdiagonalen im abgebildeten Quader. **Zu 3.8**

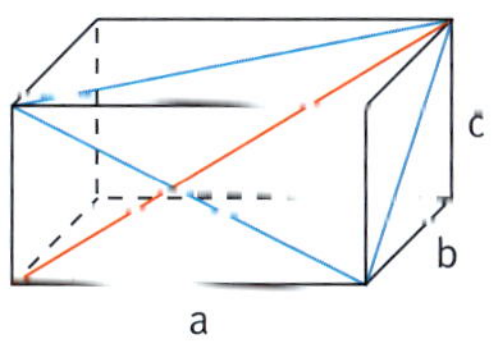

a) a = 4 cm; b = 6,5 cm; c = 3,8 cm
b) a = 5 cm; b = 2,5 cm; c = 1 dm

a) a = 2,4 m; b = 2,5 m; c = 2b
b) a = 2,5b; b = 0,5c; c = 23,4 cm

oHiMi 1–2

1 Welche Dreiecke sind zueinander ähnlich? Begründe.

① $a = 9$ cm; $\beta = 81°$; $\gamma = 47°$	② $b = 6{,}3$ cm; $\beta = 52°$; $\gamma = 81°$
③ $b = 9{,}9$ cm; $\alpha = 47°$; $\beta = 52°$	④ $c = 2{,}4$ cm; $\alpha = 80°$; $\beta = 48°$
⑤ $a = 7{,}2$ cm; $\alpha = 52°$; $\gamma = 48°$	⑥ $b = 6$ cm; $\alpha = 47°$; $\gamma = 80°$

2 Übertrage die Figuren in dein Heft und strecke sie von Z aus mit dem Streckfaktor $k = 2$ ($k = \frac{1}{2}$; $k = 1{,}5$).

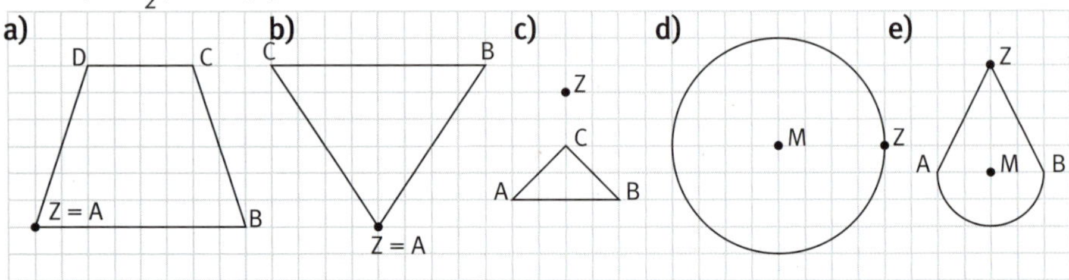

3 Berechne die restlichen Streckenlängen in der nachstehenden Figur (AE ∥ BF).

a) $a = 4$ cm; $b = 5$ cm; $c = 7{,}5$ cm; $d = 2{,}5$ cm; $g = 2$ cm; $j = 5$ cm

b) $a = 3{,}2$ cm; $c = 4$ cm; $e = 6{,}5$ cm; $f = 8$ cm; $h = 1{,}8$ cm; $i = 3$ cm

c) $a = 4$ cm; $c = 3$ cm; $e = 7{,}4$ cm; $h = 2$ cm; $i = 3$ cm; $j = 6$ cm

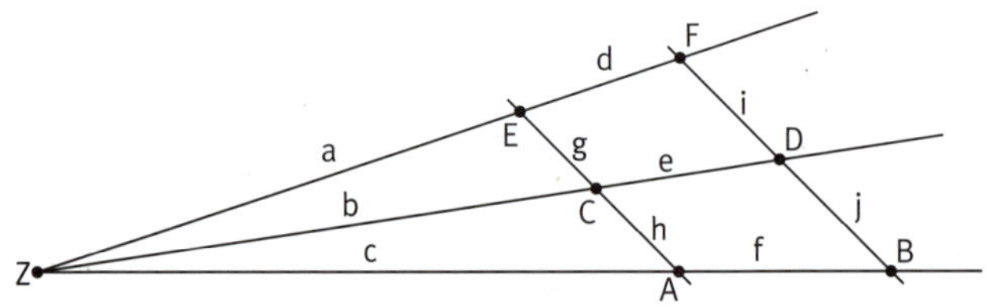

4 In der Kunst wird ein sogenannter „Kanon“ genutzt, um menschliche Proportionen darzustellen.

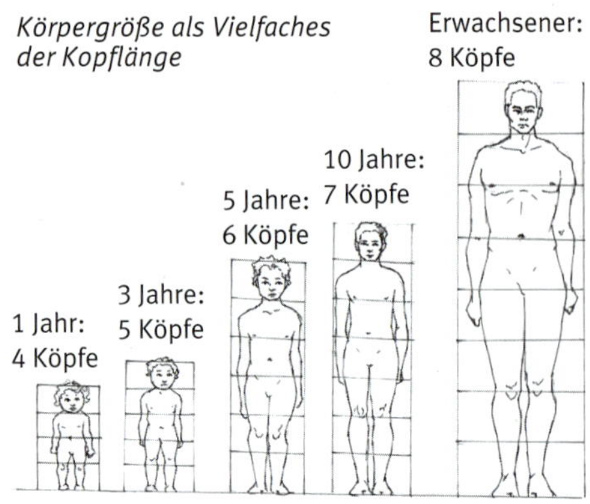

a) Berechne die Längen der Beine (die Höhe des Knies, die Kopflänge, die Länge vom Bauchnabel bis zum Hals) für einen 1,80 m großen erwachsenen Menschen nach diesem „Kanon“.

b) Ein 1-jähriges Kind ist 86 cm groß. Berechne die Größe des Kopfes. Vergleiche seine Kopfgröße mit der eines Erwachsenen.

c) Die Fußlänge eines erwachsenen Menschen beträgt etwa $\frac{1}{7}$ der Körpergröße. Wie groß müsste Ute (23 Jahre) sein, wenn ihre Füße 25 cm groß sind?

d) Vermesse dich selbst und prüfe, ob der „Kanon“ auch auf dich zutrifft.

5 Die Schüler der Schleizer Goetheschule fertigten im Jahr 1995 ein Modell der Schule im Maßstab 1 : 75 an.

a) Im Modell ist der Schornstein 28 cm hoch. Berechne seine wahre Höhe.

b) Der rote Backsteinbau ist 24 m lang. Berechne seine Länge im Modell.

6 Gegeben sind die Dreiecke ABC mit A (2,5 | 4), B (2,5 | –1), C (3,5 | 1) sowie A'B'C' mit A' (5,5 | 5,5), B' (5,5 | –4,5) und C' (7,5 | –0,5).

a) Zeichne beide Dreiecke in ein Koordinatensystem (1 LE = 1 cm). Bestimme zeichnerisch die Koordinaten des Streckzentrums Z, wenn das Dreieck A'B'C' durch zentrische Streckung aus ABC hervorgegangen ist.

b) Bestimme den Streckfaktor k.

c) Berechne die Flächeninhalte der beiden Dreiecke und vergleiche sie.

7 Mithilfe von Sammellinsen kann man Bilder von Gegenständen abbilden.

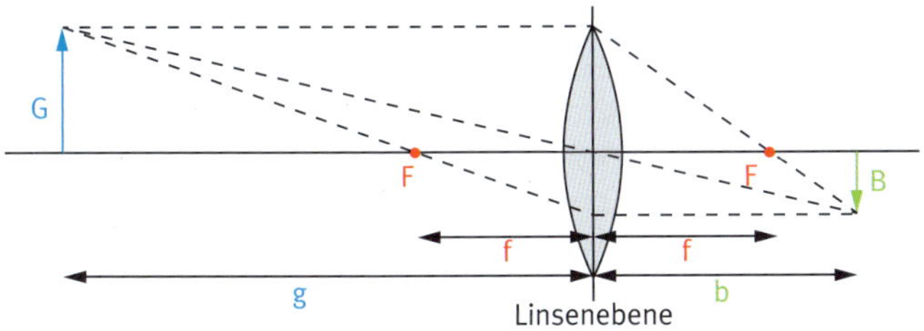

Du kennst die Strahlenverläufe aus der Physik.

a) Beschreibe den Strahlenverlauf an der Sammellinse. Welche Bedeutung haben die Größen G, B, F, g, b und f?

b) Skizziere den Aufbau in deinem Heft und kennzeichne ähnliche Dreiecke.

c) Berechne B für G = 6 cm, g = 24 cm und b = 18 cm.

d) Eine Kerze ist 10 cm hoch und steht 25 cm vor einer Linse. Wie weit ist das Bild der Kerze von der Linsenebene der Sammellinse entfernt, wenn das Bild …

1 4 cm groß ist? 2 6 cm groß ist? 3 10 cm groß ist?

8 Die „Breite" von Gewässern kann durch Anpeilen von markanten Punkten und durch Abmessen bestimmter Längen ermittelt werden.
Berechne die Länge der Strecke $\overline{AB}$.

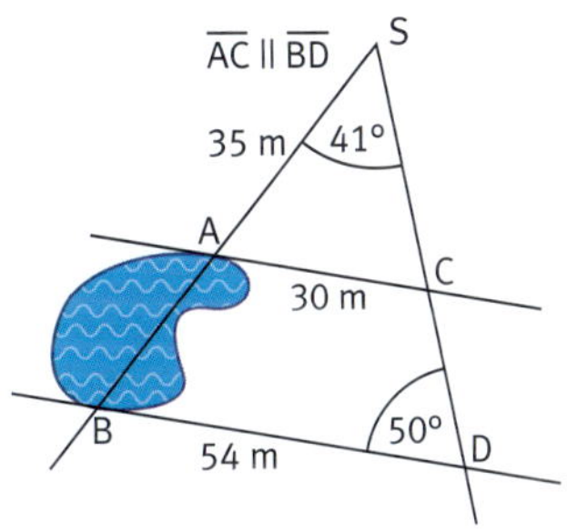

9 Ein Set aus drei zueinander ähnlichen Truhen steht zum Verkauf. Die größte Truhe hat die Außenmaße 96 cm × 48 cm × 48 cm. Das längste Maß der kleinsten Truhe entspricht dem kleinsten Maß der größten Truhe. Das Volumen der mittleren Truhe beträgt $\frac{27}{64}$ des Volumens der größten Truhe.

a) Berechne die Maße der mittleren und der kleinen Truhe.

b) Vergleiche die Oberflächeninhalte der Truhen und bestimme die Faktoren a, b und c in folgenden Gleichungen:

$A_{groß} = a \cdot A_{klein}$ $A_{groß} = b \cdot A_{mittel}$ $A_{mittel} = c \cdot A_{klein}$

10 Ein dreiseitiges Prisma mit den Grundseitenlängen a = 5 cm, b = 12 cm, c = 13 cm und der Höhe h = 4 cm wird mittels zentrischer Streckung um den Faktor k = 2 (k = 5) vergrößert. Berechne das Volumen und den Oberflächeninhalt des vergrößerten Prismas.

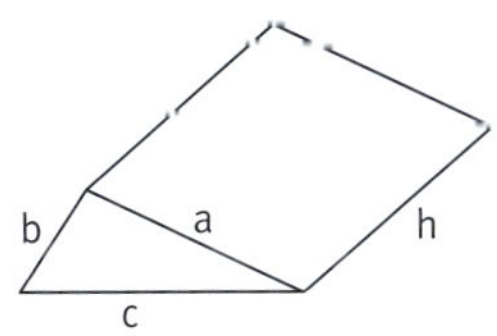

Skizze nicht maßstabsgetreu

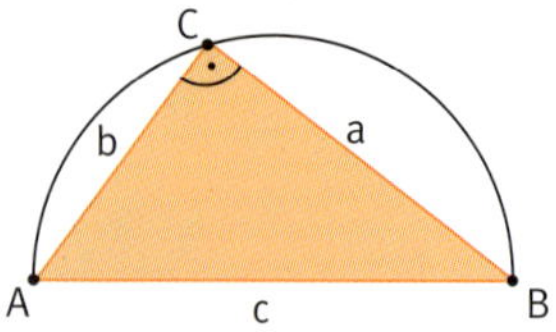

Lösungen zu 11:
10,0; 10,6; 11,4; 14,3; 18,0; 9,5; 9,8; 30,9; 50,2; 100,1
Die Einheiten sind nicht angegeben.

11 Gegeben ist das rechtwinklige Dreieck ABC mit der Hypotenuse $\overline{AB}$.
Berechne die fehlenden Werte. Runde auf eine Dezimale.

	a)	b)	c)	d)	e)
a	9 cm		3,4 dm	14 dm	8,8 cm
b	4 cm	6,5 m			
c		11,5 m		20 dm	14,4 cm
A			17 dm²		

12 Ein Segelflugzeug setzt 50 m über dem Großen Feldberg (880 m über NN) zur Landung an. Die Landebahn in Riedelbach ist auf der Segelflugkarte 1,1 cm entfernt (Maßstab 1 : 500 000). Das Flugzeug legt während des Landeanflugs insgesamt 5516 m zurück.

a) Fertige eine Skizze an.

b) Wie hoch über NN liegt Riedelbach? Runde auf volle Meter.

1 Zoll (1'') ≙ 2,54 cm

13 Bei Bildschirmen und Monitoren wird als Größenangabe meist die Länge der Diagonalen in Zoll angegeben. Vervollständige die fehlenden Werte.

	a)	b)	c)	d)
Höhe	88,6 cm	711 mm	42,1 cm	21,2 cm
Breite	49,8 cm	533 mm		
Diagonale in cm			48,3 cm	43,2 cm
Diagonale in Zoll				

14 Wie lang muss die Feuerwehrleiter sein, damit man auch das höchste Stockwerk erreichen kann? Die Leiter steht 1,5 m über dem Boden.

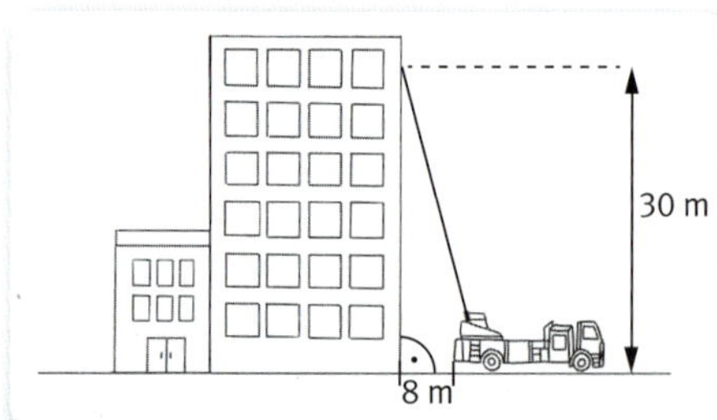

15 Folgende Mountainbike-Tour ist im Internet beschrieben:

Start: Oberursel Hohemark	
Streckenverlauf: Auf den Spuren der Römer geht es vorbei an der Jupitersäule bis zur Saalburg. Die nächste Station ist Sandplacken. Ab hier geht es heftig über Wurzel-Trails hinauf bis zum Großen Feldberg.	
Weglänge auf der Wanderkarte im Maßstab 1 : 50 000	25 cm
Fahrzeit	1:25:00 h
Starthöhe	284 m
Zielhöhe	879 m

a) Wie lang ist die Strecke, die ein Mountainbike-Fahrer auf der Tour zurücklegt?

b) Berechne die Durchschnittsgeschwindigkeit des Fahrers auf dem Hinweg und schätze ab, wie lange er abwärts benötigt.

16 In Fürth gibt es ein Hotel in Form einer quadratischen Glaspyramide. Die Höhe der Pyramide beträgt 40 m, die Länge der Grundflächenkante 52 m.

a) Berechne die Länge einer Seitenkante und der Grundflächendiagonalen.

b) Berechne den Inhalt der Mantelfläche der Pyramide.

17 In Sölden in Tirol wurde kürzlich die Gaislachkoglbahn neu eröffnet:

Schräglänge: 2040,48 m	Fahrzeugkapazität: 8 Personen
Fahrgeschwindigkeit: $6\,\frac{\text{m}}{\text{s}}$	Förderleistung: 3600 Personen pro h
Fahrzeit: 6,7 min	Gondeln: 107
Talstation: 1363 m über NN	

Auf welcher Höhe liegt die Bergstation? Stelle deinem Partner weitere Aufgaben.

18 Ein Würfel hat eine Kantenlänge von 12 cm.

a) Berechne die Länge der Diagonalen einer Seitenfläche des Würfels.

b) Berechne die Länge der Raumdiagonalen des Würfels.

19 In einem Café wird Orangensaft in einem zylinderförmigen Glas serviert, das 16 cm hoch ist und einen Innendurchmesser von 6 cm hat. Wie weit ragt ein 20 cm langer gerader Strohhalm aus dem Glas heraus, wenn er schräg im Glas lehnt?

20 Man erzählt sich die Geschichte von einem Piratenschatz, der auf einer einsamen Insel mit zwei Felsen und einer Palme vergraben wurde. Der Piratenkapitän soll den Schatz aufwändig versteckt haben. Eine alte Karte ist nur unvollständig erhalten. Sein Vorgehen ist wie folgt überliefert:

Bestimme jeweils die Länge der Strecken zwischen den Felsen und der Palme. Laufe dann im 90°-Winkel zu jeder dieser Strecken deren Länge nochmals ab. Markiere jeweils den Punkt, auf dem du stehst.
Du erhältst auf diese Weise zwei Punkte. Der Schatz liegt genau zwischen diesen beiden Punkten.

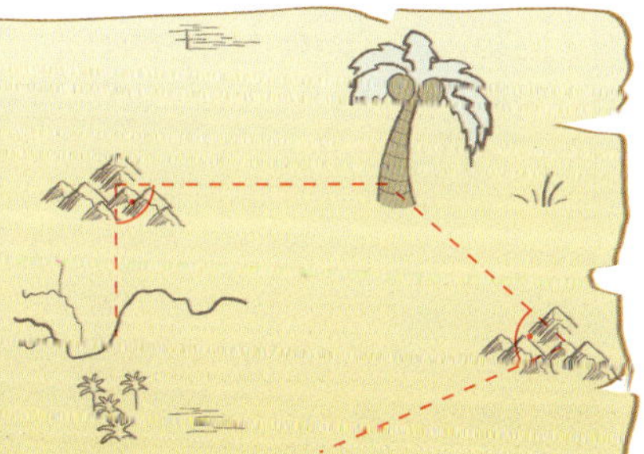

a) Skizziere die Situation. Wähle dazu die Standorte für die Palme und die Felsen beliebig und bestimme den Standort des Schatzes.

b) Auf der Suche nach dem Schatz stellte man fest, dass die Palme mittlerweile verschwunden war, nur die Felsen waren noch da. Entwickle ein Vorgehen, den Piratenschatz auch ohne Kenntnis des Standorts der Palme zu finden.

Nutze ein dynamisches Geometrieprogramm und experimentiere mit verschiedenen Standorten der Palme.

Pythagoras und die Seilspanner

Im alten Ägypten (um 2000 v. Chr.) mussten jedes Jahr nach der Nilüberschwemmung die Felder neu vermessen werden. Dies war die Aufgabe der sogenannten „Seilspanner“, die mithilfe von Knotenschnüren rechte Winkel erzeugen mussten.

a) Begründe das Vorgehen mit der Knotenschnur vom Einstieg in dieses Kapitel.

b) Gib für die Gesamtlänge l eines Seils der Seilspanner den jeweiligen Abstand zweier Knoten an und bestimme die Maße der drei Seitenlängen. Das Verhältnis der Seitenlängen soll dabei jeweils gleich sein wie im gegebenen Beispiel. Übertrage die Tabelle in dein Heft, fülle sie aus und überprüfe, ob die so gewonnenen Dreiecke den Satz des Pythagoras erfüllen.

Seillänge l	12 m	24 m		
Abstand der Knoten	1 m			2,3 m
Kathete 1	3 m			
Kathete 2	4 m			
Hypotenuse	5 m		0,75 m	
Pythagoras erfüllt?	ja			

Pythagoreische Zahlentripel

(3 | 4 | 5): Fast jeder kennt diese drei natürlichen Zahlen als pythagoreisches Zahlentripel. Unter einem solchen Tripel („drei Zahlen“) versteht man drei natürliche Zahlen x, y und z, die die Gleichung $x^2 + y^2 = z^2$ erfüllen. Man kann die Zahlen als Seitenlängen eines rechtwinkligen Dreiecks interpretieren.

Das Tripel (3 | 4 | 5) findet sich bereits auf babylonischen Tontafeln in der Zeit der Hammurabi-Dynastie (ca. 1800 bis 1500 v. Chr). Die Keilschrifttafel Plimpton 322 enthält 15 verschiedene pythagoreische Tripel, unter anderem (56 | 90 | 106) und (119 | 120 | 169). Dies zeigt, dass wohl bereits vor mehr als 3000 Jahren ein Rechenverfahren zur Bestimmung von solchen Tripeln bekannt war.

a) Untersuche, ob mit (x | y | z) jeweils ein pythagoreisches Tripel vorliegt, für das gilt: $x^2 + y^2 = z^2$.

x	y	z
56	90	106
116	120	169
15	8	17
5	12	13
34	12	37
21	20	27
9	24	25
63	16	65
43	28	53
9	40	41

b) Toni behauptet, dass man aus dem Zahlentripel (3 | 4 | 5) durch Multiplikation mit einer natürlichen Zahl k stets neue pythagoreische Tripel (3k | 4k | 5k) erzeugen kann.

① Belege Tonis Behauptung durch einen rechnerischen Nachweis.

② Begründe die Richtigkeit dieses Vorgehens geometrisch mithilfe ähnlicher Dreiecke.

c) Man kann pythagoreische Zahlentripel (x | y | z) mit $x^2 + y^2 = z^2$ auch mit folgendem Verfahren herstellen:
Man nimmt eine natürliche Zahl n und setzt für $x = 4n^2 - 1$, $y = 4n$ und $z = 4n^2 + 1$ ein.

① Weise nach, dass die so gewonnenen Zahlen ein pythagoreisches Tripel bilden.

② Bestimme drei Zahlentripel und überprüfe deren Richtigkeit.

Schwerpunkt eines Dreiecks

Die drei Seitenhalbierenden s_a, s_b und s_c eines Dreiecks schneiden sich in einem Punkt, dem Schwerpunkt S. Es gilt der Schwerpunktsatz: Der Schwerpunkt eines Dreiecks teilt jede Seitenhalbierende im Verhältnis 2 : 1.

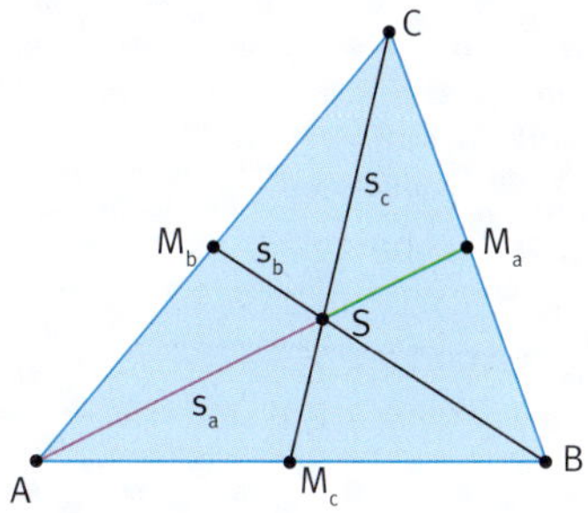

a) Erkläre den Zusammenhang des Schwerpunktsatzes.

b) Beweise den Schwerpunktsatz mithilfe der Strahlensätze. Gehe dazu wie folgt vor:

1. Mit den Geraden M_aM_c und AC und mit den Geraden BA und BC erhältst du eine Strahlensatzfigur (V-Figur) mit B als Zentrum. Beweise mithilfe der Umkehrung des 1. Strahlensatzes, dass M_aM_c und AC parallel sind, und bestimme das Verhältnis der Strecken $\overline{AC}$ und $\overline{M_aM_c}$.
2. Mit den Parallelen M_aM_c und AC und dem Schwerpunkt S erhältst du eine weitere Strahlensatzfigur (X-Figur) mit S als Zentrum. Beweise nun mithilfe des 2. Strahlensatzes, dass $\overline{SA} : \overline{SM_a} = 2 : 1$ und $\overline{SC} : \overline{SM_c} = 2 : 1$ gilt.

Der Goldene Schnitt: Teilung einer Strecke

Ob ein Kunstwerk oder ein Alltagsgegenstand als schön oder harmonisch gelungen empfunden wird, hängt vor allem auch von seinen Proportionen, z. B. vom Verhältnis seiner Länge zu seiner Breite, ab. Bei vielen Kunstwerken der Antike, aber auch bei Bauten und anderen Kunstwerken späterer Jahrhunderte ebenso wie bei Objekten der Natur spielt ein bestimmtes Streckenverhältnis eine besondere Rolle. Dieses Verhältnis Φ nannte man schon im Altertum das Verhältnis des Goldenen Schnitts.
Es gilt: $\Phi = \frac{\sqrt{5}+1}{2} \approx 1{,}62$

Eine Strecke $\overline{AB}$ der Länge a heißt nach dem Goldenen Schnitt geteilt, wenn sich die Länge x der kleineren Teilstrecke („Minor“) zur Länge a – x der größeren Teilstrecke („Maior“) ebenso verhält wie die Länge der größeren Teilstrecke zur Länge a der Gesamtstrecke: $x : (a-x) = (a-x) : a$.

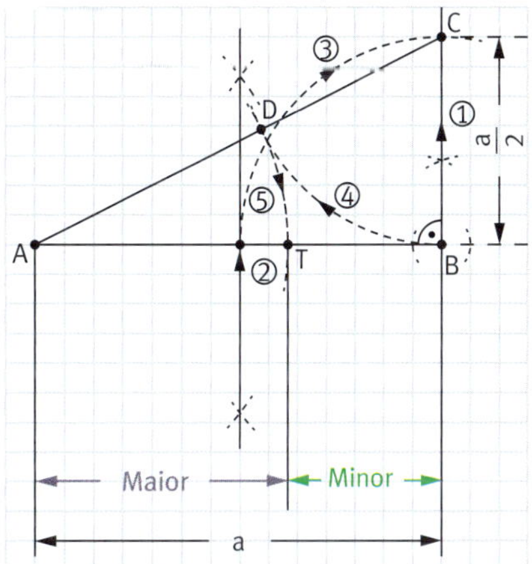

a) Beschreibe die Konstruktion der Teilstrecken.

b) Begründe rechnerisch, dass in der Konstruktionsfigur der Punkt T die Strecke $\overline{AB}$ im Verhältnis des Goldenen Schnitts teilt.

c) Zeichne eine Strecke $\overline{AB}$ der Länge 10 cm und konstruiere den Punkt T, der $\overline{AB}$ im Verhältnis des Goldenen Schnitts teilt. Konstruiere dann ...

1. ein „goldenes Rechteck“ mit den Seitenlängen $\overline{AT}$ und $\overline{BT}$.
2. zwei gleichschenklige „goldene Dreiecke“ mit den Seitenlängen $\overline{AT}$ und $\overline{BT}$.

d) Ermittle bei deinen Mitschülern den Wert $\frac{\text{Länge a (Fußsohle bis Taille)}}{\text{Länge b (Kopf bis Taille)}}$.
Was stellst du fest?

Überprüfe deine Fähigkeiten und Kenntnisse. Bearbeite dazu die folgenden Aufgaben und bewerte anschließend deine Lösungen mit einem Smiley.

☺	😐	☹
Das kann ich!	Das kann ich fast!	Das kann ich noch nicht!

Hinweise zum Nacharbeiten findest du auf der folgenden Seite. Die Lösungen stehen im Anhang.

Aufgaben zur Einzelarbeit

1 Zeichne eine Strecke $\overline{CD}$ der Länge 7,8 cm. Teile diese Strecke mithilfe des Strahlensatzes in 3 (4, 5) gleich lange Teilstrecken.

2 Zeichne ein Rechteck ABCD mit den Seitenlängen a = 4,0 cm und b = 5,0 cm.

a) Strecke das Rechteck mit den Streckfaktoren ...

1 $k = \frac{1}{2}$.

2 $k = 1{,}5$.

Wähle hierbei das Streckzentrum Z so, dass es ...

A auf einem Eckpunkt des Rechtecks liegt.

B innerhalb des Rechtecks liegt.

b) Vergleiche die Flächeninhalte des Originalrechtecks mit den Flächeninhalten der Bildrechtecke.

3 Entscheide, ob die Dreiecke ABC und A'B'C' ähnlich zueinander sind. Begründe.

a) a = 4 cm; b = 6 cm; c = 3,5 cm
a' = 6 cm; b' = 9 cm; c' = 4,5 cm

b) $\alpha = 42°$; $\beta = 77°$; c = 45 mm
$\beta' = 77°$; $\gamma' = 61°$; a' = 6 cm

4 Berechne die fehlenden Streckenlängen x und y.

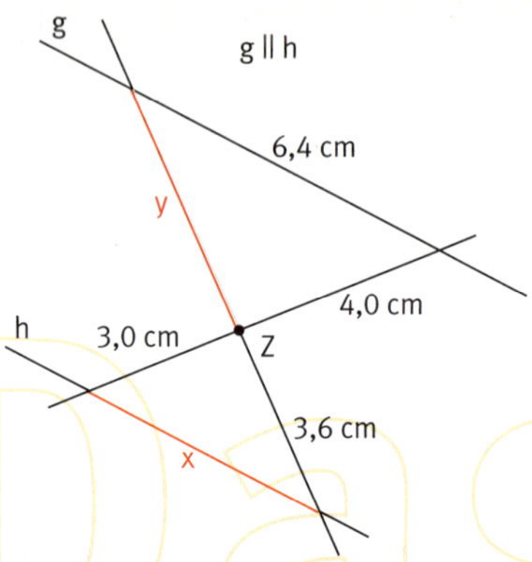

5 Überprüfe, ob es sich bei dieser Figur um eine Strahlensatzfigur handelt. Begründe deine Antwort.

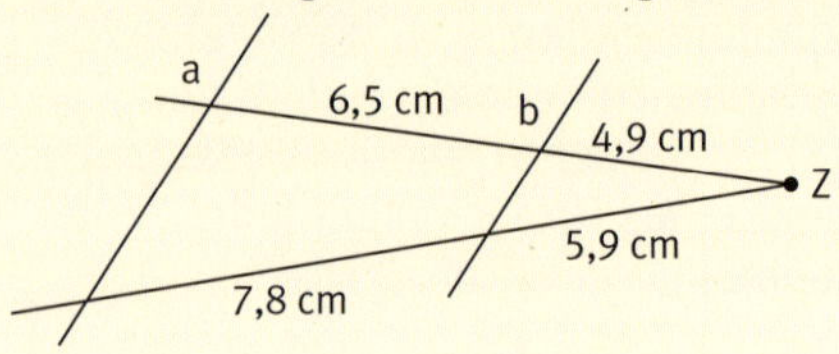

6 Berechne die Höhe h des Turms.

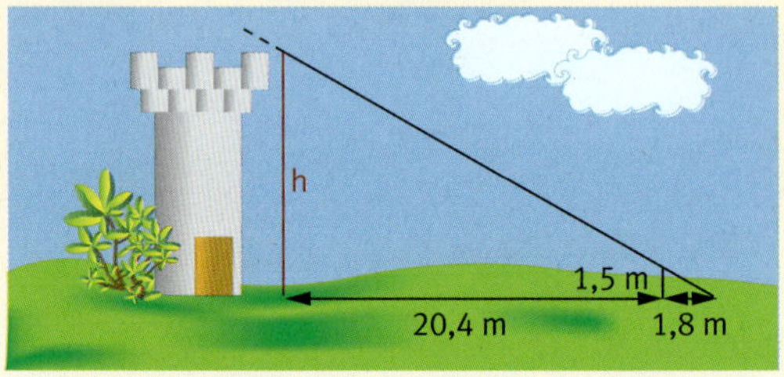

7 Berechne die fehlende Seitenlänge im rechtwinkligen Dreieck ABC (Hypotenuse $\overline{AB}$).

a) a = 5 cm; b = 9 cm

b) b = 5 cm; c = 9 cm

8 Ist das Dreieck ABC rechtwinklig? Überprüfe mit der Umkehrung des Satzes von Pythagoras.

a) a = 6 cm; b = 5 cm; c = 8 cm

b) a = 55 cm; b = 4,8 dm; c = 73 cm

c) a = 4 m; b = 5 m; c = 30 cm

d) a = 12 m; b = a + 1 m; c = 5 m

9 Im rechtwinkligen Dreieck ABC mit $\gamma = 90°$ ist c = 9 cm und b = 5 cm. Bestimme a, p, q und h_c mithilfe der Flächensätze.

10 Wandle das Quadrat mit der Seitenlänge s durch Konstruktion und Rechnung in ein flächengleiches Rechteck mit den Seitenlängen q und p um.

a) s = 4,2 cm; q = 6,3 cm

b) s = 4,5 cm, p = 2,5 cm

c) s = 60 mm; p = 90 mm

11 Gegeben ist ein Quader der Kantenlänge a, b und c. Berechne die Längen der drei Flächendiagonalen des Quaders.

a) a = 5,6 dm; b = 4,3 dm; c = 1,2 dm

b) a = 7,4 cm; b = 65 mm; c = 4,3 cm

c) a = 2b; b = 2c und c = 9 cm

Das kann

12 Bestimme rechnerisch die Länge der roten Strecken.

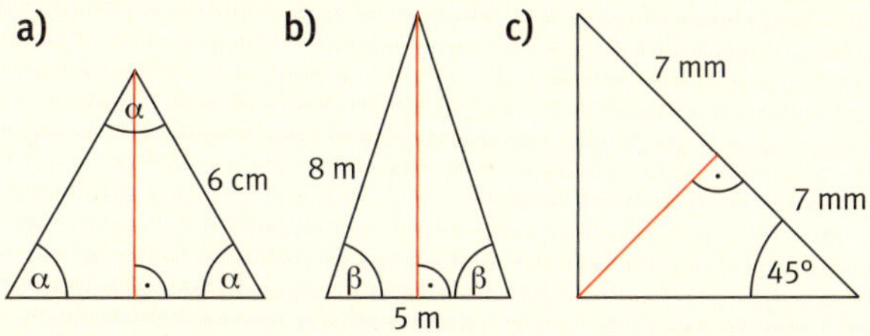

13 Eine Pyramide mit quadratischer Grundfläche hat eine Kantenlänge von a = 5 cm und eine Pyramidenhöhe von h = 6 cm.

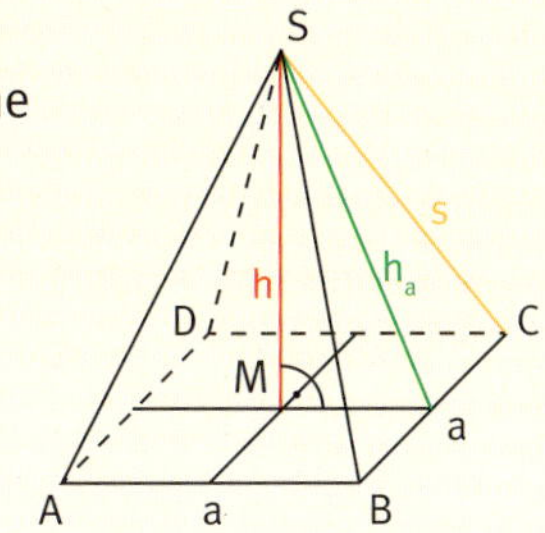

a) Berechne die Höhe h_a einer Seitenfläche.

b) Berechne die Länge s einer Seitenkante.

Beschreibe jeweils dein Vorgehen.

Aufgaben für Lernpartner

Arbeitsschritte

1 Bearbeite die folgenden Aufgaben alleine.
2 Suche dir einen Partner und erkläre ihm deine Lösungen. Höre aufmerksam und gewissenhaft zu, wenn dein Partner dir seine Lösungen erklärt.
3 Korrigiere gegebenenfalls deine Antworten und benutze dazu eine andere Farbe.

Sind folgende Behauptungen **richtig** oder **falsch**? Begründe schriftlich.

14 Beim maßstäblichen Vergrößern mit dem Faktor k = 2 werden alle Streckenlängen und Winkelgrößen verdoppelt.

15 Der Streckfaktor $k = \frac{1}{4}$ entspricht dem Maßstab 1 : 4.

16 Ähnliche Figuren stimmen in ihrer Form überein.

17 Zwei Dreiecke sind zueinander ähnlich, wenn sie in der Größe eines Winkels übereinstimmen.

18 Die Strahlensätze kann man anwenden, wenn zwei sich schneidende Geraden von zwei weiteren Geraden geschnitten werden.

19 Mithilfe der Strahlensätze lassen sich oftmals auch unzugängliche Streckenlängen bestimmen.

20 Wenn bei einer zentrischen Streckung $|k| < 1$ gilt, werden die Figuren vergrößert.

21 $a^2 + b^2 = c^2$ gilt für jedes rechtwinklige Dreieck ABC.

22 In jedem Dreieck gilt: $h^2 = p \cdot q$.

23 Wenn von einem Quader die Längen der Grundseite bekannt sind, kann die Länge der Raumdiagonalen berechnet werden.

24 Ein Dreieck mit den Seitenlängen 6 cm, 8 cm und 10 cm ist rechtwinklig.

25 Mit der Formel $d = \sqrt{a^2 + b^2}$ kann man die Länge der Diagonalen d eines Rechtecks mit den Seitenlängen a und b berechnen.

26 Zur Berechnung von Streckenlängen in einem Körper sucht man beliebige Dreiecke, von denen man zwei Seitenlängen kennt. Die fehlende Seitenlänge berechnet man mithilfe der Flächensätze.

27 Die Raumdiagonale eines Quaders kann man mit $d = \sqrt{a + b + c}$ berechnen.

Aufgabe	Ich kann ...	Hilfe
1, 2, 20	Figuren zentrisch strecken.	S. 58
14, 15	bei Figuren den Streckfaktor und den Maßstab bestimmen.	S. 58
3, 16	ähnliche Figuren erkennen und ihre Eigenschaften nutzen.	S. 56, 62
3, 17	Ähnlichkeitssätze für Dreiecke anwenden.	S. 64
4, 5, 6, 18, 19	Streckenverhältnisse und -längen anhand der Strahlensätze bestimmen.	S. 68
9, 22, 26	den Höhensatz und die Kathetensätze in rechtwinkligen Dreiecken anwenden.	S. 74
10	ein Quadrat in ein flächengleiches Rechteck konstruktiv umwandeln.	S. 75
7, 12, 13, 21, 25	Streckenlängen in ebenen Figuren mit dem Satz des Pythagoras berechnen.	S. 76
8, 24	die Umkehrung des Satzes von Pythagoras auf Dreiecke anwenden.	S. 79
11, 23, 26, 27	Streckenlängen in räumlichen Figuren mit dem Satz des Pythagoras berechnen.	S. 82

3.13 Auf einen Blick

S. 62

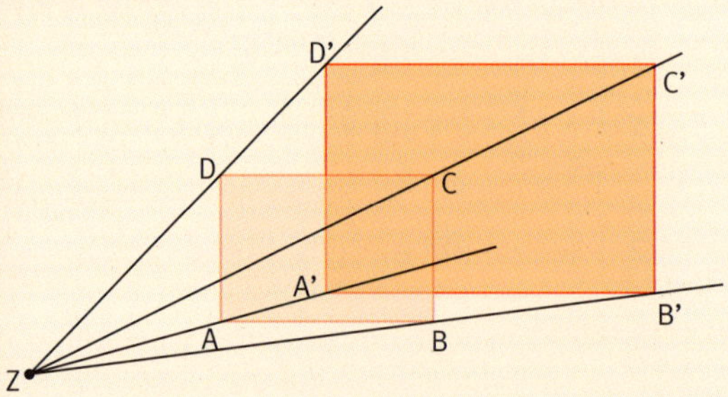

Die zentrische Streckung hat folgende **Eigenschaften**:

- Sie ist **geradentreu, winkeltreu** und **kreistreu**.
- Original und Bildfigur haben den **gleichen Umlaufsinn**.
- Die zentrische Streckung ist **verhältnistreu**.
- Der Inhalt der Bildfläche ist das k^2-Fache des Inhalts der Orginalfläche: $\mathbf{A_{Bild} = k^2 \cdot A_{Original}}$

S. 64

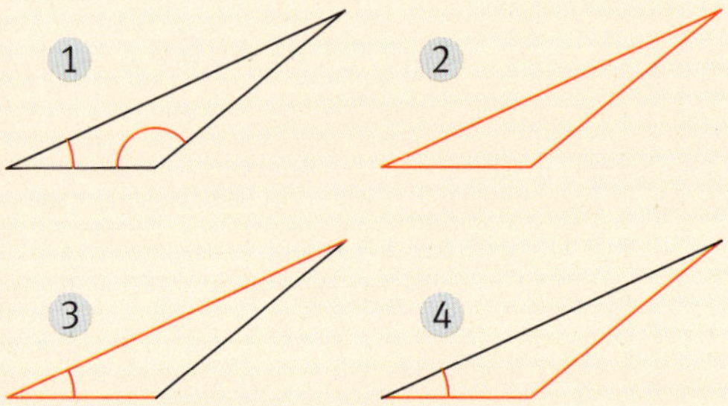

Zwei **Dreiecke** sind zueinander **ähnlich** bei Übereinstimmung ...

1. in den Maßen zweier Winkel (**Hauptähnlichkeitssatz**).
2. in den Verhältnissen dreier Seiten.
3. in den Verhältnissen zweier Seiten und dem Maß des von ihnen eingeschlossenen Winkels.
4. in den Verhältnissen zweier Seiten und dem Maß des Gegenwinkels der längeren Seite.

S. 68

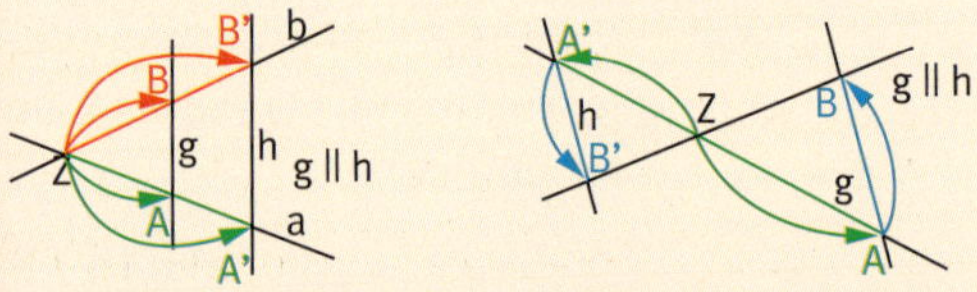

$$\frac{\overline{ZA}}{\overline{ZA'}} = \frac{\overline{ZB}}{\overline{ZB'}} \qquad \frac{\overline{ZA}}{\overline{ZA'}} = \frac{\overline{AB}}{\overline{A'B'}}$$

1. und 2. Strahlensatz
Werden zwei sich in Z schneidende Geraden von zwei Parallelen geschnitten, dann ...

- stehen einander entsprechende Streckenabschnitte auf den Geraden durch Z im gleichen Verhältnis.
- ist das Verhältnis der Streckenabschnitte auf den Parallelen gleich dem zugehörigen Streckenverhältnis auf jeder der Geraden durch Z.

S. 74

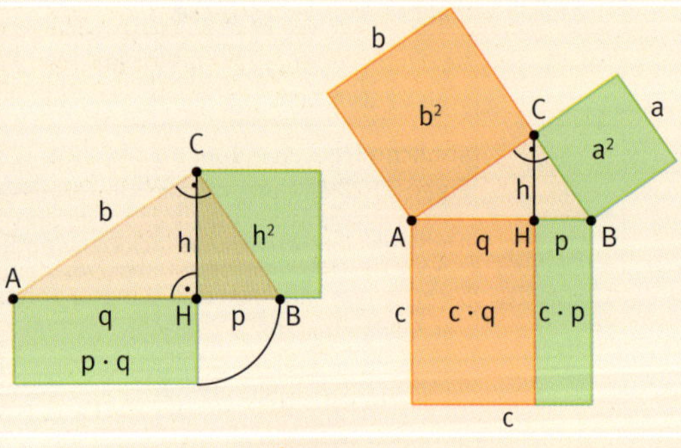

Höhensatz und Kathetensätze
In einem rechtwinkligen Dreieck ist das Quadrat über der zur Hypotenuse gehörenden Höhe h flächeninhaltsgleich dem Rechteck aus den beiden Hypotenusenabschnitten: $\mathbf{h^2 = p \cdot q}$

In einem rechtwinkligen Dreieck ist das Quadrat über einer Kathete flächeninhaltsgleich dem Rechteck aus Hypotenuse und zugehörigem Hypotenusenabschnitt: $\mathbf{a^2 = c \cdot p}$ $\mathbf{b^2 = c \cdot q}$

S. 76,
S. 79

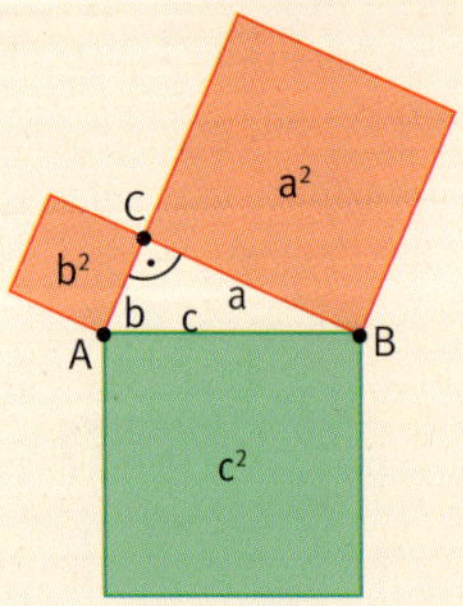

Satz des Pythagoras und seine Umkehrung
In einem rechtwinkligen Dreieck hat das Quadrat über der Hypotenuse den gleichen Flächeninhalt wie die Quadrate über den Katheten zusammen.

Kurz: $\mathbf{a^2 + b^2 = c^2}$

Wenn in einem Dreieck ABC mit den Seitenlängen a, b und c die Beziehung $a^2 + b^2 = c^2$ gilt, dann ist das Dreieck rechtwinklig mit $\overline{AB}$ als Hypotenuse.

Lineare Funktionen

1 Betrachte die Graphen der linearen Funktionen.

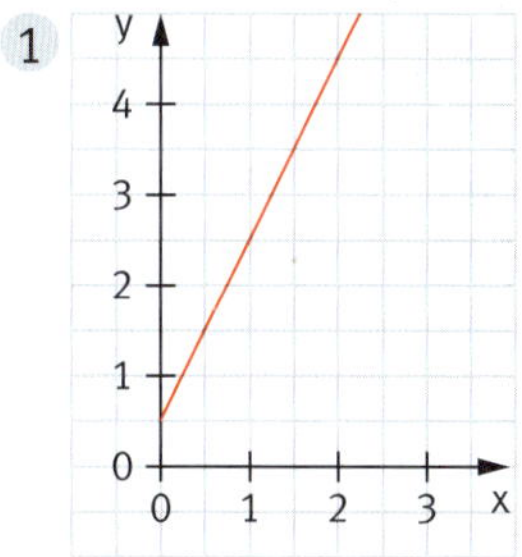

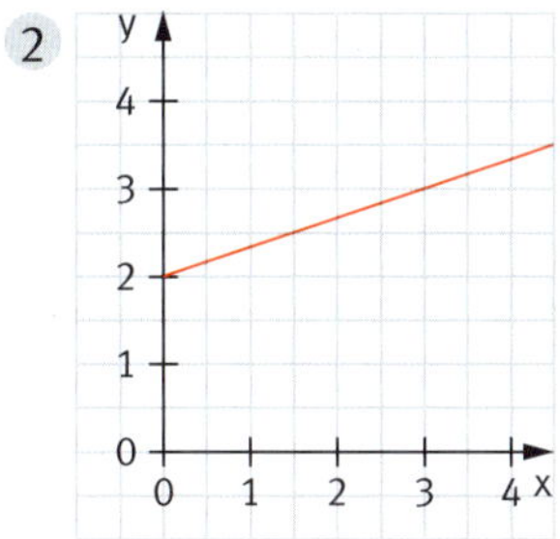

a) Lies die Funktionsgleichung ab.

b) Welcher y-Wert gehört jeweils zu x = 2?

c) Welcher x-Wert gehört jeweils zu y = 3?

2 Drei Gefäße werden gleichmäßig mit Wasser gefüllt, die Graphen stellen die Wasserhöhe in Abhängigkeit von der Zeit dar.

a) Welcher Graph gehört zu welchem Gefäß? Begründe deine Antwort.

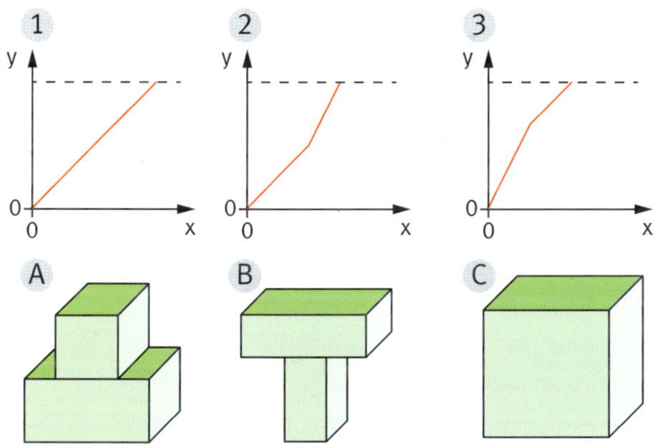

b) Zeichne den Füllgraph zu folgendem Gefäß:

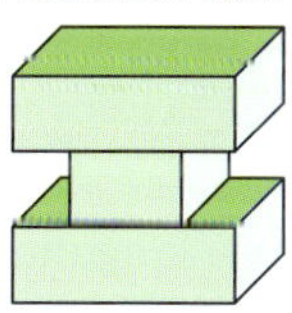

3 Beschreibe die Situationen jeweils durch eine Funktionsgleichung.

a) Bei einer Schulfeier zahlt Tanja 1,50 € Eintritt und für jedes Getränk 50 ct.

b) Pro Monat zahlt Konrad 9,99 € Handygebühren.

Prozentrechnung

4 Gib für folgende Situationen jeweils den Grundwert, den Prozentsatz und den Prozentwert an.

a) Bei einer Schülerbefragung gaben 30 % der 230 Jungen Cola als ihr Lieblingsgetränk an.

b) Bei der letzten Wahl ist die Anzahl der Wähler wieder um 200 000 zurückgegangen. Das ist ein Rückgang um 2,5 % gegenüber den Wählern der vorherigen Wahl.

5 Korrigiere die Hausaufgaben von Nathalie.

a) Der Preis für eine Tasche wird von 50 € um 23 % erhöht. Wie hoch ist der neue Preis?

$P = 50 \cdot \frac{23}{100} = 11{,}50$

Der neue Preis beträgt 11,50 €.

b) Tom kommt an 8 % der Schultage zu spät. Wie viele Tage sind das bei 150 Schultagen?

$P = 8 \cdot \frac{100}{150} \approx 5{,}33$

Er kommt an rund 5 Tagen zu spät.

6 Ergänze im Heft die fehlenden Größen in der Tabelle.

	a)	b)	c)
alter Wert	35 m	▢	55 kg
Änderung	+ 20 %	+ 10 %	▢
neuer Wert	▢	77 m	33 kg

7 Gib an, ob es sich bei den Preisangaben jeweils um den Grundwert, den Prozentwert oder den verminderten bzw. vermehrten Grundwert handelt.

a) Eine DVD wurde von ursprünglich 19,99 € auf 12,50 € reduziert.

b) Die Stromkosten für einen Durchschnittshaushalt sind im letzten Jahr um etwa 50 € gestiegen und betragen nun pro Jahr ca. 840 €.

c) Nach mehreren Rabattaktionen kostet eine Jeans nur noch 29,99 €, der Preis wurde insgesamt um 15 € gesenkt.

8 Ein Telefon, das 300 € kostet, wird mit 10 % Rabatt angeboten. Eine Woche später wird der ermäßigte Preis wieder um 10 % angehoben. Wie teuer ist das Telefon jetzt?

Wahrscheinlichkeiten

9 Gib für jedes Zufallsgerät die Wahrscheinlichkeit für „ROT“ in Prozent an.

a) 1 × drehen b) 1 Kugel blind ziehen c) 1 Karte verdeckt ziehen

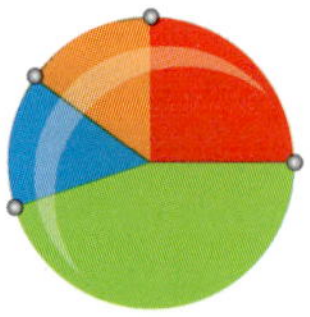
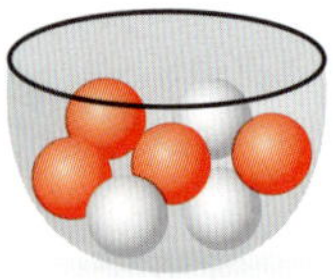

10 Gib für die Schülerinnen und Schüler deiner Klasse folgende Wahrscheinlichkeiten an. Eine zufällig ausgewählte Person ...

a) trägt eine Brille.

b) hat graue oder grüne Augen.

c) trägt heute ein blaues Shirt.

11 Ein Glücksrad soll mit einer Wahrscheinlichkeit von 40 % zu einem Gewinn führen.
Zeichne ein solches Glücksrad und beschreibe dein Vorgehen. Findest du verschiedene Glücksräder?

12 Ein Zahlenschloss besteht aus drei Rädchen, jeweils mit den Ziffern 0 bis 9. Es gibt genau eine Ziffernkombination, mit der das Schloss geöffnet werden kann.
Bestimme die Wahrscheinlichkeit, dass ...

a) die erste Ziffer richtig ist.

b) das Schloss zufällig beim ersten Versuch geknackt wird.

c) das Schloss geöffnet werden kann, wenn man weiß, dass die erste Ziffer schon richtig eingestellt ist.

13 Marie und Sebastian haben einen Spielwürfel sechsmal geworfen:
6; 6; 5;
4; 3; 2

Was meinst du?

Reelle Zahlen

14 Welche Zahlen ergeben quadriert folgende Werte? Oder gibt es keine derartige Zahl?

a) 9 b) 10 000 c) −81 d) 0
e) 1 f) −1 g) $\frac{1}{25}$ h) 0,81

15 Ordne die Zahlen der Größe nach. Beginne dabei mit der kleinsten Zahl.
$1\frac{1}{2}$; 1,42; 1,41422; $\sqrt{2}$; $\sqrt{1{,}96}$; $\frac{56\,572}{39\,982}$

16 Welche Ergebnisse stimmen?

a) $\sqrt{3^2} =$
① 3 ② 9 ③ $\sqrt{3}$

b) $\sqrt{3}^{\,2} =$
① 3 ② 9 ③ $\sqrt{3^2}$

c) $-\sqrt{2}^{\,2} =$
① 2 ② −2 ③ 1 ④ −1 ⑤ existiert nicht

d) $\sqrt{-2}^{\,2} =$
① 2 ② −2 ③ 1 ④ −1 ⑤ existiert nicht

e) $\sqrt{(-2)^2} =$
① 2 ② −2 ③ 1 ④ −1 ⑤ existiert nicht

17 Welche Zahlen stehen anstelle der Platzhalter?

a) $\sqrt{200} = \sqrt{2} \cdot \square$ b) $\sqrt{48} = \sqrt{3} \cdot \square$
c) $\sqrt{75} = 5 \cdot \square$ d) $\sqrt{0{,}02} = 0{,}1 \cdot \square$

18 Vereinfache so weit wie möglich.

a) $\frac{\sqrt{7} + 3\sqrt{7}}{\sqrt{7}}$ b) $\frac{5\sqrt{13} - 3\sqrt{13}}{2}$

c) $\frac{8\sqrt{4} - 6\sqrt{2}}{\sqrt{8}}$ d) $\frac{\sqrt{7} \cdot (\sqrt{7} + \sqrt{3}) - 5}{\sqrt{3}}$

e) $(5\sqrt{2x} - 2\sqrt{3x}) \cdot (4\sqrt{3x} - 3\sqrt{2x})$

19 Bestimme die Lösungsmenge in $\mathbb{R}$.
Ermittle zunächst die Definitionsmenge.

a) $\sqrt{x+1} + 11 = 2$ b) $5 = \sqrt{x-2}$

20 Zeige zuerst mit deinen Händen, wie lang die Seitenlänge eines Quadrates mit dem Flächeninhalt 1 m² in etwa ist. Zeige dann, wie lang die Seitenlänge eines Quadrats mit dem halben Flächeninhalt ist. Miss die geschätzte Länge ab und überprüfe rechnerisch.

4 Quadratische Funktionen

Einstieg

- Der Ätna ist einer der aktivsten Vulkane der Welt. Beschreibe die Form der Bahnen, mit denen der Ätna Lava ausspuckt.
- Stelle einen solchen Bogen in einem Koordinatensystem dar. Lege hierzu den höchsten Punkt des Bogens in den Ursprung des Koordinatensystems.
- Kann es sich bei dieser Kurve um einen Funktionsgraphen handeln? Begründe.

Ausblick

Am Ende dieses Kapitels hast du gelernt, ...

- welche Eigenschaften quadratische Funktionen besitzen.
- wie man quadratische Funktionen darstellen kann.
- wie man mit quadratischen Funktionen Probleme lösen kann.
- mit Wurzelfunktionen umzugehen.

Vergleiche die Funktionen $f(x) = x^2$ und $g(x) = 2x$ ($D = \mathbb{R}$).

- Erstelle zu den beiden Funktionen eine Wertetabelle für $x \in [-4; 4]$ mit Schrittweite 1 und zeichne die zugehörigen Graphen (LE 1 cm).
- Übertrage die Tabelle ins Heft und ergänze sie, indem du den Verlauf der Graphen vergleichst und mit eigenen Worten beschreibst.

	$f(x) = x^2$	$g(x) = 2x$
Art der Funktion	▢	▢
Verlauf des Graphen	▢	▢

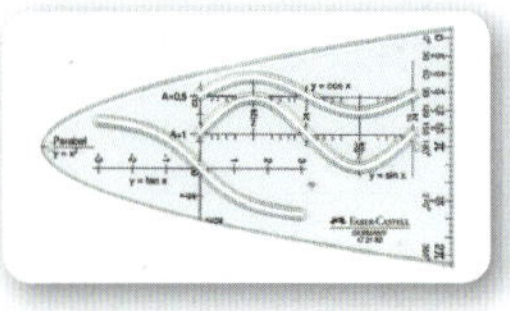

Zum Zeichnen der Normalparabel kann eine Parabelschablone verwendet werden.

Merkwissen

Die Funktion mit der Gleichung $\mathbf{f(x) = x^2}$ mit $D = \mathbb{R}$ heißt **Quadratfunktion**.
Ihr Schaubild heißt **Normalparabel**.
Die Quadratfunktion hat folgende Eigenschaften:

- Die Funktionswerte sind **nicht negativ**:
  $f(x) \geqq 0$ für alle $x \in \mathbb{R}$.
  Die Wertemenge ist $W = \mathbb{R}_0^+$.
- Ihr Graph ist **symmetrisch zur y-Achse**:
  $f(-x) = f(x)$ für alle $x \in \mathbb{R}$.
- Ihr Graph fällt im II. Quadranten, hat im Ursprung seinen tiefsten Punkt und steigt im I. Quadranten.
- Den Punkt S (0|0) nennt man **Scheitelpunkt** oder **Scheitel** der Parabel.

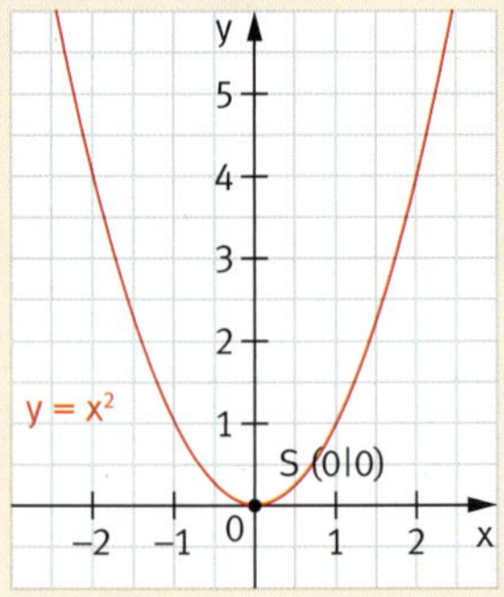

Beispiele

Definitionsmenge D: Menge aller x-Werte, die man einsetzen darf.

Wertemenge W: Menge aller y-Werte, die als Funktionswerte $y = f(x)$ auftreten.

I Gegeben ist $f(x) = x^2$.

a) Gib die Definitionsmenge D und die Wertemenge W an.

b) Begründe die Symmetrie des Graphen.

Lösung:

a) Es dürfen alle reellen Zahlen eingesetzt werden: $D = \mathbb{R}$, jedoch erhält man durch Quadrieren keine negativen Zahlen als Funktionswerte: $W = \mathbb{R}_0^+$.

b) Jede Zahl x hat den gleichen Funktionswert wie ihre Gegenzahl –x, denn $f(-x) = (-x)^2 = x^2 = f(x)$.

Der Graph zu $f(x) = -x^2$ ist eine an der x-Achse gespiegelte Normalparabel. Sie ist nach unten geöffnet.

II Gegeben ist die Funktion mit der Gleichung $f(x) = -x^2$; $D = \mathbb{R}$.

a) Erstelle eine Wertetabelle für $x \in [-3; 3]$ mit Schrittweite 1 und zeichne den Graphen.

b) Bestimme die Nullstelle, die Symmetrieachse und den Extremwert.

Lösung:

a)

x	–3	–2	–1	0	1	2	3
$y = -x^2$	–9	–4	–1	0	–1	–4	–9

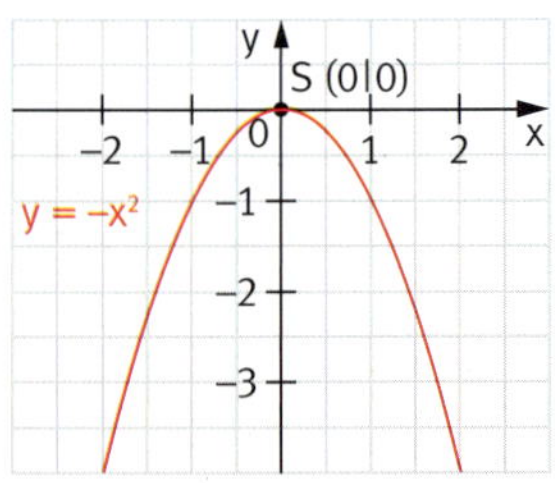

b) Nullstelle der Funktion: $y = 0 \Longrightarrow 0 = -x^2 \Longleftrightarrow x = 0$
$f(-x) = f(x)$ für alle $x \in \mathbb{R}$
$\Longrightarrow$ Die y-Achse ist Symmetrieachse.
$f(0) = 0$ ist der Extremwert (maximaler Funktionswert).

*Der Scheitel ist hier der höchste Punkt, der **Hochpunkt** der Parabel.*

III Prüfe, ob die Punkte P (1,4 | 1,96) und Q (2,5 | 6,5) auf der Normalparabel liegen (Punktprobe).

Lösung:
Die Normalparabel hat die Gleichung $y = x^2$. Setzt man die Koordinaten der Punkte P und Q ein, ergibt sich für P eine wahre, für Q eine falsche Aussage.
$1{,}96 = 1{,}4^2$ wahr (P liegt auf der Normalparabel.)
$6{,}5 = 2{,}5^2$ falsch (Q liegt nicht auf der Normalparabel.)

VERSTÄNDNIS

- Erkläre, warum der Scheitelpunkt der Normalparabel auch „Tiefpunkt" genannt wird.
- Sima behauptet: „Der Graph der Funktion mit $f(x) = x^2$ verläuft unterhalb der ersten Winkelhalbierenden." Hat Sima Recht? Begründe.
- Erkläre, warum die Funktionswerte von $f(x) = x^2$ nicht negativ werden.

AUFGABEN

oHiMi 1, 4–6

1 Sandra möchte mithilfe einer Wertetabelle eine Normalparabel mit $f(x) = x^2$ zeichnen.

x	0	0,5	1	1,5	2	2,5	3
f (x)	☐	☐	☐	☐	☐	☐	☐

a) Zeichne die Normalparabel mindestens im Intervall $-3 \leqq x \leqq 3$.

b) Zeige, dass der Graph der Funktion $f(x) = x^2$ achsensymmetrisch ist. Kennzeichne hierfür gleiche Funktionswerte und die Symmetrieachse.

2 Die Punkte A bis F liegen auf der Normalparabel.

a) Berechne die fehlenden Funktionswerte.
A (−2,8 | ☐) B (−1,4 | ☐) C (−0,3 | ☐) D (0,8 | ☐) E (1,2 | ☐) F (2,3 | ☐)

b) Berechne die fehlenden x-Werte.
A (☐ | 100) B (☐ | 0,01) C (☐ | 64) D $\left(☐ \,|\, \frac{4}{9}\right)$ E (☐ | 1,69) F (☐ | 0,25)

3 Prüfe rechnerisch, ob folgende Punkte auf der Normalparabel liegen.

a) A (−12,5 | 156,25) **b)** B (−3,8 | −14,44) **c)** C (−0,2 | 0,4)
d) D (0,81 | 0,65) **e)** E (5,1 | 26,01) **f)** F (16,4 | 268,96)

4 Entscheide, ob die gegebenen Punkte auf, oberhalb, oder unterhalb der Normalparabel liegen. Begründe deine Entscheidung.

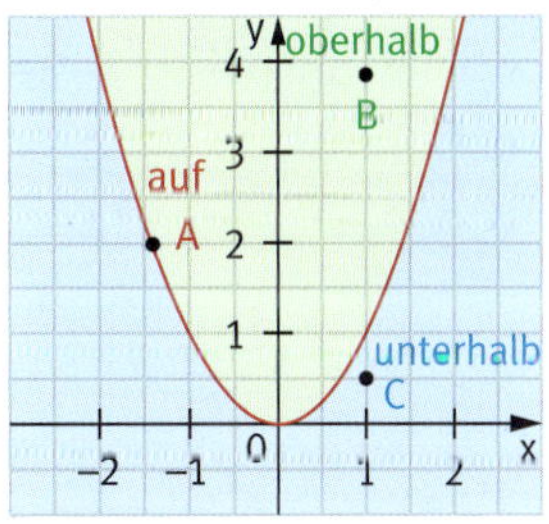

a) D (−9,8 | 96) **b)** E (−2,8 | 7,84)
c) F (−0,6 | 0,4) **d)** G (0,8 | 0,65)
e) H (4,1 | 8,2) **f)** I (13,4 | 179,65)

5 Bestimme zeichnerisch alle Werte von x, für welche die Ungleichung erfüllt ist.

a) $x^2 < x$ **b)** $x - 2 \geqq x^2 - 4$ **c)** $2x < x^2 < 4$ **d)** $x - 2 \geqq x^2 - 3$

6 Die Punkte P_1, P_2 und P_3 liegen auf einer an der x-Achse gespiegelten Normalparabel mit der Gleichung $y = -x^2$. Ergänze die fehlenden Koordinaten durch Ablesen aus einer Zeichnung und überprüfe diese rechnerisch.

a) P_1 (1 | ☐); P_2 (−2,5 | ☐); P_3 (3,2 | ☐) **b)** P_1 (☐ | −0,4); P_2 (☐ | −6); P_3 (☐ | −8,1)

Bei Schneeglätte sind die hohen Geschwindigkeiten praktisch nicht möglich.

Aus der folgenden Wertetabelle kannst du entnehmen, wie groß der Bremsweg y (in m) bei verschiedenen Geschwindigkeiten x (in km/h) ist.

x	10	20	30	40	50	80	100	130
y bei Schneeglätte	2,6	10,3	23,1	41,1	64,3	165	257	435
y bei trockener Fahrbahn	0,6	2,4	5,3	9,5	14,8	38	59,4	100

- Übertrage die Daten in ein Koordinatensystem und verbinde sie zu einem Graphen.
- Gib eine sinnvolle Definitionsmenge an.
- Beschreibe die Art der Funktion, um die es sich handeln kann.

Merkwissen

Eine gestreckte Parabel ist enger/schlanker als die Normalparabel; eine gestauchte Parabel ist weiter/breiter.

Den Graphen der Funktion mit einer Gleichung der Form **$f(x) = ax^2$** nennt man **Parabel** ($D = \mathbb{R}$; $a \neq 0$). Er entsteht durch Streckung oder Stauchung der Normalparabel, falls $a > 0$ ist, bzw. der gespiegelten Normalparabel, falls $a < 0$ ist.

Für **$a > 0$** ist die Parabel **nach oben** geöffnet. Der Ursprung ist Scheitel und tiefster Punkt der Parabel.

Für **$a < 0$** ist die Parabel **nach unten** geöffnet. Der Ursprung ist Scheitel und höchster Punkt der Parabel.

Für ...	ist die Parabel ...
$a > 1$	**schlanker** als die Normalparabel.
$a = 1$	die **Normalparabel**.
$0 < a < 1$	**weiter** als die Normalparabel.

Für ...	ist die Parabel ...
$a < -1$	**schlanker** als die Normalparabel.
$a = -1$	die **gespiegelte** Normalparabel.
$-1 < a < 0$	**weiter** als die Normalparabel.

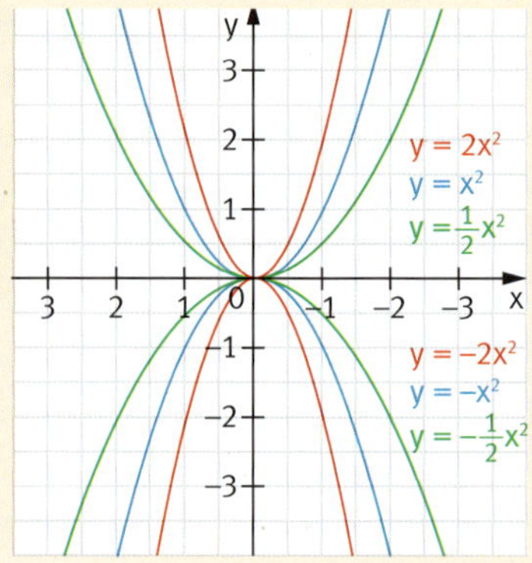

Beispiele

I Die beiden abgebildeten Parabeln haben die Funktionsgleichung $f(x) = ax^2$. Finde jeweils heraus, welchen Wert a besitzt, und erkläre dein Vorgehen.

a)

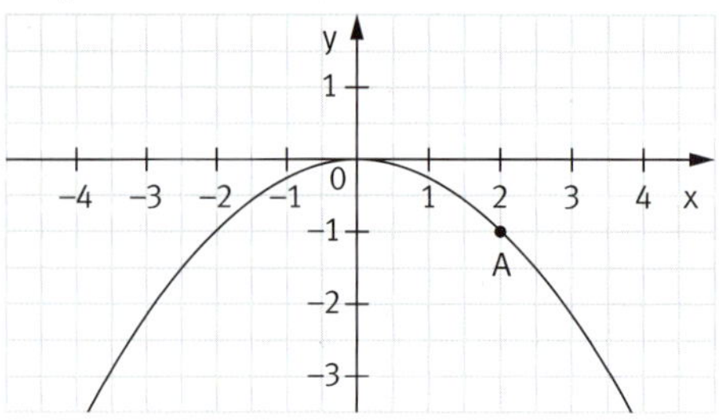

b)

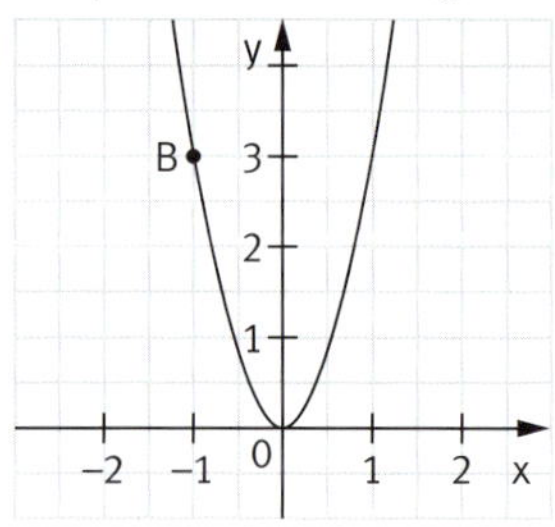

Lösung:

a) A (2 | –1) liegt auf der Parabel, es gilt: $-1 = a \cdot 2^2$.
Mit $a = -\frac{1}{4}$ ergibt sich $f(x) = -\frac{1}{4}x^2$.

b) B (–1 | 3) liegt auf der Parabel, es gilt: $3 = a \cdot (-1)^2$.
Mit $a = 3$ ergibt sich $f(x) = 3x^2$.

II Gib bei jeder der vier Parabeln mit den Gleichungen $p_1(x) = 8x^2$; $p_2(x) = -3x^2$; $p_3(x) = 1{,}25x^2$ und $p_4(x) = -0{,}6x^2$ an, ob sie nach unten oder nach oben geöffnet ist und ob sie schlanker oder weiter als die Normalparabel ist.

Lösung:

Funktionsgleichung	a	Die Parabel ist ...			
		schlanker	weiter	nach oben	nach unten
		als die Normalparabel		geöffnet	
$p_1(x) = 8x^2$	$8 > 1$	x		x	
$p_2(x) = -3x^2$	$-3 < -1$	x			x
$p_3(x) = 1{,}25x^2$	$1{,}25 > 1$	x		x	
$p_4(x) = -0{,}6x^2$	$-1 < -0{,}6 < 0$		x		x

Verständnis

- Für welche Werte des Parameters $a \in \mathbb{R}$ ist der Scheitel der Parabel mit $p(x) = ax^2$ der höchste, für welche der tiefste Punkt dieser Parabel?
- Die Parabel mit $p(x) = 1{,}8x^2$ wird an der x-Achse bzw. an der y-Achse gespiegelt. Wie lautet jeweils die Funktionsgleichung des Spiegelbilds der Parabel?
- Welchen Graphen hat die Funktion f mit $f(x) = ax^2$ mit $D = \mathbb{R}$ im Fall $a = 0$?

Aufgaben

oHiMi 1–3

1 Zeichne den Graphen der Funktion f im angegebenen Intervall.

a) $f(x) = 1{,}2x^2$	$x \in [-3; 3]$	Schrittlänge 1
b) $f(x) = -2x^2$	$x \in [-2; 2]$	Schrittlänge 0,5
c) $f(x) = 0{,}75x^2$	$x \in [-3; 3]$	Schrittlänge 1
d) $f(x) = -\frac{1}{3}x^2$	$x \in [-4; 4]$	Schrittlänge 0,5

2 Ordne den Graphen in der Randspalte die entsprechende Funktionsgleichung zu.

A $y = 0{,}1x^2$ B $y = -\frac{2}{7}x^2$ C $y = -3x^2$ D $y = 1{,}5x^2$ E $y = 4x^2$

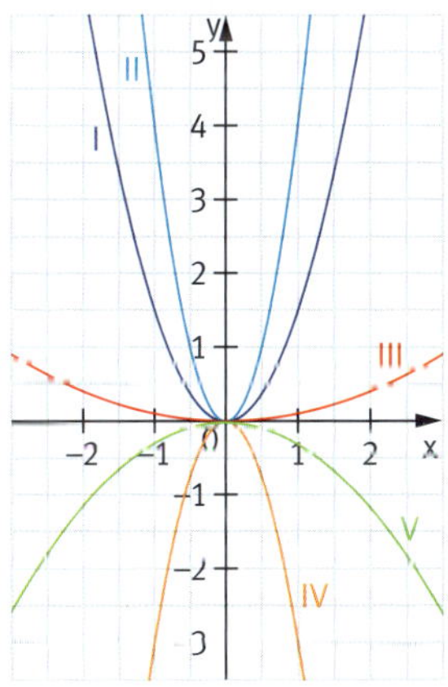

3 Jede der vier Gleichungen gehört zu einer Parabel. Gib jeweils an, ob sie nach oben oder unten geöffnet ist und ob sie schlanker oder breiter als die Normalparabel ist.

a) $f(x) = 1{,}6x^2$ **b)** $g(x) = -9x^2$ **c)** $h(x) = \frac{1}{2}x^2$ **d)** $i(x) = -\frac{2}{3}x^2$

4 Bestimme a so, dass der Punkt Q auf der Parabel mit $p(x) = ax^2$ $(a \in \mathbb{R} \setminus \{0\})$ liegt.

a) Q (1 | −3) **b)** Q ($\sqrt{2}$ | −3) **c)** Q (1,6 | −7,04) **d)** Q (−0,3 | 0,09) **e)** Q ($\sqrt{5}$ | 4)

5 Bestimme die fehlenden Koordinaten so, dass A und B auf den Parabeln zur jeweils angegebenen Funktionsgleichung liegen.

a) A (−2 | ☐) B (☐ | 4) p: $y = 3x^2$ **b)** A (☐ | −4,9) B (−2 | ☐) p: $y = -0{,}4x^2$

6

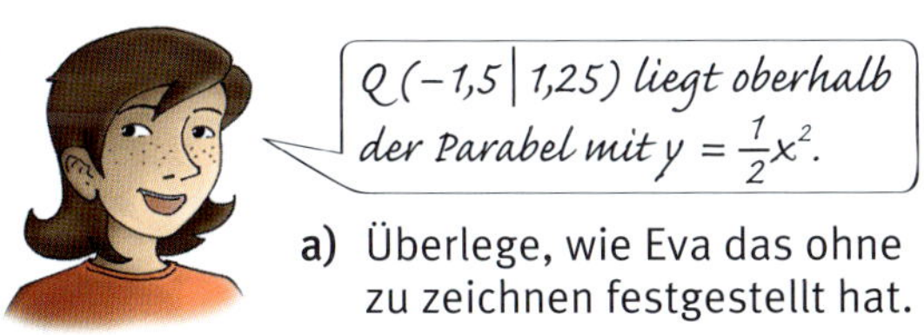

a) Überlege, wie Eva das ohne zu zeichnen festgestellt hat.

b) Liegt Q oberhalb, unterhalb oder auf dem Graphen?

1 Q (4,4 | 7,26) $f(x) = -\frac{3}{8}x^2$

2 Q (−4,8 | −57,8) $f(x) = -2{,}5x^2$

3 Q (−1,5 | 0,45) $f(x) = 0{,}2x^2$

Verwende für die Graphen verschiedene Farben. Zur Erstellung der Wertetabellen kannst du auch einen Taschenrechner oder eine dynamische Geometrie-Software benutzen.

- Zeichne die Graphen der Funktionen mit den Gleichungen $p_1(x) = x^2$, $p_2(x) = x^2 + 3$ und $p_3(x) = x^2 - 3$ mit D = ℝ in ein gemeinsames Koordinatensystem.
- Prüfe, ob du eine Parabelschablone benutzen kannst, und beschreibe, wie du sie gegebenenfalls legen musst.
- Beschreibe die Lage der drei Graphen im Vergleich zur Normalparabel.
- Zeichne die Graphen der Funktionen mit den Gleichungen $p_4(x) = (x - 3)^2$ und $p_5(x) = (x + 2)^2$ mit D= ℝ in ein neues Koordinatensystem und untersuche sie.

Merkwissen

Der Graph einer quadratischen Funktion mit D = ℝ und der Gleichung ...			
$f(x) = x^2 + e$ mit e ∈ ℝ ist eine parallel zur **y-Achse** verschobene Normalparabel mit Scheitel **S (0 | e)**. Die Parabel ist symmetrisch zur y-Achse.		**$f(x) = (x - d)^2$** mit d ∈ ℝ ist eine parallel zur **x-Achse** verschobene Normalparabel mit Scheitel **S (d | 0)**. Die Parabel ist symmetrisch zur Parallelen zur y-Achse mit x = d.	
Für ...	ist die Parabel ...	Für ...	ist die Parabel ...
e = 0	die Normalparabel.	d = 0	die Normalparabel.
e > 0	um e LE nach **oben** verschoben.	d > 0	um d LE nach **rechts** verschoben.
e < 0	um |e| LE nach **unten** verschoben.	d < 0	um |d| LE nach **links** verschoben.

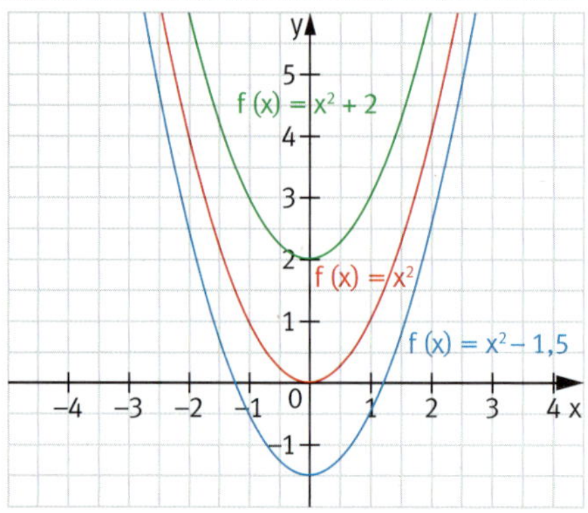

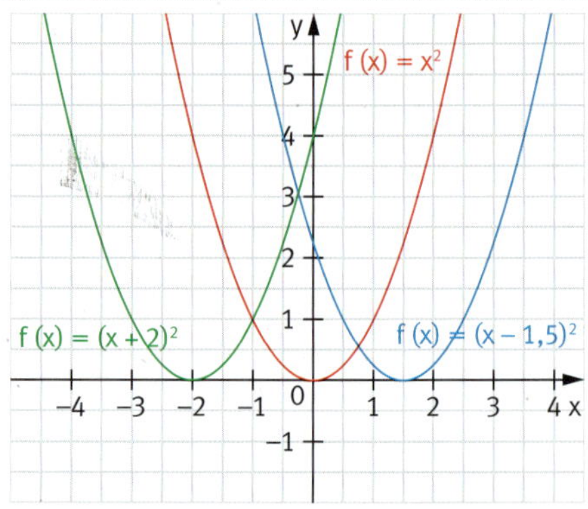

Daniel wundert sich: „Wieso ist der blaue Graph entlang der x-Achse nach rechts verschoben? –1,5 hat doch ein Minuszeichen?!“

Beispiele

I Zeichne die Graphen der drei Funktionen. Gib jeweils den Scheitel an.

a) ① $f_1(x) = x^2$ ② $f_2(x) = x^2 - \frac{4}{5}$ ③ $f_3(x) = x^2 + \frac{4}{5}$

b) ① $f_1(x) = x^2$ ② $f_2(x) = \left(x - \frac{3}{4}\right)^2$ ③ $f_3(x) = \left(x + \frac{4}{3}\right)^2$

Lösung:

a)

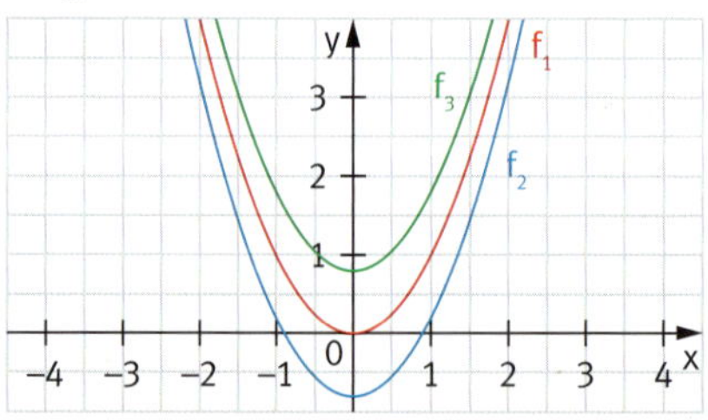

① $S_1(0 \mid 0)$ ② $S_2\left(0 \mid -\frac{4}{5}\right)$ ③ $S_3\left(0 \mid \frac{4}{5}\right)$

b)

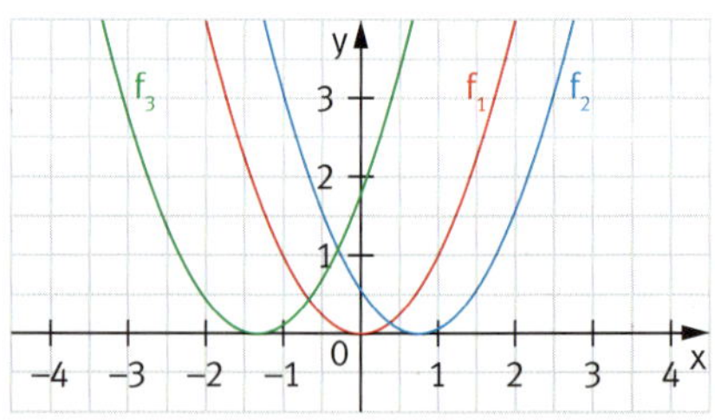

① $S_1(0 \mid 0)$ ② $S_2\left(\frac{3}{4} \mid 0\right)$ ③ $S_3\left(-\frac{4}{3} \mid 0\right)$

II Gegeben sind verschobene Parabeln. Gib die zugehörigen Funktionsgleichungen an.

Lösung:

$f_1(x) = (x + 5{,}5)^2$

$f_2(x) = x^2 - 4{,}5$

$f_3(x) = (x - 5)^2$

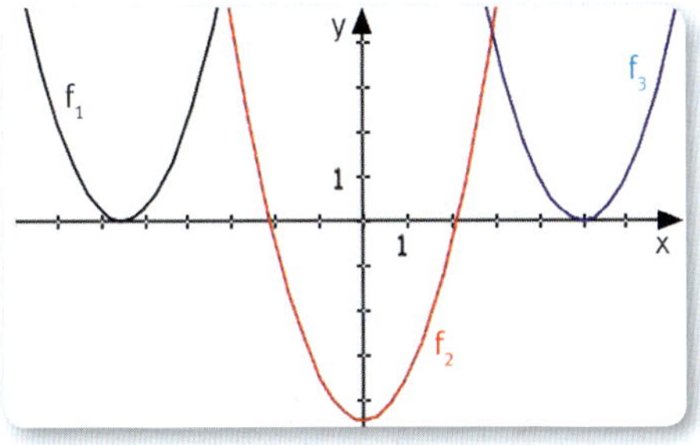

VERSTÄNDNIS

Die Normalparabel wird um 3 LE nach rechts und um 2 LE nach unten verschoben.
- Gib den Scheitel und die Symmetrieachse an.
- Formuliere eine Vermutung über die zugehörige Funktionsgleichung und überprüfe diese mit einem Grafikprogramm.

AUFGABEN

Tipp: Mit einer Schablone der Normalparabel gehen die Zeichnungen schneller.

1 Zeichne den Graphen der Funktion.

a) $f(x) = x^2 + 1$ b) $f(x) = x^2 + 2{,}5$ c) $f(x) = x^2 + 3$ d) $f(x) = x^2 + 5$
e) $f(x) = x^2 - 0{,}5$ f) $f(x) = x^2 - 1{,}5$ g) $f(x) = x^2 - 3$ h) $f(x) = x^2 - 4{,}5$
i) $f(x) = (x - 0{,}7)^2$ j) $f(x) = (x + 1{,}9)^2$ k) $f(x) = (x + 5)^2$ l) $f(x) = (x - 3{,}4)^2$

Der Wert x_0 ist Nullstelle der Funktion f, wenn $f(x_0) = 0$ gilt.

2 Gegeben sind folgende Funktionen:

1 $f(x) = x^2 + 1{,}5$ 2 $f(x) = x^2 - 1{,}5$ 3 $f(x) = (x - 4)^2$ 4 $f(x) = \left(x + \frac{2}{3}\right)^2$

a) Gib jeweils den Scheitel und die Wertemenge an.
b) Stelle die Funktionen grafisch dar und ermittle die Nullstellen.

oHiMi 1, 3

3 Ordne die Graphen und Funktionsgleichungen einander zu.

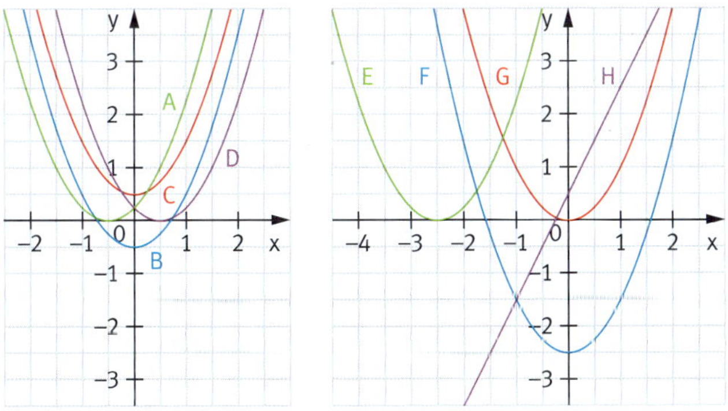

1 $f(x) = x^2$
2 $f(x) = x^2 - 0{,}5$
3 $f(x) = x^2 + 0{,}5$
4 $f(x) = (x - 0{,}5)^2$
5 $f(x) = 2x + \frac{1}{2}$
6 $f(x) = (x + 0{,}5)^2$
7 $f(x) = x^2 - 2{,}5$
8 $f(x) = (x + 2{,}5)^2$

4 Gegeben sind die Scheitel verschobener Normalparabeln.

1 $S(0|0{,}8)$ 2 $S\left(-\frac{3}{4}|0\right)$ 3 $S(-3{,}5|0)$ 4 $S(0|-1{,}9)$ 5 $S(0|4)$ 6 $S(1{,}4|0)$

a) Zeichne die Graphen. b) Gib die zugehörigen Funktionsgleichungen an.

5 Gib eine zugehörige Funktionsgleichung an.

a) Die Normalparabel ist um 1,5 Einheiten nach rechts verschoben.
b) Die verschobene Normalparabel besitzt den Scheitel $S(-\sqrt{2}|0)$.
c) Die Normalparabel ist um eine halbe Einheit nach unten verschoben.
d) Die Normalparabel wird an $x = 2$ gespiegelt.

Daniel, Elif, Lea und Tarik spielen ein Mathematikmemory, bei dem Kärtchen mit den Graphen (1) bis (6) und mit den Funktionsgleichungen (A) bis (F) aufgedruckt werden. Wer ein passendes Kartenpaar aufdeckt, darf dieses behalten.

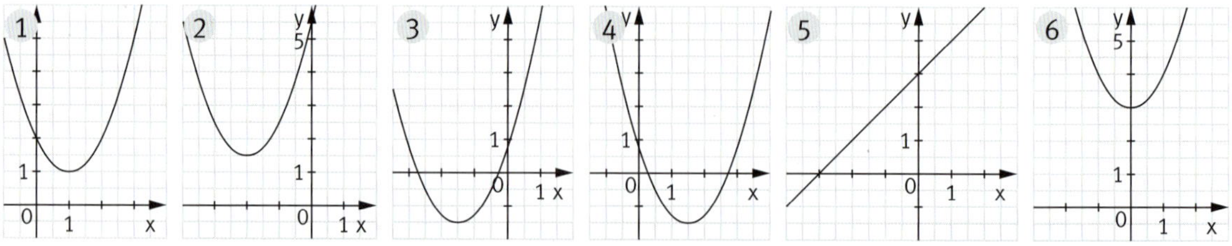

(A) $f(x) = (x - 1{,}5)^2 - 1{,}5$ (B) $g(x) = x + 3$ (C) $h(x) = (x - 1)^2 + 1$

(D) $i(x) = x^2 + 3$ (E) $j(x) = (x + 2)^2 + 1{,}5$ (F) $k(x) = (x + 1{,}5)^2 - 1{,}5$

- Ordne die Kärtchen den Graphen zu und begründe deine Zuordnung.

Merkwissen

Der Graph einer quadratischen Funktion mit der Gleichung **$f(x) = a \cdot (x - d)^2 + e$** mit $a \in \mathbb{R}\setminus\{0\}$ und $d, e \in \mathbb{R}$ ist eine Parabel mit **Scheitel in S (d | e)**. Eine Funktionsgleichung in dieser Form nennt man **Scheitelform**.

Der Graph entsteht aus der Normalparabel $f(x) = x^2$, indem man diese ...

(1) mit dem Faktor a streckt bzw. staucht und ggf. an der x-Achse spiegelt,

(2) um |d| Einheiten parallel zur x-Achse nach rechts bzw. nach links verschiebt,

(3) um |e| Einheiten parallel zur y-Achse nach oben bzw. nach unten verschiebt.

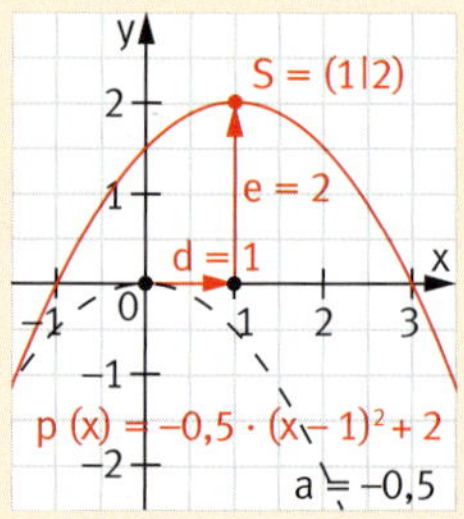

Beispiele

I Der Scheitel einer verschobenen Normalparabel ist S (−2 | 4).

a) Gib ihre Wertemenge W und die Gleichung ihrer Symmetrieachse s an.

b) Bestimme ihre Funktionsgleichung in der Scheitelform.

c) Gib die x-Koordinaten der Punkte Q_1 und Q_2 an, die beide auf der Parabel liegen und die y-Koordinate 5 haben.

Lösung:

a) Da $f(-2) = 4$ der minimale Funktionswert ist, gilt $W = \{y \mid y \geqq 4\}$. Die Symmetrieachse s verläuft durch den Scheitel S. Ihre Gleichung lautet s: $x = -2$.

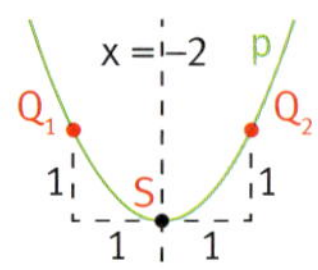

b) $p(x) = 1 \cdot (x - (-2))^2 + 4 \iff p(x) = (x + 2)^2 + 4$

c) Da die Parabel eine verschobene Normalparabel mit s: $x = -2$ und Scheitel S (−2 | 4) ist, folgt: $x_{Q_1} = -3$; $x_{Q_2} = -1$.

II Untersuche die Funktion mit der Gleichung $f(x) = -0{,}25 \cdot (x - 2)^2 + 4$.

a) Gib die Koordinaten des Scheitels an und beschreibe den Einfluss des Faktors a.

b) Bestimme die gemeinsamen Punkte mit den Koordinatenachsen.

Lösung:

a) Der Scheitel ist S (2|4). Mit a = –0,25 ist –1 < a < 0; damit ist die Parabel nach unten geöffnet und weiter als die Normalparabel.

b) Für den Schnittpunkt S_y mit der y-Achse gilt: x = 0.
Der zugehörige y-Wert ist $f(0) = -0{,}25 \cdot (0-2)^2 + 4 = -1 + 4 = 3$. Also: S_y (0|3).
Für die Schnittpunkte S_{x1} und S_{x2} mit der x-Achse gilt: y = 0.
$-0{,}25 \cdot (x-2)^2 + 4 = 0 \Leftrightarrow 0{,}25 \cdot (x-2)^2 = 4 \Leftrightarrow (x-2)^2 = 16$
Damit ist (x – 2) = 4 oder (x – 2) = –4.
Hieraus folgt: x = 6 oder x = –2. Also: S_{x1} (–2|0) und S_{x2} (6|0).

Verständnis

- Beschreibe den Graphen von $f(x) = -2x^2 + 1$.
- Gib eine Gleichung für eine Parabel an, die durch alle vier Quadranten verläuft, und für eine Parabel, die nur durch zwei Quadranten verläuft. Begründe.
- Begründe, dass die Parabel mit $f(x) = (x-3)^2 - 5$ zwei Punkte mit der x- Achse gemeinsam hat und dass die Mitte zwischen diesen beiden Punkten die x- Koordinate 3 hat.

Aufgaben

oHiMi 1–3

1 Gib die Koordinaten des Scheitels S an und zeichne den Graphen.

a) $p_1(x) = (x-1)^2 + 2$ b) $p_2(x) = \frac{1}{2}(x+2)^2 - 4$ c) $p_3(x) = -0{,}1 \cdot (x+2{,}5)^2 + 3$
d) $p_4(x) = 3x^2 - 2$ e) $p_5(x) = (x-3)^2$ f) $p_6(x) = (x-7) \cdot (x-7) + 1$
g) $p_7(x) = 3 - 2 \cdot (x+6)^2$ h) $p_8(x) = \frac{1}{4} \cdot (x-2)^2 - 7$ i) $p_9(x) = -\frac{1}{5} \cdot (x-2) \cdot (x+2)$

2 Der Scheitel S und der Faktor a einer quadratischen Funktion sind bekannt. Bestimme ihre Funktionsgleichung in Scheitelform.

a) S (1|2); a = 0,5 b) S (–3|7); a = –1 c) S (0,5|–3,5); a = –3
d) S (0|2); $a = \frac{1}{4}$ e) S (–4,5|–2); a = 7 f) S (8,2|0); $a = -\frac{2}{3}$

3 Gib zu den Graphen der Funktionen p_1 bis p_5 die Gleichung in Scheitelform, die Wertemenge W sowie die Gleichung der zugehörigen Symmetrieachse an.

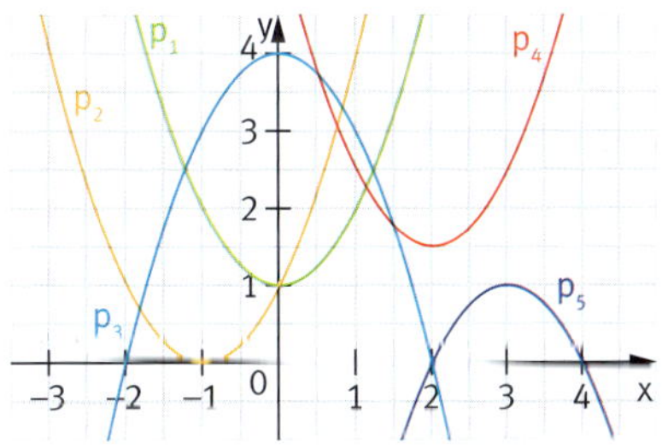

4 Der Punkt Q liegt auf dem Graphen der Funktion p: $y = 0{,}25x^2 + e$ ($e \in \mathbb{R}$). Gib den Scheitel des Graphen an.

a) Q (0|2) b) Q (1|4) c) Q (4|0) d) Q (0|0) e) Q (–4,5|3)

5 Bestimme zeichnerisch die Koordinaten der Schnittpunkte der Parabel mit den Koordinatenachsen.

a) $f(x) = -0{,}75x^2 + 0{,}75$ b) $f(x) = (x+2)^2 - 4$ c) $f(x) = -3x^2 + 18{,}75$
d) $f(x) = 5 \cdot (x-1)^2 + 1$ e) $f(x) = 2x^2 - 8$ f) $f(x) = -2{,}5x^2 + 3x + 16$

Lösungen zu 5:
(0|–8); (0|0); (0|0,75); (0|6); (0|16); (0|18,75); (–4|0); (–2,5|0); (–2|0); (–2|0); (–1|0); (0|0); (1|0); (2|0); (2,5|0); (3,2|0); keine Schnittpunkte

6 Der Scheitel einer an der x-Achse gespiegelten und verschobenen Normalparabel ist S (6|–3). Die Punkte P_1 und P_2 liegen auf dieser Parabel und sie haben beide die y-Koordinate –7. Wie lauten die zugehörigen x-Koordinaten? Erläutere.

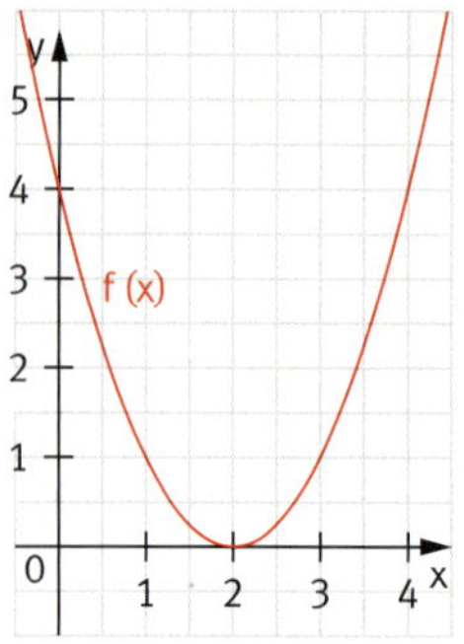

- Erstelle eine Wertetabelle für die Funktion f mit $f(x) = x^2 - 4x + 4$.
- Trage die errechneten Punkte in ein Koordinatensystem ein und überprüfe, ob du sie mit deiner Schablone der Normalparabel verbinden kannst.
- Lies den Scheitel des Graphen ab und gib die Funktionsgleichung in Scheitelform an.
- Begründe, dass beide Gleichungen die gleiche Funktion darstellen.
- Ermittle, welche Gleichungen jeweils dieselbe Funktion beschreiben. Erläutere dein Vorgehen.

$y = 2(x+3)^2 - 1$ $y = 2(x-1)^2 + 3$ $y = 2x^2 - 4x + 5$ $y = 2x^2 - 16x + 30$ $y = 2(x-4)^2 - 2$ $y = 2x^2 + 12x + 17$

Merkwissen

Die **allgemeine Form der quadratischen Funktion** lautet $f(x) = ax^2 + bx + c$.
Dabei stehen die **Koeffizienten a, b und c** für reelle Zahlen, wobei $a \neq 0$ sein muss. Der Scheitel hat die Koordinaten $\mathbf{S\left(-\frac{b}{2a} \middle| c - \frac{b^2}{4a}\right)}$.
Die Scheitelform kann in die allgemeine Form überführt werden und umgekehrt.

ausquadrieren

$f(x) = a \cdot (x-d)^2 + e$ (Scheitelform) → $f(x) = ax^2 + bx + c$ (allgemeine Form)

$f(x) = ax^2 + bx + c$ (allgemeine Form) → $f(x) = a \cdot (x-d)^2 + e$ (Scheitelform)

quadratisch ergänzen

Beispiele

I Gib die Koordinaten der Scheitel und die allgemeine Form an.

a) $f(x) = (x-2)^2 + 1$ **b)** $f(x) = (x+1)^2 - 0{,}1$ **c)** $f(x) = (x-4)^2 + 1$

Lösung:

a) $S\,(2\,|\,1)$
$f(x) = x^2 - 4x + 5$

b) $S\,(-1\,|\,-0{,}1)$
$f(x) = x^2 + 2x + 0{,}9$

c) $S\,(4\,|\,1)$
$f(x) = x^2 - 8x + 17$

II Gib die Koordinaten des Scheitels S der Funktion p mit $p(x) = x^2 - 3x + 1$ an.

Lösung:

Einsetzen in die Formel für den Scheitel S liefert mit $a = 1$; $b = -3$; $c = 1$:

$$S\left(-\frac{-3}{2 \cdot 1} \middle| 1 - \frac{(-3)^2}{4 \cdot 1}\right) \Rightarrow S\left(1\tfrac{1}{2} \middle| -1\tfrac{1}{4}\right)$$

Die Koordinaten des Scheitels S können auch mithilfe der quadratischen Ergänzung ermittelt werden.

III Bestimme die Koordinaten des Scheitels von $f(x) = x^2 + 6x - 4$.

Lösung:

Der Vergleich von $f(x) = ax^2 + bx + c$ mit $f(x) = x^2 + 6x - 4$ ergibt $a = 1$, $b = 6$ und $c = -4$.
Einsetzen in die Formel für den Scheitel S liefert $d = \frac{-b}{2a} = \frac{-6}{2 \cdot 1} = -3$ und $e = c - \frac{b^2}{4a} = -4 - \frac{6^2}{4 \cdot 1} = -13$. Der Scheitel hat die Koordinaten $S\,(-3\,|\,-13)$.

Beachte: Du musst die Rechenzeichen von a, b und c mitnehmen.

VERSTÄNDNIS

- Wie lauten die Koordinaten des Scheitels S einer Parabel mit der Funktionsgleichung $f(x) = (x - m) \cdot (x + m)$ mit $m \in \mathbb{R}$ und $D = \mathbb{R}$?
- Leite für $a = 1$ von der Form $f(x) = x^2 + bx + c$ mit $b, c \in \mathbb{R}$ und $D = \mathbb{R}$ eine allgemeine Formel für die Koordinaten des Scheitels S her.

AUFGABEN

oHiMi 3–6

Im Folgenden gilt immer $D = \mathbb{R}$.

1 Bestimme die Koordinaten des Scheitels S, die Gleichung der Symmetrieachse s und die Wertemenge der zugehörigen Funktion.

a) $f(x) = x^2 + 2x + 3$ **b)** $f(x) = -0{,}5x^2 + 8x + 18$ **c)** $f(x) = -3x^2 - 6x + 9$
d) $f(x) = \frac{2}{3}x^2 + 4x$ **e)** $f(x) = 3x^2 - 30x + 70$ **f)** $f(x) = -4x^2 + 16x - 16$
g) $f(x) = -x^2 - 3x - 1{,}25$ **h)** $f(x) = 5x^2 - 10$ **i)** $f(x) = -2x^2 + 12x + 19$

2 Überprüfe rechnerisch, ob A zum Graphen von f gehört.

a) $f(x) = 2x^2 - 8x + 2$ A (0|−2)
b) $f(x) = \frac{1}{3}x^2 + 2x + 5$ A (−3|2)
c) $f(x) = -0{,}5x^2 - 4x - 4$ A (2|−13)

3 Ordne den in der Randspalte dargestellten Graphen p_1 bis p_5 die zugehörige Funktionsgleichung zu. Begründe deine Entscheidung.

A $f(x) = -0{,}5 \cdot (x + 1)^2$ **B** $f(x) = 2x + 1$ **C** $f(x) = 2x^2 - 4x + 5$
D $f(x) = (x + 2)^2$ **E** $f(x) = -2x^2 - 1{,}5$

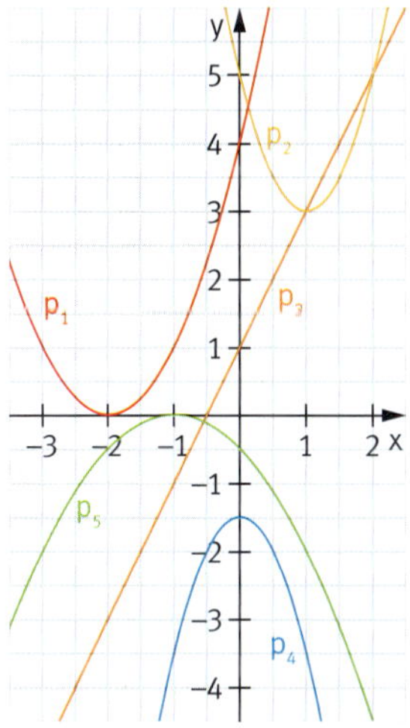

4

> *Der Punkt P (−9|2) ist der Scheitel der Parabel mit $f(x) = 0{,}5 \cdot (x - 3) \cdot (x + 3) + 2$.*

Hat Sid Recht? Begründe.

5 In der Randspalte dargestellt ist der Graph zur Funktion $f(x) = -0{,}5 \cdot (x - 1)^2 - 1$. Übertrage die Parabel in dein Heft und ergänze das Koordinatensystem passend.

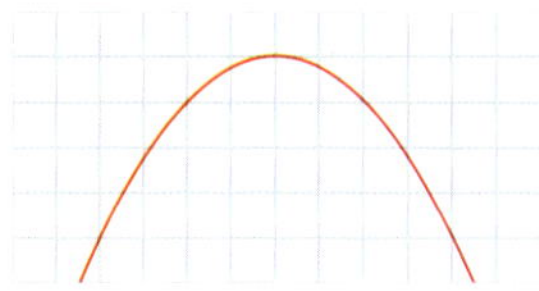

6 Begründe die Schritte bei der Herleitung der Formel für die Scheitelkoordinaten $S\left(-\frac{b}{2a} \,\middle|\, c - \frac{b^2}{4a}\right)$.

Die Formel für die Scheitelkoordinaten der Parabel zur Funktionsgleichung $p(x) = ax^2 + bx + c$ lässt sich durch Umformung des Funktionsterms herleiten:

$$\begin{aligned} ax^2 + bx + c &= a \cdot \left(x^2 + \frac{b}{a} \cdot x\right) + c \\ &= a \cdot \left(x^2 + \frac{2b}{2a} \cdot x + \left(\frac{b}{2a}\right)^2 - \left(\frac{b}{2a}\right)^2\right) + c \\ &= a \cdot \left(x^2 + 2 \cdot \left(\frac{b}{2a}\right) \cdot x + \left(\frac{b}{2a}\right)^2\right) - a \cdot \left(\frac{b}{2a}\right)^2 + c \\ &= a \cdot \left(x^2 + 2 \cdot \left(\frac{b}{2a}\right) \cdot x + \left(\frac{b}{2a}\right)^2\right) + \left(-a \cdot \left(\frac{b}{2a}\right)^2 + c\right) \\ &= a \cdot \left(x + \frac{b}{2a}\right)^2 + \left(c - \frac{b^2}{4a}\right) \quad \Rightarrow S\left(-\frac{b}{2a} \,\middle|\, c - \frac{b^2}{4a}\right) \end{aligned}$$

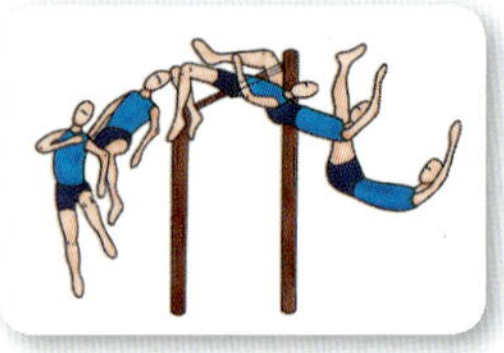

Beim Hochsprung bewegt sich der Körperschwerpunkt annähernd auf einer Parabel.

- Diskutiere mit deinem Nachbarn, welche Informationen nötig sind, um die Parabel durch eine Gleichung zu beschreiben.
- Wähle ein geeignetes Koordinatensystem und bestimme die Gleichung der Bahn des Körperschwerpunkts aus der Abbildung.

Merkwissen

Um die Funktionsgleichung einer Parabel in der Scheitelform oder in der allgemeinen Form bestimmen zu können, benötigt man für jeden unbekannten Koeffizienten a, d und e oder a, b und c eine Angabe zur Parabel. Dazu muss man Informationen aus einem Text oder aus Datenmaterial entnehmen, in Gleichungen umsetzen und das zugehörige Gleichungssystem lösen.

Beachte: Durch geschickte Wahl des Koordinatensystems oder geschicktes Nutzen von Angaben kann die Rechnung häufig vereinfacht werden.

Beispiele

I Die Punkte A $(-6 \mid 3)$ und B $(2 \mid 11)$ liegen auf einer an der x-Achse gespiegelten Normalparabel. Bestimme die Gleichung der Parabel.

Lösung:

G_p bezeichnet den Graphen der Funktion p.

Die Angabe „gespiegelte Normalparabel“ liefert unmittelbar $a = -1$. So ergibt sich ein vereinfachter Ansatz für die Parabelgleichung: $p(x) = -x^2 + bx + c$.
Mit $A \in G_p$ gilt: $p(-6) = 3$.
Mit $B \in G_p$ gilt: $p(2) = 11$.
Damit gilt für die Unbekannten b und c das folgende lineare Gleichungssystem:

I $3 = -1 \cdot (-6)^2 + b \cdot (-6) + c$

II $11 = -1 \cdot 2^2 + b \cdot 2 + c$

Die Lösung des linearen Gleichungssystem liefert: $b = -3$ und $c = 21$.
Die Gleichung der Parabel lautet somit $p(x) = -x^2 - 3x + 21$.

II Gib die Gleichung der Parabel mit $p(x) = -4x^2 + bx + 2$ an, wenn A $(-1 \mid -5) \in G_p$ ist.

Lösung:

Hier ist nur eine Unbekannte zu bestimmen: b.
$A \in G_p$ liefert: $-5 = -4 \cdot (-1)^2 + b \cdot (-1) + 2 \Leftrightarrow b = 3$; also ist $p(x) = -4x^2 + 3x + 2$.

III Stelle die Gleichung für eine an der x-Achse gespiegelte und verschobene Normalparabel mit dem Scheitel S $(3 \mid -7)$ auf.

Lösung:

Die Angabe „gespiegelte Normalparabel“ liefert unmittelbar $a = -1$, die Angabe des Scheitels legt die Scheitelform nahe: $p(x) = -(x-3)^2 - 7 = -x^2 + 6x - 16$.

IV Ermittle die Gleichung der Parabel mit Scheitel S $(-3 \mid 2)$ und P $(1 \mid -5) \in G_p$.

Lösung:

Einsetzen der Koordinaten von S und P in die Scheitelform liefert:

$-5 = a \cdot (1 - (-3))^2 + 2 \quad \Leftrightarrow a = -\frac{7}{16} \qquad p(x) = -\frac{7}{16} \cdot (x+3)^2 + 2$

Verständnis

- In welchen Fällen reichen zwei Punkte, die auf der Parabel liegen, aus, um die Gleichung der Parabel angeben zu können? Erläutere.
- Lässt sich die Gleichung einer Parabel angeben, wenn nur die Gleichung der Symmetrieachse und die Wertemenge bekannt sind? Begründe.

Aufgaben

1 Ermittle die Gleichung der quadratischen Funktion p zur Parabel mit Scheitel S in der allgemeinen Form und zeichne den zugehörigen Graphen G_p bei folgenden Angaben ($D = \mathbb{R}$).

a) $S(1|6)$, $P(-1|2) \in G_p$ **b)** $S(-2|-3)$, $P(2|1) \in G_p$

c) $S(-4|6)$, $P(-6|-2) \in G_p$ **d)** $S(\frac{1}{4}|-8\frac{7}{8})$; $b = 1$

e) $S(-0{,}5|-17)$; $c = -16$ **f)** $S(72|44)$; $a = -\frac{1}{3}$

2 Bestimme den Wert des fehlenden Koeffizienten so, dass Q zum Graphen G_p gehört.

a) $p(x) = ax^2 - 6x + 3$ $Q(2|-5) \in G_p$; $a \in \mathbb{R}\setminus\{0\}$

b) $p(x) = -x^2 - 4x + c$ $Q(-3|6) \in G_p$; $c \in \mathbb{R}$

c) $p(x) = -2x^2 + bx + 6$ $Q(-3|0) \in G_p$; $b \in \mathbb{R}$

d) $p(x) = 0{,}5x^2 - 4x + c$ $Q(0|6) \in G_p$; $c \in \mathbb{R}$

3 Bestimme die Gleichung der quadratischen Funktion p.

a) $P(4|-13)$, $Q(-4|-5) \in G_p$; $c = -1$ und $a \in \mathbb{R}\setminus\{0\}$; $b \in \mathbb{R}$

b) $P(1{,}5|4{,}5)$, $Q(-1|-0{,}5) \in G_p$; $b = 0{,}5$ und $a \in \mathbb{R}\setminus\{0\}$; $c \in \mathbb{R}$

c) $P(-6|1)$, $Q(7|-5) \in G_p$; $a = -0{,}5$ und $b, c \in \mathbb{R}$

4 Bestimme den fehlenden Koeffizienten so, dass der angegebene Punkt auf G_p liegt.

a) $p(x) = a \cdot (x + 1)^2 + 3$; $P(-2|7)$ **b)** $p(x) = -2 \cdot (x - 2)^2 - c$; $Q(-1|-20)$

5 Von einer Parabel sind die Koordinaten eines Punktes $P(-3|21)$ bekannt.

a) Welche zusätzlichen Informationen müssen bekannt sein, damit man die Parabelgleichung angeben kann? Finde verschiedene Möglichkeiten.

b) Gib dir für die Fälle aus a) konkrete Werte vor und berechne damit jeweils die Koordinaten des Scheitels S.

6 Gegeben ist eine Parabel mit der Gleichung $p(x) = ax^2 + 4x + c$ mit $a \in \mathbb{R}\setminus\{0\}$ und $c \in \mathbb{R}$.

a) Bestimme die Koeffizienten a und c so, dass gilt: $P(0|-4)$, $Q(-8|-4) \in G_p$.

b) Ermittle, welchen Wert $a = c$ besitzen muss, damit $R(0|\ 1)$ auf G_p liegt.

7 Überprüfe, ob es möglich ist, $a = b$ so zu wählen, dass $S_1(-0{,}5|4)$ bzw. $S_2(0{,}5|\ 4)$ Scheitel der Parabel mit $p(x) = ax^2 + bx + 5$ wird.

8 Die Koeffizienten a, b und c der Funktionsgleichung einer Parabel haben alle denselben Wert. Ermittle die Funktionsgleichung, wenn die Parabel durch den Punkt P verläuft.

a) $P(-2|-6)$ **b)** $P(-3{,}5|2{,}5)$ **c)** $P(2|7)$

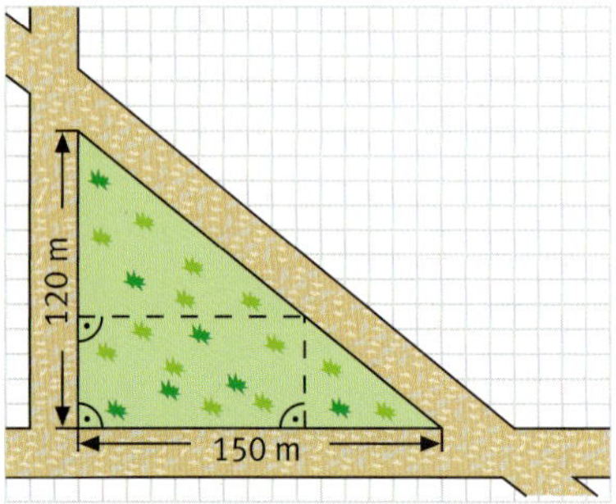

Auf der dreieckigen Wiese soll ein möglichst großes Fußballfeld entlang der beiden orthogonal verlaufenden Wege angelegt werden. Elif hat ausgerechnet, dass es 75 m lang sein kann. Liam ist enttäuscht, weil man dann seiner Meinung nach keine Länderspiele darauf austragen kann.

- Zeichne maßstäblich mindestens fünf verschiedene rechteckige Sportplätze, die man wie oben gefordert anlegen könnte, und bestimme jeweils ihren Flächeninhalt. Erstelle eine Tabelle hierzu.
- Finde heraus, ob das größtmögliche Fußballfeld wirklich 75 m lang ist, und ermittle seinen Flächeninhalt.
- Recherchiere, wie groß Fußballfelder für Profispiele sein müssen, und überprüfe Liams Aussage.

Merkwissen

Mathematische Funktionen können zum Lösen von **Optimierungsproblemen** genutzt werden. Dabei untersucht man, welche anderen Größen die zu optimierende Größe beeinflussen, und versucht, deren Einfluss durch eine Funktionsgleichung zu beschreiben. Handelt sich um eine quadratische Funktion, so kann der Scheitel der zugehörigen Parabel für die optimale Angabe genutzt werden.
Vorgehensweise:

1. Mathematisieren: relevante Größen durch Variablen ausdrücken,
2. Festhalten der Zusammenhänge (Hauptbedingung, Nebenbedingung),
3. Aufstellen der Funktionsgleichung (Zielfunktion),
4. Festlegen der Definitionsmenge aus dem Sachzusammenhang,
5. Bestimmung der Scheitelkoordinaten $S\,(x_S \mid y_S)$,
6. Überprüfen, ob $x_S \in D$ ist und ob ein Minimum oder ein Maximum vorliegt.

Beispiele

I In einem gleichschenkligen Dreieck sind die Basis und die zugehörige Höhe zusammen 6 cm lang. Beschreibe die Maßzahl seines Flächeninhalts durch einen Funktionsterm A (x). Für welche Maße ist der Flächeninhalt des Dreiecks am größten?

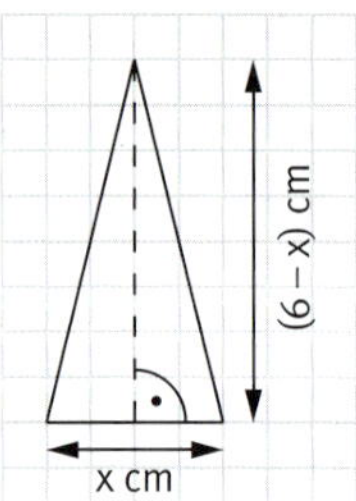

Lösung:

Maßzahl der Basislänge: x
Maßzahl der zugehörigen Höhe: 6 – x
Der Term $A(x) = \frac{1}{2}x(6-x)$ mit $D_A =]0; 6[$ gibt die Maßzahl des Dreiecksflächeninhalts an.

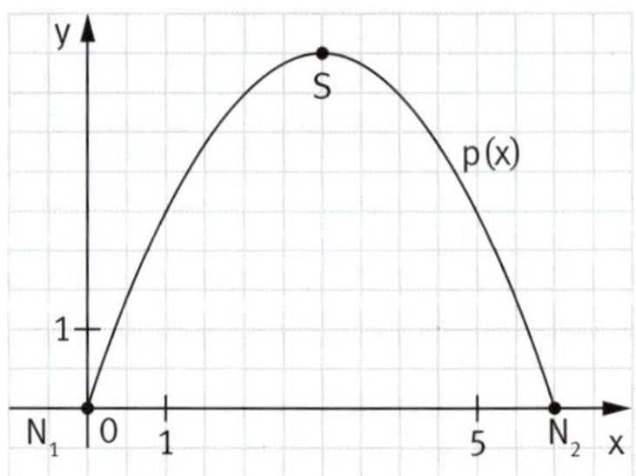

1. Zeichnerische Lösung:
   Man zeichnet den nach unten geöffneten Parabelbogen zu $p(x) = \frac{1}{2}x(6-x)$; $0 < x < 6$, mit den Endpunkten $N_1 = O\,(0 \mid 0)$ und $N_2\,(6 \mid 0)$ auf der x-Achse. Sein Scheitel ist $S\,(3 \mid 4{,}5)$.
   Es gilt $x_S = 3 \in D$. Für x = 3 ist A (x) am größten, nämlich 4,5.
2. Rechnerische Lösung:
   $A(x) = \frac{1}{2}x(6-x) = 3x - \frac{1}{2}x^2 = -\frac{1}{2}[(x^2 - 6x + 3^2) - 3^2] = -\frac{1}{2}(x-3)^2 + 4{,}5$
   Also ist A (3) = 4,5 der größte Funktionswert. Basis und Höhe des größtmöglichen Dreiecks sind 3 cm lang, der Flächeninhalt beträgt 4,5 cm².

II Mit einem Maschendrahtzaun von 20 m Länge soll ein möglichst großes rechteckiges Freigehege für Hühner abgegrenzt werden, das an einer Seite von der Hauswand begrenzt wird.

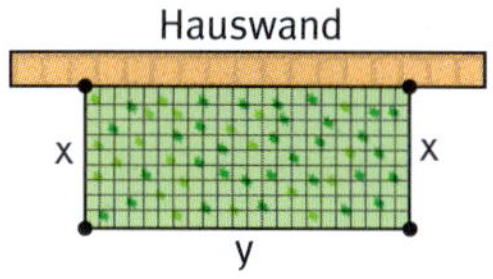

Lösung:

1. Breite des Rechtecks in m: x; Länge des Rechtecks in m: y; Flächeninhalt in m²: A
2. Hauptbedingung: $A = x \cdot y$; Nebenbedingung: $2x + y = 20$
3. Zielfunktion: Einsetzen von $y = 20 - 2x$ liefert $A(x) = x \cdot (20 - 2x)$.
4. Definitionsmenge: $0 \leqq x \leqq 10$; $D = [0; 10]$
5. Umformung des Funktionsterms: $x \cdot (20 - 2x) = -2x^2 + 20x$
   $\Rightarrow a = -2$; $b = 20$; $c = 0$.
   Scheitelkoordinaten $x_S = \frac{-b}{2a} = \frac{-20}{-4} = 5$; $A(5) = 5 \cdot 10 = 50$
6. Mit $a < 0$ ist die Parabel nach unten geöffnet; $x_s = 5 \in D$; 50 ist das Maximum.
   Das 5 m breite und 10 m lange Gehege hat mit 50 m² die größtmögliche Fläche.

Verständnis

- Wie kannst du am Graphen (an der Gleichung) erkennen, ob ein Minimum oder ein Maximum vorliegt?
- Beschreibe dein Vorgehen, um ein Optimum zu finden, wenn die x-Koordinate des Scheitels nicht in der Definitionsmenge liegt.

Aufgaben

1 Carlo stellt eine Behauptung auf.
Entscheide, ob Carlo Recht hat. Begründe.

Der Produktwert aus Vorgänger und Nachfolger einer ganzen Zahl ist minimal, wenn es sich bei dieser ganzen Zahl um die Null handelt.

oHiMi 1–2

Bezeichne eine der Zahlen mit x.

2 a) Ermittle, für welche zwei rationalen Zahlen sich der größtmögliche Produktwert ergibt, wenn der Summenwert beider Zahlen 21 ist.

b) Ändere das Zahlenrätsel aus Teilaufgabe a) so ab, dass das Produkt der beiden rationalen Zahlen den kleinstmöglichen Wert ergibt.

3 In einem Dachstudio soll an der 12 m breiten Giebelwand ein bodentiefes, rechteckiges Kunstwerk so installiert werden, dass zwei Ecken an der Bodenkante anliegen und die beiden anderen Ecken an den Dachschrägen. Das Kunstwerk soll den größtmöglichen Flächeninhalt haben.

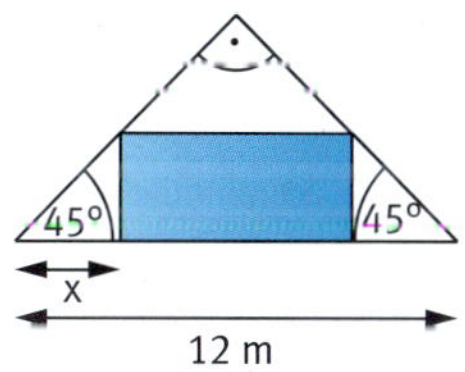

a) Bestimme den Flächeninhalt des Kunstwerks in Abhängigkeit von x.

b) Begründe, dass für x = 0 und x = 6 der Termwert für den Flächeninhalt null ist.

c) Berechne x für den größten Flächeninhalt und gib diesen an.

d) Finde mit einer Wertetabelle den x-Wert, für den das Kunstwerk quadratisch ist.

4 Eine rechteckige Wand von 4 m Höhe und 8 m Breite soll wie in der Skizze in ein Quadrat und drei Rechtecke unterteilt werden. Das Quadrat und das markierte Rechteck sollen mit Goldfarbe bestrichen werden. Da diese recht teuer ist, soll die insgesamt zu streichende Fläche minimal werden. Bestimme die Seitenlänge des Quadrats und die Fläche, die gestrichen werden muss.

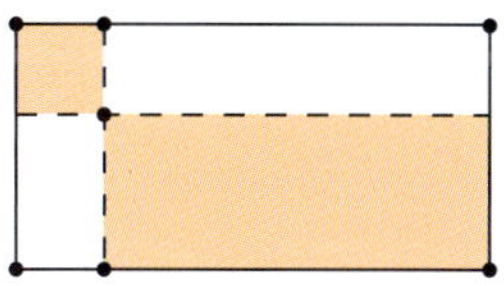

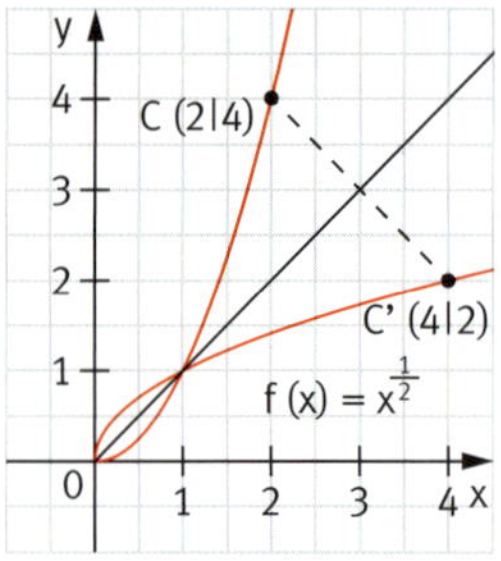

- Ein Quadrat besitzt die Seitenlänge x cm mit $x \in \mathbb{R}_0^+$. Stelle seinen Flächeninhalt in cm^2 in Abhängigkeit von der Seitenlänge dar und zeichne den zugehörigen Graphen in ein Koordinatensystem.
- Gib nun die Seitenlänge des Quadrats in Abhängigkeit seines Flächeninhalts an. Zeichne auch diesen Zusammenhang in das vorhandene Koordinatensystem ein.
- Vergleiche die beiden Graphen hinsichtlich ihrer Gemeinsamkeiten und ihrer Unterschiede miteinander. Was fällt auf?

Eine Funtion f (x) heißt umkehrbar, wenn es zu jedem $x \in D$ genau ein $y \in W$ gibt mit f (x) = y.

Merkwissen

Die **Umkehrung** der quadratischen Funktion $f(x) = x^2$ mit der Definitionsmenge $D_f = \mathbb{R}_0^+$ ($W_f = \mathbb{R}_0^+$) lautet $\bar{f}(x) = \sqrt{x}$ mit $D_{\bar{f}} = \mathbb{R}_0^+$ ($W_{\bar{f}} = \mathbb{R}_0^+$). Es handelt sich um eine **Wurzelfunktion**.
Der Graph der **Umkehrfunktion** entsteht durch Spiegelung an der 1. Winkelhalbierenden; x- und y-Werte werden beim Umkehren vertauscht.
Beachte: Damit man eine Funktion umkehren kann, muss man oftmals die Definitionsmenge einschränken.

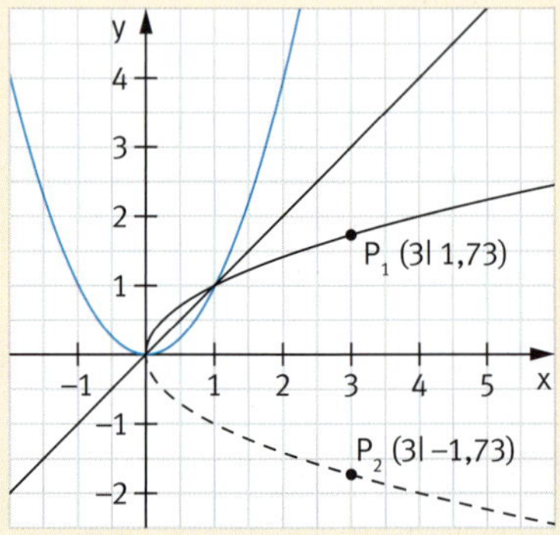

Beispiele

Vorgehensweise beim Umkehren einer Funktion f:
1. *Definitions- und Wertemenge vertauschen.*
2. *x und y vertauschen.*
3. *Falls möglich: Gleichung nach y auflösen.*

I Untersuche die Funktion $f(x) = \sqrt{x-1} + 2$.

a) Bestimme die größtmögliche Definitionsmenge und die Wertemenge von f.

b) Zeichne den Graphen und spiegele ihn an der 1. Winkelhalbierenden.

c) Begründe, dass f umkehrbar ist, und bestimme Gleichung, Definitions- und Wertemenge von $\bar{f}$.

Lösung:

a) Der Radikand darf nicht negativ sein; $x - 1 \geqq 0 \Leftrightarrow x \geqq 1$; $D_f = \{x \mid x \geqq 1\}$.
Der Wurzelterm ist nie negativ; also ist $y \geqq 2$; $W_f = \{y \mid y \geqq 2\}$.

b)

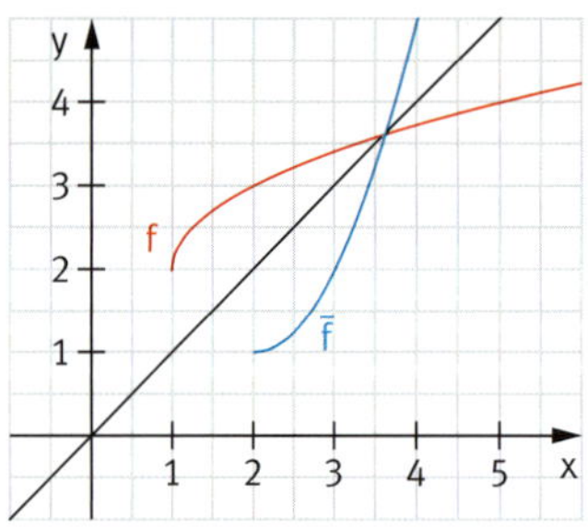

c) Jede Parallele zur y-Achse schneidet den Graphen von $\bar{f}$ genau einmal, wenn $x \geqq 2$ ist.

f: $y = \sqrt{x-1} + 2$; $D_f = \{x \mid x \geqq 1\}$; $W_f = \{y \mid y \geqq 2\}$

$\bar{f}$: $x = \sqrt{y-1} + 2$; $D_{\bar{f}} = \{x \mid x \geqq 2\}$; $W_{\bar{f}} = \{y \mid y \geqq 1\}$

$x - 2 = \sqrt{y-1} \Leftrightarrow (x-2)^2 = y - 1$

$\Leftrightarrow y = (x-2)^2 + 1$

Funktionsgleichung der Umkehrfunktion:
$\bar{f} = (x-2)^2 + 1$

Verständnis

- Ist die Funktion $f(x) = x^2$ mit $D_f = \mathbb{R}^-$ umkehrbar? Begründe.
- Zeige, dass die Wurzelfunktion $f(x) = \sqrt{ax + b}$ mit $D_f = \mathbb{R}_0^+$ umkehrbar ist (a und b stehen für positive Zahlen).

AUFGABEN

1 Gib die maximale Definitionsmenge D_f und die zugehörige Wertemenge W_f an. Zeichne dann den Graphen von f.

a) $f(x) = \sqrt{x}$ **b)** $f(x) = -\sqrt{x}$ **c)** $f(x) = \sqrt{4x}$ **d)** $f(x) = -\sqrt{x+3}$
e) $f(x) = \sqrt{x} - 2$ **f)** $f(x) = 2\sqrt{x}$ **g)** $f(x) = 3 - \sqrt{x}$ **h)** $f(x) = -0{,}5\sqrt{x}$

oHiMi 1–2, 4

In welchen Fällen kannst du die Parabelschablone zum Zeichnen benutzen?

2 Ordne die Funktionsgleichungen den Graphen zu.

a) $f_1(x) = -\sqrt{2x} + 3$ **b)** $f_2(x) = -\sqrt{0{,}5x - 1} + 3$ **c)** $f_3(x) = \sqrt{x+3} - 1$

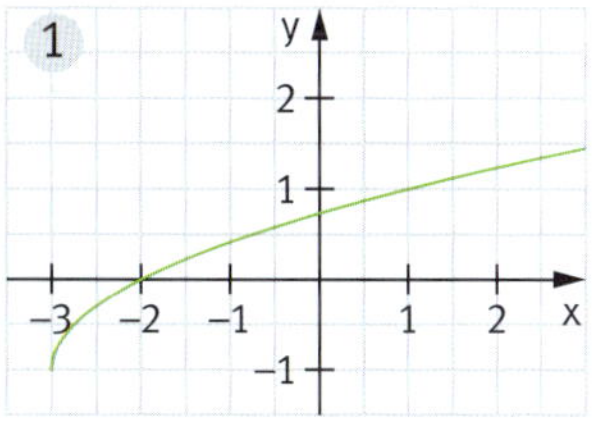

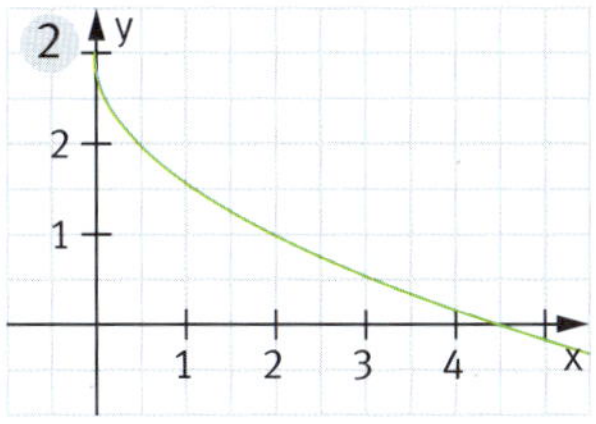

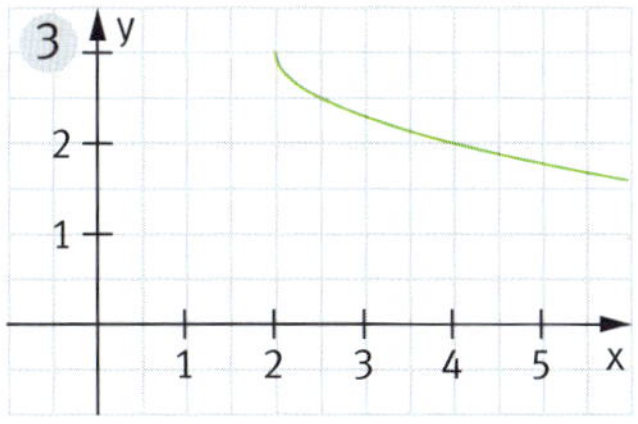

3 ① $f(x) = x^2 - 2$ ② $f(x) = (x + 2)^2$ ③ $f(x) = -(x - 1)^2 + 3$
④ $f(x) = -x^2 + 4$ ⑤ $f(x) = (x - 3) \cdot (x + 3)$ ⑥ $f(x) = x^2 + 4x + 2$

a) Gib die maximale Definitionsmenge an. Zeichne den Graphen. Um welche Art von Funktion handelt es sich?

b) Spiegele den Graphen von f an der 1. Winkelhalbierenden.

c) Ermittle eine evtl. eingeschränkte Definitionsmenge für f, sodass f umkehrbar ist. Bestimme dann die Gleichung der Umkehrfunktion.

4 Was meinst du zu Simones Aussage? Erläutere.

5 Nach Unfällen kann oft aufgrund der Bremsspur auf die gefahrene Geschwindigkeit geschlossen werden. Man rechnet hierzu näherungsweise mit $s = \frac{1}{100} \cdot v^2$ mit der Bremsspurlänge s in m und der Anfangsgeschwindigkeit v in $\frac{km}{h}$.

a) Zeichne ein s-v-Diagramm für $0 \leqq s \leqq 100$.

b) Entnimm dem Diagramm den Wert für v, wenn s = 10 (s = 30, s = 50, s = 90) ist.

Wähle für s die waagrechte Achse.

SPIEL

Quadratfunktion und Wurzelfunktion – Memory

Denke dir zwei quadratische Funktionen und zwei Wurzelfunktionen aus. Schreibe jeweils auf ein Kärtchen die Funktionsgleichung, auf ein anderes zeichnest du den zugehörigen Graphen. Nun suchst du dir drei Partner und ihr spielt Memory. Falls euch Memory zu schwierig ist, könnt ihr auch offen spielen und nur die Zuordnungen vornehmen.

- Begründet jeweils, warum ein bestimmter Graph und eine bestimmte Gleichung zusammengehören.
- Zeichnet die zugehörigen Umkehrfunktionen und gebt die entsprechenden Gleichungen an. Für welche Definitionsmenge ist die Funktion umkehrbar?

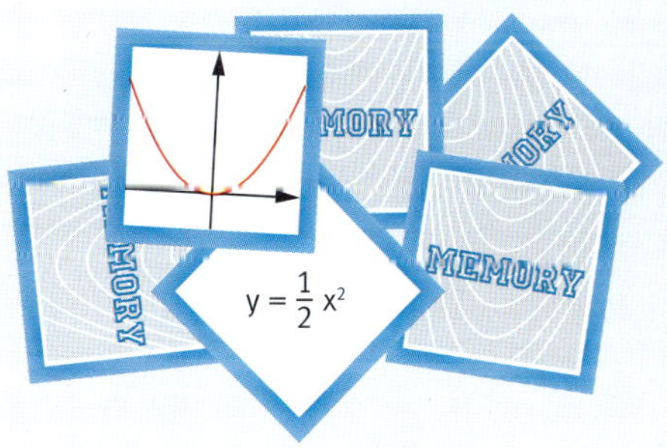

4.9 Quadratische Funktionen im Alltag

1 Die Klippenspringer von Acapulco sind weltberühmt. Sie springen von einem 35 m hohen Felsen in den Pazifik. Durch Überdecken mit einem Koordinatensystem kann die Flugbahn dieser Springer als Parabel modelliert werden.

a) Der Funktionswert des Scheitels entspricht der maximalen Höhe von 35,5 m, obwohl der Fels nur 35 m hoch ist. Begründe.

b) Ermittle die Funktionsgleichung dieser Flugparabel.

c) Nimm an, es gibt eine Felsspitze, die 5 m weit aus der Wand herausragt. Wie weit unterhalb der Absprungstelle muss die Felsspitze mindestens sein, damit der Springer sicher daran vorbeikommt?

Zum Festlegen des Koordinatensystems sind anzugeben: Lage des Ursprungs; Richtung und Orientierung der Achsen; Längeneinheiten

Nutze elektronische Hilfsmittel zum Erstellen der Tabellen!

2 In der Randspalte findest du die Bilderfolge eines Klippensprungs.

a) Lege ein günstiges Koordinatensystem fest.

b) Ergänze die Tabelle in deinem Heft. Betrachte dabei jeweils die Position der Badehose und miss die benötigten Werte aus.

Bild-Nr.	1	2	3	4	5	6	7	8	9	10
$x_{gemessen}$										
$y_{gemessen}$										

c) Bestimme in einem Modell die Funktionsgleichung für die Bahn der Badehose anhand der Position beim Absprung und der Position auf Bild Nr. 5.

d) Errechne mithilfe des Modells aus c) die theoretischen Wertepaare der Badehose. Notiere die errechneten Werte in einer zweiten Tabelle.

e) Beurteile die Qualität des Modells. Wo ist die Abweichung zwischen gemessenen und errechneten Werten am größten? Welche Ursachen könnte dies haben?

3 In der Eifel gibt es in den Kratern erloschener Vulkane annähernd kreisförmige Seen, die man Maare nennt.

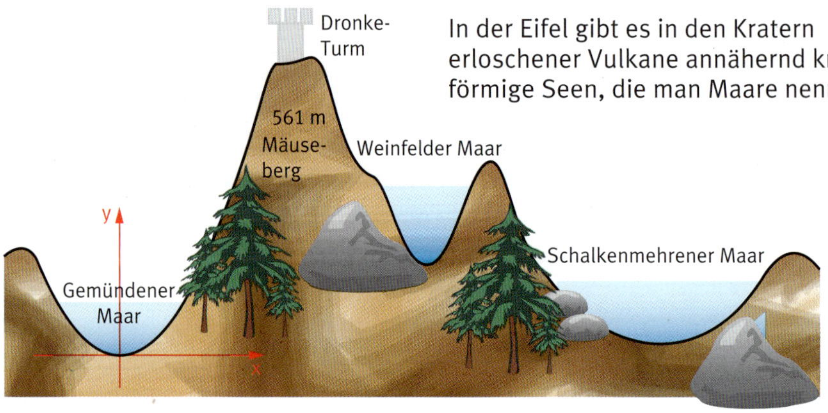

Entscheide anhand der Skizze.

a) Die Querschnitte der Maare können mit Funktionsgleichungen der Form $y = ax^2$ beschrieben werden. Für welches Maar ist der Faktor a am kleinsten?

b) Der Querschnitt des Gemündener Maars wird annähernd durch die Funktionsgleichung $y = 0{,}0016x^2$ beschrieben. Die maximale Tiefe dieses Sees beträgt 38 m. Ermitte den Durchmesser der Wasserfläche.

4 Bei der Tischtennis-Weltmeisterschaft 2017 in Düsseldorf verteidigte der Chinese Ma Long mit einer sogenannten „Ballonabwehr“. Der Tischtennisball wird dabei in einem 3,8 m hohen Bogen 10,6 m weit zurück auf die Platte gespielt.
Wie lautet eine Funktionsgleichung dieser Flugparabel?

5 Die Talbrücke „Wilde Gera“ der A71 ist eine der größten Stahlbetonbogenbrücken Deutschlands. Der Bogen lässt sich im abgebildeten Koordinatensystem annähernd durch $y = -0{,}005x^2$ beschreiben.

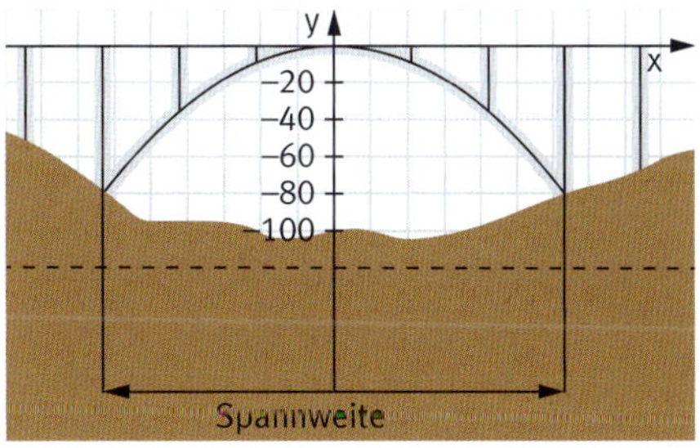

a) Bestimme die Spannweite des Bogens, wenn die Brücke am Fuß des Bogens 80 m hoch ist.

b) Von einigen Brücken ist jeweils die Funktionsgleichung des tragenden Bogens gegeben. Zeichne ihn in ein Koordinatensystem und bestimme grafisch und rechnerisch die fehlende Größe.

Tipp: Benutze eine geeignete Geometriesoftware.

	Funktionsvorschrift	Höhe	Spannweite
Fehmarnsundbrücke	$y = -0{,}003x^2$	45 m	▢
Brooklyn Bridge	$y = 0{,}0015x^2$	▢	486 m
Akashi Kaikyō Bridge	$y = 0{,}0002x^2$	208 m	▢
Hoover Dam Bypass Bridge	$y = -0{,}00052x^2$	▢	332 m

6 Viele Brückenbögen werden zusätzlich durch senkrechte Träger verstärkt.

a) Bestimme die Funktionsgleichung der parabelförmigen Brücke.

b) Der Abstand zwischen den einzelnen Trägern ist gleich. Berechne die Länge der einzelnen Träger.

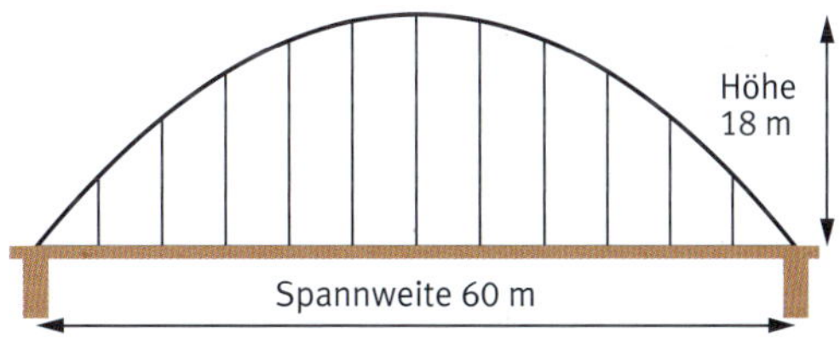

7 Im Hamburger Stadtteil Hammerbrook steht der „Berliner Bogen“, ein Gebäude, dessen gläsernes Dach einen parabelförmigen Querschnitt hat. Das Dach des Gebäudes ist 36 m hoch und 70 m breit. Die Länge (Tiefe) des Baus beträgt 140 m.

a) Bestimme die Funktionsgleichung für die parabelförmige Randlinie des Daches.

b) In der 6. Etage in 19 m Höhe sollen Büroflächen vermietet werden. Schätze die Gesamtfläche ab, die vermietet werden kann.

Zu 4.1 und 4.2

Wenn nicht anders angegeben, gilt: $D = \mathbb{R}$.

1 a) Zeichne die Graphen der folgenden quadratischen Funktionen in ein gemeinsames Koordinatensystem:
$f(x) = x^2$
$g(x) = 1{,}5x^2$
$h(x) = -\frac{1}{3}x^2$

b) Beschreibe die Graphen (Scheitel, Öffnung, Weite) und vergleiche sie mit der Normalparabel.

a) Entscheide mithilfe von Rechnungen und Symmetrieüberlegungen, ob der Punkt zum Graphen von $f(x) = \frac{7}{8}x^2$ gehört oder oberhalb oder unterhalb des Graphen liegt.
A (2 | 3,5); B (2 | –3,5);
C (–2 | 3,5); D (–2 | –3,5);
E (3 | 8); F (–3 | 8);
G (3 | –8); H (–3 | –8)

b) Bestimme die fehlende Koordinate so, dass P zum Graphen von $f(x) = \frac{7}{8}x^2$ gehört.
P (1 | ☐); P (☐ | 14)

Zu 4.3 und 4.4

2 Ordne den Graphen A bis D jeweils eine der Funktionsgleichungen f, g, h oder i zu.

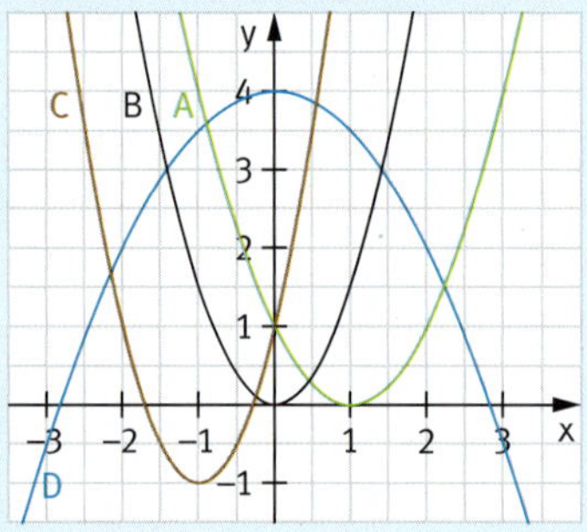

$f(x) = 1{,}5x^2$ | $g(x) = -0{,}5x^2 + 4$
$h(x) = (x - 1)^2$ | $i(x) = 2 \cdot (x + 1)^2 - 1$

Gib die Funktionsgleichung an.

a) Der Graph von f entsteht aus der Normalparabel durch Verschiebung um 2 Einheiten nach oben.

b) Der Graph von g entsteht aus der Normalparabel durch Stauchung mit dem Faktor 0,7.

c) Der Graph von h entsteht aus der Normalparabel durch Verschiebung um 3 Einheiten nach rechts und Spiegelung an der x-Achse.

d) Der Graph von i entsteht aus der Normalparabel durch Streckung mit dem Faktor 1,5 und hat seinen Scheitel in S (4 | 2).

3 Beschreibe den Graphen, ohne ihn zu zeichnen. Begründe sein Aussehen.

a) $f(x) = -1{,}5x^2$
b) $g(x) = x^2 - 2{,}5$

a) $f(x) = -0{,}4 \cdot (x - 1)^2 + 8$
b) $g(x) = 3 \cdot (x + 4)^2 - 7$

Zu 4.5

4 Bestimme die Koordinaten des Scheitels mithilfe der Formel.

Bestimme die Koordinaten des Scheitels durch quadratische Ergänzung.

a) $f(x) = x^2 + 4x + 7$ **b)** $g(x) = -x^2 + 3x + 8$ **c)** $h(x) = 2x^2 + 4x + 8$

5 Bestimme die Nullstellen.

a) $f(x) = -x^2 + 4$
b) $g(x) = 3x^2 - 6$

a) $f(x) = (x - 1)^2 - 4$
b) $g(x) = -5x^2 + 30x + 15$

6 Bestimme die Gleichung der Parabel mit den folgenden Eigenschaften:

a) Die Parabel hat ihren Scheitel in S (0 | 9) und schneidet die x-Achse in N_1 (–3 | 0) und N_2 (3 | 0).

b) Die Parabel ist kongruent zur Normalparabel und geht durch die Punkte A (2 | 2) und B (–2 | –2). (Hier gibt es zwei Lösungen.)

c) Die Parabel hat den Scheitel auf der y-Achse und geht durch die Punkte A (1 | 1,5) und N (2 | 0).

d) Die Parabel ist kongruent zur Normalparabel, symmetrisch zur y-Achse und schneidet die x-Achse in (3 | 0). (Hier gibt es zwei Lösungen.)

In der Abbildung siehst du eine „Traube“ aus 20 verschobenen Normalparabeln. Die Parabelbögen sind durch Buchstaben gekennzeichnet.

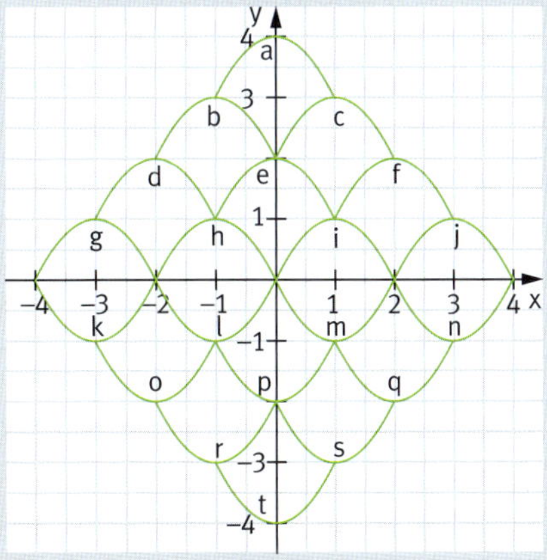

a) Bestimme für alle Bögen k bis t die Scheitel und Funktionsgleichungen der Form $y = x^2 + px + q$.

b) Worin unterscheiden sich z. B. die Parabeln a und t, b und r, ... usw.?

c) Ermittle die Funktionsgleichungen für die Parabelbögen a bis j.

Zu 4.6

7 Zwei ganze Zahlen unterscheiden sich um 8. Wie groß muss ihr Produkt mindestens sein?

Der Umfang eines Rechtecks beträgt 120 cm. Ermittle die Seitenlängen so, dass der Flächeninhalt maximal wird.

Zu 4.7

8 $f(x) = -x^2 + 4$; $D_f = \mathbb{R}_0^+$

$g(x) = x^2 - 9$; $D_g = \mathbb{R}$

$h(x) = 2x + 4$; $D_h = \mathbb{R}$

a) Gib an, welche der Funktionen umkehrbar ist.

b) Zeichne für jede der umkehrbaren Funktionen und ihre Umkehrung die Graphen in ein gemeinsames Koordinatensystem.

c) Bestimme eine Gleichung für die Umkehrfunktion.

a) Gib Gleichungen und Definitionsmengen für drei verschiedene Funktionen f, g und h an, die nicht umkehrbar sind.

b) Zeige, dass jede lineare Funktion mit der Gleichung $f(x) = mx + b$ umkehrbar ist, wenn $m \neq 0$ ist. Verdeutliche den Fall $m = 0$.

Zu 4.8

9 Lisa und Tom springen vom 5-m-Brett. y sei die Höhe über der Wasseroberfläche in m.

Zu 4.9

Für Lisas Sprung gilt näherungsweise $y = -5x^2 + 5$, wobei x für die Zeit in sek nach dem Absprung steht. Berechne die Zeit, bis Lisa die Wasseroberfläche erreicht.

Für Toms Sprung gilt näherungsweise $y = -x^2 + x + 5$, wobei x die waagerecht gemessene Entfernung in m von der Absprungstelle ist. Beschreibe Toms Sprung.

oHiMi 1, 3

1 ① $f(x) = x^2 - 1$ ② $g(x) = x^2 - 2{,}25$ ③ $h(x) = x^2 + 5$ ④ $i(x) = x^2 + 1{,}5$

a) Zeichne den Graphen der Funktion mithilfe einer Wertetabelle ($-3 \leqq x \leqq 3$).

b) Gib die Koordinaten des Scheitels S an und bestimme die Nullstellen der Parabel, falls vorhanden.

2 Finde heraus, ob der Punkt A auf der Parabel der Funktion liegt.

a) $f(x) = x^2$; A (1,9 | 3,9) **b)** $f(x) = x^2 - 3{,}25$; A (1,5 | −1)

c) $f(x) = x^2 - 12$; A (3 | 3) **d)** $f(x) = x^2 + 20$; A ($-\sqrt{5}$ | 25)

3 In einem Experiment fährt ein Wagen eine Rampe herunter und hinterlässt dabei eine Tropfenspur. Diese entsteht dadurch, dass aus einem Flüssigkeitsbehälter regelmäßig nach einer Viertelsekunde ein Tropfen fällt.

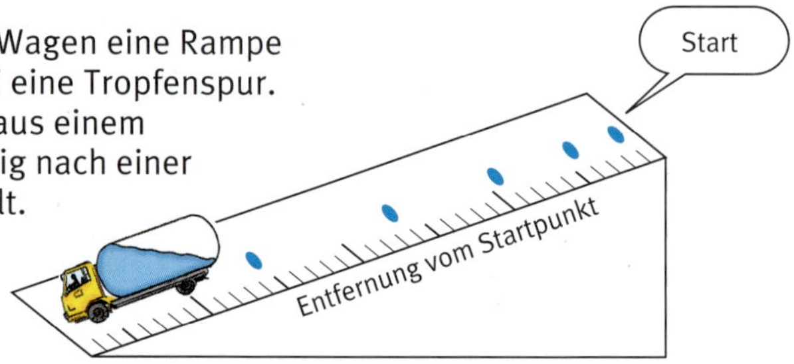

Kannst du die Beobachtung erklären?

a) Beschreibe die Tropfenspur. Was fällt dir auf? Interpretiere.

b) Lena misst die Strecken aus und legt folgende Tabelle an:

Zeit in s	0	0,25	0,5	0,75	1	1,25
Strecke vom Start in cm	0	10,9	43,8	98,4	175	273

c) Stelle die Strecken in einem Koordinatensystem dar. Wähle passende Einheiten.

d) Finde einen Term, der die Fahrstrecke in Abhängigkeit von der Fahrzeit beschreibt.

Forme gegebenenfalls zunächst die Funktionsgleichung um.

4 Beschreibe bei jeder Funktion, ob die zugehörige Parabel …

① nach oben oder nach unten geöffnet ist.

② gestreckt oder gestaucht ist.

a) $y = 1{,}5x^2$ **b)** $y = -0{,}9x^2$ **c)** $y = \frac{5}{4}x^2$ **d)** $y = -3{,}2x^2$

e) $2y = x^2$ **f)** $5x^2 + y = 0$ **g)** $2x^2 + 3y = 0$ **h)** $y + 4x^2 = 0$

5 Bestimme die Eigenschaften der jeweiligen Funktion und zeichne die zugehörige Parabel.

a) $f(x) = -x^2$ **b)** $f(x) = x^2 + 4$ **c)** $f(x) = -\frac{1}{2}x^2 + 4$ **d)** $f(x) = (x - 1)^2$

e) $f(x) = x^2 + 4x + 1$ **f)** $f(x) = x^2 - x + 1$ **g)** $f(x) = -x^2 + 1{,}5$ **h)** $f(x) = 2x^2 - 8$

Findest du mehrere Lösungen?

6 Ermittle jeweils die Gleichung einer quadratischen Funktion der Form $f(x) = ax^2 + bx + c$, deren Graph …

a) eine verschobene Normalparabel mit dem Scheitel S (−4 | −2) ist.

b) gestreckt und symmetrisch zur y-Achse ist und keine Nullstelle besitzt.

c) eine nach unten geöffnete und gestauchte Parabel ist. Die Parabel ist symmetrisch zu $x = 3$.

d) eine verschobene Normalparabel mit den Nullstellen $x_1 = -2$ und $x_2 = 5$ ist.

e) eine nach unten geöffnete Parabel mit den Nullstellen $x_1 = 0$ und $x_2 = 5$ ist.

f) die Achsenschnittpunkte A (0 | 2,5), B (1 | 0) und C (5 | 0) besitzt.

7 Ein Stein wird von einer 80 m hohen Felsklippe mit einer Anfangsgeschwindigkeit von 12 $\frac{m}{s}$ senkrecht nach unten geworfen. Er legt dabei in x Sekunden die Strecke f(x) Meter zurück, wobei näherungsweise gilt: $f(x) = 5x^2 + 12x$.

a) Wie hoch befindet sich der Stein 2 Sekunden nach dem Abwurf?

b) Stelle den zurückgelegten Weg in Abhängigkeit von der Zeit grafisch dar.

c) Ermittle die Zeit bis zum Aufschlag auf der Wasseroberfläche.

8 Oftmals werden Kellertüren durch Bögen abgestützt, um die Lasten des darüber liegenden Mauerwerks gut zu verteilen. Das Weingut „Riesling“ plant für den Weinkeller den Bau eines neuen parabelförmigen Eingangs. Um mit einem Gabelstapler in den Weinkeller fahren zu können, muss der Eingang nebenstehende Bedingungen erfüllen.

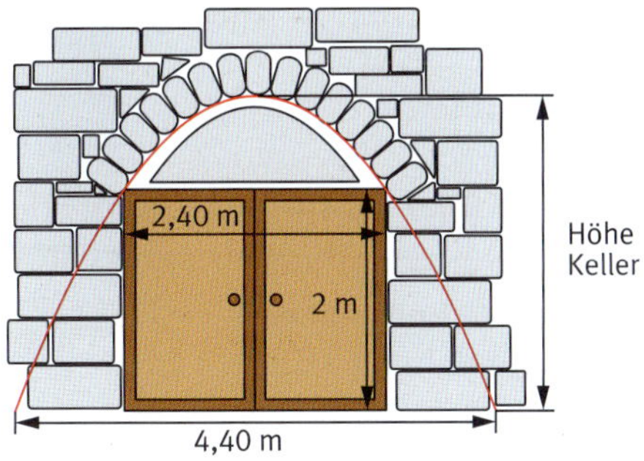

a) Bestimme eine Funktionsgleichung dieses parabelförmigen Eingangs.

b) Wie hoch muss der Keller mindestens sein, damit man den Eingang in dieser Form mauern kann?

9 Eine Wurzelfunktion f hat die Definitionsmenge $D_f = \{x \mid x \geqq -2\}$ und die Wertemenge $W_f = \{y \mid y \geqq 3\}$.

a) Gib eine mögliche Gleichung für f an.

b) Zeichne den Graphen von f mithilfe einer Wertetabelle.

c) Bestimme die Gleichung der zu f gehörenden Umkehrfunktion $\bar{f}$ und zeichne den Graphen in das gleiche Koordinatensystem.

d) Erkläre, wie man $\bar{f}$ aus der Normalparabel erhalten kann.

10 Dargestellt sind der Graph der Funktion $f(x) = x^2 + 1$ sowie das Viereck AB_1CD_1 mit $A(0|1)$, $B_1(1|2)$, $C(0|5)$ und $D_1(-1|2)$. Die Punkte $B_n(x|x^2 + 1)$ und $D_n(-x|x^2 + 1)$ liegen auf der Parabel.

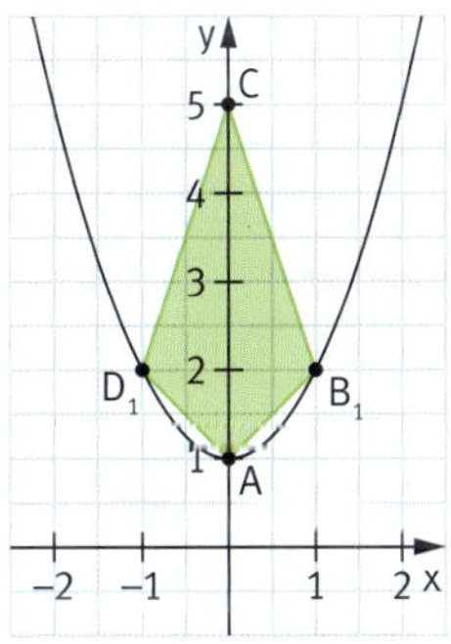

a) Begründe, dass die Punkte B_n durch Achsenspiegelung an der y-Achse auf die Punkte D_n abgebildet werden können.

b) Handelt es sich bei den Vierecken AB_nCD_n um Drachenvierecke? Begründe.

11 Der Graph der Funktion f_1 mit $f_1(x) = \frac{1}{3}x^2 + 2$ wird an der x-Achse gespiegelt.

a)

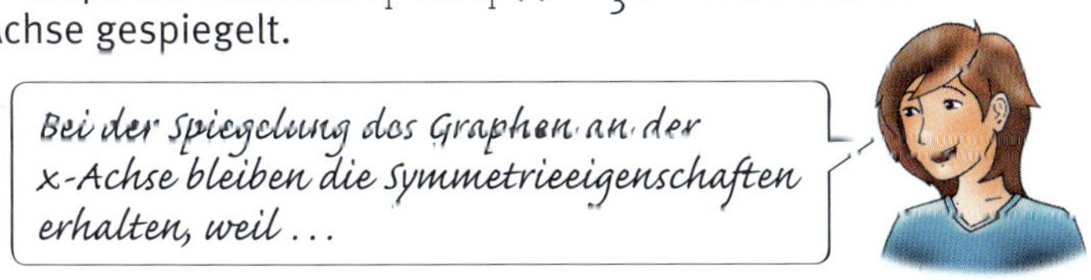

Vervollständige Lenas Aussage.

b) Wie lautet die Funktionsgleichung des gespiegelten Graphen?

c) Gib an, durch welche Achsenspiegelung der Graph der Funktion f_2 mit $f_2(x) = \frac{1}{3}(x + 1)^2 + 2$ auf sich selbst abgebildet werden kann.

Parabel im Brennpunkt

Eine Parabel ist die Menge aller Punkte einer Ebene, die von einem Punkt F (Brennpunkt) und einer Geraden l (Leitgerade) den gleichen Abstand besitzen.

a) Zeichne l und F im Abstand von 1 cm und trage ähnlich der Zeichnung Punkte A, B, C, ... auf l ein.

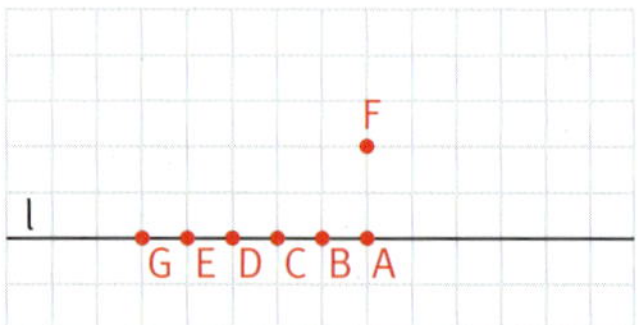

b) Die Parabelpunkte entstehen als Schnittpunkte folgender Geraden (am Beispiel von B bzw. B'):

1 Senkrechte zu l durch B

2 Mittelsenkrechte von $\overline{BF}$

Führe die Konstruktion mit A, B, C, ... durch.

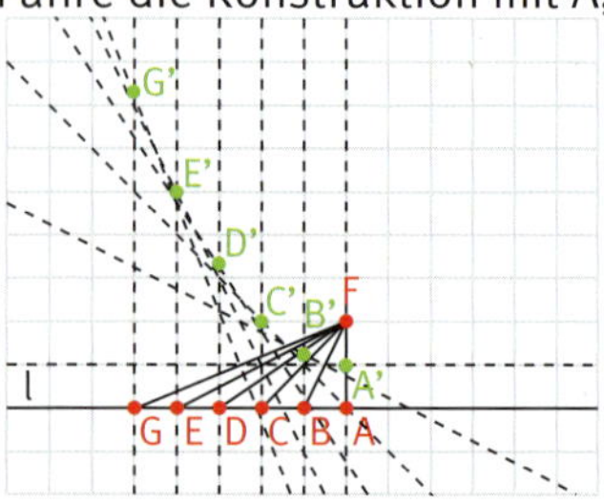

c) Verbinde die Punkte A', B', C', ... zur Parabel (die restlichen Punkte erhälst du durch Spiegeln an der Symmetrieachse).

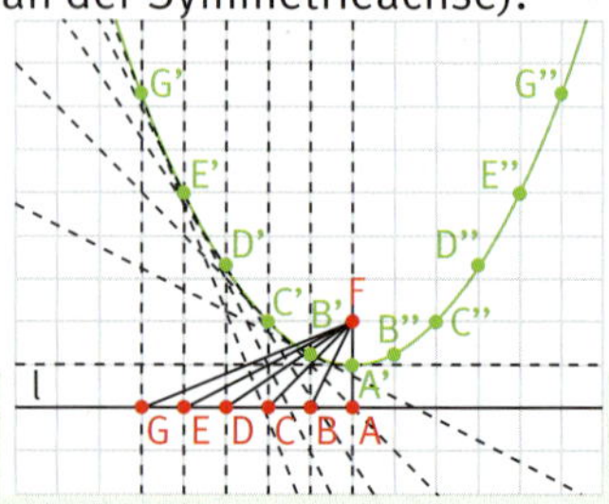

d) Begründe, dass die Punkte A', B', C', ... die obige Parabel-Bedingung erfüllen.

e) Führe die Konstruktion mit einem dynamischen Geometrieprogramm durch. Beschreibe den Verlauf der Parabel bei Veränderung des Brennpunktes F. Prüfe mit dem Parabelwerkzeug des Programms, ob deine Konstruktion richtig ist.

Der Flug der Kugel

Der Kugelstoßer David Storl wurde 2011 in Daegu (Südkorea) als erster Deutscher Weltmeister im Kugelstoßen mit einer Weite von 21,78 m. In Moskau gewann er bei der Leichtathletikweltmeisterschaft 2013 ebenfalls Gold mit einer etwas geringeren Weite.

Aufgrund der Eigenschaften der Kugel entspricht ihre Flugbahn ziemlich genau einer Parabel mit der Funktionsgleichung $f(x) = ax^2 + bx + c$.

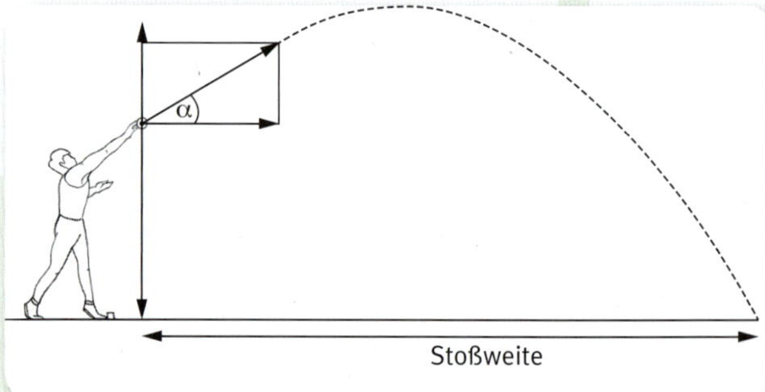

Bei einem von David Storls Trainingsstößen wurden mithilfe einer Videokamera und einer normierten Leinwand drei Punkte auf der Flugbahn der Kugel gemessen:

$P_1\,(0|2{,}24)$ $P_2\,(1|2{,}92)$ $P_3\,(2|3{,}52)$

a) Bestimme die Parameter a, b und c der Funktionsgleichung f(x), indem du die Punkte in die Gleichung einsetzt und das lineare Gleichungssystem löst.

b) Ermittle die Höhe und die Weite von Davids Trainingsstoß mithilfe geeigneter Geometriesoftware. Vergleiche den Trainingsstoß mit der Siegerweite bei der Weltmeisterschaft 2011.

Parabelflug

Als **Parabelflug** wird ein besonderes Flugmanöver bezeichnet, bei dem ein Flugzeug eine zur Erdoberfläche hin geöffnete Parabel beschreibt. Bei diesem Manöver – es entspricht physikalisch einem „schiefen Wurf" – wird durch Abschalten der Triebwerke für knapp eine halbe Minute der Zustand der Schwerelosigkeit erzeugt.

An einer Flugkampagne des **D**eutschen Zentrums für **L**uft- und **R**aumfahrt, bei der ein Flugzeug mehrmals hintereinander einen Parabelflug durchführte, konnten im letzten Jahr einige Wissenschaftlerteams, aber auch Studenten und Studentinnen teilnehmen. Die Physiklehrkraft von Lauras Schwester Sarah wirkt an Projekten des DLR mit; so konnte fünf Schülerinnen und Schülern aus Sarahs Physikkurs die Möglichkeit geboten werden, Wissenschaftler und Wissenschaftlerinnen, die bei Parabelflügen Versuche unter den Bedingungen der Schwerelosigkeit durchführten, in ihrem Trainingscamp in Frankreich zu besuchen. Sarah, die sportlich sehr trainiert ist und auch schon einen Kurs in Fallschirmspringen absolviert hat, durfte – nach gründlicher ärztlicher Untersuchung – an einem Parabelflug teilnehmen und konnte dabei das Gefühl der Schwerelosigkeit erleben.

Ein Parabelflug dauert knapp eine halbe Minute. Der Testpilot und seine Crew bringen bei diesem Flug die Maschine zunächst auf etwa 6000 m Höhe. Dann wird das Flugzeug auf eine Maximalgeschwindigkeit von 830 $\frac{\text{km}}{\text{h}}$ beschleunigt, mit der es unter einem Winkel von 47° nach oben zieht; in dieser Phase spuren die Passagiere etwa das 2-Fache der Fallbeschleunigung g. In etwa 7600 m Höhe nimmt der Pilot den Schub weg. Das Flugzeug steigt in parabelförmiger Bahn weiter, wird dabei langsamer und erreicht in 8500 m Höhe den Scheitelpunkt seiner Bahn. Nun „fällt" die Maschine in parabelförmiger Bahn nach unten, bis sie in einem Winkel von etwa 42° der Erde entgegenrast und der Pilot sie „abfängt". Dabei tritt erneut etwa die doppelte Fallbeschleunigung auf. Ist die ursprüngliche Flughöhe von etwa 6000 m wieder erreicht, kann die Maschine zu einem neuen Parabelflug ansetzen.

Zwischen den beiden Beschleunigungsphasen liegen 22 Sekunden. In dieser Zeit schwebt im Inneren der Maschine alles, was nicht niet- und nagelfest ist; die Passagiere erleben den Zustand der Schwerelosigkeit und führen Beobachtungen und physikalische Experimente unter den Bedingungen der Schwerelosigkeit durch. Meist werden mehrere (etwa 20) „Parabeln" hintereinander geflogen. Insgesamt dauert der Flug etwa drei Stunden.

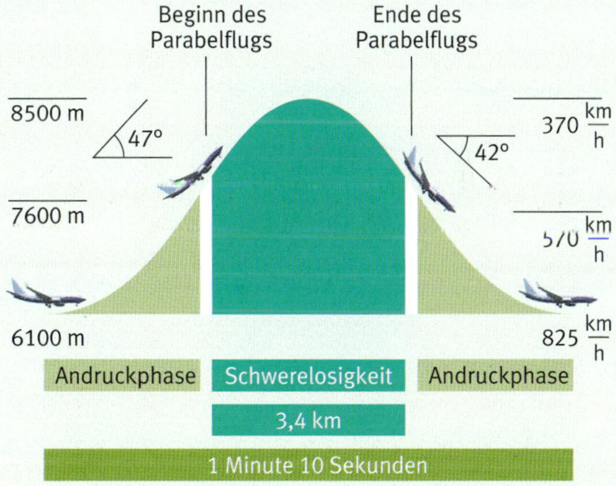

a) Beschreibe die Flugbahn im blau markierten Bereich durch eine Gleichung; y soll dabei die Höhe über dem Boden in km angeben.

b) Informiere dich über Möglichkeiten, an einem Parabelflug teilzunehmen, und finde heraus, mit welchen Kosten man rechnen müsste.

c) Welche Fragen würdest du Sarah stellen?

Überprüfe deine Fähigkeiten und Kenntnisse. Bearbeite dazu die folgenden Aufgaben und bewerte anschließend deine Lösungen mit einem Smiley.

☺	😐	☹
Das kann ich!	Das kann ich fast!	Das kann ich noch nicht!

Hinweise zum Nacharbeiten findest du auf der folgenden Seite. Die Lösungen stehen im Anhang.

Aufgaben zur Einzelarbeit

1 Die Punkte A bis D liegen auf einer Normalparabel.
A (−1,2 | □); B (3,1 | □); C (□ | 3,24); D (□ | 5,76)
Bestimme die fehlenden Werte.

2 Gegeben sind die Funktionsgleichungen:
1 $f(x) = x^2$ 2 $f(x) = -\frac{1}{3}x^2$
3 $f(x) = -x^2 + 1{,}5$ 4 $f(x) = (x-2)^2$
5 $f(x) = 1{,}5x^2 - 6$ 6 $f(x) = -0{,}5x^2 + 3$
a) Stelle die Funktionen grafisch dar.
b) Beschreibe die Graphen.

3 Beschreibe die Parabeln und gib passende Funktionsgleichungen an.

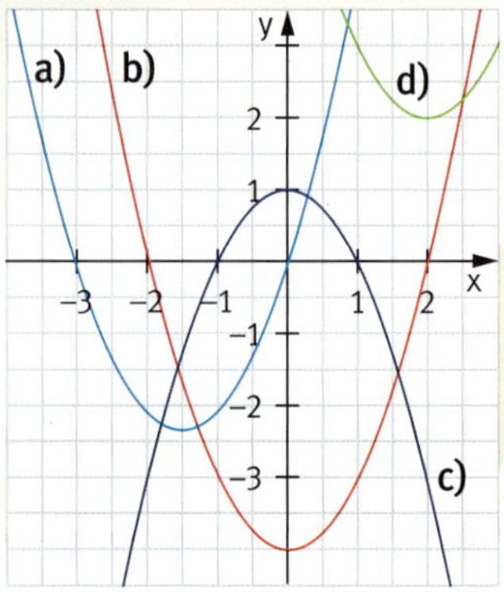

4 Beschreibe die Graphen der Funktion f.
a) $f(x) = -\frac{4}{5}x^2 + 0{,}5$ **b)** $f(x) = x^2 - 4x + 3$
c) $f(x) = (x+1)\cdot(x-1)$ **d)** $f(x) = x\cdot(x-2{,}5)$
e) $f(x) = 0{,}5(x+3)\cdot(x+6)$ **f)** $f(x) = 2(x+1{,}5)^2 - 2$

5 Gib eine Definitions- und die zugehörige Wertemenge von f an und ermittle die Umkehrfunktion $\bar{f}$. Zeichne die Graphen von f und $\bar{f}$ in ein gemeinsames Koordinatensystem.
a) $f(x) = \sqrt{1+x}$
b) $f(x) = -\sqrt{2x}$
c) $f(x) = \sqrt{3x-6}$

6 1 $f(x) = x^2 - 8x + 9$ 2 $f(x) = 0{,}5x^2 + 5x + 28{,}5$
Überprüfe für beide Funktionsgleichungen:
a) Liegt die Symmetrieachse der Parabel rechts oder links von der y-Achse?
b) Welcher Punkt P auf der Parabel hat die Koordinaten (2 | □)?

7 Bestimme jeweils die Funktionsgleichung der verschobenen bzw. gespiegelten Normalparabel.

a) Die nach oben geöffnete Parabel von f_1 hat den Scheitel P (−1,2 | −1,5).
b) Der Graph von f_2 entsteht durch Verschiebung des Graphen von f_1 um 3,4 Einheiten nach rechts und 3 Einheiten nach unten.
c) f_3 hat die Nullstellen bei $x_1 = -3$ und $x_2 = 5$.
d) Der Graph von f_4 entsteht durch Spiegelung des Graphen von f_1 an der y-Achse.
e) Der Graph von f_5 entsteht durch Spiegelung des Graphen von f_1 an der x-Achse.
f) Der größte Funktionswert von f_6 liegt bei −3 und beträgt −1,5.
g) Der Graph von f_7 ist nach unten geöffnet und hat den Scheitel im Koordinatenursprung.

8 Die Seitenlänge eines Quadrats beträgt 6 cm. Es werden nun zwei parallele Seiten des Quadrats um je x cm ($x \in \mathbb{R}_0^+$) verkürzt und die anderen beiden parallelen Seiten um je 2x cm verlängert.

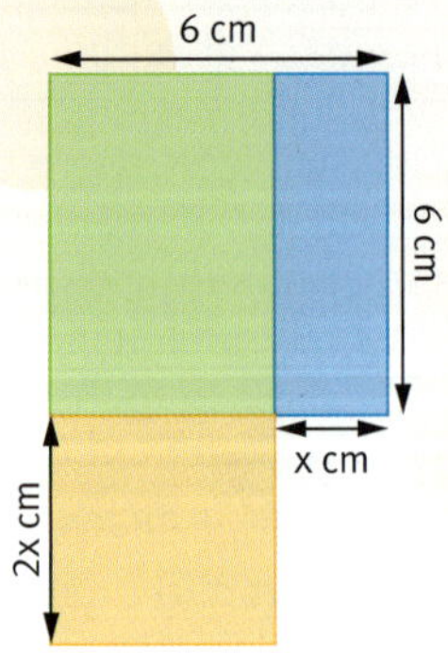

a) Zeichne das Quadrat und die entstehenden Rechtecke für x = 2 und x = 3.
b) Bestimme, welche Werte x annehmen kann.
c) Ermittle den Flächeninhalt A der Rechtecke in Abhängigkeit von x.
d) Stelle A (x) grafisch dar und gib die zugehörige Definitions- sowie Wertemenge an.
e) Berechne, für welchen Wert von x der Flächeninhalt maximal ist. Überprüfe am Graphen.

9 Gegeben ist der Punkt P, der auf der Parabel mit der angegebenen Funktionsgleichung liegt.

1 P (–1 | 8); $f(x) = ax^2 + 6$

2 P (–4 | 0); $f(x) = -\frac{1}{4}x^2 + c$

3 P (–1 | –2); $f(x) = ax^2 + 2$

a) Berechne a bzw. c.

b) Gib die Koordinaten des Scheitels S an.

10 a) Ermittle zwei positive Zahlen mit maximalem Produkt so, dass deren Summe 12 ergibt.

b) Gegeben ist die Parabel zu $f(x) = 6 - 0{,}25x^2$. In den Ausschnitt der Ebene, der zwischen Parabel und x-Achse liegt, ist ein Rechteck so einzubeschreiben, dass dessen Umfang am größten ist. Ermittle die Seitenlängen des Rechtecks.

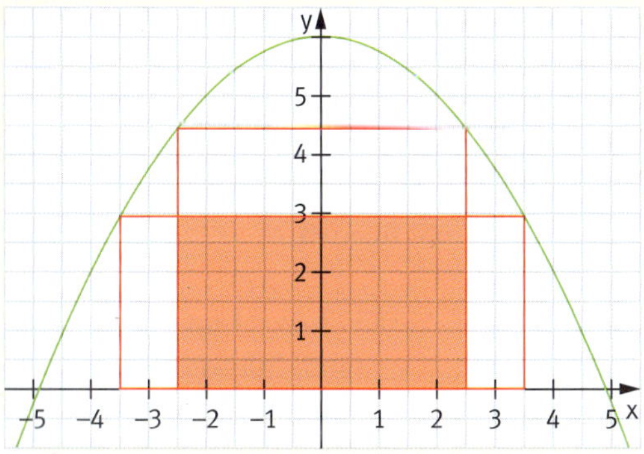

11 Betrachtet man den Querschnitt eines Hühnereis, so kann man dessen Umrisse näherungsweise durch Parabeln beschreiben. Besorge dir ein Ei, vermiss es und stelle es mithilfe von Parabelbögen in einem Koordinatensystem dar.

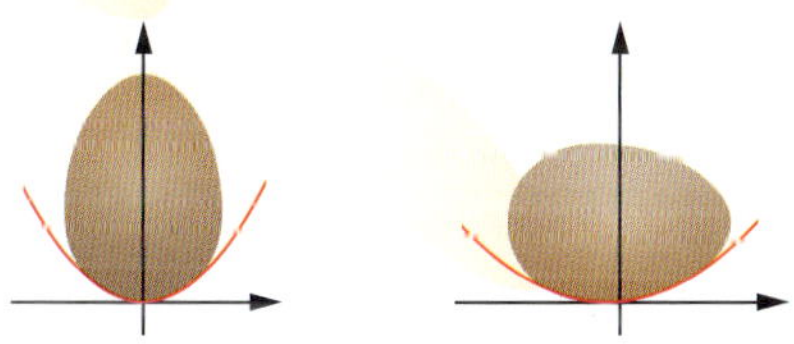

Aufgaben für Lernpartner

Arbeitsschritte

1 Bearbeite die folgenden Aufgaben alleine.

2 Suche dir einen Partner und erkläre ihm deine Lösungen. Höre aufmerksam und gewissenhaft zu, wenn dein Partner dir seine Lösungen erklärt.

3 Korrigiere gegebenenfalls deine Antworten und benutze dazu eine andere Farbe.

Sind folgende Behauptungen **richtig** oder **falsch**? Begründe schriftlich.

12 Eine um 3 LE nach links und 1 LE nach oben verschobene Normalparabel hat den Scheitel S (3 | 1).

13 Die Funktionsgleichung der an der x-Achse gespiegelten Normalparabel heißt $f(x) = -x^2$.

14 Jede Gerade mit der Gleichung $g(x) = mx + b$ schneidet die Normalparabel $f(x) = x^2$ in zwei Punkten.

15 Wenn in der Gleichung $f(x) = ax^2 + c$ der Faktor $a = 5$ ist, ist der Graph von f eine gestreckte Normalparabel.

16 Wenn in $f(x) = ax^2 + c$ der Wert von $c = -5$ ist, schneidet die zugehörige Parabel die y-Achse in P (0 | –5).

17 Die folgenden Gleichungen beschreiben quadratische Funktionen.

a) $y = 2x + 2$ **b)** $x^2 = y - 1$ **c)** $x^2 = 2y$

18 Quadratische Terme der Form $T(x) = ax^2 + bx + c$ mit $a \neq 0$ besitzen immer zwei Extremwerte: ein Minimum und ein Maximum.

19 Bei einer Wurzelfunktion sind die Funktionswerte immer postitiv.

Aufgabe	Ich kann ...	Hilfe
1, 6	die Lage gegebener Punkte auf einer Parabel überprüfen bzw. ihre Koordinaten ermitteln.	S. 100
2, 4, 6, 12, 13, 14, 15, 16	Eigenschaften der Graphen quadratischer Funktionen an ihren Gleichungen erkennen und den Zusammenhang mit dem Strecken, Stauchen, Spiegeln und Verschieben der Normalparabel nutzen.	S. 102, 104, 106
3, 7, 9, 13, 17	quadratische Funktionen durch Graphen und Funktionsgleichungen darstellen und einander zuordnen.	S. 106, 108, 110
8, 10, 18	minimale und maximale Werte quadratischer Funktionen bestimmen und zur Lösung von Optimierungsaufgaben nutzen.	S. 112
5, 19	die Umkehrbarkeit einer Funktion erkennen und ggf. ihre Umkehrfunktion ermitteln.	S. 114
11	Sachaufgaben mithilfe quadratischer Funktionen modellieren.	S. 116

S. 100

Eigenschaften der Normalparabel:
- $f(x) \geqq 0$
- $f(x) = f(-x)$ für alle $x \in \mathbb{R}$
- $f(0) = 0$ (**minimaler** Funktionswert)

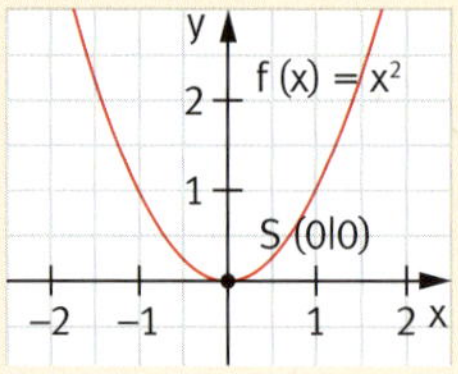

Eine Funktion mit einer Gleichung der Form **$f(x) = ax^2 + bx + c$** ($a, b, c \in \mathbb{R}$, $a \neq 0$) heißt **quadratische Funktion**.
Für die Definitionsmenge $D = \mathbb{R}$ ist ihr Graph eine **Parabel**.
Die **einfachste quadratische Funktion** hat die Funktionsgleichung **$f(x) = x^2$**; ihr Graph heißt **Normalparabel**. Die Normalparabel ist symmetrisch zur y-Achse und hat den Scheitel S (0|0).

S. 102

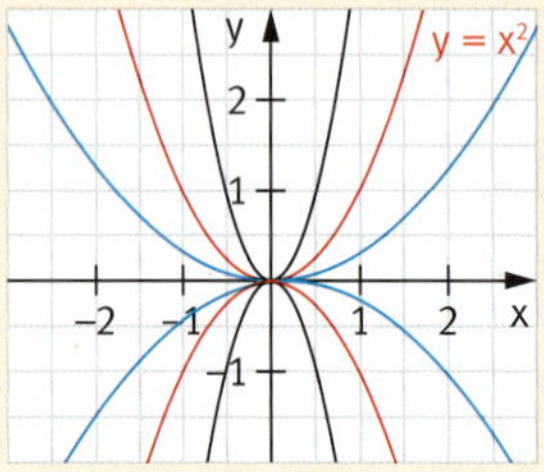

Der Graph einer Funktion mit einer Gleichung der Form **$f(x) = ax^2$** ($D = \mathbb{R}$; $a \neq 0$) ist eine Parabel, deren Scheitel S im Ursprung liegt.

$a > 0$: nach **oben geöffnete** Parabel
$a < 0$: nach **unten geöffnete** Parabel

$|a| > 1$: gestreckte Parabel
$|a| < 1$: gestauchte Parabel

S. 104
S. 106

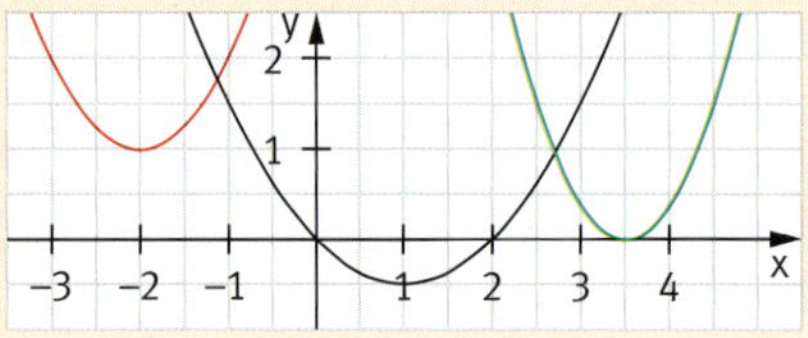

$f(x) = (x + 2)^2 + 1$ bzw.
$f(x) = x^2 + 4x + 5$

$f(x) = 0{,}5 \cdot (x - 1)^2 - 0{,}5$
bzw. $f(x) = 0{,}5x^2 - x$

$f(x) = 1{,}5 \cdot (x - 3{,}5)^2$
bzw. $f(x) = 1{,}5x^2 - 10{,}5x + 18{,}375$

Der Graph einer quadratischen Funktion mit der Gleichung **$f(x) = a(x - d)^2 + e$** ($D = \mathbb{R}$) ist eine Parabel mit **Scheitel S (d | e)**. Die Funktionsgleichung in dieser Form nennt man **Scheitelform**.
Der Graph entsteht aus der Normalparabel, indem man diese ...

1 mit Faktor $|a|$ streckt bzw. staucht,
2 an der x-Achse spiegelt, falls $a < 0$ ist,
3 um $|d|$ parallel zur x-Achse verschiebt,
4 um $|e|$ parallel zur y-Achse verschiebt.

S. 108
S. 112

ausquadrieren

$f(x) = a(x - d)^2 + e$ (Scheitelform) ⇄ $f(x) = ax^2 + bx + c$ (allgemeine Form)

$a \in \mathbb{R}\backslash\{0\}$ und $d, e \in \mathbb{R}$ $b, c \in \mathbb{R}$ und $D = \mathbb{R}$

quadratisch ergänzen

$a > 0$: **Minimum** $a < 0$: **Maximum**

Der Graph einer quadratischen Funktion **$f(x) = ax^2 + bx + c$ (allgemeine Form)** ist eine Parabel mit dem Scheitel

$$S\left(-\frac{b}{2a} \middle| \frac{4ac - b^2}{4a}\right).$$

Terme der Form $ax^2 + bx + c$ mit $a \in \mathbb{R}\backslash\{0\}$ und $b, c \in \mathbb{R}$ sowie $x \in \mathbb{R}$ besitzen immer einen **Extremwert**.

S. 114

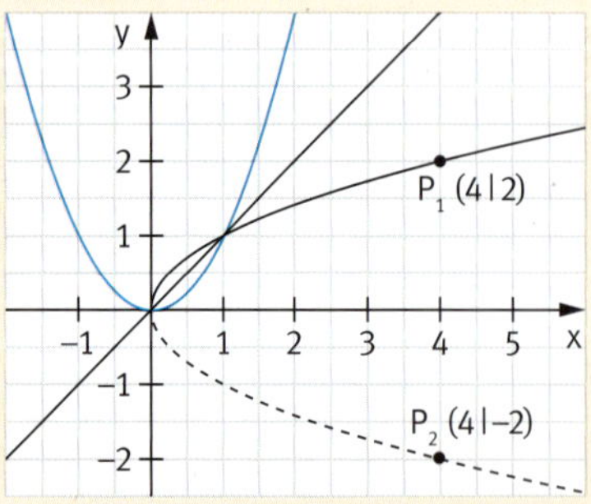

Die Funktion mit $f(x) = x^2$ und $D_f = \mathbb{R}_0^+$ lässt sich **umkehren**. Ihre Umkehrfunktion $\bar{f}$ hat die Gleichung **$\bar{f}(x) = \sqrt{x}$** mit $D_{\bar{f}} = \mathbb{R}_0^+$; sie heißt **Wurzelfunktion**.
Der Graph der Wurzelfunktion entsteht aus dem zu f gehörenden Parabelast durch Spiegelung an der 1. Winkelhalbierenden. Dabei werden x und y sowie Definitions- und Wertemenge miteinander vertauscht.
Wählt man für f als Definitionsmenge $D_f = \mathbb{R}$, so lässt sich f nicht umkehren, weil der gespiegelte Graph keine Funktion darstellt.

Mit Formeln umgehen

1 ① $V = a \cdot b \cdot h$ ② $f^2 = g^2 + h^2$ ③ $A = a \cdot h$

a) Skizziere zu jeder Formel eine geeignete Figur oder einen Körper und beschrifte die Skizze mit den in der Formel gegebenen Variablen.

b) Stelle die Formeln nach h um.

2 Gib für jede Figur eine Formel für den (rot markierten) Umfang an.

a)

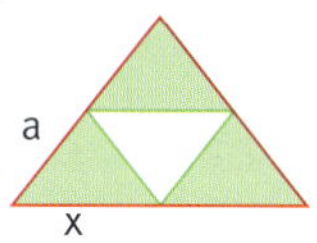

b)

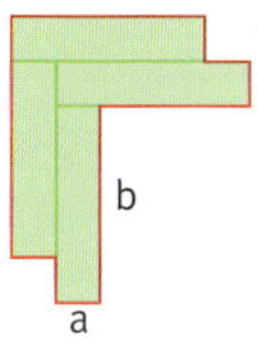

c)

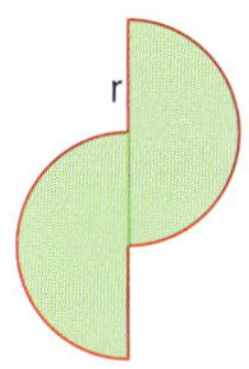

3 **a)** Ergänze die Anzahl der Würfel beim 4., 5. und 6. Schritt.

1 2 3

b) Welche Formel beschreibt die Anzahl der Würfel beim n-ten Schritt?

c) Nutze die Formel:

① Wie viele Würfel braucht man beim 20. Schritt?

② Welchen Schritt kann man bauen, wenn man 17 Würfel zur Verfügung hat?

4 Welche Formel ist korrekt? Probiere aus.

a) Die Summe der ersten n natürlichen Zahlen ergibt …

① $\frac{n \cdot (n+1)}{2}$. ② $\frac{n \cdot n}{2}$. ③ $n + (n-1)$.

b) Die Summe von drei aufeinanderfolgenden Zahlen, von denen die mittlere n ist, ergibt …

① $n + (n+1) + (n+2)$.

② $(n-1) + n + (n+1)$.

③ $3n + 3$.

5 Korrigiere die Hausaufgaben von Tanja.

a) *nach t umformen*

$s = vt \quad | : v$

$vs = t$

b) *nach b umformen*

$c^2 = a^2 + b^2 \quad | \sqrt{\ }$

$c = a + b \quad | - a$

$c - a = b$

Maßstäbliches Vergrößern und Verkleinern

6 Zeichne die folgenden Situationen in den angegebenen Maßstäben.

a) Ein Tennisfeld ist 23,77 m lang und 10,97 m breit (Maßstab 1 : 200).

b) Die Erde hat einen Durchmesser von 12 800 km (Maßstab 1 : 250 000 000).

c) Ein menschliches Haar ist etwa 0,06 mm dick und wächst am Tag etwa 0,3 mm (Maßstab 150 : 1).

7 Die Krämerbrücke in Erfurt mit ihrer beidseitigen Bebauung mit Fachwerkhäusern zählt zu den bekanntesten Wahrzeichen der Stadt. Die Luftaufnahme zeigt sie im Maßstab 1 : 2500. Bestimme die Länge der Krämerbrücke.

8 Gib an, in welchen Maßstäben die Figuren jeweils vergrößert bzw. verkleinert wurden. Der Maßstab muss mit ganzen Zahlen angegeben werden.

a)

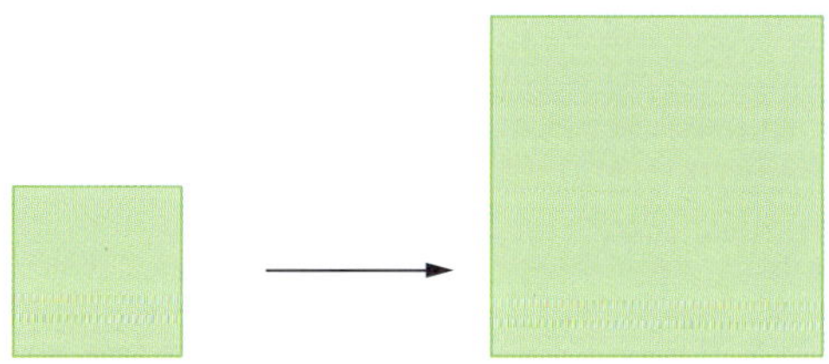

b)

c)

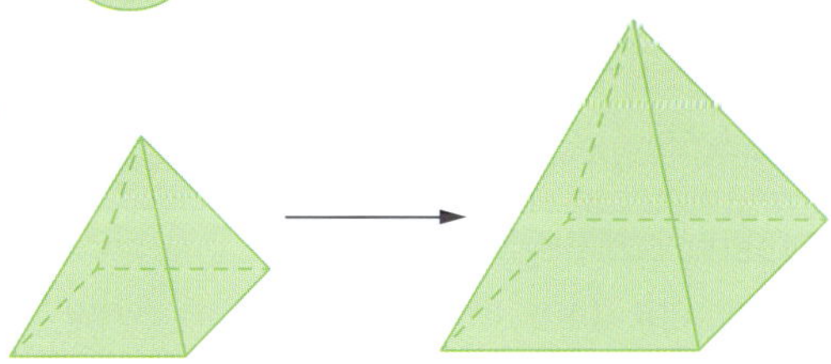

Strahlensätze

9 Bestimme die Länge der rot markierten Strecken ($g \parallel h$).

a)

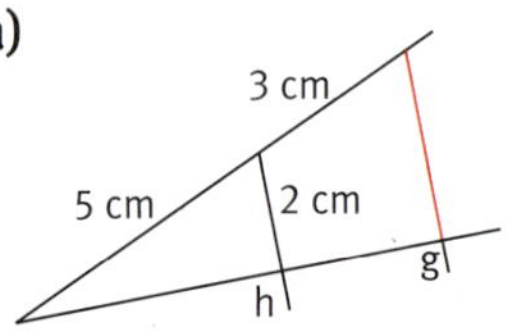

b)

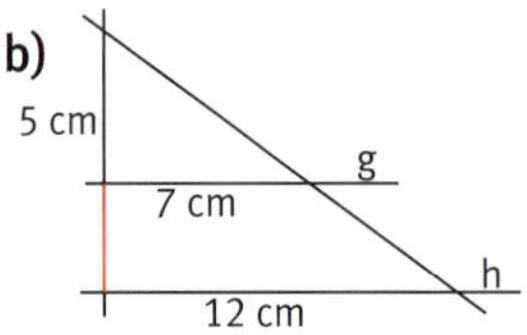

c)

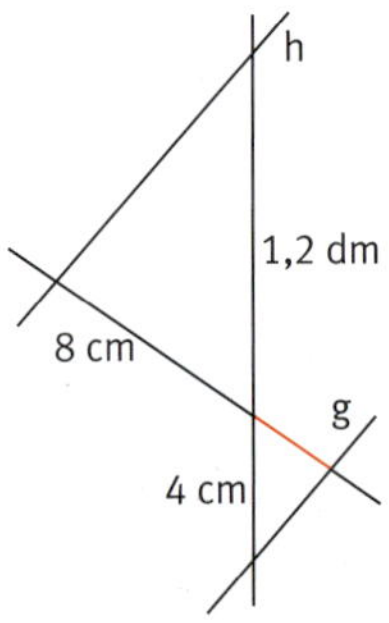

d)

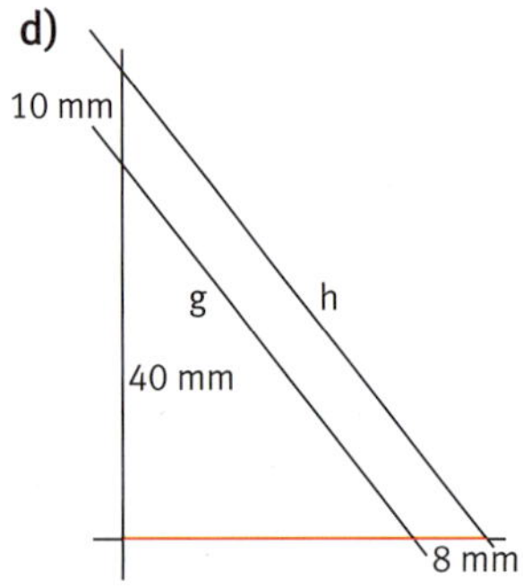

10 Ergänze im Heft die Verhältnisgleichungen ($g \parallel h$).

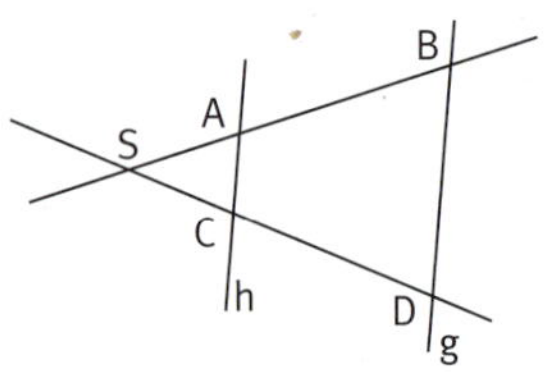

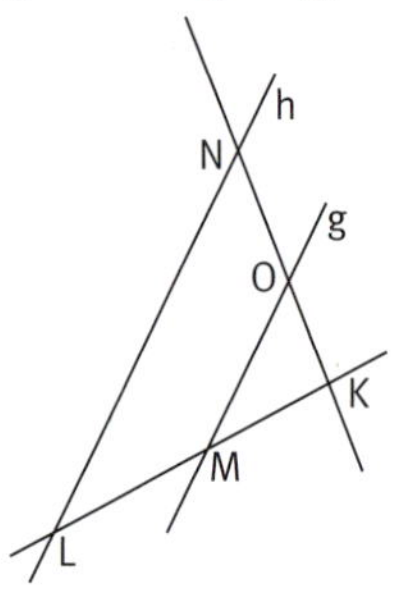

a) $\frac{\overline{SC}}{\overline{SD}} = \frac{\overline{SA}}{\square}$ b) $\frac{\overline{SA}}{\overline{SB}} = \frac{\square}{\overline{BD}}$ c) $\frac{\overline{AC}}{\overline{SA}} = \frac{\overline{BD}}{\square}$

d) $\frac{\overline{LN}}{\overline{NK}} = \frac{\square}{\overline{OK}}$ e) $\frac{\overline{LK}}{\overline{NK}} = \frac{\overline{KM}}{\square}$ f) $\frac{\overline{OK}}{\square} = \frac{\square}{\overline{NL}}$

11 Du möchtest die Breite eines Flusses bestimmen und steckst dazu wie in der Abbildung skizziert einige Strecken ab.

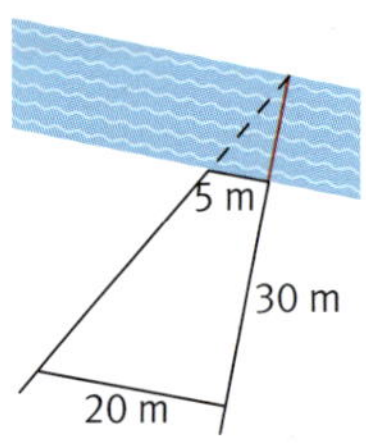

a) Worauf musst du achten, wenn du die Strecken absteckst? Begründe.

b) Berechne unter der Annahme von a) die Flussbreite mit den angegebenen Maßen.

Lineare Gleichungen

12 Löse die Gleichungen nach x auf.

a) $2x + 3 = 18$ b) $2x - 3 = 11$

c) $x - 5 = 3x$ d) $14x = x + 26$

e) $x + 3 = 3 - x$ f) $x + 2y = 4y - 3x$

g) $\frac{1}{3}x + 2 = \frac{x}{5} - 1$ h) $-\frac{3}{8} + \frac{x}{2} = 4 - 3x$

i) $4x - \frac{34}{3} = -3 + \frac{3}{2}x$ j) $-\frac{4}{9} \cdot (12 - 6x) = -4x + 3$

13 Ordne den Gleichungen ihre Waagenbilder zu. Bestimme jeweils die Lösungsmenge.

1 $2x + 2 = 8 + x$ 2 $8 = 2 + x$

3 $2x = 8$ 4 $8 = 2x + 2$

A

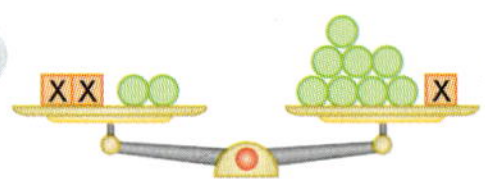

B

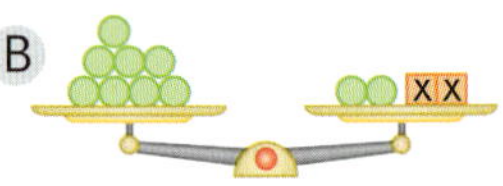

C

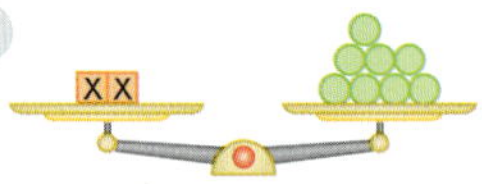

D

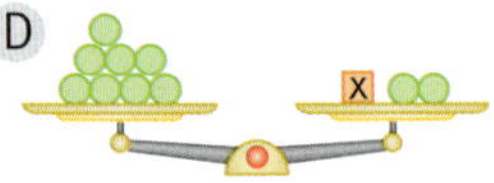

14 Ergänze die Lücken so, dass x = 7 die Lösung der Gleichung ist.

a) $x - 3 = \square$

b) $2x + \square = 13$

c) $x + 4 = 2x - \square$

15 Stelle eine Gleichung auf und löse im Bereich der rationalen Zahlen.

a) Vermehrt man eine Zahl um 3, so erhält man 12.

b) Das Doppelte einer Zahl ist so groß wie die Hälfte der Zahl, vermehrt um 12.

c) Das Dreifache einer Zahl, vermindert um 1, ist so groß wie das Doppelte der Zahl, vermehrt um 1.

d) Vermehrt man eine Zahl um 3 und halbiert das Ergebnis, erhält man dasselbe wie die Zahl, vermindert um 3.

16 1 $x + 2 = 13$ 2 $2x - 3 = 27$

3 $2 \cdot (x - 4) = x + 4$ 4 $x - 2 = 4x + 2$

a) Beschreibe die Gleichung in Worten.

b) Löse im Bereich der ganzen Zahlen.

5 Quadratische Gleichungen

Einstieg

- Der arabische Mathematiker Al-Chwarizmi hat schon vor über 1000 Jahren ein Verfahren beschrieben, wie man quadratische Gleichungen lösen kann. Das Blatt zeigt das Beispiel für die Gleichung $x^2 + 8x = 48$. Beschreibe sein Vorgehen.
- Löse ebenso die Gleichungen: $x^2 + 8x = 84$ und $x^2 + 4x = 21$.
- Erkläre, warum Al-Chwarizmi auf diese Weise stets nur eine Lösung einer quadratischen Gleichung findet.

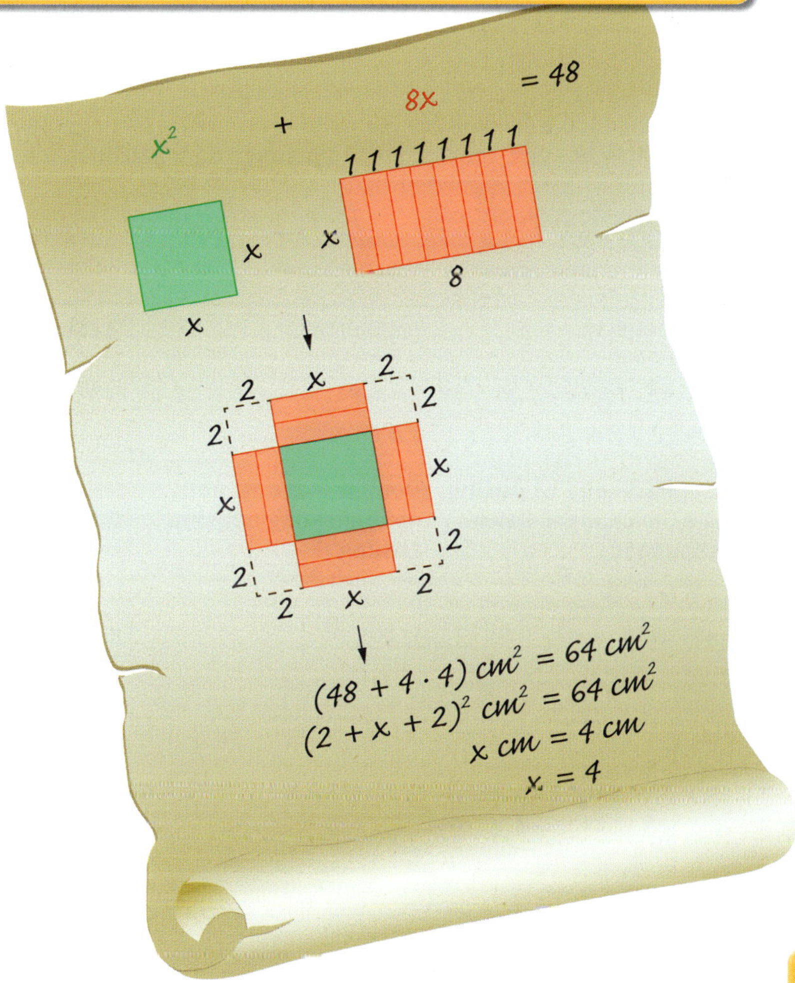

Ausblick

Am Ende dieses Kapitels hast du gelernt, …

- quadratische Gleichungen auf verschiedene Arten zu lösen.
- bestimmte Gleichungen höheren Grades auf einfachere Gleichungen zurückzuführen.
- Bruchgleichungen zu vereinfachen.
- Wurzelgleichungen geschickt umzuformen.

1 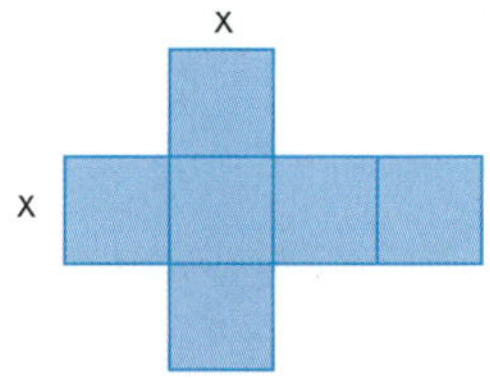

Das Netz eines Würfels hat den Flächeninhalt 486 cm^2.

2 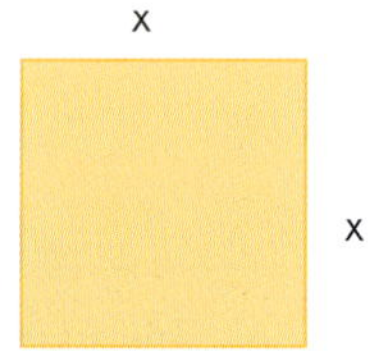

Ein Quadrat hat den Flächeninhalt 36 m^2.

3 

Die kreisförmige Rosette überdeckt eine Fläche von 1018 dm^2.

- Stelle jeden Sachverhalt als Gleichung dar und löse die Gleichungen.
- Achte auf die Anzahl der Lösungen in Zusammenhang mit dem Sachverhalt.

Wenn nichts anderes vereinbart ist, gilt: $D = \mathbb{R}$.

Das logische Zeichen $\vee$ steht für „oder".

Erinnere dich: Der Radikand ist der Term, aus dem die Wurzel gezogen wird.

Merkwissen

Gleichungen, die sich auf die Form $\mathbf{x^2 = r}$ bringen lassen, heißen **reinquadratische Gleichungen**. Sie können **rechnerisch** oder **zeichnerisch** gelöst werden. Man unterscheidet folgende Fälle:

$r > 0$	$r = 0$	$r < 0$
Beispiel: $x^2 = 4$	Beispiel: $x^2 = 0$	Beispiel: $x^2 = -2$
rechnerisch: $x = \pm\sqrt{4}$ $x = \pm 2$ $x = -2 \vee x = 2$	rechnerisch: $x = \pm\sqrt{0}$ $x = \pm 0$ $x = 0$	rechnerisch: $x^2 = -2$ keine Lösung
Der **Radikand** ist **positiv**, die Gleichung hat **zwei Lösungen**.	Der **Radikand** ist **null**, die Gleichung hat **eine Lösung**.	Der **Radikand** ist **negativ**, die Gleichung hat **keine Lösung**.
$L = \{-2; 2\}$	$L = \{0\}$	$L = \{\ \}$
grafisch:	grafisch:	grafisch:
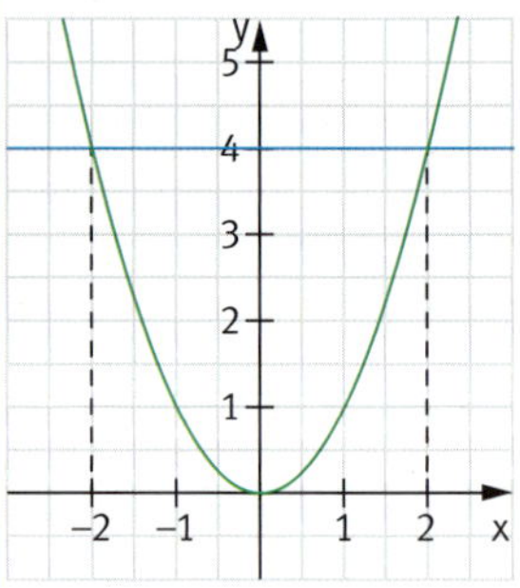	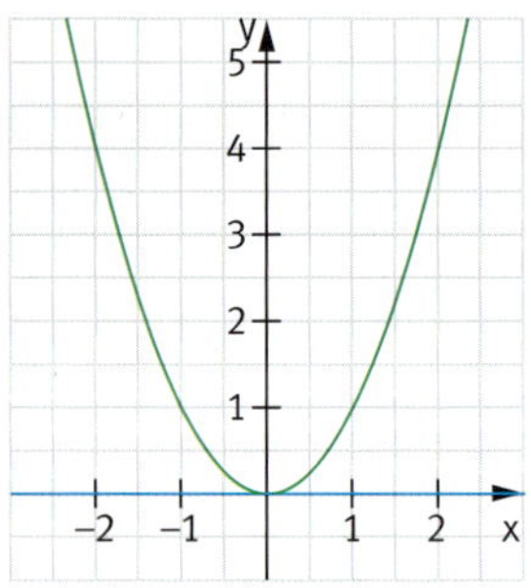	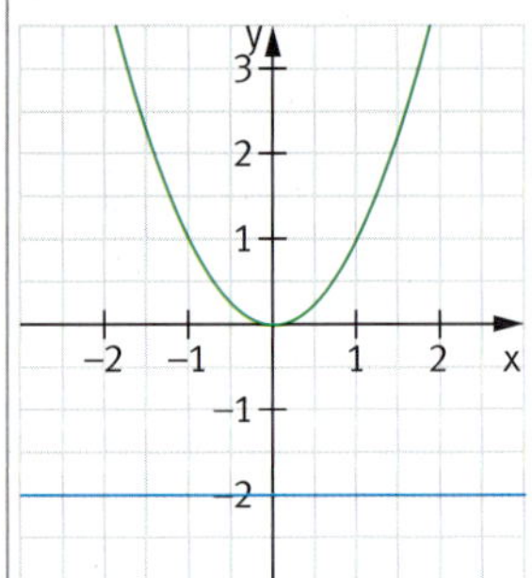
Mit der Geraden $y = 4$ hat die Normalparabel $y = x^2$ **zwei Schnittpunkte** mit den x-Koordinaten: $x_1 = -2$; $x_2 = 2$	Mit der Geraden $y = 0$ (x-Achse) hat die Normalparabel $y = x^2$ **einen Schnittpunkt** mit der x-Koordinate: $x = 0$	Mit der Geraden $y = -2$ hat die Normalparabel $y = x^2$ **keinen Schnittpunkt**:
$L = \{-2; 2\}$	$L = \{0\}$	$L = \{\ \}$

Beispiele

I Löse die Gleichung $2x^2 = 6$ grafisch. Beschreibe dein Vorgehen.

Lösung:
Wir können die reinquadratische Gleichung $2x^2 = 6$ umformen in $x^2 = 3 \Leftrightarrow x^2 - 3 = 0$.
Die Lösung der Gleichung können wir als Nullstellen der Funktion $y = x^2 - 3$ verstehen. Für die Anzahl der Nullstellen gelten dieselben Bedingungen wie im Merkwissen.

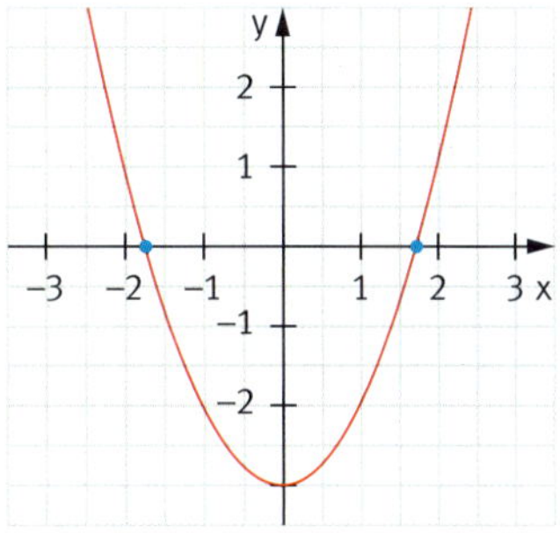

Der Zeichnung entnimmt man:
$x \approx -1{,}7 \vee x \approx 1{,}7$
$L = \{-1{,}7; 1{,}7\}$

Beim grafischen Lösen von quadratischen Gleichungen sind die abgelesenen Werte oft nur Näherungswerte.

Verständnis

- Überprüfe, ob die Gleichung $9^2 + x = 0$ quadratisch ist.
- Begründe, warum die reinquadratische Gleichung $x^2 + 144 = 0$ keine Lösung hat.

Aufgaben

oHiMi 1–3

1 Gib zunächst die Anzahl der Lösungen an und bestimme anschließend die Lösungsmenge rechnerisch.

a) $x^2 = 169$ b) $x^2 = -196$ c) $2x^2 = 450$ d) $256 - x^2 = 0$
e) $x^2 = 2{,}89$ f) $z^2 = \frac{36}{121}$ g) $a^2 = \frac{729}{-289}$ h) $z^2 + \frac{1}{16} = 0$

2 Bestimme zeichnerisch die Lösungsmenge wie in Beispiel I.

a) $x^2 - 2 = 0$ b) $x^2 + 2 = 0$ c) $-x^2 + 2 = 0$ d) $x^2 = 0$ e) $3x^2 = 21$

3 Überprüfe die folgende rechnerische Lösung der Gleichungen. Berichtige.

a)
$\frac{1}{4}x^2 = 4 \quad | \cdot 4$
$x^2 = 16$
$x = 4$
$L = \{4\}$

b)
$3 - x^2 = 6 \quad | + 3$
$x^2 = 9$
$x = -3 \vee x = 3$
$L = \{-3; 3\}$

4 Bestimme die Lösungsmenge rechnerisch.

a) $x^2 + 2 = 18$ b) $y^2 - 5 = 22$ c) $9 - x^2 = 5$
d) $7 - 4t^2 = 18t^2$ e) $12x^2 - 7 = -7$ f) $2{,}25a^2 + 15 = 12$
g) $2t + 8 = t \cdot (2 + 3t)$ h) $x \cdot (2x - 6) = 4 - 6x$ i) $z \cdot (z^2 + 8) = 0$
j) $7x \cdot (3x + 5) - 11 = 5x \cdot (2x + 7)$ k) $(x + 3)^2 - 7x + 8 = (x - 5) \cdot (x + 5) - x$

Lösungen zu 4:
$\{\}; \{\}; 0; 0; \pm 1; \pm 2; \pm 4; \pm\sqrt{\frac{7}{22}}; \pm\sqrt{\frac{8}{3}}; \pm\sqrt{2}; \pm\sqrt{27}$

5 Löse mit dem Taschenrechner und runde das Ergebnis auf zwei Dezimalen.

a) $x^2 = 2{,}89$ b) $7{,}4t^2 = 55$ c) $6{,}3z^2 = 1{,}5^2$ d) $1{,}3^4 = 3{,}5x^2$

6 Gib zur Lösungsmenge eine reinquadratische Gleichung an.

a) $L = \{-3; 3\}$ b) $L = \{-\sqrt{0{,}5}; \sqrt{0{,}5}\}$ c) $L = \{-3\sqrt{2}; 3\sqrt{2}\}$
d) $L = \{0\}$ e) $L = \{\}$ f) $L = \{-\frac{1}{2}; \frac{1}{2}\}$

Findest du mehrere Möglichkeiten?

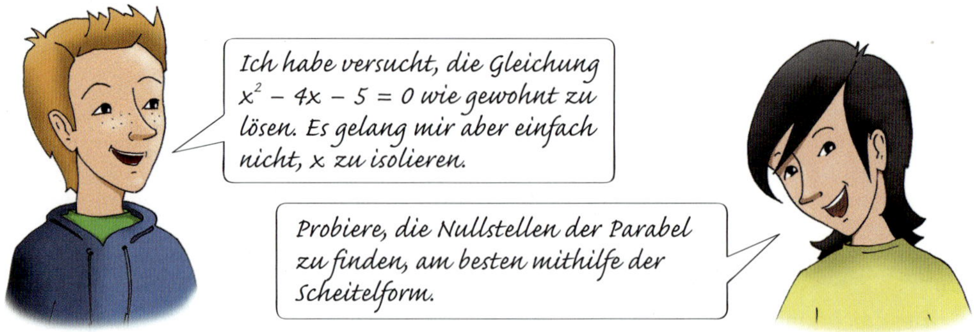

- Überprüfe Jakobs Aussage.
- Finde eine Möglichkeit, die Gleichung zu lösen, und beurteile Evas Aussage.

quadratisches Glied: ax^2, x^2
lineares Glied: bx, px
absolutes Glied: c, q

Die Lösungen lassen sich grafisch auch als x-Koordinaten der Schnittpunkte der Normalparabel $f(x) = x^2$ mit der Geraden $g(x) = -px - q$ ermitteln.

Merkwissen

Eine Gleichung der Form $\mathbf{ax^2 + bx + c = 0}$ ($a, b, c, x \in \mathbb{R}$, $a \neq 0$) heißt **allgemeine Form** einer quadratischen Gleichung. Jede quadratische Gleichung lässt sich **durch Division mit a** in die Form $\mathbf{x^2 + px + q = 0}$ ($p, q, x \in \mathbb{R}$) bringen. Sie heißt **Normalform** einer quadratischen Gleichung.

Die Lösungen der Normalform sind die Nullstellen der Parabel mit der Gleichung $f(x) = x^2 + px + q$. Man kann diese grafisch und rechnerisch ermitteln.

Beispiel: $x^2 + 6x + 5 = 0$

grafisch:
Nullstellen der quadratischen Funktion $y = x^2 + 6x + 5$

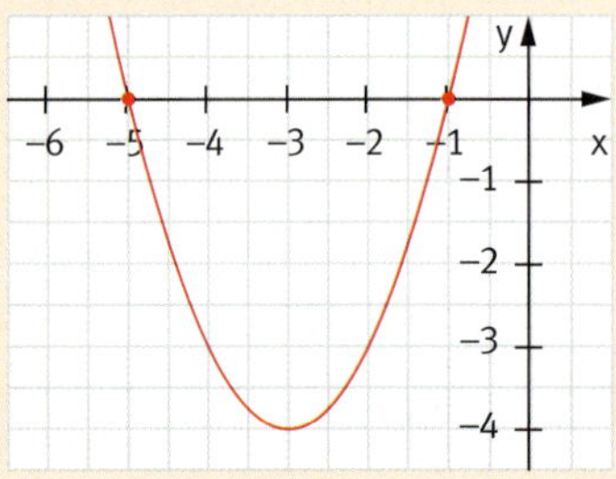

$x_1 = -5$; $x_2 = -1$ $\quad L = \{-5; -1\}$

rechnerisch:
Die Scheitelform von f lautet
$f(x) = (x + 3)^2 - 4$.
Nullstellenberechnung:

$$f(x) = 0$$
$$(x + 3)^2 - 4 = 0 \quad | +4$$
$$(x + 3)^2 = 4 \quad | \text{Wurzel}$$
$$|x + 3| = 2$$
$$x + 3 = 2 \lor x + 3 = -2$$
$$x = -1 \lor x = -5$$
$$L = \{-5; -1\}$$

Beispiele

Manche quadratische Terme lassen sich direkt mithilfe der binomischen Formeln umformen.

I Gegeben ist die Gleichung $4x^2 + 1 + 6x = 2x$.

a) Forme die Gleichung in die Normalform um.

b) Löse die Gleichung.

Lösung:

a)
$$4x^2 + 1 + 6x = 2x \quad | -2x$$
$$4x^2 + 4x + 1 = 0 \quad | :4$$
$$x^2 + x + \frac{1}{4} = 0$$

b) Binomische Formel anwenden und Lösung ablesen:
$$\left(x + \frac{1}{2}\right)^2 = 0 \qquad L = \left\{-\frac{1}{2}\right\}$$

II Löse die Gleichung $x^2 - 2x - 3 = 0$ mit quadratischer Ergänzung.

Lösung:

rechnerisch:

$x^2 - 2x + 1^2 - 1^2 - 3 = 0$

$(x-1)^2 - 4 = 0 \quad | + 4$

$(x-1)^2 = 4$

$x - 1 = \pm 2 \quad | + 1$

$x = -1 \lor x = 3$

$L = \{-1; 3\}$

grafisch:

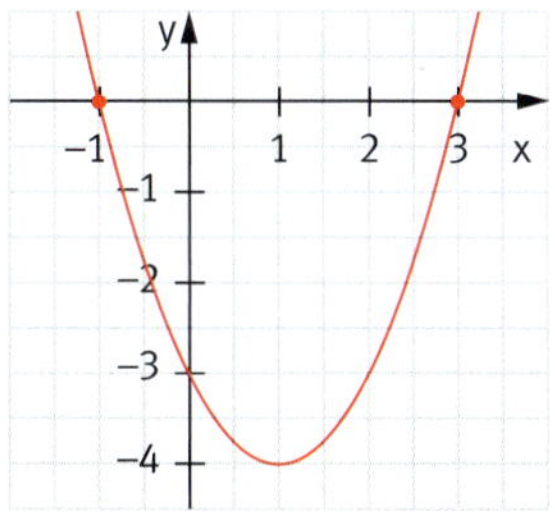

$x_1 = -1$

$x_2 = 3$

$L = \{-1; 3\}$

Lösungsalternative: Schnittpunkte der Parabel mit der Geraden

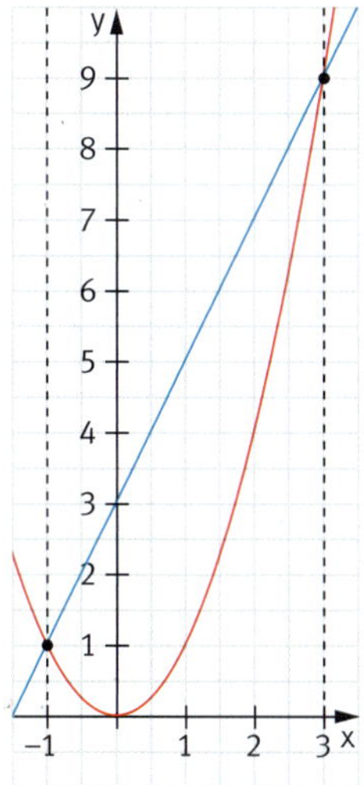

Verständnis

- Begründe, dass aus einer Gleichung der Form $x^2 + bx = 0$ die Lösungen $x_1 = 0$ und $x_2 = -b$ direkt abgelesen werden können.
- Begründe, dass die Anzahl der Lösungen für $(x + a)^2 = d$ von d abhängt.

Aufgaben

oHiMi 1–3

1 Ermittle jeweils die Parameter p und q für die zugehörige Normalform.

a) $5x^2 + 15x - 10 = 0$ b) $-x^2 + 2{,}5x - 1{,}5 = 0$ c) $3x - x^2 + 4 = 0$
d) $8 - 7x = x^2$ e) $x^2 + 3 = 4x$ f) $2x^2 + 6x = 10$
g) $x \cdot (x - 5) + 1 = 0$ h) $x \cdot (2 - x) = 0$ i) $4x^2 + 6 = 6x^2 + 4$

2 Vergleiche die Anzahl der Lösungen der Gleichungen. Begründe.

a) $9x^2 - 16 = 0$ b) $2x^2 + 20 = 34$ c) $\frac{2}{3}x^2 + 6 = 0$

Quadratische Gleichungen der Form $ax^2 = bx$ kannst du nicht dadurch lösen, dass du beide Seiten durch x dividierst. Auf diese Weise geht nämlich die Lösung $x = 0$ verloren („Verlustumformung"). Ausklammern hilft!

3 Löse die quadratischen Gleichungen grafisch.

a) $x^2 = 2x + 3$ b) $x^2 - 6x + 5 = 0$ c) $4x^2 + 36x + 77 = 0$
d) $x^2 - x = 0{,}75$ e) $x \cdot (x - 1) = -2$ f) $x^2 + 2x = 0$

4 Löse rechnerisch. Runde gegebenenfalls auf zwei Dezimalen.

a) $2x^2 + 6x = x^2 - 3$ b) $2 \cdot (x-2)^2 + x^2 = x \cdot (x + 3)$
c) $x^2 - 3x + 16 = 2x^2 - 6x + 3$ d) $4x^2 - 9 - x \cdot (x - 4) = (-2x + 4)^2$
e) $(x + 7) \cdot (x + 3) = (x - 3) \cdot (x + 1)$ f) $(x - 2) \cdot (x + 3) = (x - 3) \cdot (x + 2)$

Lösungen zu 4:
$L = \{-2{,}41; 5{,}41\}$; $L = \{0{,}86; 4{,}64\}$; $L = \{-5{,}45; -0{,}55\}$; $L = \{-2\}$; $L = \{0\}$; $L = \{1{,}34; 18{,}66\}$

5 Die Geschwister Jana und Paul formulieren für ihre Schülerzeitung Zahlenrätsel. Dabei lassen sie das Alter ihrer Familienmitglieder bestimmen:

Jana ist 2 Jahre jünger als Paul. Ihr Vater ist genau dreimal so alt wie Jana. Ihre Mutter ist 2 Jahre jünger als der Vater. Das Produkt der Lebensjahre der Geschwister ist doppelt so groß wie die Summe der Lebensjahre aller vier Familienmitglieder.

a) Gib Terme an, die das Alter eines jeden Familienmitglieds in Bezug auf das Alter von Paul beschreiben.

b) Berechne das Alter von Paul mithilfe einer Gleichung.

6 In einem gleichschenklig rechtwinkligen Dreieck wird eine Kathete um 3 cm verlängert und die andere um 3 cm verkürzt. Der Flächeninhalt des neuen Dreiecks beträgt 80 cm². Berechne die Seitenlängen des ursprünglichen Dreiecks.

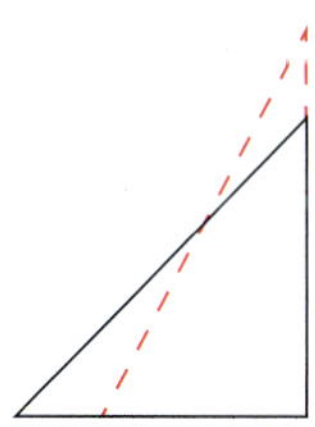

Lisa möchte die Gleichung $x^2 + 2x - 3 = 0$ mithilfe ihres Funktionenplotters lösen. Sie findet die Nullstellen $x_1 = -3$ und $x_2 = 1$.

- Überprüfe die Lösungen rechnerisch.
- Verschiebe die Parabel parallel zur y-Achse so, dass die zugehörige quadratische Gleichung eine (keine) Lösung hat. Erläutere deine Vorgehensweise.

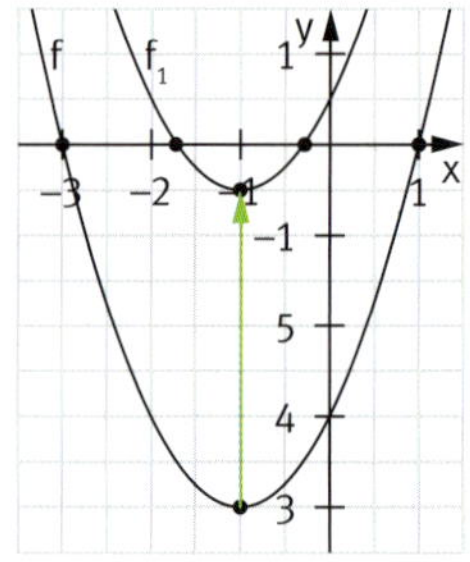

discriminare (lat.): unterscheiden

Erinnere dich: Für den y-Wert des Scheitels S gilt:

$y_s = q - \left(\frac{p}{2}\right)^2$

Merkwissen

Die **Anzahl der Lösungen** der quadratischen Gleichung $x^2 + px + q = 0$ ($p, q \in \mathbb{R}$) hängt vom y-Wert des Scheitels S der Parabel mit $f(x) = x^2 + px + q$ ab. Man berechnet die sogenannte **Diskriminante D**:

$$\mathbf{D = \left(\frac{p}{2}\right)^2 - q}$$

Es lassen sich folgende Fälle unterscheiden:

- $D > 0$: Es gibt genau zwei Lösungen; der Scheitel liegt unterhalb der x-Achse.
- $D = 0$: Es gibt genau eine Lösung; der Scheitel liegt auf der x-Achse.
- $D < 0$: Es gibt keine Lösungen; der Scheitel liegt oberhalb der x-Achse.

Beispiele

I Bestimme die Anzahl der Lösungen der Gleichung $x^2 - 8x + 20 = 0$.

Lösung:
Mit $p = -8$ und $q = 20$ ergibt sich die Diskriminante:
Diskriminante $D = \left(\frac{-8}{2}\right)^2 - 20 = 16 - 20 = -4$
Die Gleichung hat keine Lösung, weil $D < 0$ ist.

II Für jede reelle Zahl t ist eine quadratische Gleichung der Form $2x^2 + 4xt = -16$ gegeben. Untersuche den Einfluss des Parameters t auf die Anzahl der Lösungen der Gleichung, indem du ...

a) die Diskriminante berechnest.

b) den Scheitel der zugehörigen Parabel betrachtest.

Lösung:
Umformen der Gleichung in Normalform: $x^2 + 2tx + 8 = 0$
$p = 2t$ $\quad$ $q = 8$
Diskriminante $D = \left(\frac{2t}{2}\right)^2 - 8 = t^2 - 8$

a) zwei Lösungen für: $D = t^2 - 8 > 0$, also $t < -\sqrt{8}$ oder $t > \sqrt{8}$
eine Lösung für: $D = t^2 - 8 = 0$, also $t = -\sqrt{8}$ oder $t = \sqrt{8}$
keine Lösung für: $D = t^2 - 8 < 0$, also $-\sqrt{8} < t < \sqrt{8}$

b) Umformung: $x^2 + 2tx + 8 = x^2 + 2tx + t^2 - t^2 + 8 = (x + t)^2 + 8 - t^2$
Die Parabel mit $f(x) = (x + t)^2 + 8 - t^2$ hat den Scheitel $S(-t \mid 8 - t^2)$.
S liegt unterhalb der x-Achse, wenn: $8 - t^2 < 0$, also $t < \sqrt{8}$ oder $t > \sqrt{8}$
S liegt auf der x-Achse, wenn: $8 - t^2 = 0$, also $t = -\sqrt{8}$ oder $t = \sqrt{8}$
S liegt oberhalb der x-Achse, wenn: $8 - t^2 > 0$, also $-\sqrt{8} < t < \sqrt{8}$

Verständnis

- Liam sagt: „Ich löse gemischtquadratische Gleichungen in Normalform, indem ich die Normalparabel mit einer Geraden schneide.“
  Untersuche an selbst gewählten Beispielen, wie viele Schnittpunkte die Normalparabel mit Parallelen zur Geraden mit $y = -2x$ haben kann.

Aufgaben

oHiMi 1–2, 4

1 Ermittle für jede der quadratischen Gleichungen den Wert der Diskriminante. Gib die Anzahl der Lösungen an.

a) $x^2 + 4x - 3 = 0$ **b)** $x^2 - 6x = -10$ **c)** $3x^2 + 12x + 4 = 0$
d) $-x^2 - 30 = 10x$ **e)** $-5x^2 = x$ **f)** $\frac{1}{3}x^2 + 3 = x$

2 Bestimme die Anzahl der Lösungen.

a) $a^2 + a + 2 = 0$ **b)** $\frac{1}{2}b^2 - \frac{3}{2}b = -\frac{5}{2}$ **c)** $-2c^2 + 6c + 18 = 0$

3 Entscheide, ob die Gleichung zwei, eine oder keine Lösung(en) hat. Begründe.

a) $\frac{1}{2}x^2 - \frac{7}{10}x + \frac{1}{4} = 0$ **b)** $\frac{1}{2}x^2 - \frac{1}{3}x + \frac{1}{6} = 0$
c) $\frac{1}{24}x^2 + \frac{1}{12}x + 1{,}5 = 0$ **d)** $x^2 - \frac{x}{2} + \frac{17}{18} = 0$
e) $x^2 + \frac{26}{5}x + 1 = 0$ **f)** $x \cdot (x + 4) + 5 = -1 - (2x + 3)$

4 Hat Carlo Recht? Begründe.

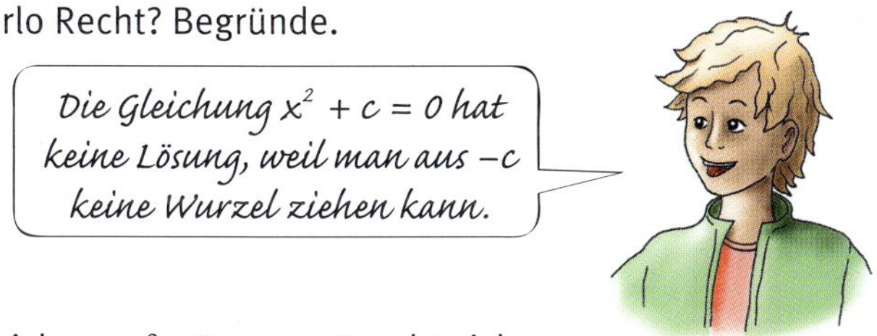

5 Die Gleichung $x^2 + 8x = a$ wünscht sich ...

a) zwei Lösungen. **b)** −2 und eine weitere Zahl als Lösung.
c) zwei positive Lösungen. **d)** zwei negative Lösungen.
e) nur eine Lösung. **f)** eine positive und eine negative Lösung.

Finde für jeden Wunsch einen passenden Wert für a.

6 Es ist $5 \leq x \leq 10$. Entscheide jeweils, ob die Aussage wahr ist. Begründe deine Entscheidung.

a) $(x - 5)^2 \leq 100$ **b)** $0 \leq (x + 1)^2 \leq 121$ **c)** $0 < (x - 3)^2 < 50$

7 Gegeben ist eine quadratische Gleichung der Form $ax^2 = c$ ($a, c, \in \mathbb{R}, a \neq 0$). Untersuche den Einfluss von a und c auf die Lösbarkeit der Gleichung.

8 Gegeben sind quadratische Gleichungen mit Parametern ($a, b, c \in \mathbb{R}, c \neq 1$). Beschreibe den Einfluss des Parameters auf die Anzahl der Lösungen.

a) $6x = 4x^2 + 3 - 2a$ **b)** $5x \cdot (3 - 2x) = \frac{b}{2}$ **c)** $cx^2 - 3x = (x - 1) \cdot (x + 3)$

9 Anna behauptet, dass quadratische Gleichungen in der Normalform $x^2 + px + q = 0$ keine Lösung haben, wenn q mindestens doppelt so groß ist wie p. Beurteile diese Aussage.

$(x+1)^2 - 4 = 0$
$\Leftrightarrow (x+1)^2 = 4$
$\Leftrightarrow |x+1| = 2$
$\Leftrightarrow x+1 = -2$ oder $x+1 = 2$
$\Leftrightarrow x = -3$ oder $x = 1$

Lisa ermittelt die Lösungen der quadratischen Gleichung $x^2 + 2x - 3 = 0$, ohne den Graphen zu zeichnen. Sie überlegt:

„Die Parabel zur Gleichung $f(x) = x^2 + 2x - 3$ hat den Scheitel $S(-1|-4)$, die Gleichung in Scheitelform ist $f(x) = (x+1)^2 - 4$.
Für die Nullstellen gilt:
$(x+1)^2 - 4 = 0 \Leftrightarrow (x+1)^2 = 4 \Leftrightarrow |x+1| = 2 \Leftrightarrow x+1 = -2$ oder $x+1 = 2$
Also muss $x = -3$ oder $x = 1$ sein."

Daniele verallgemeinert:

„Die quadratische Gleichung $x^2 + px + q = 0$ hat also die Lösungen
$x_{1/2} = -\frac{p}{2} \pm \sqrt{\left(\frac{p}{2}\right)^2 - q}$."

- Erläutere Lisas Rechnung.
- Unter welcher Voraussetzung hat Daniele recht? Begründe.

Merkwissen

$D = \left(\frac{p}{2}\right)^2 - q$ sei die Diskriminante der quadratischen Gleichung in der Normalform $x^2 + px + q = 0$ ($p, q \in \mathbb{R}$).
Die quadratische Gleichung in der Normalform hat für ...

- $D > 0$ die beiden Lösungen $\mathbf{x = -\frac{p}{2} \pm \sqrt{\left(\frac{p}{2}\right)^2 - q}}$.
- $D = 0$ genau eine Lösung $\mathbf{x = -\frac{p}{2}}$.
- $D < 0$ **keine Lösung**.

Die Lösungsformel erlaubt es, ohne Zeichnung und ohne lange Rechnung die Lösungsmenge quadratischer Gleichungen zu ermitteln. Dazu muss die Gleichung zuvor auf die Normalform gebracht werden.

*Die Lösungsformel für quadratische Gleichungen in der Normalform $x^2 + px + q =$ nennt man auch **p-q-Formel**.*

Beispiele

I Löse die Gleichungen ohne Hilfsmittel mit der Lösungsformel.

a) $x^2 - 3x + 2 = 0$ **b)** $3x^2 + 6 = -12x$

Lösung:

a) Die Normalform liegt vor.

Es sind $p = -3$ und $q = 2$.

b) Die Gleichung wird in die Normalform umgeformt:

$3x^2 + 6 = -12x \quad | + 12x$
$3x^2 + 12x + 6 = 0 \quad | : 3$
$x^2 + 4x + 2 = 0$

Es sind $p = 4$ und $q = 2$.

Nun wird auf die Normalform die Lösungsformel $x = -\frac{p}{2} \pm \sqrt{\left(\frac{p}{2}\right)^2 - q}$ angewendet.

a)
$x = -\frac{-3}{2} \pm \sqrt{\left(\frac{-3}{2}\right)^2 - 2}$
$x = \frac{3}{2} \pm \sqrt{\frac{9}{4} - 2}$
$x = \frac{3}{2} \pm \frac{1}{2}$
$x = 1 \vee x = 2$
$L = \{1; 2\}$

b)
$x = -2 \pm \sqrt{\left(\frac{4}{2}\right)^2 - 2}$
$x = -2 \pm \sqrt{2}$
$x = -2 - \sqrt{2} \vee x = -2 + \sqrt{2}$
$L = \{-\sqrt{2} - 2; \sqrt{2} - 2\}$

Verständnis

- Peter behauptet: „Wenn q positiv ist, besitzt die Normalform der quadratischen Gleichung keine Lösung." Hat Peter Recht? Begründe.
- Annika sagt: „Wenn $a > -1$ ist, hat die Gleichung $ax^2 + 2x - 1 = 0$ immer zwei Lösungen." Überprüfe Annikas Behauptung mit einem dynamischen Funktionenplotter und begründe dein Ergebnis auch rechnerisch.

Aufgaben

oHiMi 1, 5

1 Löse die Gleichungen mit der Lösungsformel.

a) $x^2 - 3x - 4 = 0$ b) $x^2 + 3x - 10 = 0$ c) $x^2 + 5x - 6 = 0$
d) $x^2 + 4x = 0$ e) $x^2 - 8x + 15 = 0$ f) $x^2 + 5x + 6 = 0$

2 Löse die Gleichungen. Überprüfe, falls möglich, die Lösungen mit einem Taschenrechner.

a) $x^2 + 14x + 48 = 0$ b) $x^2 - 16x + 15 = 0$ c) $x^2 + 3x - 88 = 0$
d) $x^2 - 5x + 6 = 0$ e) $x^2 - 7{,}5x - 8{,}5 = 0$ f) $x^2 - \frac{2}{3}x + \frac{1}{12} = 0$
g) $3x^2 + 12x - 15 = 0$ h) $0{,}4x^2 - 4x - 4{,}4 = 0$ i) $0{,}5x^2 - 0{,}5x - 0{,}375 = 0$
j) $6x^2 + 6x + 36 = 0$ k) $\frac{1}{2}x^2 - \frac{1}{4}x + \frac{1}{32} = 0$ l) $\frac{4}{9}x^2 + \frac{5}{2} = 0$

3 Löse die Gleichungen.

a) $-2a^2 + 4a + 30 = 0$ b) $\frac{1}{2}b^2 - \frac{1}{2}b - 6 = 0$ c) $3c^2 + 6 = -12c$
d) $(x - 2)^2 = 4x$ e) $(y + 4) \cdot (2y - 2) = 6y$ f) $-2z^2 + 5z = 2z^2 + z$

4 Löse die Gleichungen $x^2 = 121$ und $x^2 = -2x$. Erläutere mindestens zwei verschiedene Lösungswege.

5 Erläutere die einzelnen Umformungsschritte in der Herleitung der Lösungsformel.

$$x^2 + px + q = 0$$
$$x^2 + px = -q$$
$$x^2 + px + \left(\frac{p}{2}\right)^2 = \left(\frac{p}{2}\right)^2 - q$$
$$\left(x + \frac{p}{2}\right)^2 = \left(\frac{p}{2}\right)^2 - q$$
$$\left|x + \frac{p}{2}\right| = \sqrt{\left(\frac{p}{2}\right)^2 - q}$$
$$x + \frac{p}{2} = \pm\sqrt{\left(\frac{p}{2}\right)^2 - q}$$
$$x = -\frac{p}{2} \pm \sqrt{\left(\frac{p}{2}\right)^2 - q}$$

6 Gleichungen der Form $x^2 = r$ und $x^2 + kx = 0$ sind Sonderfälle der Normalform quadratischer Gleichungen.

a) Bestimme allgemein p und q in Abhängigkeit von r bzw. k.
b) Wähle nun verschiedene Zahlen für r und k. Zeige, dass auch hier die Lösungsformel angewendet werden kann.

$(x-3)^2 = 0$ $x^3 = x$ $(x+3)^2 = 0$ $x^2 + x - 2 = 0$

$x \cdot (x^2 - 1) = 0$ $x^2 + 6x = -9$ $4x^2 + 4x + 1 = 0$ $x^2 - 6x + 9 = 0$

$(x+2) \cdot (x-1) = 0$ $(2x+1)^2 = 0$

- Je zwei Gleichungen auf den Kärtchen sind äquivalent. Finde die Paare.
- Gleichungen, bei denen die Variable in der zweiten Potenz auftritt oder die in diese Form gebracht werden können, sind quadratische Gleichungen. Entscheide, ob quadratische Gleichungen auf den Kärtchen stehen.
- Löse die Gleichungen ohne aufwändige Rechnung. Erläutere deinen Lösungsweg.

Dieses Prinzip wird manchmal auch ***Nullprodukt-Regel*** *genannt.*

Merkwissen

Manche quadratische Gleichungen lassen sich vorteilhafter lösen als durch Anwenden der Lösungsformel. Dabei versucht man, die Gleichung durch **Faktorisieren** in eine äquivalente Gleichung der Form $\mathbf{a \cdot (x - x_1) \cdot (x - x_2) = 0}$ zu überführen. Das Produkt auf der linken Seite ist nur dann null, wenn einer der Faktoren null ist. Aus der faktorisierten Form kann man die Lösungen x_1 und x_2 direkt ablesen.

Beispiele

I Bestimme die Lösungsmenge der Gleichung $x + 5x^2 = 3x^2 - 7x$.

Lösung:

	$x + 5x^2 = 3x^2 - 7x$	$\mid -3x^2 + 7x$
Ordnen und zusammenfassen:	$8x + 2x^2 = 0$	
Faktorisieren:	$2x \cdot (4 + x) = 0$	
Lösen durch Fallunterscheidung	1. Fall: $2x = 0$	
	2. Fall: $4 + x = 0$	$L = \{-4; 0\}$

II Gegeben ist die Gleichung $4x^2 + 1 + 6x = 2x$.

a) Forme die Gleichung in die Normalform um.

b) Löse die Gleichung.

Lösung:

a) $4x^2 + 1 + 6x = 2x \quad \mid -2x$
$4x^2 + 4x + 1 = 0 \quad \mid :4$
$x^2 + x + \frac{1}{4} = 0$

b) Binomische Formel anwenden und Lösung ablesen:
$\left(x + \frac{1}{2}\right)^2 = 0 \qquad L = \left\{-\frac{1}{2}\right\}$

III Löse die Gleichung $(x - 2)^2 = 5$.

Lösung:
Das Quadrat der Zahlen $-\sqrt{5}$ und $\sqrt{5}$ ergibt 5.
Also muss gelten: $x - 2 = -\sqrt{5}$ oder $x - 2 = \sqrt{5}$.
Somit ergeben sich die beiden Lösungen
$x = -\sqrt{5} + 2$ und $x = \sqrt{5} + 2$. $\qquad L = \{-\sqrt{5} + 2; \sqrt{5} + 2\}$

Verständnis

- „Quadratische Gleichungen in der Form $x^2 + kx = 0$ ($k \in \mathbb{R}$) haben immer zwei verschiedene Lösungen.“ Beurteile diese Aussage.
- Gib die Lösungsmenge von $(x + a) \cdot (x + b) = 0$ ($a, b \in \mathbb{R}$) in Abhängigkeit von a und b an. Untersuche dabei folgende Fälle:
  1 $a = b$ 2 $a = -b$ 3 $b = 0$

Aufgaben

oHiMi 1–3

1 Lies die Lösungen direkt ab. Überprüfe deine Lösungen durch Rechnung.

a) $(x + 3) \cdot (x - 5) = 0$ b) $\left(x + \frac{1}{2}\right) \cdot (x + 0{,}2) = 0$ c) $x \cdot (x - 4) = 0$
d) $(x + 0{,}5) \cdot (x - 0{,}5) = 0$ e) $x^2 - 12x = 0$ f) $\frac{x}{2} \cdot \left(x - \frac{1}{2}\right) = 0$

2 Bestimme die Lösungsmenge.

a) $x^2 - 225 = 0$ b) $-x^2 = -81$ c) $5x^2 = 3x^2 + 128$
d) $a^2 + 2{,}5a = 0$ e) $b^2 = 11b$ f) $4c^2 + 3c = 5c^2 + 2c$
g) $40 - m^2 = -9$ h) $(f + 3) \cdot (f - 5) = 0$ i) $(2k + 1) \cdot (3 - k) = 0$

Lösungen zu 2: $L = \{-15; 15\}$; $L = \{-2{,}5; 0\}$; $L = \{-9; 9\}$; $L = \{-0{,}5; 3\}$; $L = \{0; 11\}$; $L = \{-7; 7\}$; $L = \{-8; 8\}$; $L = \{-3; 5\}$; $L = \{0; 1\}$

3 Gib jeweils zwei quadratische Gleichungen an, die folgende Lösungen haben.

a) $x_1 = 5$; $x_2 = -5$ b) $x_1 = 4$; $x_2 = -2$ c) $x_1 = 6$; $x_2 = 10$
d) $m_1 = 0$; $m_2 = 3$ e) $y_1 = -8$; $y_2 = 0$ f) $z_{1/2} = \pm\sqrt{2}$

4 Löse die Gleichungen.

a) $3x - x^2 = 0$ b) $25 + 10x + x^2 = 0$ c) $2x^2 - 128 = 0$
d) $-\frac{1}{4}d + 0{,}5d^2 = d$ e) $\frac{1}{9} + e^2 = \frac{2}{3}e$ f) $3g \cdot (g - 5) = 3g$
g) $2k^2 + 15k + 3k^2 = 0$ h) $-6 + x \cdot (x + 2) - 2x = 0$ i) $y^2 + 0{,}64 = 1{,}6y$

Vereinfache zunächst. Forme in ein Produkt um (durch Anwendung der binomischen Formeln oder durch Ausklammern).

Geschichte

François Viète

François Viète (1540–1603) war ein begeisterter französischer Hobbymathematiker. Bis heute ist er weltberühmt, unter anderem für den von ihm im „Satz von Vieta“ beschriebenen Zusammenhang zwischen den Nullstellen einer quadratischen Funktion (verschobene Normalparabel) und der Normalform der zugehörigen Funktionsgleichung. Mithilfe dieses Satzes kannst du Lösungen geschickt erraten oder kontrollieren.

Satz von Vieta

Besitzt die quadratische Gleichung $x^2 + px + q = 0$ die Lösungen x_1 und x_2, so gilt: $x_1 + x_2 = -p$ und $x_1 \cdot x_2 = q$. Weiterhin gilt: $x^2 + px + q = (x - x_1) \cdot (x - x_2)$

Beispiel:
Gegeben ist die Gleichung $x^2 + 2x - 15 = 0$.
Für $p = 2$ und $q = -15$ lassen sich mit der Lösungsformel die Lösungen $x_1 = -5$ und $x_2 = 3$ bestimmen.
Probe: $x_1 + x_2 = -5 + 3 = -2 = -p \Rightarrow p = 2$ $x_1 \cdot x_2 = -5 \cdot 3 = -15 = q \rightarrow q = -15$

- Berechne die Lösungen und kontrolliere sie mithilfe des Satzes von Vieta.
  1 $0 = x^2 - 7x + 10$ 2 $0 = x^2 - 3x - 18$ 3 $0 = x^2 - 6x - 27$ 4 $0 = x^2 + 7x - 120$
- Gegeben sind jeweils die Lösungen von quadratischen Gleichungen der Form $x^2 + px + q = 0$. Bestimme mithilfe des Satzes von Vieta die zugehörige quadratische Gleichung in der Normalform.
  1 $x_1 = -2$; $x_2 = 5$ 2 $x_1 = 6$; $x_2 = 18$ 3 $x_1 = -7$; $x_2 = 4$ 4 $x_1 = 3{,}5$; $x_2 = -2{,}5$

Die Klasse 9c hat bei einem Mathematikwettbewerb 700 € gewonnen, die an die Teilnehmer der Gruppenarbeit verteilt werden sollen. Leider konnten drei Schüler nicht mitschreiben. Dadurch bekommt jeder Teilnehmer 3 € mehr ausbezahlt. Wie viele Schülerinnen und Schüler besuchen die 9c?

Merkwissen

*Der höchste Exponent von x gibt den **Grad der Gleichung** mit der Variablen x an.*

Nullstellen von Termen im Nenner werden aus der Definitionsmenge ausgeschlossen.

Quadratische Gleichungen können helfen, andere Gleichungen zu lösen. Typische Vorgehensweisen für ...

Gleichungen höheren Grades
1. Zerlegung in Faktoren, beispielsweise durch Ausklammern,
2. dann Nullsetzen der einzelnen Faktoren.

Biquadratische Gleichungen (Gleichungen der Form $ax^4 + bx^2 + c = 0$)
1. Substitution ($x^2 = u$),
2. dann Lösen der entstandenen quadratischen Gleichung ($au^2 + bu + c = 0$)
3. und schließlich Rücksubstitution ($u = x^2$).

Bruchgleichungen
1. Multiplikation mit dem Hauptnenner,
2. dann Lösen der entstandenen Gleichung
3. und Prüfen, ob die Lösungen in der Definitionsmenge enthalten sind.

Beispiele

I Löse die Gleichung $x^3 - 2x^2 - 8x = 0$.

Lösung:

1 Faktorisieren: $x \cdot (x^2 - 2x - 8) = 0$

2 Fallunterscheidung: $x = 0$ oder $x^2 - 2x - 8 = 0$

$x = 0$ oder $x = 1 \pm \sqrt{1 + 8}$

$x = 0$ oder $x = -2$ oder $x = 4$

Lösungsmenge: $L = \{-2; 0; 4\}$

II Löse die Gleichung $2x^4 - 3x^2 + 1 = 0$.

Lösung:

1 Substitution von $x^2 = u$: $2u^2 - 3u + 1 = 0$

2 Umformen in Normalform: $u^2 - \frac{3}{2}u + \frac{1}{2} = 0$

Anwenden der Lösungsformel: $u = \frac{3}{4} \pm \sqrt{\frac{9}{16} - \frac{1}{2}} = \frac{3}{4} \pm \frac{1}{4}$

$u = \frac{1}{2} \quad \vee \quad u = 1$

3 Rücksubstitution: $x^2 = \frac{1}{2} \quad \vee \quad x^2 = 1$

$x = \pm\frac{\sqrt{2}}{2} \quad \vee \quad x = \pm 1$

Lösungsmenge: $L = \left\{-1; -\frac{\sqrt{2}}{2}; \frac{\sqrt{2}}{2}; 1\right\}$

III Bestimme die Lösungsmenge der Gleichung $\frac{30}{x} - 1 = \frac{30}{x + 0,05}$.

Lösung:

Bestimmung der Definitionsmenge: $D = \mathbb{R} \setminus \{0; -0,05\}$

1 Multiplikation mit dem Hauptnenner: $30 \cdot (x + 0,05) - x \cdot (x + 0,05) = 30x$

2 Umformen der Gleichung:

$$30x + 1,5 - x^2 - 0,05x = 30x$$
$$-x^2 - 0,05x + 1,5 = 0$$
$$x^2 + 0,05x - 1,5 = 0$$

Anwenden der Lösungsformel: $x = 1,2 \vee x = -1,25$

3 Überprüfen der Lösungen: $1,2 \in D; -1,25 \in D$

Probe für $x = -1,25$, linke Seite: $\frac{30}{-1,25} - 1 = -25$

rechte Seite: $\frac{30}{-1,25 + 0,05} = \frac{30}{-1,2} = -25$

Probe für $x = 1,2$ linke Seite: $\frac{30}{1,2} - 1 = 24$

rechte Seite: $\frac{30}{1,2 + 0,05} = \frac{30}{1,25} = 24$

Lösungsmenge: $L = \{-1,25; 1,2\}$

Verständnis

- Wie viele Lösungen kann eine Gleichung dritten Grades haben? Gib jeweils ein Beispiel an.
- Wann hat eine biquadratische Gleichung keine Lösungen?

Aufgaben

1 Bestimme die Lösungsmenge durch Faktorisieren.

a) $x^3 + x^2 - 2x = 0$
b) $-3x^3 + 9x^2 - 6x = 0$
c) $12x^2 + 24x + 12 = 5x \cdot (x + 1)^2$
d) $x^3 - 2x^2 + x = 21x^2 \cdot (x - 1)^2$
e) $(9x^2 + 6x + 1)^2 + 3x \cdot (3x + 1)^3 = (1 + 3x)^3$
f) $(x + 1)^2 \cdot (3x - 5) = x^2 + 2x + 1$

Lösungsmengen zu 1:
$\{0; 1; 2\}$; $\{-1; 2\}$; $\{0; \frac{1}{21}; 1\}$; $\{-\frac{1}{3}; 0\}$; $\{-2; 0; 1\}$; $\{-1; 2,4\}$

2 Bestimme die Lösungsmenge durch Substitution.

a) $x^4 - 5x^2 + 4 = 0$
b) $x^4 + 4 = -5x^2$
c) $x^4 - 3x^2 + 2 = 0$
d) $x^4 + 4x^2 + 4 = 0$
e) $y^4 - 13y^2 + 36 = 0$
f) $x^4 - 1,8x^2 - 0,4 = 0$
g) $(x^2 + 16)^2 = 82x^2 - 144$
h) $(x^2 + 1)^2 - (2x + 1)^2 = 3(x^2 - 2) - 4x$

3 Bestimme die maximale Definitionsmenge und die Lösungsmenge.

a) $\frac{3}{x^2 + 2} = \frac{1}{x}$
b) $\frac{x^2 + 3}{x^2 + 1} = 2$
c) $\frac{8}{x} = 3x + 2$
d) $\frac{10}{2x - 3} = x - 1$
e) $\frac{x^2 + 4x}{x + 2} = \frac{2x}{3}$
f) $\frac{x^2 - 5}{x - 1} = \frac{7x + 10}{9}$
g) $\frac{2x - 2}{x + 3} + \frac{x + 3}{x - 3} = 5$
h) $\frac{x^2 + x - 2}{x + 3} = -10$
i) $\frac{8x - 5}{x} = \frac{9x}{x + 2}$

4 Herr Bleibfrei tankt regelmäßig für 48,00 € Benzin. Nach einer Preiserhöhung um 5 ct pro Liter erhält er 1,6 Liter weniger als zuvor.
Wie viel kostete 1 Liter Benzin vor der Preiserhöhung?

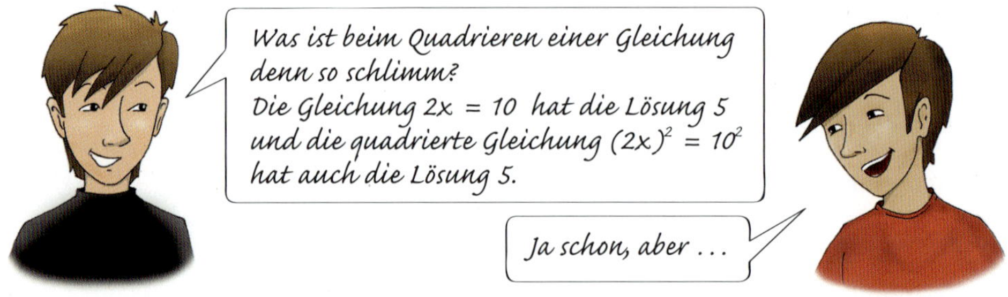

- Vervollständige Mikas Satz. Welchen Einwand könnte Mika haben?

Merkwissen

Tritt in einer Gleichung die **Variable im Radikanden einer Wurzel** auf, so spricht man von einer **Wurzelgleichung**.
Wurzelgleichungen löst man häufig mit folgender Methode:

- maximale Definitionsmenge bestimmen,
- Wurzel isolieren,
- beidseitig quadrieren,
- entstandene Gleichung lösen,
- Lösungen überprüfen.

Beim Quadrieren können Lösungen hinzukommen, die nicht Lösung der Ausgangsgleichung sind („Gewinnumformung“). Daher ist die Probe hier unerlässlich.

Bei der entstandenen Gleichung kann es sich erneut um eine Wurzelgleichung handeln.

Beispiele

I Löse die Gleichungen. Beschreibe das Vorgehen.

a) $18 - 2\sqrt{x} = 4$ b) $\sqrt{x^2 + 6x + 13} = \sqrt{7 - x}$ c) $\sqrt{x + 13} = \sqrt{2x + 12} - 1$

Wurzelterm auf einer Seite der Gleichung: $\sqrt{T_1} = T_2$

Wurzelterme auf beiden Seiten der Gleichung: $\sqrt{T_1} = \sqrt{T_2}$

Wurzelterme auf beiden Seiten der Gleichung: $\sqrt{T_1} = \sqrt{T_2} + T_3$

Lösung:

a) $18 - 2\sqrt{x} = 4$
$D = \mathbb{R}_0^+$
Isolieren der Wurzel: $2\sqrt{x} = 14 \Leftrightarrow \sqrt{x} = 7$
Quadrieren: $(\sqrt{x})^2 = 7^2 \Leftrightarrow x = 49$; $49 \in D$
Probe: $18 - 2\sqrt{49} = 4$ wahr
Lösungsmenge: $L = \{49\}$

b) $\sqrt{x^2 + 6x + 13} = \sqrt{7 - x}$
$D = \{x \mid x \leq 7\}$
Quadrieren: $x^2 + 6x + 13 = 7 - x \Leftrightarrow x^2 + 7x + 6 = 0$
Lösen: $x = -6 \vee x = -1$; $-6 \in D$; $-1 \in D$
Probe: $x = -6$: $\sqrt{(-6)^2 + 6 \cdot (-6) + 13} = \sqrt{7 - (-6)} \Leftrightarrow \sqrt{13} = \sqrt{13}$ wahr
$x = -1$: $\sqrt{(-1)^2 + 6 \cdot (-1) + 13} = \sqrt{7 - (-1)} \Leftrightarrow \sqrt{8} = \sqrt{8}$ wahr
Lösungsmenge: $L = \{-6; -1\}$

c) $\sqrt{x+13} = \sqrt{2x+12} - 1$
$D = \{x \mid x \geq -6\}$

Quadrieren:	$(\sqrt{x+13})^2 = (\sqrt{2x+12} - 1)^2$		Binomische Formel
	$x + 13 = 2x + 12 - 2 \cdot 1 \cdot \sqrt{2x+12} + 1$		
Isolieren der Wurzel:	$2 \cdot \sqrt{2x+12} = x$		Struktur wie unter a)
Quadrieren:	$4 \cdot (2x + 12) = x^2$		
Lösen:	$x = -4 \vee x = 12;\ -4 \in D;\ 12 \in D$		
Probe:	$x = -4$: $\sqrt{-4+13} = \sqrt{-8+12} - 1 \Leftrightarrow 3 = 1$	falsch	
	$x = 12$: $\sqrt{12+13} = \sqrt{24+12} - 1 \Leftrightarrow 5 = 5$	wahr	
Lösungsmenge:	$L = \{12\}$		

Verständnis

- Ändert das beidseitige „Wurzelziehen" bei einer Gleichung die Lösungsmenge? Begründe deine Antwort.
- Begründe, warum es in Beispiel I a) nicht sinnvoll ist, die Gleichung sofort auf beiden Seiten zu quadrieren.

Aufgaben

Definitionsmengen zu 1:
$x \in \mathbb{R}$; $x \geq -3$; $x \geq 0$; $x \geq 0$; $x \geq 5$; $x \geq 8$
Lösungsmengen zu 1:
$\{-8; 2\}$; $\{49\}$; $\{144\}$; $\{149\}$; $\{264\}$; $\{2022\}$

oHiMi 1–3

1 Bestimme die Definitions- und die Lösungsmenge.

a) $\sqrt{x} = 7$ b) $\sqrt{x} + 5 = 17$ c) $\sqrt{x+3} = 45$
d) $\sqrt{x-8} = 16$ e) $\sqrt{x-5} = 12$ f) $\sqrt{(x+3)^2} = 5$

2 Wie lautet die Definitionsmenge der Wurzelgleichung? Löse anschließend.

a) $\sqrt{22x-42} = \sqrt{18x+18}$ b) $\sqrt{15-x} = \sqrt{3+x}$
c) $6\sqrt{x-4} = 8\sqrt{x-32}$ d) $\frac{4}{3}\sqrt{2x-14} = \frac{1}{3}\sqrt{x+8}$

3 Bestimme die Lösungsmenge. Beschreibe dein Vorgehen wie in Beispiel I.

a) $x - \sqrt{2x-12} = 10$ b) $x - \sqrt{x-4} = 6$ c) $x - \sqrt{3x+1} = 9$
d) $x + \sqrt{5 \cdot (x+8)} = 2$ e) $x + \sqrt{3 \cdot (x+7)} = -1$ f) $\sqrt{x+4} = 2 - x$

4 Finde die richtigen Lösungen. Wie lautet das Lösungswort?

(1) $\sqrt{2x-17} - \sqrt{x} = 2$
(2) $\sqrt{x+104} = \sqrt{x} + 8$
(3) $\sqrt{x+8} + \sqrt{x-1} = 9$
(4) $156\sqrt{2x+7} - 369 = 33\sqrt{2x+7}$
(5) $3\sqrt{129-2x} = 11\sqrt{2x+1}$
(6) $\sqrt{x+1} - 2 = \sqrt{x-11}$
(7) $\sqrt{40+4x} + 4\sqrt{x} = 7$
(8) $\sqrt{20 - \sqrt{34-2x}} = 4$
(9) $\sqrt{4x-15} \cdot \sqrt{9x-26} = 6x - 20$

1 I	4 C	6,25 L
9 N	10 G	15 H
17 E	49 G	$\frac{1}{36}$ U

5 Untersuche die Wurzelgleichung $\sqrt{x} + 1 = \sqrt{x+3}$.

a) Bestimme die maximale Definitionsmenge der Gleichung.
b) Zeichne die Graphen für $f_1(x) = \sqrt{x} + 1$ und für $f_2(x) = \sqrt{x+3}$ mithilfe einer Parabelschablone in ein Koordinatensystem.
c) Beschreibe die Bedeutung des Schnittpunkts der Graphen von f_1 und f_2 für die Wurzelgleichung.

Zu 5.1

1 Löse die Gleichungen rechnerisch.

a) $x^2 = 144$
b) $x^2 - 49 = 0$
c) $x^2 = 0{,}81$

Begründe, dass die Gleichung ...

a) $x^2 + 5 = 4$ keine Lösung hat.
b) $25x^2 = 4$ zwei Lösungen hat.
c) $16x^2 = 0$ eine Lösung hat.

2 Löse die Gleichungen zeichnerisch und rechnerisch.

a) $x^2 + 7 = 16$
b) $x^2 - \frac{4}{9} = 0$
c) $x^2 - 2 = 0$

Begründe mithilfe des grafischen Lösungsverfahrens den Satz: „Hat eine reinquadratische Gleichung zwei Lösungen, so haben diese den gleichen Betrag.“

Zu 5.2

3 Löse die Gleichungen zeichnerisch.

a) $x^2 = -x + 2$
b) $2x^2 + x - 3 = 0$

Löse die Gleichungen grafisch und rechnerisch.

a) $x^2 = -x + 2$
b) $2x^2 + x - 3 = 0$

4 Löse ohne Lösungsformel.

a) $(x + 4)^2 = 25$
b) $(x - 2)^2 = 81$
c) $(2x + 1)^2 = 4$
d) $\left(x - \frac{1}{2}\right)^2 = \frac{9}{16}$
e) $(3 + x)^2 = 0{,}25$
f) $(2 - x)^2 - 1 = 8$

Überprüfe und beurteile Lucias Lösungsweg.

$\frac{1}{2}x^2 - 3x = 2x \quad | - 2x$

$\frac{1}{2}x^2 - 5x = 0 \quad | : x$

$\frac{1}{2}x - 5 = 0$

$L = \{10\}$

Zu 5.3

5 Berechne die Diskriminante und beurteile, wie viele Lösungen die Gleichung hat.

a) $x^2 - 1 = 1{,}5x$
b) $3 - x^2 = 2x$
c) $x \cdot (2x - 1{,}5) = -1{,}5$

Bestimme die Belegung des Koeffizienten a so, dass die Gleichung keine, eine oder zwei Lösung(en) hat.

a) $x^2 - 4x + a = 0$
b) $x^2 + ax + 12 = 0$
c) $(x - a)^2 = 0$

Zu 5.4

6 Bestimmen die Lösungsmenge mithilfe der p-q-Formel:

a) $x^2 - 14x + 33 = 0$
b) $x^2 + 14x = 207$
c) $x^2 - 12x = 64$

Für welche Werte von k hat die Gleichung $x^2 - x + k = 0$ zwei Lösungen? Gib diese in Abhängigkeit von k an.

a) $x^2 - x + k = 0$
b) $5x^5 - 7x = 49k$

7 Bestimme die Zahl. **Zu 5.4**

Subtrahiert man vom Quadrat einer natürlichen Zahl das Dreifache der Zahl, so erhält man 130.

Man erhält die fünffache Differenz einer Zahl mit 3, wenn man die Zahl mit der Summe der Zahl und 13 multipliziert.

8 **Zu 5.5**

Löse durch Faktorisieren.

a) $x^2 + 6x + 9 = 0$

b) $-x^2 - 13x = 0$

c) $x^2 - 81 = 0$

Vervollständige die Gleichungen so, dass sie die angegebene Lösungsmenge haben.

a) $a^2 + 6a + \square = 0$ $\quad L = \{-2; -4\}$

b) $b^2 - \square = 10b$ $\quad L = \{2; 8\}$

c) $3c^2 - 4c + \square = 2c^2$ $\quad L = \{-1; 5\}$

9 **Zu 5.6**

Löse durch Substitution.

a) $x^4 - 13x^2 + 36 = 0$

b) $x^4 + 13x^2 + 36 = 0$

c) $x^4 - 2x^2 - 3 = 0$

d) $x^4 + 2x^2 - 3 = 0$

Gib eine Gleichung vierten Grades mit der angegebenen Anzahl an Lösungen an. Begründe.

a) keine Lösung

b) eine Lösung

c) zwei Lösungen

d) drei Lösungen

10 Bestimme Definitions- und Lösungsmenge.

a) $\frac{x-3}{2} = \frac{5x+9}{2x}$

b) $x + 2 = \frac{12}{x-2}$

c) $4x - 5 = \frac{3x}{5-x}$

a) $\frac{x+1}{x+2} = \frac{x+3}{x+4}$

b) $\frac{7-x}{4+2x} = \frac{x-3}{x+9}$

c) $\frac{x-3}{x-9} = \frac{2x}{x+3}$

11 Bestimme Definitions- und Lösungsmenge. **Zu 5.7**

a) $x + 2 = \sqrt{2x+7}$

b) $\sqrt{x-2} = 4 - x$

a) $\sqrt{x} + 2 = \sqrt{2x+8}$

b) $3x + \sqrt{8x^2 - 9x - 20} = 4$

12 Gib eine Wurzelgleichung mit keiner/einer/zwei Lösung(en) an.

Unter der Wurzel soll ...

a) nur ein linearer Term stehen.

b) nur ein quadratischer Term stehen.

c) Überprüfe die Wurzelgleichungen durch Lösen.

a) Erläutere, wie du die gesuchten Wurzelgleichungen gefunden hast.

b) Untersuche, wie die Definitionsmenge und die Lösungsmenge der Gleichung $\sqrt{2x^2 + b} = x$ vom Wert von b abhängen.

oHiMi 1–3, 6

1 Berechne die Lösungsmenge der quadratischen Gleichung.

a) $x^2 - 64 = 0$ **b)** $x^2 + 16x = 0$ **c)** $x^2 + 16 = 0$
d) $x^2 - 2 = 0$ **e)** $x^2 + 2x = 0$ **f)** $x^2 - 8 = 0$
g) $x^2 - 14x + 33 = 0$ **h)** $x^2 - 12x - 64 = 0$ **i)** $x^2 - 10x - 56 = 0$
j) $x^2 - 11x = 50{,}75$ **k)** $x^2 + 3x - 22{,}75 = 0$ **l)** $x^2 - 17 = -16$

2 Bestimme zunächst die Anzahl der Lösungen der quadratischen Gleichung mithilfe der Diskriminate D. Ermittle anschließend die Lösungsmenge.

a) $x^2 + x + 1 = 0$ **b)** $x^2 - 4x + 8 = 0$ **c)** $x^2 - \frac{1}{4}x - \frac{1}{4} = 0$
d) $2x^2 + x + 1 = 0$ **e)** $-\frac{1}{2}x^2 + \frac{1}{3}x - 1 = 0$ **f)** $2x^2 - 28x + 98 = 0$

Lösungen zu 3:
$L = \{-5; 0\}$; $L = \{\ \}$;
$L = \{-6; 6\}$; $L = \{0; 7\}$;
$L = \{-13; -1\}$; $L = \{-1; 5\}$;
$L = \{4; 6\}$; $L = \{-4; 4\}$

3 Ermittle die Lösung für x.

1 $x^2 = 36$ 2 $x^2 - 16 = 0$ 3 $x^2 + 5x = 0$ 4 $x^2 - 7x = 0$
5 $(x + 7)^2 = 36$ 6 $(x - 2)^2 - 9 = 0$ 7 $(x - 4) \cdot (x - 6) = 0$ 8 $x^2 + 16 = 0$

4 Die Gleichungen aus Aufgabe 3 wurden verändert.

1 $x^2 + x = 36$ 2 $x^2 - 16 = x$ 3 $x^2 + 5x = 2$ 4 $x^2 - 7x = 21$
5 $(x + 7)^2 = x$ 6 $(x - 2)^2 - a = 0$ 7 $(x - 4) \cdot (x - 6) = 25$ 8 $x^2 + 16 = x$

a) Löse diese Gleichungen mit deinem Taschenrechner.

b) Vergleiche die jeweiligen Gleichungspaare und erläutere die unterschiedlichen Schwierigkeiten beim Lösen ohne Hilfsmittel.

5 Löse die Aufgaben auf den einzelnen Kärtchen.

a) Berechne die Nullstelle von $f(x) = x^2 + 4x + 3$.

b) Ermittle die Koordinaten der Schnittpunkte von $f(x) = 3x^2$ und $g(x) = 6x + 9$ rechnerisch.

c) Untersuche die Parabeln zu $f(x) = x^2 - 4x + 3$ und $k(x) = -2x^2 + \frac{14}{3}x + 2$ auf gemeinsame Punkte.

d) Der Graph einer Parabel hat die Nullstellen $x_1 = 3$ und $x_2 = -8$. Gib eine Funktionsgleichung an.

e) Bestimme die Werte für den Parameter a so, dass die Gleichung $0 = x^2 - 4x + a$ keine Lösung hat.

f) Bestimme alle Werte von k so, dass $f(x) = -x^2 + 2kx - 3$ eine Nullstelle hat.

g) Untersuche die Anzahl der Nullstellen von $h_b(x) = x^2 - 4bx + 12$ in Abhängigkeit von b.

h) Berechne c so, dass $x = -1$ eine Lösung von $5x^2 - 6cx + c^2 = 0$ ist.

6 Gib eine quadratische Gleichung an, die L als Lösungsmenge hat.

a) $L = \{-0{,}5; 2\}$ **b)** $L = \{0{,}03; 0{,}5\}$ **c)** $L = \{-8; 23\}$

Findest du verschiedene Möglichkeiten?

7 Berechne die Lösungsmenge. Achte auf die Definitionsmenge.

a) $6x^2 + 10x + 4 = (x + 1) \cdot (7x + 3)$ **b)** $(12x + 3)^2 = 72x + 13$

c) $(5x + 3)^2 + (5x - 3)^2 = 218$ **d)** $(3 + x) \cdot (x - 3) + (x + 9)^2 = (x - 3)^2$

e) $\frac{52 - 7x}{x - 36} = \frac{13x - 28}{4 - 9x}$ **f)** $\frac{-7 + 3x}{3 + x} = \frac{2x - 5}{1 + 2x}$ **g)** $\frac{3x^2 + 5}{12} = 1 + \frac{2x^2 - 5}{6}$

Lösungen zu 7:
$L = \{-1; 1\}$; $L = \{-4; 4\}$;
$L = \{1; 2\}$; $L = \{-\sqrt{3}; \sqrt{3}\}$;
$L = \{-2; 2\}$; $L = \{-\frac{1}{6}; \frac{1}{6}\}$;
$L = \{-21; -3\}$

8 Wenn man den Radius eines Kreises um 39 cm vergrößert, so steigt sein Flächeninhalt auf das 6,25-Fache. Ermittle die Durchmesser beider Kreise.

9 Ulf kauft in einem Geschäft Schrauben für 30 €. In einem anderen Geschäft kostet eine Schraube 5 ct weniger, er erhält dort für den gleichen Betrag 100 Schrauben mehr. Wie viele Schrauben hat Ulf gekauft?

10 Bestimme die Definitionsmenge und löse die Wurzelgleichung.

a) $2x - 5 = -\sqrt{x - 1}$ **b)** $\sqrt{x - 2} = 4 - x$ **c)** $7 - \sqrt{4x + 1} = 2x$

11 Gegeben ist ein Quadrat mit 4 cm Seitenlänge. Man erhält neue Quadrate, wenn man die Quadratseiten um x cm verlängert.

a) Stelle den Flächeninhalt des neuen Quadrats in Abhängigkeit von x dar.

b) Für welchen Wert von x hat der Flächeninhalt den Wert 64 cm^2?

c) Welche Bedingung gilt für x, wenn der Flächeninhalt 64 cm^2 nicht übersteigen soll?

12 In einem rechteckigen Baugrundstück von 24 m Länge und 18 m Breite soll eine Baugrube so angelegt werden, dass sie $\frac{2}{3}$ der ursprünglichen Fläche einnimmt und auf allen vier Seiten ein gleich breiter Grundstücksstreifen übrig bleibt. Berechne die Breite des Streifens.

13 Ein Bauer will zwei Koppeln einrichten, um Jungtiere von Muttertieren zu trennen. Er möchte auf der Weide zwei gleich große Rechtecke abstecken, die eine gemeinsame Seite haben. Ihm stehen 1000 m Elektrozaun zur Verfügung.

a) Ermittle die Seitenlängen der Rechtecke mit möglichst großem Flächeninhalt.

b) Es stehen 1000 tragbare und jeweils 1 m lange Zaunelemente zur Verfügung. Ermittle unterschiedliche Möglichkeiten, die Zaunelemente aufzubauen.

14 Bernhard spielt gern Golf. Die Flugbahn des Golfballs kann annähernd durch eine Parabel beschrieben werden. Überprüfe, ob es ihm mit diesem Schlag gelingt, den 15 m hohen Baum zu überspielen. In welcher Entfernung vom Abschlag beträgt die Höhe des Balls $\frac{1}{12}$ seiner waagrecht gemessenen Entfernung?

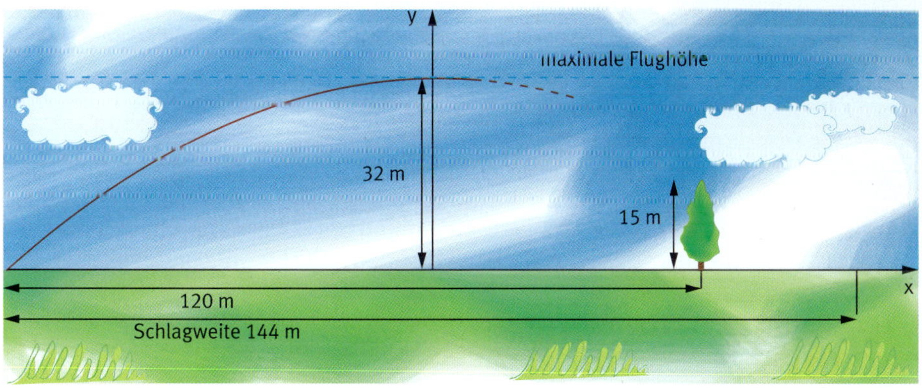

Imaginäre Zahlen C

Die Frage, wie das Problem zu lösen ist, dass bei der Lösung einer quadratischen Gleichung die Wurzel aus einer negativen Zahl gezogen werden muss, beschäftigte Mathematiker hunderte von Jahren.

In seinem Werk *Ars Magna* befasste sich **Girolamo Cardano** (1501–1576) mit der Gleichung $x^2 + 40 = 10x$; er gab deren formale Lösungen $5 + \sqrt{-15}$ und $5 - \sqrt{-15}$ an, scheint aber die Richtigkeit seiner Lösungen selber angezweifelt zu haben.

Rafael Bombelli (1526–1572) führte in seinem erst 1579 veröffentlichten Werk *L'Algebra* die Ideen von Cardano fort und gab als Erster Rechenregeln für $\sqrt{-1}$ an.

Leonhard Euler (1707–1783) schlug schließlich vor, die Bezeichnung i für $\sqrt{-1}$ einzuführen. Dabei sollte i die **Lösung der quadratischen Gleichung $x^2 = -1$** sein. Es sollte also gelten: $\mathbf{i^2 = -1}$.
Die **Zahl i** wird dabei als **imaginäre Einheit** bezeichnet in Abgrenzung dazu, dass es sich nicht um eine reelle Zahl handelt.

Leonhard Euler

Mit der imaginären Einheit i kann man wie mit einer Variablen rechnen.
Die Multiplikationsregeln lauten:

$(+1) \cdot (+i) = +i$	$(+i) \cdot (+i) = -1$	$(+1) \cdot (-i) = -i$	$(+i) \cdot (-i) = +1$
$(-1) \cdot (+i) = -i$	$(-i) \cdot (+i) = +1$	$(-1) \cdot (-i) = +i$	$(-i) \cdot (-i) = -1$

a) Gib eine quadratische Gleichung an, die die Lösungen $x_1 = \sqrt{7} \cdot i$ und $x_2 = -\sqrt{7} \cdot i$ hat.

b) Vereinfache die folgenden Terme so weit wie möglich. Ersetze i^2 stets durch -1. Beachte, dass die üblichen Rechengesetze (Assoziativ-, Kommutativ- und Distributivgesetz) weiterhin gelten sollen.

① $7i + 8i$ ② $5i - 2i$ ③ $(11i + 2i)^2$ ④ i^2 ⑤ $i^2 + i$

⑥ i^4 ⑦ $\frac{1}{i^2}$ ⑧ $\frac{i}{i^2}$ ⑨ $\frac{i^3}{i^2} + \frac{i^2}{i^3}$ ⑩ $(1 + i)^2$

c) Löse die folgenden quadratischen Gleichungen unter Verwendung von $i^2 = -1$. Vergleiche deine Lösungen mit den Lösungen eines Taschenrechners, der quadratische Gleichungen lösen kann.

① $x^2 + 4 = 0$ ② $3x^2 + 27 = 0$ ③ $2 - x^2 = 10$ ④ $\frac{1}{x} + \frac{x}{1} = 0$ (mit $x \neq 0$)

Komplexe Zahlen und ihre Darstellung in der Gauß'schen Zahlenebene

Löst man die Gleichung $x^2 + 8x + 25 = 0$ mithilfe der Lösungsformel für quadratische Gleichungen unter Verwendung von $i^2 = -1$, so erhält man:

$$x = -4 \pm \sqrt{16 - 25} = -4 \pm \sqrt{-9} = -4 \pm 3i$$

Die Lösungen der Gleichung sind also $x_1 = -4 + 3i$ und $x_2 = -4 - 3i$. Die Lösungen bestehen somit aus zwei Bestandteilen: dem reellen Teil −4 und dem imaginären Teil +3i bzw. −3i.

Man nennt Zahlen der Art **z = a + bi** mit $a, b \in \mathbb{R}$ **komplexe Zahlen**. Die **Menge aller komplexen Zahlen** bezeichnet man kurz mit $\mathbb{C}$. Für b = 0 erhält man mit z = a die **reellen Zahlen**, für a = 0 und z = bi spricht man von **imaginären Zahlen**.

Mithilfe der komplexen Zahlen kann man zu jeder quadratischen Gleichung ihre Lösungsmenge bestimmen, die nicht leer ist.

Gottfried Wilhelm Leibniz (1646–1716) hat die komplexen Zahlen als „Zwitterwesen zwischen Sein und Nichtsein" bezeichnet. Heute benutzt man diese „seltsamen" Zahlen in vielen Zusammenhängen, beispielsweise zur rechnerischen Lösung von Problemen der Wechselstromtechnik.

Ebenso wie man jeder reellen Zahl einen Punkt auf einer Zahlengeraden zuordnet, hat **Carl Friedrich Gauß** (1777–1855) jeder komplexen Zahl einen Punkt in einer Ebene zugeordnet, die man die **Gauß'sche Zahlenebene** (oder auch **komplexe Zahlenebene**) nennt.

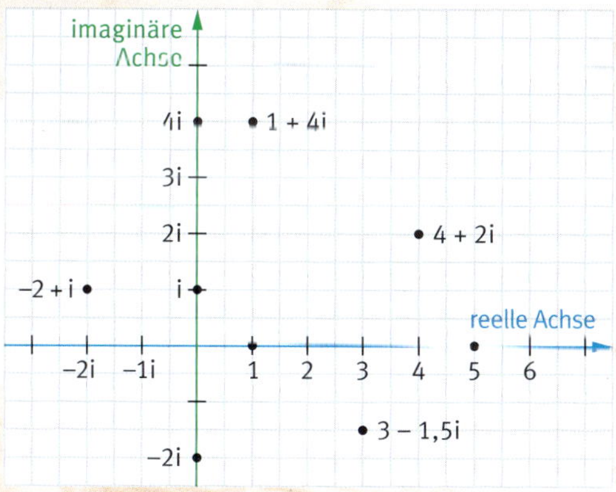

a) Zeichne in dein Heft eine Gauß'sche Zahlenebene und stelle dort die komplexen Zahlen dar.

① 1 + i ② 5 − 2i ③ 2,5i
④ 4 ⑤ −1,5 − 2,5i ⑥ 0 + 0i

b) Vereinfache jeden Term und stelle das Ergebnis in der Form z = a + bi mit $a, b \in \mathbb{R}$ dar.

① $1 + \frac{1}{i}$ ② $2i^2 - \frac{1}{i^2}$ ③ $\frac{3i}{i^2} + (2i)^4$
④ $2i \cdot (1{,}5 + i)$ ⑤ $(1 + i) \cdot (1 - i)$ ⑥ $(2 + i)^2$

c) Ermittle die Lösungsmengen der quadratischen Gleichungen im Bereich der komplexen Zahlen $\mathbb{C}$ und stelle die Ergebnisse in der Gauß'schen Zahlenebene dar. Beschreibe Auffälligkeiten.

① $z^2 + 10z + 34 = 0$ ② $z^2 - 6z + 13 = 0$
③ $z^2 + 6z + 25 = 0$ ④ $z \cdot (z + 5i) = 0$

Gleichungen höheren Grades

Gauß hat gezeigt, dass sich mithilfe komplexer Zahlen nicht nur jede quadratische Gleichung lösen lässt, sondern sogar jede Gleichung höheren Grades. Ist die höchste Potenz in der Gleichung jedoch größer als 4, lässt sich die Lösung nicht immer als Term mit Wurzeln und komplexen Zahlen angeben; Lösungsformeln wie die p-q-Formel gibt es nur für Gleichungen bis zum Grad vier.

Viele Versuche wurden unternommen, Lösungsformeln zu finden. Mit der Theorie von **Evariste Galois** (1811–1832) wurde jedoch bewiesen, dass es unmöglich ist, eine solche Lösungsformel zu finden.

Informiere dich über das kurze, aber sehr produktive Leben von Evariste Galois.

Evariste Galois

Überprüfe deine Fähigkeiten und Kenntnisse. Bearbeite dazu die folgenden Aufgaben und bewerte anschließend deine Lösungen mit einem Smiley.

☺	😐	☹
Das kann ich!	Das kann ich fast!	Das kann ich noch nicht!

Hinweise zum Nacharbeiten findest du auf der folgenden Seite. Die Lösungen stehen im Anhang.

Aufgaben zur Einzelarbeit

1 Bestimme die Lösungsmenge ohne Anwendung der Lösungsformel.

a) $x^2 = 169$ **b)** $x^2 + 25 = 0$
c) $6x + 3x^2 = 0$ **d)** $15x^2 = 5x$
e) $(x - 2) \cdot (x + 3) = 0$ **f)** $(2x - 1) \cdot (2 - 3x) = 0$

2 Löse die Gleichungen ohne Hilfsmittel.

a) $a^2 - 24a + 144 = 0$ **b)** $b^2 - 8b + 7 = 0$
c) $2c^2 + 4c - 6 = 0$ **d)** $6d - 3d^2 = -24$

3 Gegeben sind die quadratische Funktion q und die lineare Funktion l durch ihre Funktionsgleichungen q (x) und l (x). Untersuche die Funktionen rechnerisch auf gemeinsame Punkte. Prüfe deine Lösung durch eine grafische Darstellung.

a) $q(x) = (x - 1)^2 - 2$ $l(x) = x - 1$
b) $q(x) = -x^2 + 4$ $l(x) = -2x + 5$
c) $q(x) = x^2 + 3x + 4$ $l(x) = 3x + 1$

4 Löse die Gleichungen zeichnerisch.

a) $x^2 = 3x - 2$ **b)** $x^2 - 5x = -4$
c) $2x^2 + x = 3$ **d)** $x^2 + 2x - 3 = 0$

5

Sympathische und humorvolle natürliche Zahl gesucht!

a) Multipliziere dich mit dir selbst und vermehre dich um dein Doppeltes, dann erhältst du 323.
b) Die Summe aus deiner Hälfte und deinem Quadrat ergibt 742,5.
c) Die Summe aus deinem Quadrat und dem zehnten Teil von dir ergibt 101.
d) Die Differenz aus deinem Quadrat und dir ergibt dich.

6 Gib eine Gleichung an, die hier grafisch gelöst wurde. Löse sie rechnerisch und überprüfe.

a)
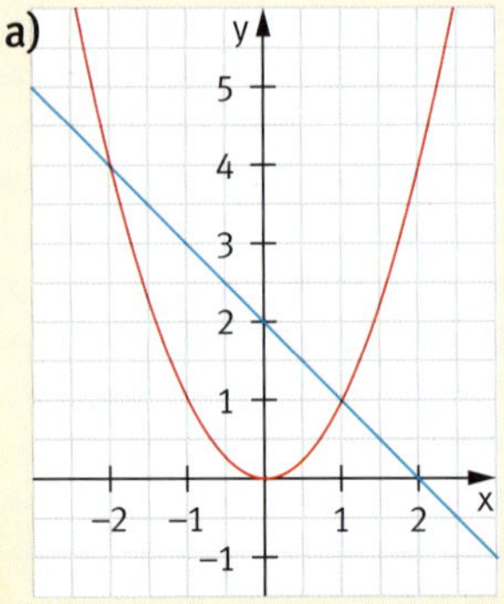

b)
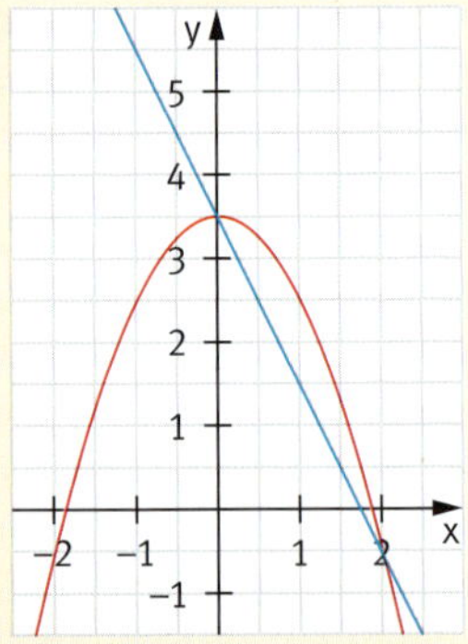

7 Löse die quadratischen Gleichungen rechnerisch.

a) $x^2 - 121 = 0$ **b)** $(x + 12) \cdot (x - 23) = 0$
c) $7x^2 - 63 = 0$ **d)** $2x^2 - 8x = 330$
e) $(5x + 2) \cdot (8 - 3x) = 4x \cdot (11 - 4x)$
f) $\frac{1}{2}x^2 - \frac{3}{10}x = \frac{9}{25}$

8 Von einer quadratischen Metallplatte werden an allen vier Ecken kongruente gleichschenklige Dreiecke abgeschnitten. Berechne die Länge x, wenn sich der Flächeninhalt der Platte um 12,5 % verringern soll.

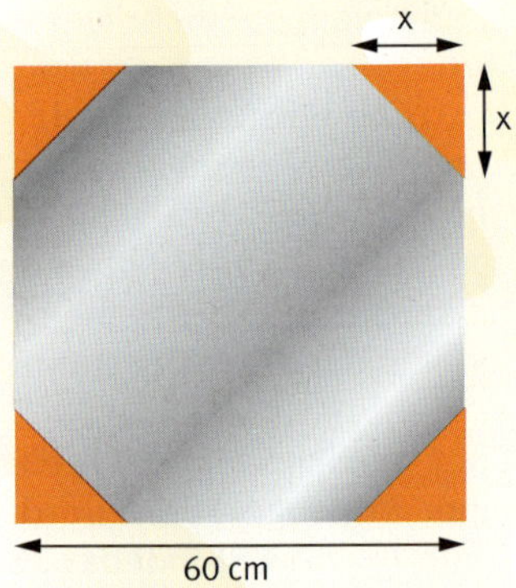

9 Berechne die Nullstellen der Funktionen.

a) $f(x) = x^2 + 15x$ **b)** $f(x) = x^2 - 10x + 9$
c) $f(x) = -x^2 + 7x - 3$ **d)** $f(x) = \frac{2}{3}x^2 + \frac{3}{4}x + 2$

10 Gegeben ist die Gleichung $x^2 + 8x + q = 0$ mit dem Parameter q. Untersuche die Anzahl der Lösungen in Abhängigkeit von q.

11 Bestimme die Lösungsmenge.

a) $x^3 + x^2 - 20x = 0$ **b)** $x^4 + x^3 = 6x^2$
c) $x^2 - 25 = (x + 5) \cdot (x^2 - 6)$ **d)** $x^4 + 2x^2 - 15 = 0$
e) $x^4 + 400 = 41x^2$ **f)** $9x^4 = 35x^2 + 4$

12 Bestimme die Definitions- und die Lösungsmenge.

a) $\frac{1}{x} + x = 2$ **b)** $\frac{3}{x-2} + x + 2 = 0$
c) $\frac{2x-5}{x-3} = \frac{2x-2}{x}$ **d)** $2x - 5 = \sqrt{x-1}$
e) $\sqrt{x-2} = 4 - x$ **f)** $\sqrt{x} + 2 = \sqrt{2x+8}$

13

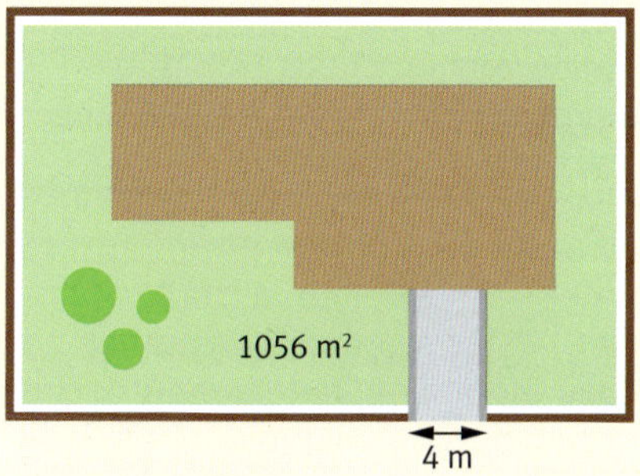

Ein rechteckiges Grundstück hat einen Flächeninhalt von 1056 m^2. Das Grundstück ist bis auf eine 4 m breite Einfahrt vollständig umzäunt. Die Länge des Zaunes beträgt 136 m. Bestimme die Seitenlängen des Grundstücks.

14 In der Fahrschule werden folgende Faustregeln unterrichtet:

1 Reaktionsweg in m ergibt sich durch:
$$\frac{\text{Geschwindigkeit in } \frac{\text{km}}{\text{h}}}{10} \cdot 3$$

2 Bremsweg in m ergibt sich durch:
$$\left(\frac{\text{Geschwindigkeit in } \frac{\text{km}}{\text{h}}}{10}\right)^2$$

3 Anhalteweg in m ergibt sich durch:
Anhalteweg = Reaktionsweg + Bremsweg

a) Welche angenommene Reaktionszeit liegt der Formel in 1 zugrunde?

b) Verdeutliche die Formeln zu Reaktionsweg, Bremsweg und Anhalteweg an einigen Beispielen. Entscheide, ob die Aussage „Geschwindigkeit verdoppelt, Bremsweg vervierfacht" stimmt.

c) Wie schnell darf man höchstens fahren, wenn der Anhalteweg maximal 10 m sein darf?

Aufgaben für Lernpartner

Arbeitsschritte

1 Bearbeite die folgenden Aufgaben alleine.
2 Suche dir einen Partner und erkläre ihm deine Lösungen. Höre aufmerksam und gewissenhaft zu, wenn dein Partner dir seine Lösungen erklärt.
3 Korrigiere gegebenenfalls deine Antworten und benutze dazu eine andere Farbe.

Sind folgende Behauptungen **richtig** oder **falsch**? Begründe schriftlich.

15 Die quadratische Gleichung $x^2 + 12x - 13 = 0$ hat die Lösungen $x_1 = -13$ und $x_2 = 1$.

16 Die Gleichungen $\frac{2}{3}x^2 + x + \frac{1}{3} = 0$ und $(x + 1) \cdot (2x + 1) = 0$ sind äquivalent zueinander.

17 Die Lösungsformel darf bei allen quadratischen Gleichungen angewendet werden.

18 Wenn eine quadratische Gleichung der Form $x^2 + px + q = 0$ genau eine Lösung hat, dann lässt sich die Gleichung in die Form $(x + b)^2 = 0$ umformen.

19 Gleichungen der Form $3x^2 + gx = 0$ haben abhängig von der reellen Zahl g keine, eine oder zwei Lösung(en).

20 Wenn eine quadratische Gleichung in der Normalform zwei Lösungen hat, dann gilt $p^2 > q$.

Aufgabe	Ich kann ...	Hilfe
1, 2	quadratische Gleichungen ohne Lösungsformel lösen.	S. 130, 132
4	reinquadratische und gemischtquadratische Gleichungen zeichnerisch lösen.	S. 130, 132
10, 18, 19	mithilfe der Diskriminante feststellen, wie viele Lösungen eine quadratische Gleichung hat.	S. 134
3, 6, 7, 9, 15, 17, 18, 20	quadratische Gleichungen mithilfe einer Lösungsformel lösen.	S. 136
11, 16	Gleichungen durch Faktorisieren und Substitution lösen.	S. 138
5, 8, 13, 14	Anwendungsaufgaben, die auf quadratische Gleichungen führen, lösen.	S. 140
11, 12	Bruchgleichungen, die auf quadratische Gleichungen führen, biquadratische Gleichungen und Wurzelgleichungen lösen.	S. 140, 142

S. 130	$x^2 = 81$ $x = \sqrt{81}$ $L = \{-9; 9\}$ $(x + 3)^2 = 64$ $x + 3 = \sqrt{64}$ $L = \{-11; 5\}$	Eine quadratische Gleichung lässt sich direkt lösen, wenn sie **reinquadratisch** oder als **binomische Formel** dargestellt ist.
S. 132	$5x^2 - 10x = 15 \quad \vert -15$ $5x^2 - 10x - 15 = 0$ $\Rightarrow a = 5;\ b = -10;\ c = -15$ $5x^2 - 10x - 15 = 0 \quad \vert : 5$ $x^2 - 2x - 3 = 0$ $\Rightarrow p = -2;\ q = -3$	Eine Gleichung der Form $\mathbf{ax^2 + bx + c = 0}$ ($a, b, c \in \mathbb{R}, a \neq 0$) heißt **allgemeine Form** einer quadratischen Gleichung. Jede quadratische Gleichung lässt sich durch Division durch a in die **Normalform** $\mathbf{x^2 + px + q = 0}$ ($p, q \in \mathbb{R}$) bringen.
S. 132	$x^2 - x - 2 = 0$ 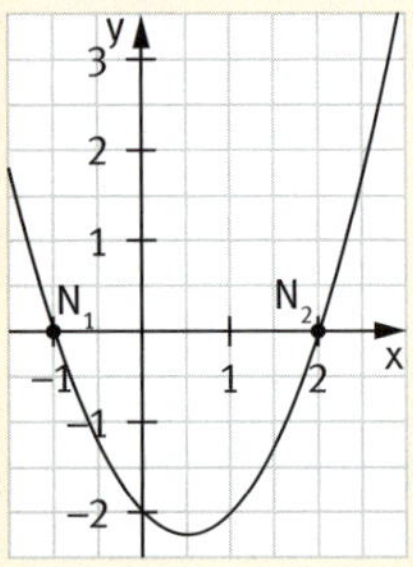 $x^2 = x + 2$ 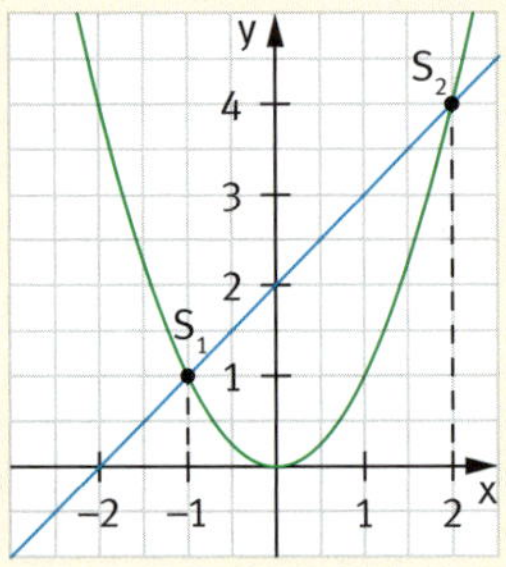 	Quadratische Gleichungen werden zeichnerisch gelöst, indem man … • sie in die Normalform $\mathbf{x^2 + px + q = 0}$ überführt, • die zugehörige Parabel zeichnet • und die **Nullstellen** der Parabel abliest; oder indem man … • sie in die Form $\mathbf{x^2 = -px - q}$ umformt, • die Graphen von $y = x^2$ und $y = -px - q$ zeichnet, • und die **x-Werte** der **Schnittpunkte als Lösung der Gleichung** abliest.
S. 134	• $x^2 + 6x + 10 = 0$ — $D = 9 - 10 = -1 < 0$ keine Lösung • $x^2 - 8x + 16 = 0$ — $D = 16 - 16 = 0$ genau eine Lösung • $x^2 + 2x - 12 = 0$ — $D = 1 + 12 = 13 > 0$ zwei Lösungen	Eine quadratische Gleichung kann keine, genau eine oder zwei Lösungen haben. An der **Diskriminante D** erkennt man, welcher Fall vorliegt. Für die Normalform gilt: $\mathbf{D = \left(\frac{p}{2}\right)^2 - q}$
S. 136	$3x^2 + 18x - 21 = 0 \quad \vert : 3$ $x^2 + 6x - 7 = 0 \qquad p = 6;\ q = -7$ $x = -\frac{6}{2} \pm \sqrt{\left(\frac{6}{4}\right)^2 - (-7)} = -3 \pm 4$ $x = -7 \vee x = 1 \qquad L = \{-7; 1\}$	Quadratische Gleichungen werden **rechnerisch gelöst**, indem man … • die Gleichung in die **Normalform** $\mathbf{x^2 + px + q = 0}$ bringt und • die Lösungsformel $\mathbf{x = -\frac{p}{2} \pm \sqrt{\left(\frac{p}{2}\right)^2 - q}}$ anwendet.
S. 138	$x \cdot (x - 5) = 0$ $x = 0 \vee x = 5 \qquad L = \{0; 5\}$	Bei einer **faktorisierten Gleichung** der Form $a \cdot (x - x_1) \cdot (x - x_2) = 0$ kann man die Lösungen direkt ablesen: $L = \{x_1; x_2\}$.
S. 140 S. 142	$x^4 - 2x^2 - 8 = 0 \qquad$ Substitution: $x^2 = u$ $u^2 - 2u - 8 = 0$ $u = 1 \pm \sqrt{9} \qquad u = -2 \vee u = 4$ Rücksubstitution: $\qquad x^2 = -2 \vee x^2 = 4$ $x = \pm 2 \qquad L = \{-2; 2\}$	Durch geeignete Rechentechniken können **Bruchgleichungen, biquadratische Gleichungen** und **Wurzelgleichungen** in quadratische Gleichungen überführt und dann gelöst werden. Dabei ist stets die Definitionsmenge zu beachten und immer eine Probe durchzuführen.

Prozentrechnung

1 Gib den Anteil in Prozent an.
a) 50 : 100 **b)** $\frac{1}{3}$ **c)** 0,75 **d)** 0,05

2 Um wie viel Prozent ist 20 kleiner als 25?

3 Gib die Anteile der verschiedenen Farben in Prozent an.

4 Barbara hat sich eine Skijacke gekauft und dabei 30 € gespart. Der Händler hat 15 % Nachlass gewährt. Berechne den ursprünglichen Preis der Jacke.

5 Ein Blu-Ray-Player, der normalerweise 89 € kostet, wird nun 19 % billiger angeboten. Um wie viel € ist das Gerät jetzt billiger?

6 Im Ausverkauf wird der Preis einer Ware um 14 % gesenkt. Sie kostete vor der Senkung 58 €. Zu welchem Preis wird die Ware verkauft?

7 Beim Kauf eines Fahrrades wurden 30 % Anzahlung geleistet. Berechne den Kaufpreis, wenn die Anzahlung 126 € beträgt.

8 Die Herstellungskosten eines Staubsaugers setzen sich aus 15 % Materialkosten und 55 % Fertigungskosten zusammen. Der Rest sind sonstige Kosten (Verwaltung, Vertrieb, ...). Erstelle ein Kreisdiagramm.

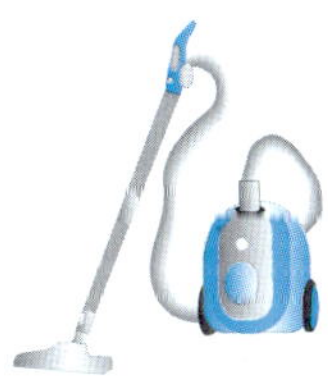

9 Luca führt über alles Buch. Zu Beginn des Schuljahres waren 50 % Jungen in der Klasse. Als ein neuer Schüler dazukommt, steigt dieser Anteil auf 52 %. Wie viele Mädchen sind in der Klasse?

10 Ein Quadrat hat 12 cm lange Diagonalen. Um wie viel Prozent verringert sich der Flächeninhalt des Vierecks, wenn man eine Diagonale um 2 cm verlängert und dafür die andere um 2 cm verkürzt?

Antiproportionale Funktionen

11 Eine Hyperbel mit der zugehörigen Funktionsgleichung $y = \frac{k}{x}$ geht durch den Punkt P. Berechne die Gleichung der Hyperbel.
a) P (0,25 | 12) **b)** P (–2,5 | –5) **c)** P (–6 | 0,9)

12 Es sollen verschiedene rechteckige Papierstreifen mit einem Flächeninhalt von jeweils 48 cm² ausgeschnitten werden. Bezeichne mit x die Länge und mit y die Breite des Rechtecks in cm.
a) Gib einige passende Paare (x | y) an.
b) Gib eine Gleichung für die Zuordnung *Länge x cm* ⟼ *Breite y cm* an und zeichne den Graphen.
c) Zeichne einige der Rechtecke aus a) in dasselbe Koordinatensystem. Beschreibe, was du feststellst.
d) Probiere aus, welche Maße das Rechteck mit dem kleinsten Umfang hat.

13 Berechne.
a) Wenn 15 Arbeiter 400 Stunden benötigen, um ein Haus zu bauen, wie viele Stunden benötigen dann 24 Arbeiter?
b) Wenn einer dieser Bauarbeiter 17 € in der Stunde bekommt, wie hoch sind die Lohnkosten für das Haus?
c) Um den Keller nach einem Starkregen von Wasser zu befreien, müssten die Bauarbeiter drei Pumpen 4 h lang betreiben. Eine Pumpe ist jedoch kaputt. Wie viel länger als geplant dauert das Auspumpen nun?

14 Gegeben ist die Funktion f mit der Gleichung $y = \frac{4}{x}$ mit $D = \mathbb{R}^+$.
a) Lege zu f eine Tabelle für $x \in [0{,}5;\, 6]$ an und zeichne den Graphen zu f (1 LE = 1 cm).
b) Die Strecke $\overline{B_xD_x}$ mit 2 cm Länge ist Diagonale der Raute $A_xB_xC_xD_x$. Es gilt: $A_x\ (x \mid -4)$; $C_x\ (x \mid \frac{4}{x})$. Zeichne die Raute $A_4B_4C_4D_4$ für x = 4 und berechne ihren Flächeninhalt.
c) Stelle den Flächeninhalt der Rauten $A_xB_xC_xD_x$ in Abhängigkeit von x dar.
d) Für welchen x-Wert liegt der Eckpunkt C_x auf der Geraden mit der Gleichung y = 0,5x + 2? Berechne die Koordinaten von C_x.

Satz des Thales

15 Von einem Quadrat ist nur die Länge der Diagonalen mit 4 cm bekannt. Konstruiere das Quadrat in deinem Heft. Findest du auch eine Lösungsmöglichkeit ohne den Satz des Thales?

16 Konstruiere ein rechtwinkliges Dreieck ABC mit $\overline{AB}$ = 9 cm und Höhe h_c = 4,5 cm.
Bestätige oder widerlege Pias Überlegung.

17 Gegeben ist ein Kreis mit dem Radius r = 3 cm. Ein Punkt P liegt 7 cm vom Mittelpunkt des Kreises entfernt. Konstruiere die Tangenten an diesen Kreis so, dass P auf ihnen liegt.

18 Berechne die fehlenden Winkelmaße.

a)

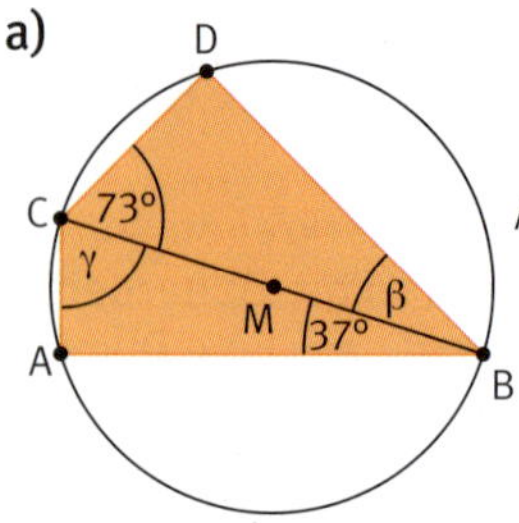

b)

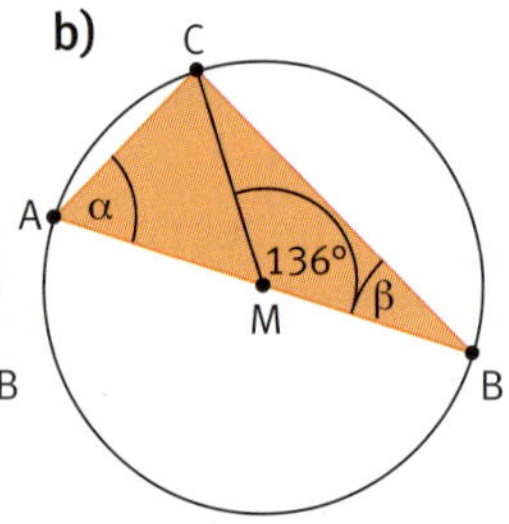

19 Gegeben ist ein bei C rechtwinkliges Dreieck ABC. Wie verändert sich der Winkel γ, wenn C nach außerhalb des Thaleskreises über $\overline{AB}$ geschoben wird?

20 Bestimme die fehlenden Winkelmaße.

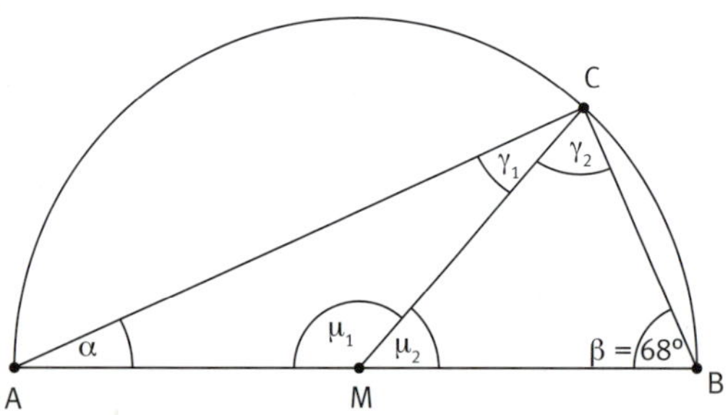

Lineare Gleichungssysteme

21 Bestimme jeweils den Schnittpunkt der Graphen, die zu den angegebenen linearen Funktionen gehören. Bestimme diese Schnittpunkte mithilfe ...

1. einer Rechnung auf zwei Dezimalen.
2. einer Zeichnung (wenn möglich).
3. eines geeigneten Taschenrechners.

a) $f_1(x) = 0{,}4x + 3$ $\quad f_2(x) = -1{,}8x + 6$

b) $f_1(x) = 3 - 2x$ $\quad f_2(x) = -4x + 8$

c) $f_1(x) = -1{,}2 \cdot (x - 4) + 1$ $\quad f_2(x) = -1{,}8 \cdot (x - 2) + 2$

d) $f_1(x) = -40x + 4000$ $\quad f_2(x) = 80x + 1000$

22 Zwei Mobilfunkanbieter bemühen sich um neue Kunden.

Talkers
monatliche Grundgebühr: 4,98 €
Gesprächsminute: 3 ct

PhoneFriends
monatliche Grundgebühr: keine
Gesprächsminute: 9 ct

a) Welchen Anbieter würdest du wählen? Begründe.

b) Wie müsste sich dein Gesprächsverhalten ändern, damit du zum Konkurrenten wechselst?

c) Wann sind die beiden Anbieter preisgleich?

23 Ein Kapital von 20 000 € brachte innerhalb einer bestimmten Laufzeit 850 € Zinsen. Bei einer um 26 Tage längeren Laufzeit wären die Zinsen um 130 € höher gewesen.

24 Mit einer 8-Liter-Kanne muss man drei Gänge mehr machen, um eine Regentonne zu leeren, als mit einer 10-Liter-Kanne. Bestimme das Fassungsvermögen der Tonne.

6 Kreis und Zylinder

Einstieg

- Welche Form hat dieses Aquarium?
- Schätze, wie viel Wasser sich im Aquarium befindet.
- Wie kann man die Füllmenge für das Aquarium ausrechnen?
- Wie viel Quadratmeter Glas müssen bei einer Reinigung geputzt werden?
- Unterscheidet sich die Größe der Glasfläche innen und außen?

Ausblick

Am Ende dieses Kapitels hast du gelernt, ...
- den Umfang und den Flächeninhalt von Kreisen zu bestimmen.
- einen Zylinder auf verschiedene Arten darzustellen.
- den Oberflächeninhalt und das Volumen eines Zylinders zu berechnen.

6.1 Umfang eines Kreises

Besorge dir verschiedene kreisrunde Gegenstände.

- Miss den Durchmesser und den Umfang dieser Gegenstände. Für den Umfang kannst du ein Maßband verwenden, für den Durchmesser evtl. eine Schieblehre oder einen Messschieber.
- Notiere beide Werte in einer Tabelle.
- Bilde den Quotienten der Maßzahlen von Umfang und Durchmesser und stelle deine Ergebnisse in einem Diagramm dar.
- Findest du einen Zusammenhang zwischen Durchmesser und Umfang?

Du kannst für diese Aufgabe auch ein Tabellenkalkulationsprogramm nutzen.

	A	B	C	D
1	**Gegenstand**	**d in cm**	**u in cm**	**u : d**
2	Tischplatte	111	350	3,153153
3	Dose	6,3	19,8	=C3/B3
4	Geldmünze			

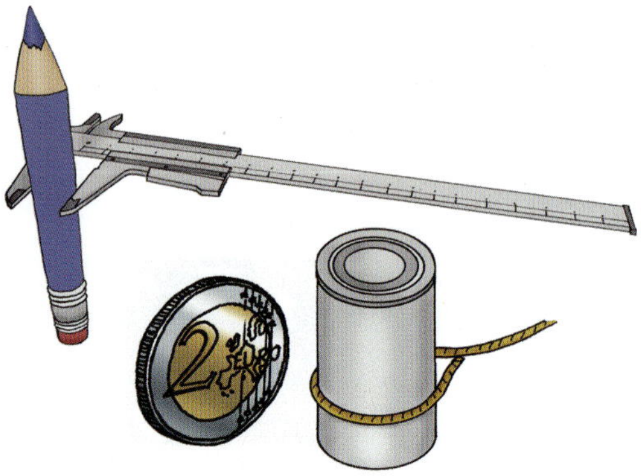

Merkwissen

Bei jedem Kreis ist der **Umfang u proportional** zu seinem **Durchmesser d**. Es gilt:

$\mathbf{u = \pi \cdot d = 2 \cdot \pi \cdot r}$

Der Proportionalitätsfaktor ist die **Kreiszahl π** (sprich: Pi).
π ist eine irrationale Zahl, sie hat den Wert 3,14159265...

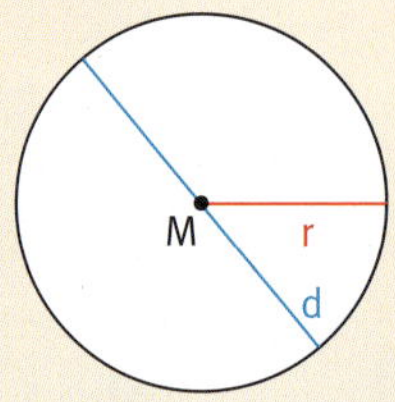

Auf dem Taschenrechner findest du die Taste π für die Kreiszahl π. Bei Rechnungen in diesem Buch verwenden wir üblicherweise die „π-Taste" des Taschenrechners und runden das Ergebnis.

Beispiele

I Ein Sport-Gymnastikreifen hat einen Durchmesser von 50 cm. Wie groß ist der Umfang eines solchen Reifens?

Lösung:
$u = \pi \cdot d$
$u = \pi \cdot 50\text{ cm} \approx 157{,}1\text{ cm}$
Der Umfang des Reifens beträgt etwa 157 cm.

Bei gleichen Grundeinheiten kann die Rechnung ohne Einheiten erfolgen. In der Antwort musst du die passende Einheit angeben.

II Einer der größten Bäume der Welt befindet sich im Sequoia-Nationalpark in den USA. In Schulterhöhe hat der Baum 24,5 m Umfang. Berechne den Durchmesser.

Lösung:
$u = \pi \cdot d \qquad | : \pi$
$d = \frac{u}{\pi}$
$d = \frac{24{,}5\text{ m}}{\pi} \approx 7{,}80\text{ m}$
Der Baum hat einen Durchmesser von ungefähr 7,80 m.

Verständnis

- Wie verändert sich der Umfang eines Kreises, wenn man den Durchmesser verdoppelt (verdreifacht, halbiert)?
- Ein Messrad wird zum Messen von Entfernungen genutzt. Erkläre, warum man für das Laufrad oft einen Radius von 15,9 cm wählt.

Aufgaben

1 Berechne den Kreisumfang bei gegebenem Durchmesser bzw. Radius.
a) d = 2,5 m b) d = 0,40 dm c) r = 48 mm d) r = 7,7 cm

Gib das Ergebnis gerundet an.

2 Berechne den Durchmesser und den Radius der Kreise.
a) u = 28,7 m b) u = 25 cm c) u = 2,8 dm d) u = 31,42 mm

3 Berechne die fehlenden Kreisgrößen. Runde geeignet.

	a)	b)	c)	d)	e)	f)
r		2,54 cm	9,15 m			
d	25,76 mm			575 m		
u					1,45 km	78,5 mm

Lösung zu 3: 287,5; 80,93; 57,49; 24,99; 18,3; 12,88; 12,50; 1806,42; 5,08; 15,96; 0,23; 0,46 Rundung auf Hundertstel, die Einheiten sind nicht angegeben.

4 Um den Durchmesser von Bäumen zu messen, verwenden Förster ein spezielles Forstmaßband, auf dem man direkt den Durchmesser des Baumes ablesen kann. Welchen Durchmesser hat dieser Baum? Erkläre, wie ein solches Maßband funktioniert. Welchen Umfang hat der Baum?

5 Das Borkener Braunkohlerevier wurde mithilfe riesiger Muldenkipper gestaltet. Das Rad eines solchen Kippers hat einen Durchmesser von 3,90 m. Wie viele Umdrehungen macht es auf einer Strecke der Lange 1 km?

Geschichte

Die Kreiszahl π in der Geschichte der Menschheit

Die Berechnung der Kreiszahl π beschäftigt die Menschheit schon seit Jahrtausenden. Schon in der Bibel (1 Könige 7, 23) gibt es eine Geschichte, in der ein rundes Becken umspannt werden soll:
„[Das Becken] wurde aus Bronze gegossen und maß 10 Ellen von einem Rand zum andern; es war völlig rund und 5 Ellen hoch. Eine Schnur von 30 Ellen konnte es rings umspannen."

- Mit welchem Wert für Pi wurde demnach in der Bibel gerechnet?

Heute weiß man, dass π ein unendlicher, nichtperiodischer Dezimalbruch ist, also eine Dezimalzahl mit unendlich vielen Nachkommastellen, deren Ziffernfolge sich nicht wiederholt. Man sagt: π ist eine irrationale Zahl.

Zeit	**Personen(kreis)**	**Näherungswert**
2000 v. Chr.	Ägypter	$\left(\frac{16}{9}\right)^2$
220 v. Chr.	Archimedes (Griechenland)	$3\frac{10}{120} < \pi < 3\frac{1}{7}$
500 n. Chr.	Zu Chongchi (China)	$3\frac{16}{113}$
600 n. Chr.	Brahmagupta (Indien)	$\sqrt{10}$
1611 n. Chr.	Vieta (Italien)	$1{,}8 + \sqrt{1{,}8}$

Archimedes

- Berechne, welcher der angegebenen Werte π am genauesten angibt. Verwende als Vergleichsgröße den Taschenrechner-Wert von π.
- Recherchiere, mit welcher Methode Archimedes den Umfang eines Kreises ermittelt hat.
- Die ersten 150 Nachkommastellen von π lauten:
3,14159 26535 89793 23846 26433 83279 50288 41971 69399 37510 58209 74944 59230 78164 06286 20899 86280 34825 34211 70679 82148 08651 32823 06647 09384 46095 50582 23172 53594 08128...
Auf wie viele Stellen nach dem Komma ist π derzeit bekannt? Forsche im Internet.

Peter und Paul sollen den Flächeninhalt eines Kreises mit dem Radius 3 cm experimentell ermitteln.
Peter sagt: „Ich zeichne den Kreis auf kariertes Papier und zähle die Kästchen, die innerhalb des Kreises liegen, ganz und die auf dem Rand nur halb.“
Paul überlegt: „Ich zerschneide den Kreis in 16 Tortenstücke. Dann setze ich die Stücke so zusammen, dass sich näherungsweise ein Parallelogramm ergibt.“

Peters Idee:

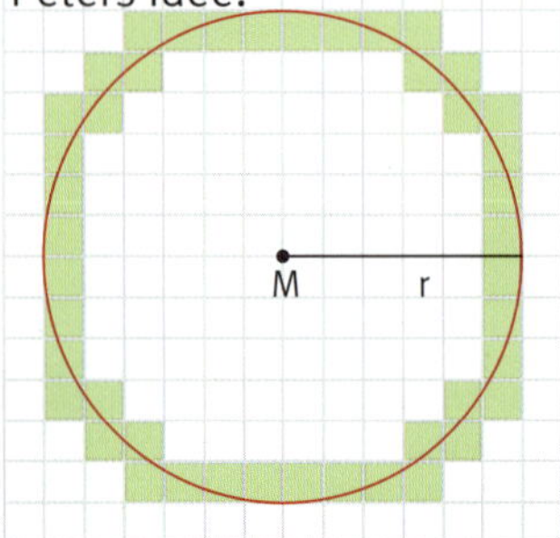

Pauls Idee:

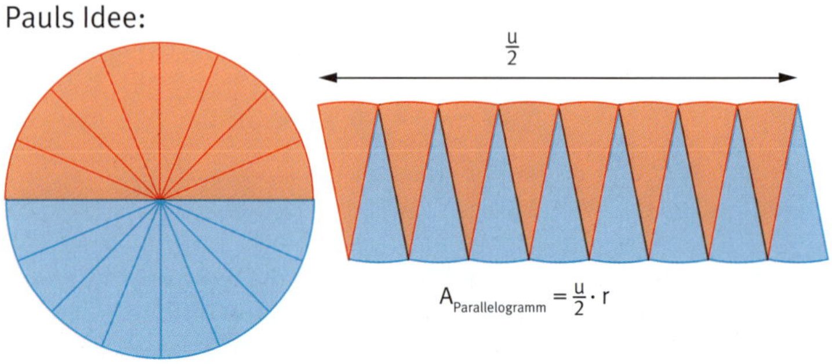

- Probiere beide Verfahren aus. Wessen Lösungsidee gefällt dir besser?
- Welche Ergebnisse erhalten Peter und Paul jeweils für den Flächeninhalt?
- Kannst du das Ergebnis auch in Abhängigkeit des Radius angeben?

Merkwissen

Für den **Flächeninhalt A** eines **Kreises** mit Radius r bzw. mit Durchmesser d gilt:
$\mathbf{A = \pi \cdot r^2}$ oder $\mathbf{A = \pi \cdot \left(\frac{d}{2}\right)^2}$

Der Flächeninhalt eines Kreises ist somit direkt proportional zum Quadrat des Radius.

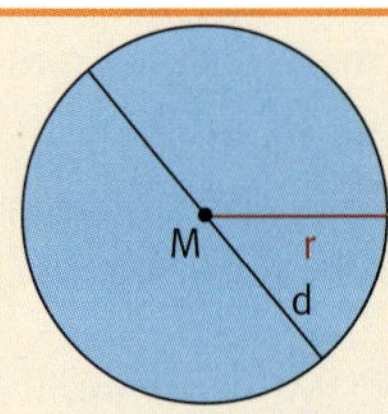

Beispiele

Achte auf passende Genauigkeiten.

I Vor Fußballspielen in der UEFA Champions League wird exakt im Mittelkreis des Fußballplatzes das Banner mit dem Logo des Wettbewerbs ausgebreitet. Berechne die Größe der Bannerfläche, wenn der Mittelkreis einen Radius von 9,15 m hat.

Lösung:
$A = \pi \cdot r^2$
$A = \pi \cdot (9{,}15\text{ m})^2 \approx 263{,}0\text{ m}^2$
Die Bannerfläche ist etwa 263 m^2 groß.

II Der Flächeninhalt eines Kreises ist 628 m^2 groß. Wie groß sind Radius und Durchmesser dieses Kreises?

Lösung:
$A = \pi \cdot r^2 \quad | : \pi$
$r^2 = \frac{A}{\pi} \quad | \sqrt{\ }$
$r = \sqrt{\frac{628\text{ m}^2}{\pi}} \approx 14{,}1\text{ m}$
$d = 2r \approx 28{,}2\text{ m}$
Der Kreis hat einen Durchmesser von ungefähr 28,2 m.

VERSTÄNDNIS

- Wie verändert sich der Flächeninhalt eines Kreises, wenn man seinen Radius verdoppelt (verdreifacht, halbiert)?
- Begründe, warum gilt: $A = \pi \cdot r^2 = \frac{\pi}{4} \cdot d^2 = \frac{u}{2} \cdot r$.

AUFGABEN

1 Berechne den Flächeninhalt der Kreise.

a) $r = 17{,}4$ cm **b)** $r = 28{,}5$ m **c)** $d = 0{,}48$ dm **d)** $d = 1{,}2$ km

2 Berechne den Radius und den Durchmesser der Kreise.

a) $A = 10\ m^2$ **b)** $A = 3{,}14\ cm^2$ **c)** $A = 845{,}4\ mm^2$ **d)** $A = 27$ ha

3 Ein Hula-Hoop-Reifen hat einen Durchmesser von 80 cm. Berechne seinen Umfang.

4 Ein Trampolin hat einen Durchmesser von 3,50 m. Berechne den Flächeninhalt der Hüpffläche und den Umfang des Trampolins.

5 Berechne die fehlenden Größen. Runde geeignet.

	a)	b)	c)	d)	e)	f)
r	27 cm					
d		48 m			1 km	
A				750 m^2		4,56 ha
u			73,5 m			

Lösungen zu 5:
0,79; 97,08; 169,65; 24; 3,14; 150,8; 23,4; 11,7; 54; 429,9; 15,45; 30,9; 0,5; 2290,22; 120,48; 1809,56; 240,96; 757,00

6 Pizzabäcker Bruno bietet seiner Kundschaft Pizzen in zwei Größen an. Die kleine Pizza hat einen Durchmesser von 24 cm und kostet 3,80 €, die große Pizza mit einem Durchmesser von 36 cm kostet 7,60 €. Bernd und Susanne überlegen, ob sie zwei kleine Pizzen kaufen oder sich lieber eine große Pizza teilen sollten.

7 Eine der Hauptursachen für einen hohen CO_2-Ausstoß und damit die Erderwärmung ist der Verkehr. Nach einer Studie dürften, um die Erderwärmung auf 2 °C zu begrenzen, auf jeden Menschen nur 2000 kg CO_2-Ausstoß pro Jahr kommen. Die Grafik vergleicht diese Größe mit dem Ausstoß von CO_2 beim Autofahren bzw. bei einem Flug.

CO_2- Emissionen im Vergleich

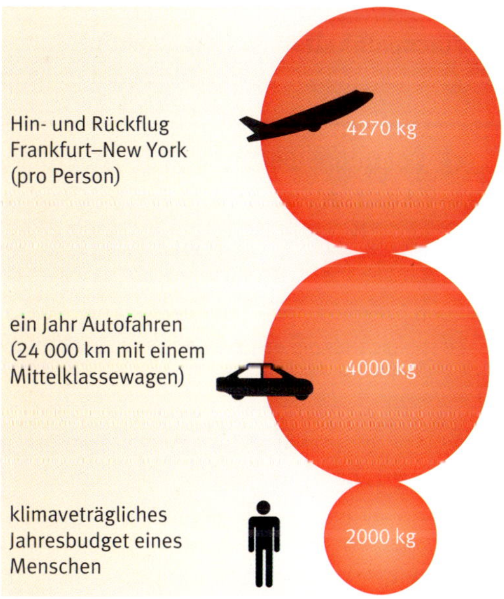

a) Berechne die Flächeninhalte der einzelnen Kreise. Bestimme dazu den Durchmesser mit dem Lineal.

b) Überprüfe, welche Größen des Kreises proportional zu den angegebenen Emissionen sind.

c) Welcher Eindruck entsteht bei der Darstellung? Zeichne drei verschiedene Kreise so, dass die Flächeninhalte den Sachverhalt wiedergeben.

Konzentrische Kreise haben einen gemeinsamen Mittelpunkt, aber verschiedene Radien.

8 Beim Bogenschießen werden über die 90-m-Distanz Zielscheiben mit einem Durchmesser von 1,22 m verwendet. Auf den Scheiben aus Papier sind konzentrische Kreise aufgedruckt. Der innere gelbe Kreis hat einen Durchmesser von 12,2 cm. Die Kreisringe sind jeweils gleich „dick“.

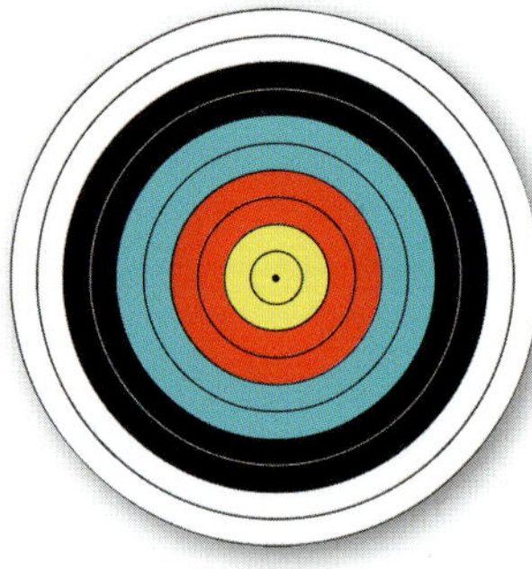

a) Berechne den Flächeninhalt der Zielscheibe.

b) Berechne die Flächeninhalte der einzelnen Ringe.

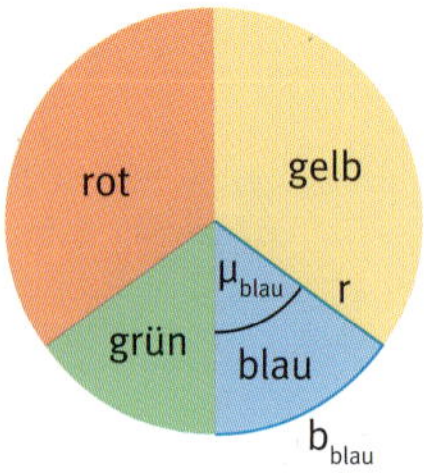

9 Für ein Glücksrad wird eine Kreisfläche in verschiedene Bereiche unterteilt.

a) Zeichne einen Kreis mit Radius r = 5 cm und unterteile ihn beliebig in vier verschieden große „Kreissektoren“. Übertrage die Tabelle in dein Heft und vervollständige für jeden Kreissektor die verschiedenen Maße.

	gelb	blau	grün	rot
Mittelpunktswinkel	μ_{gelb} = ▢	μ_{blau} = ▢	$\mu_{grün}$ = ▢	μ_{rot} = ▢
Flächeninhalt des Kreissektors	A_{gelb} = ▢	A_{blau} = ▢	$A_{grün}$ = ▢	A_{rot} = ▢
Länge des Kreisbogens	b_{gelb} = ▢	b_{blau} = ▢	$b_{grün}$ = ▢	b_{rot} = ▢
Umfang des Kreissektors	u_{gelb} = ▢	u_{blau} = ▢	$u_{grün}$ = ▢	u_{rot} = ▢

b) Begründe die folgenden Zusammenhänge.

Sind bei einem Kreis der Radius r und der Mittelpunktswinkel μ gegeben, so lassen sich folgende Kreisteile berechnen:

Länge b des Kreisbogens

$b = \frac{\mu}{360^\circ} \cdot 2\pi r = \frac{\mu}{180^\circ} \cdot \pi r$

Für den **Umfang u_S des Kreissektors** gilt damit:

$u_S = b + 2r$

Flächeninhalt A_S des Kreissektors

$A_S = \frac{\mu}{360^\circ} \cdot \pi r^2$

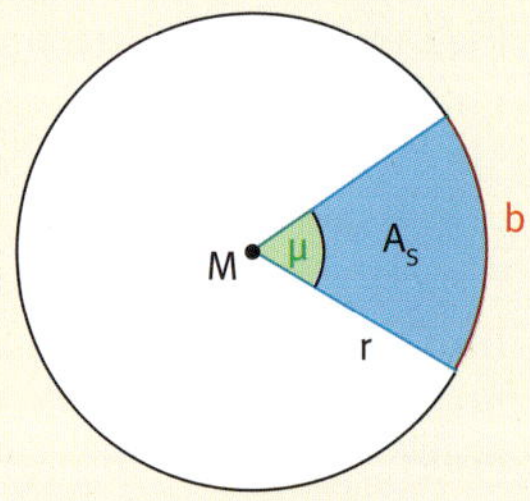

c) Überprüfe die Aussage und begründe deine Antwort.

Wenn man bei einem Kreis mit konstantem Radius r den Kreissektor so verändert, dass sich dessen Flächeninhalt verdoppelt, so verdoppelt sich auch die Länge des zugehörigen Kreisbogens.

10 Berechne die Länge des Kreisbogens.

a) r = 1,7 cm; μ = 45° **b)** r = 13 m; μ = 175° **c)** r = 1,8 km; μ = 70°

d) r = 47 cm; μ = 140° **e)** r =38 mm; μ = 99° **f)** r = 80 m; μ = 1°

11 Berechne den Flächeninhalt und den Umfang des Kreissektors.

a) r = 2,5 cm; μ = 35° **b)** d = 100 m; μ = 175° **c)** r = 1,5 km; μ = 70°

12 Übertrage die Tabelle ins Heft und berechne die fehlenden Größen. Runde geeignet.

	a)	b)	c)	d)	e)	f)
r			4 cm			2 cm
d		6 mm				
μ	50°			65°	80°	
b					48 m	$\frac{1}{2}\pi$ cm
A_{Sektor}	40 cm²		20 cm²	$\frac{3}{4}\pi$ dm²		
u_{Sektor}		8 mm				

Aufgaben

Lösungen zu 12:
34,4; 9,6; 10,0; 1,6; 27,6; 116,8; 8,4; 4; 3,0; 2,0; 38,2; 18,0; 3,0; 4,0; 2,3; 6,3; 143,2; 8,0; 68,8; 2,0; 45,0; 5,6; 19,2
Die Einheiten sind nicht angegeben.

13 Übertrage die Figur und berechne die Länge der blauen Randlinie und den Flächeninhalt für a = 5 cm.

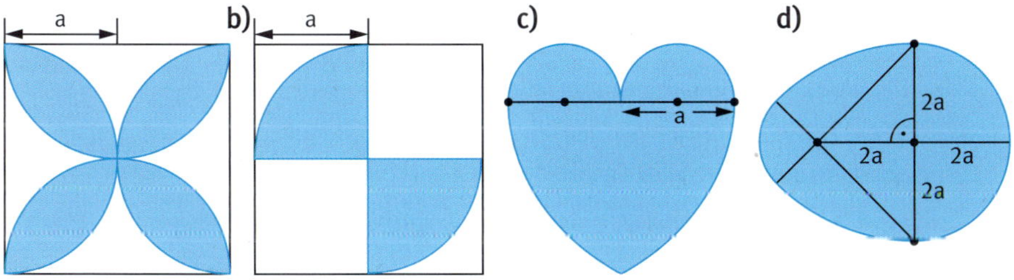

Die Mittelpunkte der Kreisbögen sind teilweise markiert.

14 Zeige folgenden Zusammenhang zwischen dem Flächeninhalt A_S und der Länge des Kreisbogens b eines Kreissektors: $A_S = \frac{1}{2} r \cdot b$.

15 Anstelle der Winkelgröße in Grad kann auch die Länge des Kreisbogens b an einem Kreis mit Radius r = 1 als Maß für den Winkel verwendet werden. Dieses Maß eines Winkels heißt **Bogenmaß**.

a) Begründe, dass das Bogenmaß ebenfalls einen Winkel eindeutig bestimmt.

b) Gib mindestens vier Zahlenpaare an, die den Zusammenhang zwischen der Winkelmessung in Grad und im Bogenmaß angeben.

Geschichte

Hippokrates von Chios

Hippokrates lebte um 440 v. Chr. in Griechenland. Er war nicht nur ein hervorragender Astronom, sondern auch ein exzellenter Mathematiker. Überlieferungen zufolge soll auf ihn die Bezeichnung von Punkten und Strecken in der Geometrie zurückgehen.
Die Abbildung zeigt die sogenannten Möndchen des Hippokrates.

- Übertrage die Zeichnung mit c = 5 cm und a = 4 cm in dein Heft.
- Zeige, dass der Flächeninhalt des abgebildeten Dreiecks ABC genauso groß ist wie die Summe der grünen Möndchenflächen. Verwende die konkreten Maße.

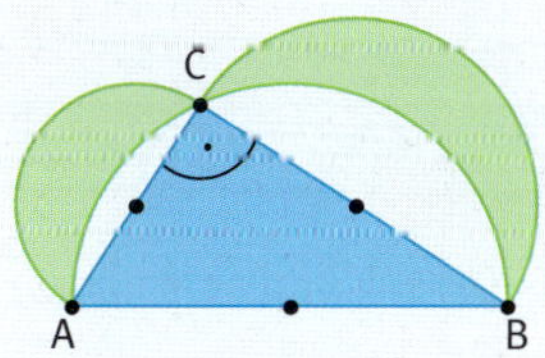

- Beweise die obige Flächengleichheit allgemein für ein bei C rechtwinkliges Dreieck ABC mit den Seitenlängen a, b und c.

Die Abbildung zeigt, wie man das Netz einer Dose erhält.

- Aus welchen Flächen besteht das Netz der Dose?
- Beschreibe, wie man das Netz eines Zylinders erhalten kann.
- Stelle Netze von zylinderförmigen Gegenständen aus deinem Alltag her.

Merkwissen

Wird ein Körper entlang seiner Kanten aufgeschnitten und können alle Begrenzungsflächen in eine Ebene geklappt werden, so entsteht ein Körpernetz.

Das **Netz eines Zylinders** besteht aus zueinander kongruenten Grund- und Deckflächen. Die Mantelfläche besteht beim Zylinder aus einem Rechteck.

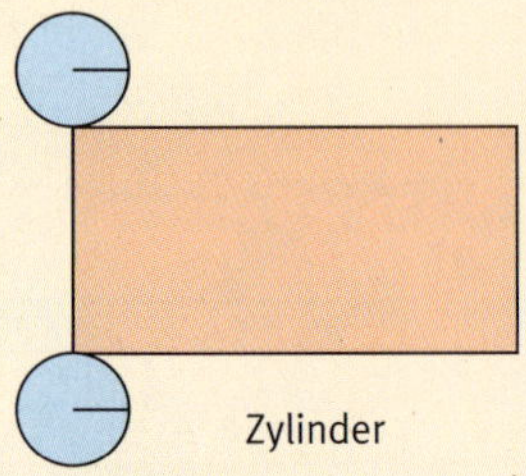
Zylinder

Um einen räumlichen Eindruck eines Körpers zu erhalten, zeichnet man ein **Schrägbild**.

Schrägbild eines Zylinders, der auf der Grundfläche des Zylinders steht:

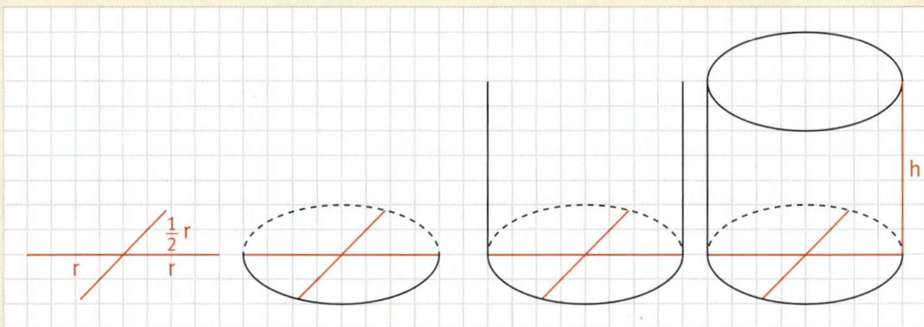

In der Mitte unter $\alpha = 45°$ je einen Radius von halber Länge antragen	Endpunkte zu einer Ellipse verbinden	An den Enden des Durchmessers jeweils die Höhe einzeichnen	Deckfläche zeichnen, unsichtbare Kanten stricheln

Erinnere dich:

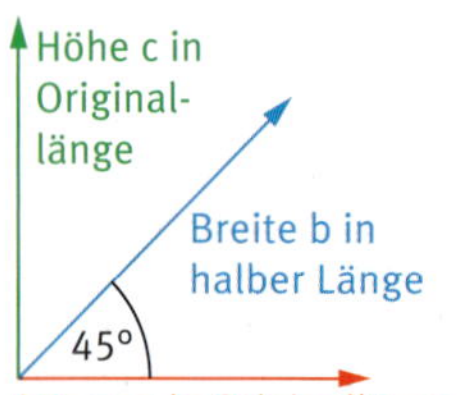

Beispiele

I Zu welchem Körper gehört jeweils das Netz?

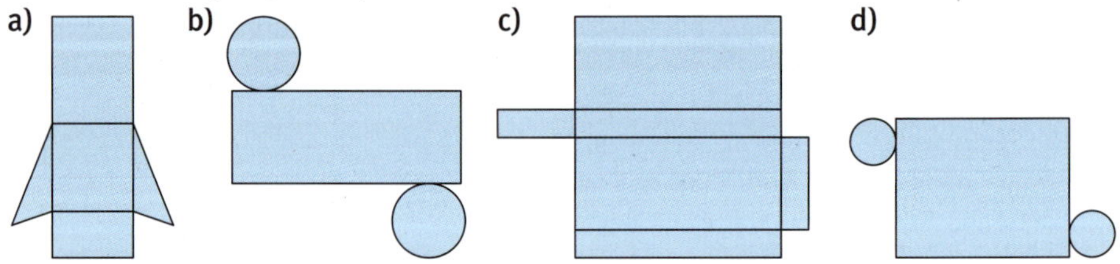

Lösung:

a) Dreiseitiges Prisma

b) Zylinder

c) Quader (vierseitiges Prisma)

d) Zylinder

Verständnis

- Tom behauptet: „Die Mantelfläche eines Zylinders ist ein Quadrat, wenn der Umfang der Grundfläche und die Höhe des Zylinders übereinstimmen.“ Stimmt das?
- Erkläre den Unterschied zwischen dem Netz eines Zylinders und dem Netz eines Prismas.

Aufgaben

oHiMi 1–6

1 Zeichne anhand der Beschreibung das Schrägbild eines Zylinders in dein Heft. Wie hoch ist der Zylinder in Wirklichkeit?

1 Zeichne einen Kreis mit 4 cm Durchmesser.

2 Trage vom Kreismittelpunkt eine Zylinderachse der Länge 5 cm ab, die unter 45° nach hinten verläuft.

3 Zeichne um den Endpunkt dieser Achse einen Kreis wie in 1.

4 Zeichne parallel zur Achse die Begrenzungslinien des Zylinders.

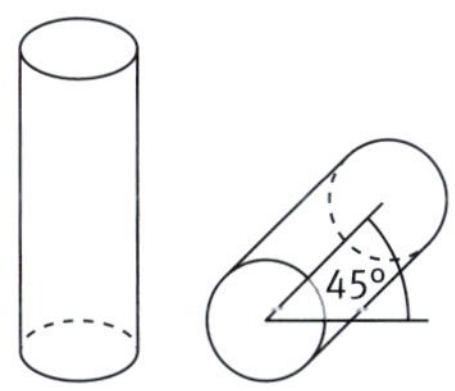

2 In welchem Schrägbild der beiden in der Randspalte abgebildeten Zylinder ist die Grundfläche als Ellipse, in welchem als Kreis gezeichnet?

3 Zeichne das Schrägbild eines stehenden (liegenden) Zylinders.

	a)	b)	c)	d)	e)
Durchmesser	4 cm	5 cm	7 cm	3,6 cm	5,2 cm
Höhe	6 cm	8 cm	7 cm	9,4 cm	7,8 cm

4 Zeichne jeweils ein Netz des Körpers.

a)

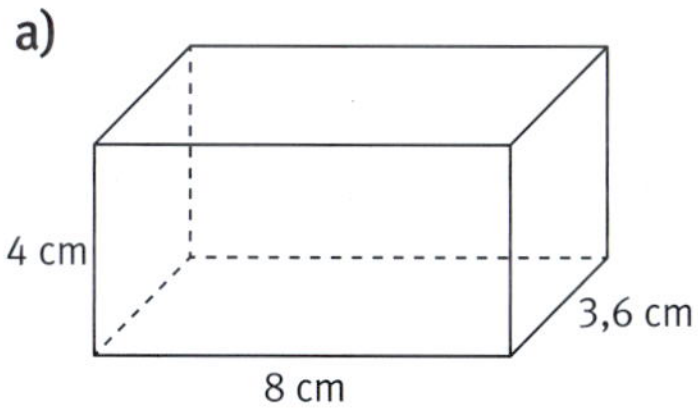

b)

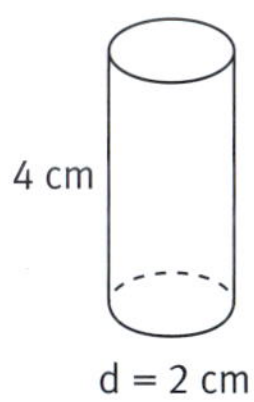

c)

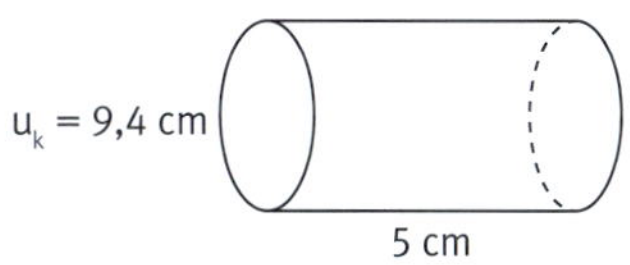

5 Konstruiere das Schrägbild eines 4 cm hohen Zylinders mit d = 5 cm, der ...

a) auf der Mantelfläche liegt.

b) auf der Grundfläche steht.

6 Bei den folgenden Abbildungen ist etwas schief gelaufen. Übertrage die Abbildungen in dein Heft. Finde die Fehler und korrigiere so, dass sich das Netz eines Prismas oder das Netz eines Zylinders ergibt.

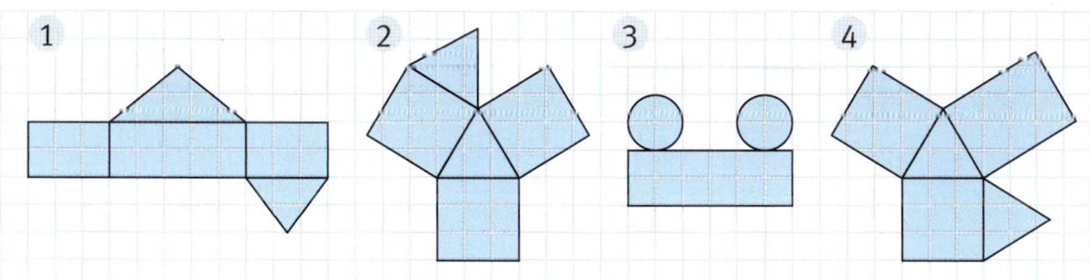

Verpackungen haben oft die Form von Zylindern.

- Welche Größen musst du bestimmen, um die Oberfläche eines Zylinders zu berechnen?

Merkwissen

Für die Berechnung des **Oberflächeninhalts $O_{Zylinder}$** eines **Zylinders** mit der Grundfläche A_G und der Mantelfläche A_M gilt allgemein:

$$O_{Zylinder} = 2 \cdot A_G + A_M$$

Beim Zylinder gilt speziell:

$$O_{Zylinder} = 2 \cdot \pi \cdot r^2 + 2 \cdot \pi \cdot r \cdot h$$

$$O_{Zylinder} = 2\pi r \cdot (r + h)$$

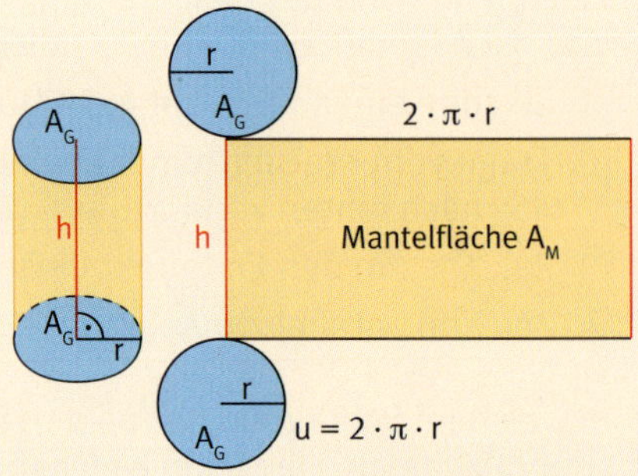

Beispiele

I Eine handelsübliche 425-ml-Konservendose hat einen Durchmesser von 7,4 cm und eine Höhe von 11 cm. Berechne, wie viel Blech mindestens dafür benötigt wird.

Lösung:

$O_{Zylinder} = 2 \cdot A_G + A_M$

$O_{Zylinder} = 2 \cdot \pi \cdot r^2 + 2 \cdot \pi \cdot r \cdot h$ mit $r = 7{,}4\text{ cm} : 2 = 3{,}7\text{ cm}$

$O_{Zylinder} = 2 \cdot \pi \cdot (3{,}7\text{ cm})^2 + 2 \cdot \pi \cdot 3{,}7\text{ cm} \cdot 11\text{ cm}$

$O_{Zylinder} \approx 341{,}74\text{ cm}^2$

Man benötigt mindestens 342 cm² Blech.

II Ein Zylinder hat einen Durchmesser und eine Höhe von 2 cm.

a) Wie hoch und wie lang ist der Zylindermantel?

b) Zeichne ein Netz dieses Zylinders.

Lösung:

a) Die Länge des Zylindermantels entspricht dem Umfang der Grundfläche:
$u = \pi \cdot d = \pi \cdot 2\text{ cm} \approx 6{,}3\text{ cm}$
Der Zylindermantel ist 2 cm hoch und 6,3 cm lang.

b) 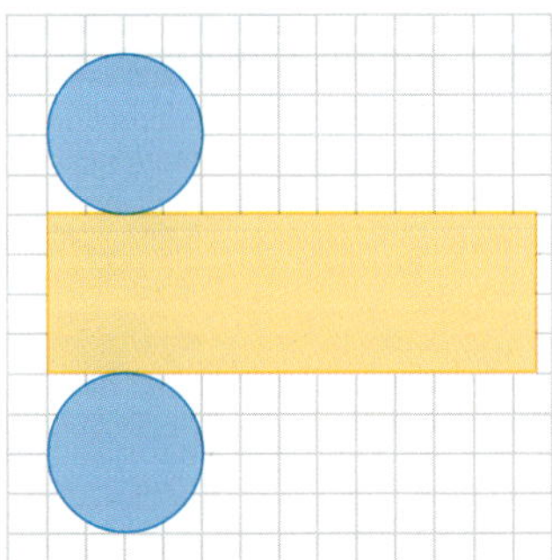

Verständnis

- Theresa überlegt, wie sich die Mantelfläche eines Zylinders verändert, wenn man nur den Radius (nur die Höhe) verdreifacht. Kannst du ihr helfen?
- Beschreibe Gemeinsamkeiten bei der Berechnung des Oberflächeninhalts von Prisma und Zylinder.

Aufgaben

1 ① $u = 15{,}7$ cm; $h = 3{,}5$ cm ② $r = 3$ cm; $h = 2$ cm ③ $d = h = 4$ cm

a) Berechne den Oberflächeninhalt der Zylinder.

b) Zeichne jeweils ein Netz der Zylinder.

2 Berechne den Oberflächeninhalt der Zylinder.

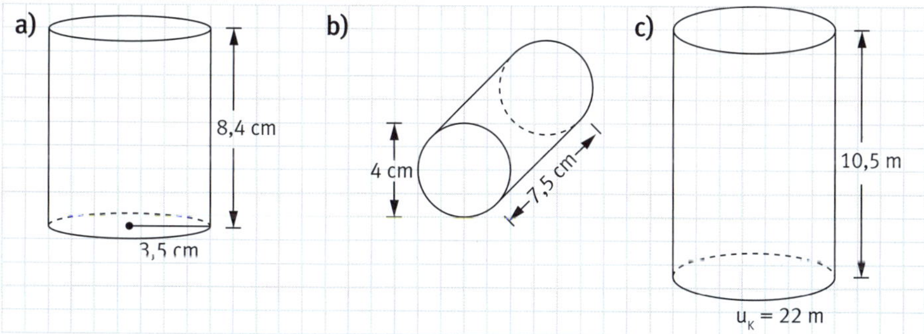

3 Berechne die fehlenden Stücke eines Zylinders.

	a)	b)	c)	d)	e)
Radius r	6 cm			0,7 m	
Zylinderhöhe h	8 cm	6 cm			
Grundflächeninhalt A_G		113,1 cm²	28,3 cm²		
Mantelflächeninhalt A_M			56,5 cm²		376,8 m²
Oberflächeninhalt $O_{Zylinder}$				15,2 m²	533,8 m²

Lösungen zu 3:
6,0; 3,0; 3,0; 12,0; 113,1; 226,2; 301,6; 527,8; 113,1; 452,4; 5; 12; 1,54; 12,12; 2,76; 78,5; 5,0

4 Der Durchmesser einer Litfaßsäule beträgt 1,40 m. Welche Fläche kann beklebt werden, wenn die Säule 2,75 m hoch ist?

5 Küchenrollen ($r = 5{,}2$ cm; $h = 25{,}4$ cm) werden in Zweier-, Dreier-, Vierer- und Sechserpacks verkauft.

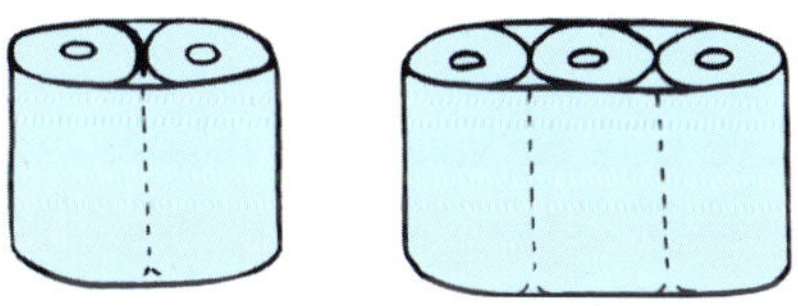

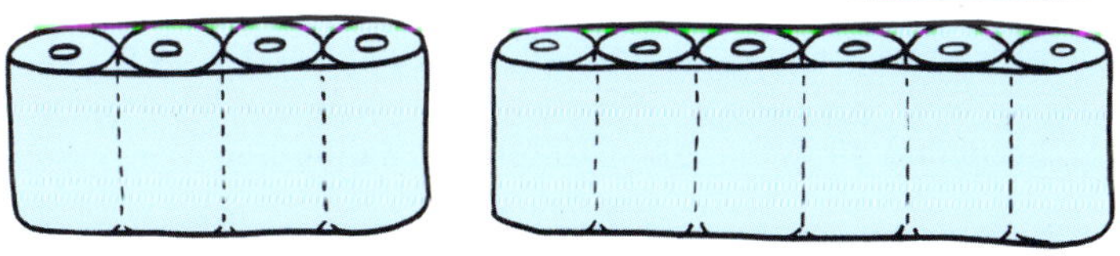

a) Ermittle, wie viel Plastikfolie man (ohne Beachtung der Falze) jeweils zum Verpacken der Küchenrollen benötigt.

b) Vergleiche den Folienverbrauch für drei Zweierpacks mit dem Folienverbrauch für zwei Dreierpacks und mit dem Folienverbrauch für einen Sechserpack (ohne Beachtung der Falze).

Die Abbildung zeigt die Zerlegung eines Zylinders:

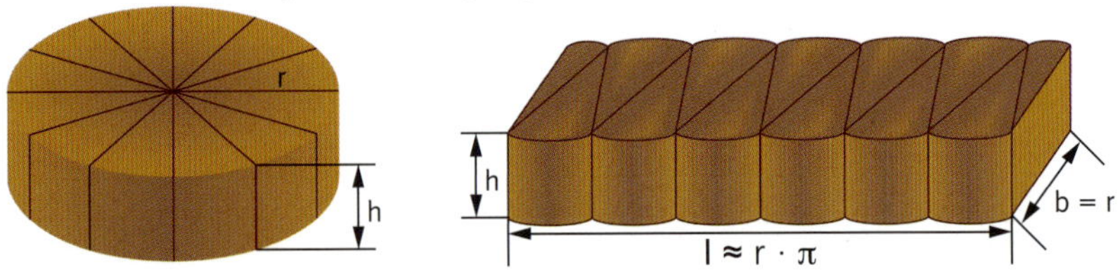

- Erkläre einem Partner, wie man das Volumen eines Zylinders berechnen kann. Begründe deine Ausführungen.

Merkwissen

Für die Berechnung des **Volumens V eines Zylinders** mit der Grundfläche A_G und der Höhe h gilt:

$\mathbf{V_{Zylinder}} = A_G \cdot h$.

Beim Zylinder gilt speziell:

$\mathbf{V_{Zylinder}} = \pi \cdot r^2 \cdot h$

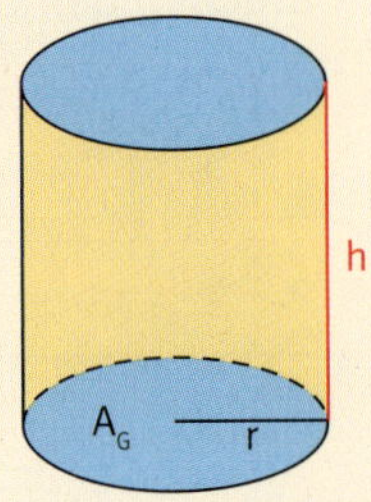

Beispiele

I Kann man diesen Eichenstamm tragen, wenn 1 cm^3 Eichenholz 0,67 g wiegt?

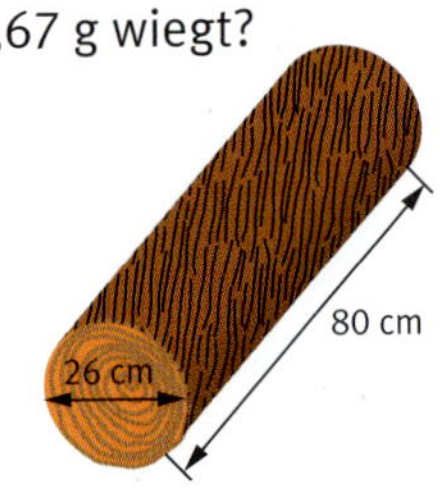

Lösung:

$V_{Zylinder} = \pi \cdot r^2 \cdot h$

$V_{Zylinder} = \pi \cdot (13\ cm)^2 \cdot 80\ cm \approx 42\,474{,}3\ cm^3$

$m = 42\,474{,}3\ cm \cdot 0{,}67 \frac{g}{cm^3} \approx 28\,457{,}8\ g$

Der Stamm wiegt fast 28,5 kg und kann getragen werden.

Verständnis

- Ändert sich das Volumen eines Kreiszylinders, wenn man seine Radiuslänge halbiert und seine Höhe verdoppelt?
- Wie kann man einen Kreiszylinder durchschneiden, um zwei zueinander kongruente (Teil-)Körper zu erhalten? Nenne mehrere Möglichkeiten.

Aufgaben

Lösungen zu 2:
6,00; 3,00; 904,78; 4,40; 158,34; 11,99; 50,02; 113,10; 28,27; 1,54; 37,70; 37,70

1 Berechne das Volumen des Zylinders. Runde sinnvoll.

a) r = 7,5 cm; h = 17 cm **b)** d = 8,4 m; h = 55,4 m **c)** $A_G = 75\ cm^2$; h = 2 dm

2 Berechne die fehlenden Größen des Zylinders.

	a)	b)	c)	d)
Radius r	6 cm	▢	▢	0,70 m
Umfang u	▢	▢	18,84 cm	▢
Grundflächeninhalt A_G	▢	113,0 cm^2	▢	▢
Zylinderhöhe h	8 cm	▢	5,6 cm	▢
Volumen $V_{Zylinder}$	▢	1356 cm^3	▢	77 m^3

3 Ein Becherglas in Form eines Zylinders soll ein Volumen von 1,000 l besitzen.

a) Gib mindestens je drei mögliche Maße für die Radiuslänge und die Höhe des Zylinders an.

b) Finde Maße für ein Becherglas mit möglichst kleiner (Innen-)Oberfläche.

4 Ein DIN-A4-Blatt lässt sich entweder der Länge nach (längs) oder der Breite nach (quer) zu einem Zylinder rollen und mit einem Klebestreifen zusammenhalten.

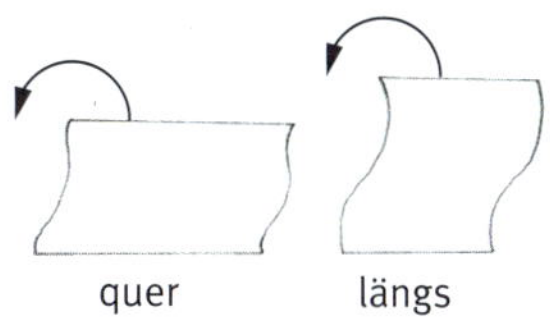

a) Berechne jeweils das Volumen des entstehenden Zylinders. Um wie viel Prozent ist das Volumen des kleineren Zylinders kleiner als das des größeren Zylinders? Um wie viel Prozent ist das Volumen des größeren Zylinders größer als das des kleineren Zylinders?

b) Wie ändern sich die beiden Zylindervolumina, wenn man statt des DIN-A4-Blatts ein DIN-A3-Blatt bzw. ein DIN-A5-Blatt längs bzw. quer rollt? Finde den Zusammenhang heraus.

5 Ein Messzylinder soll mit 50-ml-Eichstrichen versehen werden. In welchem Abstand müssen die Eichstriche aufeinander folgen, wenn der Zylinder 30 cm (15 cm) hoch ist und seine „lichte Weite“, also der Innendurchmesser, 5 cm (7 cm) beträgt?

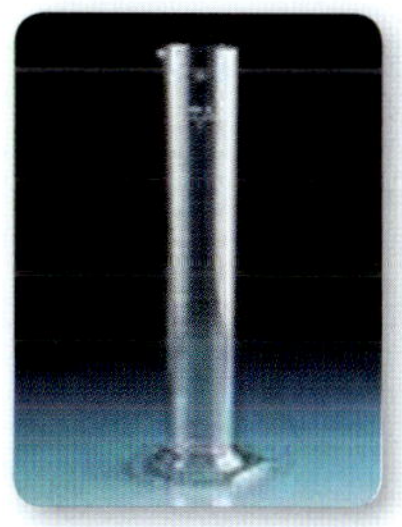

6 In einem zylindrischen Messglas befinden sich 1000 ml Wasser.

a) Berechne für die ganzzahligen Radien r im Intervall $0\text{ cm} < r \leq 10\text{ cm}$ die zugehörige Flüssigkeitshöhe h.

b) Stelle den Zusammenhang zwischen r und h grafisch dar.

7 Lucas' Lieblingsspaghetti sind 50 cm lang und 1,0 mm dick (Dichte $1{,}2\,\frac{g}{cm^3}$). Lucas berechnet, dass in einer 500-g-Packung etwa 1000 Spaghetti sind. Hat er richtig gerechnet?

8 **a)** Gib mindestens drei Gegenstände aus dem Alltag an, die näherungsweise die Form eines Hohlzylinders haben.

b) Ein Ring aus 750er Gold („18 Karat“) hat die Form eines Hohlzylinders. Berechne für R = 11,5 mm, r = 9,7 mm und h = 6,0 mm das Volumen sowie die Masse des Rings ($\rho_{18\text{ Karat}} \approx 17\,\frac{g}{cm^3}$).

c) Finde je eine Formel zur Berechnung des Oberflächeninhalts bzw. des Volumens des rechts abgebildeten Hohlzylinders.

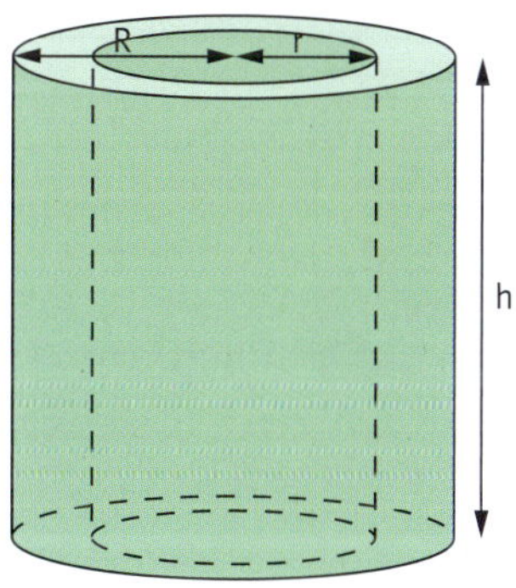

9 Ein innen 30 cm hoher Blumentopf aus Edelstahl hat die Form eines Zylinders. Seine „Innenradiuslänge“ beträgt 14,9 cm, die „Außenradiuslänge“ 15,1 cm; der Boden ist ebenfalls 0,2 cm dick.

a) Welche Masse hat der Topf, wenn die Dichte dieser Edelstahlsorte $7{,}85\,\frac{g}{cm^3}$ beträgt?

b) Ermittle, wie viel Erde (Blumenerde wird nach Litern verkauft) in den Blumentopf passt, wenn er bis 5 cm unter den oberen Rand gefüllt wird.

Zu 6.1

1 Übertrage die Tabelle in dein Heft und ergänze die fehlenden Werte. Gib jeweils an, welcher kreisförmige Gegenstand die angegebenen Maße besitzen könnte.

	a)	b)	c)	d)
r			12 cm	
d	1,6 mm			7,5 cm
u		47,1 cm		

	a)	b)	c)	d)
r		14,5 cm		
d			2,2 m	
u	100,5 m			31,4 m

Zu 6.2

2 Berechne den Flächeninhalt und den Umfang (innen und außen) der farbigen Figuren.

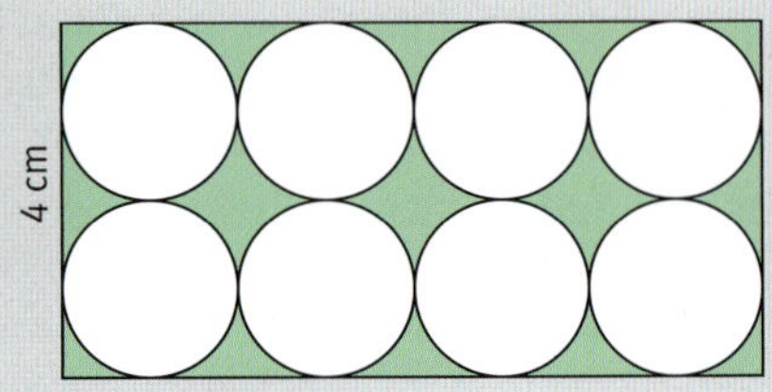

3 Übertrage die Tabelle in dein Heft und ergänze die fehlenden Werte.

	a)	b)	c)
r	3,0 cm		6370 km
d		60 m	
u			
A			

	a)	b)	c)
r			
d			
u	628 m		78,5 km
A		3,14 a	

4 Das abgebildete punktsymmetrische Leinwandgemälde lässt sich durch die unterschiedliche Farbenwahl (Grau, Weiß, Rot, Grün) in vier Flächen einteilen. Die Leinwand ist quadratisch und hat eine Seitenlänge von a = 50 cm. Das innenliegende grüne Quadrat hat eine Seitenlänge von $\frac{a}{2}$.

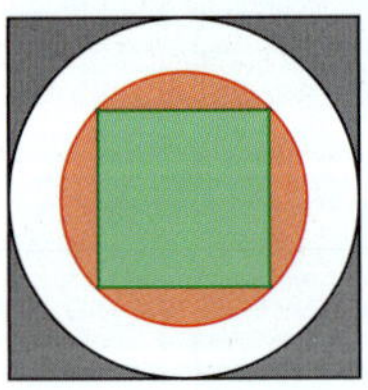

Übertrage das Gemälde im Maßstab 1 : 10 für a = 50 cm in dein Heft.

Berechne die Inhalte der einzelnen Farbflächen für a = 50 cm.

Berechne die Inhalte der einzelnen Farbflächen in Abhängigkeit von a.

Zu 6.3

5 Gegeben sind die folgenden Maße eines Zylinders.

	a)	b)	c)	d)	e)
Durchmesser d	8 cm	12 cm	11 cm	7 cm	6,4 cm
Körperhöhe h	6 cm	5 cm	4 cm	3,5 cm	4,5 cm

Zeichne das Schrägbild des stehenden Zylinders.

Zeichne das Schrägbild des liegenden Zylinders.

6 Stelle die Netze verschiedener Zylinder mit den gegebenen Eigenschaften her. **Zu 6.3**

a) Die Mantelfläche ist ein Rechteck mit 7 cm Höhe und 12 cm Breite.

b) Das Mantelrechteck ist quadratisch.

a) Der Radius des Kreises beträgt 3 cm und eine Seitenlänge der Mantelfläche ist doppelt so lang wie die andere.

b) Die Flächeninhalte von Mantelviereck und Grundfläche sind je 85 cm² groß.

7 Übertrage die Tabelle in dein Heft und ergänze. Runde geeignet. **Zu 6.4**

	a)	b)	c)
r	1,2 m	3,6 cm	
h	2,5 m		7 dm
A_G			12,4 cm²
A_M		14,2 dm²	
O_Z			

	a)	b)	c)
r			
h	14,5 m		
A_G	22,9 m²	12,9 cm²	
A_M		17,8 cm²	84 cm²
O_Z			1,3 dm²

8 Die Anschlagfläche einer Litfaßsäule ist der Mantel eines 3,00 m hohen Zylinders mit einer Durchmesserlänge von 1,20 m. Die Litfaßsäule soll mit Hochformat-Plakaten beklebt werden.

a) Wie groß ist die Fläche, die maximal beklebt werden kann?

b) Die untersten 20 cm und die obersten 25 cm der Anschlagfläche sollen nicht beklebt werden. Wie viel Prozent der Anschlagfläche fallen dadurch weg?

a) Wie viele DIN-A1-Plakate (84,1 cm x 59,5 cm) können auf die Anschlagfläche geklebt werden?

b) Eine Firma möchte ihr Firmenlogo (vgl. Abbildung) so auf Großplakate drucken lassen, dass es auf der Litfaßsäule genau zweimal Platz hat. Wie viel Prozent der Anschlagfläche sind dann blau?

9 Mats und Luis sind zusammen auf einer Party. Luis trinkt Orangenlimonade; Mats trinkt Cola. Ihre zylinderförmigen Gläser sind nicht mehr ganz voll. **Zu 6.5**

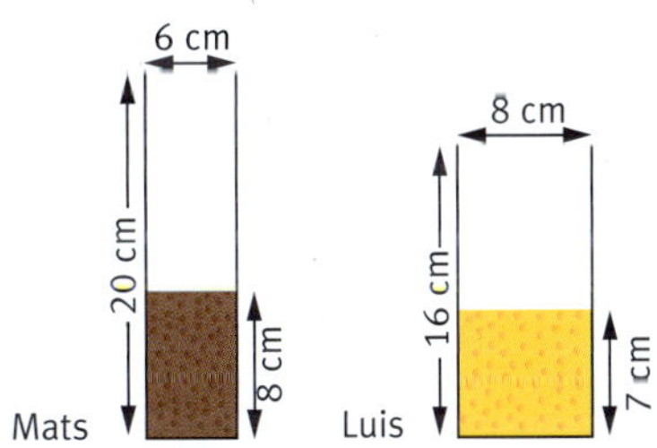

a) Destimme das Volumen der beiden Gläser.

b) Bestimme, wie viel ml Getränk Mats bzw. Luis noch in seinem Glas hat.

Mats: „Wenn du deine Limo in mein Glas schüttest, habe ich ein Spezi im perfekten Mischungsverhältnis 1 : 1.“
Luis: „Das stimmt nicht; ich ruiniere dir nur dein Hemd, weil dein Glas überläuft.“
Wer hat Recht: Mats oder Luis? Begründe.

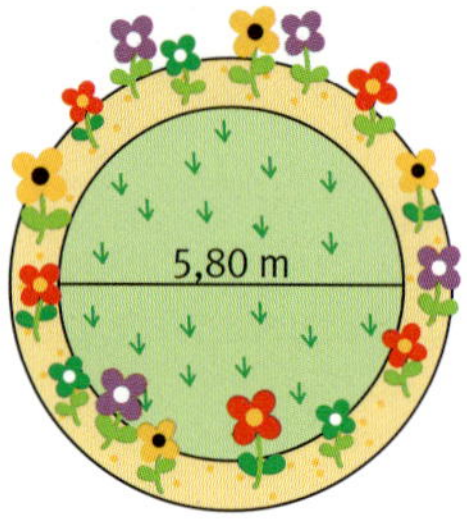

1 Um eine kreisförmige Rasenfläche mit einem Durchmesser von 5,80 m soll ein Streifen von 70 cm Breite mit Blumen bepflanzt werden. Berechne die Größe der zu bepflanzenden Fläche.

2 a) Berechne die Größe der Kreisringfläche, die Inkreis und Umkreis eines gleichseitigen Dreiecks mit a = 5 cm bilden.

b) Zeige, dass der Umfang der zwei kleinen Kreise so groß ist wie der Umfang des Kreises, dem sie einbeschrieben sind.

3 Berechne die fehlenden Größen eines Kreissektors. Runde auf zwei Dezimalen.

	a)	b)	c)	d)	e)
r	6 cm			3,2 dm	
d			4,8 dm		
μ	40°		122°		40°
b		80 mm			1,6 m
A_{Sektor}		30 cm²		38 cm²	
u_{Sektor}					

4 Zeichne die nebenstehende Figur und berechne ihren Umfang und ihren Flächeninhalt für ...

a) a = 1,5 cm.

b) a = 4 cm.

c) allgemeines a.

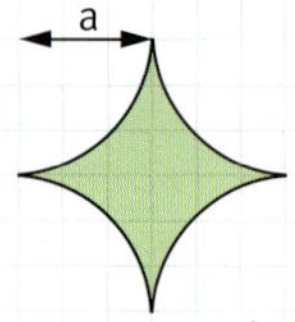

5 Die abgebildeten Figuren haben alle den gleichen Flächeninhalt A = 40 cm². Vergleiche ihre Umfänge.

a)

b)

c)

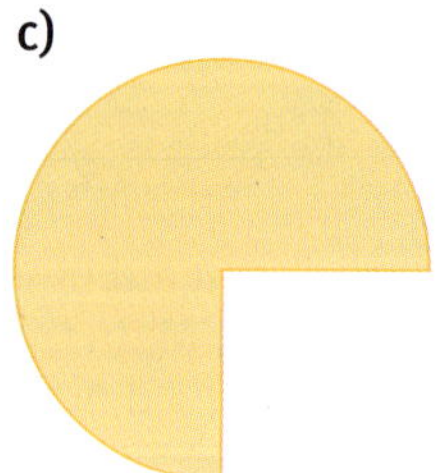

d)

6 Für die folgende Aufgabe gehen wir von einem Erdradius von 6378 km aus.

a) Berechne den Äquatorialumfang.

b) Stell dir vor, jemand legt entlang des Äquators ein Seil um die Erde und verlängert dann die Länge des Seils um 1 m. Wie weit steht das Seil von der Erde ab, wenn man es überall gleichmäßig hochhebt? Fertige zunächst eine Skizze der beschriebenen Situation an.

c) Zeige, dass die Zunahme des Radius unabhängig vom Ausgangsradius ist.

7 Der Heckscheibenwischer eines Autos überstreicht einen Winkel von 170°. Der Gummistreifen ist 35 cm lang und 10 cm vom Drehpunkt entfernt angebracht.

a) Fertige eine Skizze an.

b) Berechne den Inhalt der Fläche, die der Wischergummi überstreicht.

c) Die vom Heckscheibenwischer überstrichene Fläche beträgt 56 % der gesamten Heckscheibe. Der Scheibenwischer der Frontscheibe überstreicht bei Vollausschlag eine Fläche von 4860 cm². Dies entspricht 73 % der Frontscheibe. Welche Scheibe ist größer? Vergleiche prozentual.

8 Eine Tennishalle hat die Gestalt eines liegenden Halbzylinders. Sie ist 42 m lang und 32 m breit. Das gewölbte Dach besteht aus Stahltrapezblech, Vorder- und Rückwand bestehen aus Holz.

a) Wie viele Quadratmeter Stahltrapezblech werden benötigt?

b) Eine Malerfirma streicht die Außenseite der Vorder- und Rückwand. Wie hoch sind die Kosten, wenn die Firma pro m² mit 8,40 € ohne Mehrwertsteuer rechnet?

9 Gegeben ist nebenstehender Sportplatz mit Wettkampfbahn.

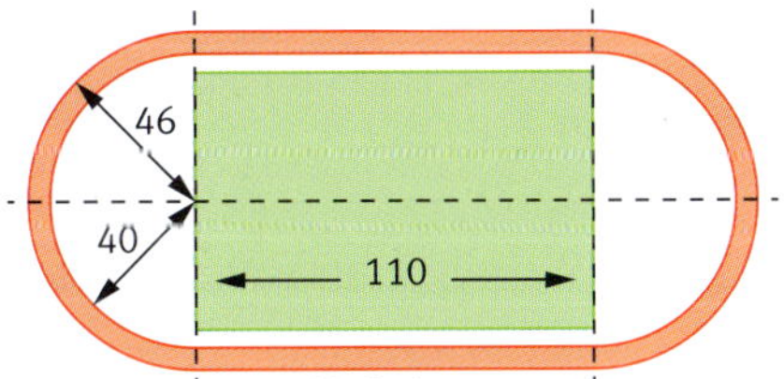

a) Bestimme für die von der Wettkampfbahn begrenzte Innenfläche den Flächeninhalt und den Umfang.

b) Berechne den Flächeninhalt der Bahn.

c) Für die Renovierung der Wettkampfbahn müssen pro Quadratmeter 1250 € bezahlt werden. Wie teuer ist die Renovierung?

10 Ein Fußballplatz (105 m × 75 m) soll mit Rollrasen neu ausgelegt werden. Jede Rolle ist 40 cm breit und 25 cm dick und hat eine Masse von etwa 17 kg. Der ausgerollte Rasen hat eine durchschnittliche Höhe von 2 cm.

a) Ermittle, welche Fläche der Rasen einer Rolle bedeckt.

b) Finde heraus, wie viele Rollen gekauft werden müssen, um diesen Fußballplatz ganz auszulegen. Welche Masse haben die benötigten Rollen?

c) Erstelle anhand der abgebildeten Preisliste eine Rechnung (einschließlich 19 % Mehrwertsteuer) für das Material, das zum Auslegen dieses Fußballplatzes erforderlich ist.

Nettokosten:	
Rasen je Rolle	12,99 €
Weiteres Material	590 €
An-/Abfahrt	200 €
Stundenlohn	36,50 €

11 Die Abbildung zeigt drei verschiedene geometrische Körper (Angabe der Maße jeweils in cm). Berechne ihre Volumina und ihre Oberflächeninhalte.

a)

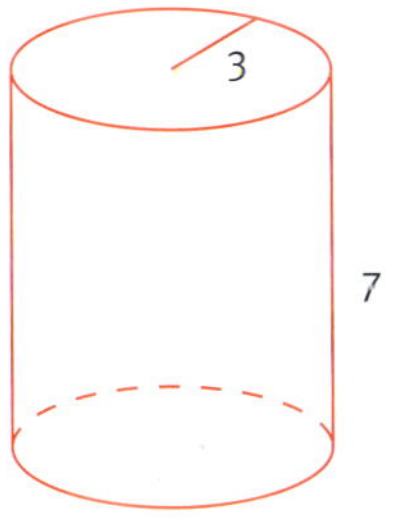

b)

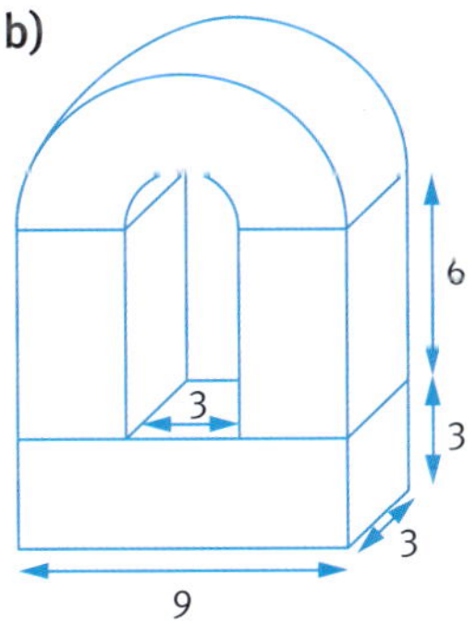

c)

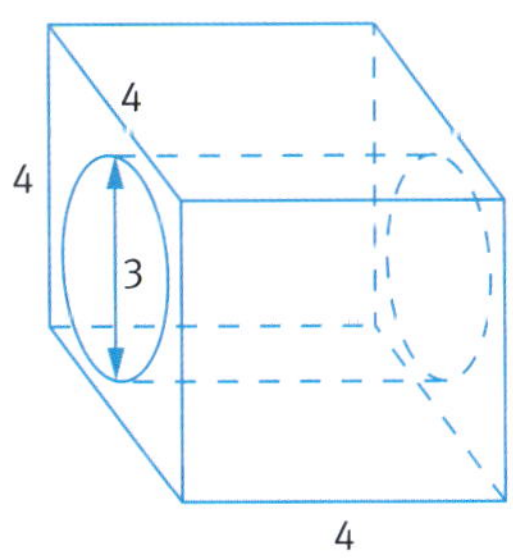

Tipp: Diese Körper sind entweder Grundkörper oder aus Grundkörpern entstanden.

π experimentell bestimmen π

In Monte Carlo, einer Stadt im Fürstentum Monaco, steht eines der berühmtesten Spielcasinos der Welt. Spielcasinos sind Orte des Zufalls – und so verwundert es nicht, dass eine mathematische Simulation, bei der Zufallszahlen zum Einsatz kommen, nach dieser Stadt benannt ist. Mit der **Monte-Carlo-Methode** kannst du zum Beispiel den Flächeninhalt von Kreisen bzw. einen Näherungswert für die Kreiszahl π bestimmen.
Die Idee ist, den Flächeninhalt des Kreises gegenüber dem des umschriebenen Quadrats abzuschätzen. Lass dazu Reiskörner zufällig auf das Quadrat regnen. Die Anzahl der Körner, die im Inneren des Kreises liegen, verhält sich zu der Gesamtzahl der Körner wie die Fläche des Kreises zu der des Quadrats.

$$A_{Kreis} = \pi \cdot r^2$$
$$A_{Quadrat} = 4 \cdot r^2 \quad \Longrightarrow \quad \frac{A_{Kreis}}{A_{Quadrat}} = \frac{\pi \cdot r^2}{4 \cdot r^2} = \frac{\pi}{4}$$

Die **relative Häufigkeit** der Körner (Punkte) im Inneren des Kreises ist also ein Schätzwert für $\frac{\pi}{4}$.

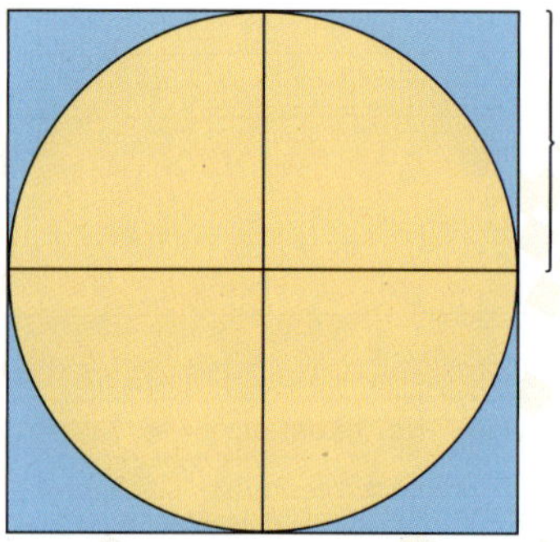

a) Bastle eine Schachtel mit quadratischer Grundfläche. Zeichne einen Kreis so ein, dass sein Rand die Quadratseiten berührt.
Bestimme einen Näherungswert für π.
Führe dazu das Experiment mit 100 Reiskörnern 20-mal durch und berechne den Mittelwert.
Beachte: Körner auf der Kreislinie gehören zum Kreis.
Tipp: Um dir das Abzählen der Körner zu ersparen, kannst du sie auch wiegen.

b) Führe das Zufallsexperiment mit einem Viertelkreis durch und nimm statt Reiskörnern 100 Reißnägel. Was ändert sich in der Berechnung für π? Gib die Abweichung deiner Näherungslösung vom Taschenrechnerwert von π in Prozent an.

π mit dem örtlichen Telefonbuch bestimmen π

In einem Telefonbuch werden die letzten beiden Ziffern der Telefonnummern von x aufeinander folgenden Personen betrachtet (auf die ersten Ziffern muss verzichtet werden, da diese in einem Telefonbezirk einen charakteristischen Wert besitzen, wodurch sie keinen Zufallszahlcharakter mehr haben):

Person	Endziffern der Telefonnummer	Daraus resultierender Punkt P
1	...4356	P_1 (0,56 | 0,78)
2	...2778	
3	...9214	P_2 (0,14 | 0,07)
4	...1807	
...	...	...

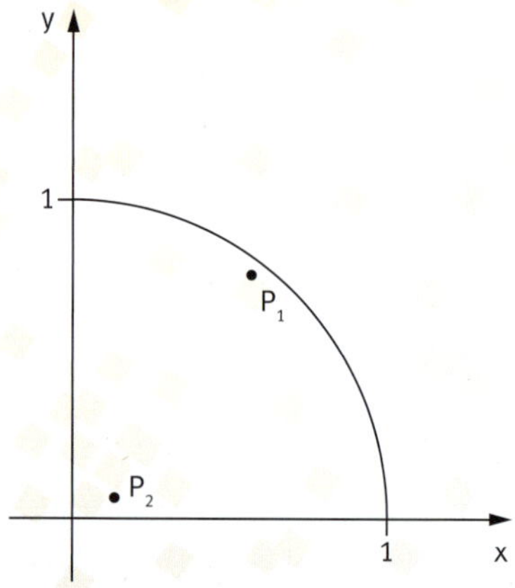

a) Ermittle von einer beliebigen Seite eines Telefonbuchs aus 40 aufeinander folgenden Telefonnummern 20 Zufallspunkte.

b) Bestimme mit diesen Punkten analog zum oben angeführten Experiment einen Näherungswert für π, indem du prüfst, ob die Punkte auf dem Viertelkreis liegen oder nicht.

c) Gib die Abweichung deiner Näherungslösung vom Taschenrechnerwert von π an.

π mit einem Tabellenprogramm bestimmen π

Das Zufallsexperiment kann auch durch Punkte, deren Koordinaten Zufallszahlen zwischen 0 und 1 sind, simuliert werden. Die Zufallszahlen können mit einem Tabellenkalkulationsprogramm (Befehl in Excel: =Zufallszahl()) erzeugt werden.

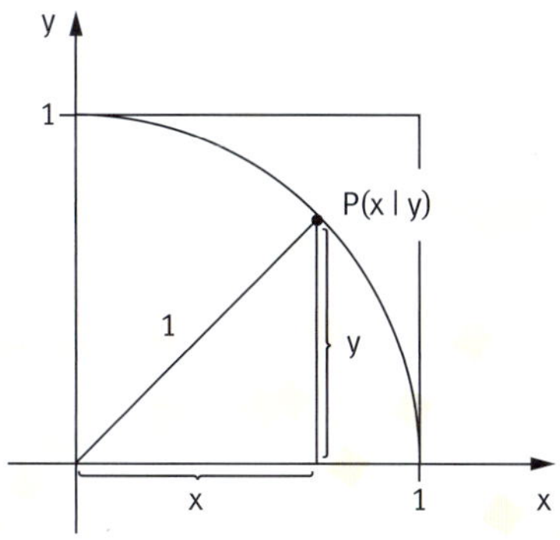

	A	B	C	D	E	F	G
1	Versuch Nr.	Zufallszahl x-Koordinate	Zufallszahl y-Koordinate	$x^2 + y^2$	Punkt auf dem Viertelkreis?	Anzahl Punkte	Näherungswert für Pi
2	1	0,747189186	0,993966403	1,54626089	Nein	0	0
3	2	0,480473244	0,908466077	1,056165151	Nein	0	0
4	3	0,06815689	0,835632986	0,702927849	Ja	1	1,333333333
5	4	0,749986385	0,016770971	0,562760844	Ja	2	2
6	5	0,092284332	0,10278039	0,019080207	Ja	3	2,4
7	6	0,562551582	0,637441037	0,722795358	Ja	4	2,666666667
8	7	0,251767678	0,428203906	0,246745549	Ja	5	2,857142857
9	8	0,901158318	0,126618409	0,828118535	Ja	6	3
10	9	0,11951898	0,674982114	0,469885641	Ja	7	3,111111111
11	10	0,356182354	0,116824173	0,140513757	Ja	8	3,2
12	11	0,679168493	0,72553596	0,98767227	Ja	9	3,272727273
13	12	0,280669146	0,998147209	1,075073021	Nein	9	3
14	13	0,652849974	0,792702226	1,054589907	Nein	9	2,769230769
15	14	0,463807703	0,821184186	0,889461053	Ja	10	2,857142857
16	15	0,066619075	0,852719163	0,731568073	Ja	11	2,933333333
17	16	0,005177015	0,303333517	0,092038024	Ja	12	3
18	17	0,612522080	0,006682898	0,37522895	Ja	13	3,058823529
19	18	0,313978597	0,026458699	0,099282622	Ja	14	3,111111111

a) Erläutere das abgebildete Tabellenblatt. Wie wird mittels der Koordinaten eines Zufallspunkts P entschieden, ob P auf dem Viertelkreis liegt oder nicht?

b) Erstelle ein Tabellenblatt und bestimme einen Näherungswert für π.

c) Erläutere das Diagramm in Abhängigkeit von der Punkteanzahl. Nimm Stellung zur Aussage: „Der Wert für π wird immer besser". Überprüfe selbst mithilfe des Tabellenblattes.

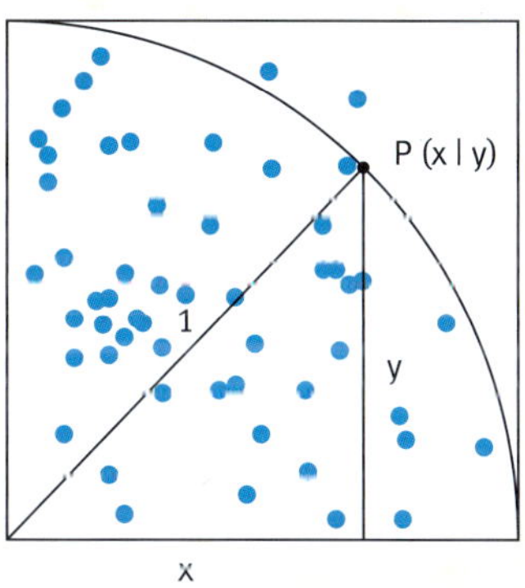

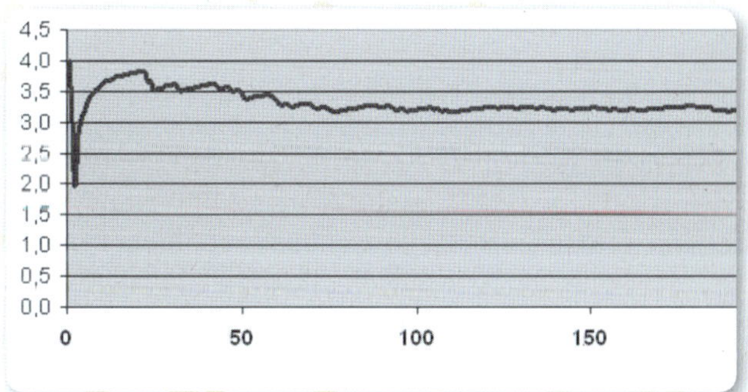

Überprüfe deine Fähigkeiten und Kenntnisse. Bearbeite dazu die folgenden Aufgaben und bewerte anschließend deine Lösungen mit einem Smiley.

☺	😐	☹
Das kann ich!	Das kann ich fast!	Das kann ich noch nicht!

Hinweise zum Nacharbeiten findest du auf der folgenden Seite. Die Lösungen stehen im Anhang.

Aufgaben zur Einzelarbeit

1 Berechne den Umfang und den Flächeninhalt der Kreise.
a) r = 5,7 cm b) r = 2,5 cm c) r = 18 mm
d) r = 0,15 km e) d = 6,2 cm f) d = 1,91 km

2 Berechne den Radius und den Flächeninhalt der Kreise.
a) u = 165 m b) u = 2 km c) u = 9 m
d) u = 7,4 dm e) u = 40 000 km f) u = 6,28 m

3 Berechne den Radius und den Umfang der Kreise.
a) A = 548 cm^2 b) A = 2 m^2 c) A = 19,625 a
d) A = 7,7 km^2 e) A = 47 ha f) A = 3,14 km^2

4 Welchen Durchmesser und welche Querschnittsfläche hat ein Baumstamm von 94 cm (20,5 dm; 3,78 m) Umfang?

5 Berechne den Durchmesser eines Leitungsdrahtes mit einer Querschnittsfläche von 1 cm^2 (80 mm^2; 34 mm^2).

6 Die Radien eines Kreisrings betragen R = 7,5 cm und r = 5,8 cm. Berechne den Flächeninhalt des Kreisrings.

7 Um ein kreisförmiges Rosenbeet mit einem Durchmesser von 7,20 m soll ein Rasenstreifen von 60 cm Breite angesät werden.
a) Fertige eine Skizze an.
b) Berechne den Flächeninhalt des geplanten Rasenstreifens.
c) Der Rasenstreifen soll innen und außen von Steinen eingegrenzt werden. Für welche Länge müssen insgesamt Steine bereitgestellt werden?

8 Übertrage die Tabelle in dein Heft und vervollständige sie (r = 1 LE).

	a)				b)			
	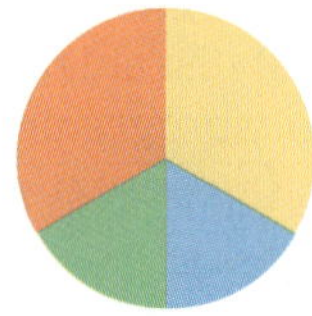				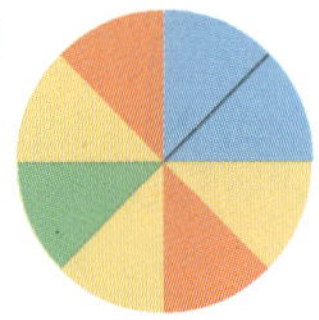			
μ								
b								
A_{Sektor}								

9 Um wie viel Prozent ist der Flächeninhalt eines Kreises größer als der Flächeninhalt eines Quadrats, das den gleichen Umfang wie der Kreis hat?

10 Bestimme den Mittelpunktswinkel eines Kreissektors, der den gleichen Flächeninhalt hat wie ein Quadrat über dem Radius des Kreissektors.

11 Zeichne ein Schrägbild eines Zylinders mit dem Radius r = 2 cm und einer Höhe von h = 3 cm.

12 Zylinder ① r = 5 cm; h = 6 cm
② d = 6,2 cm; A_M = 90 cm^2
a) Zeichne zu jedem der beiden Zylinder ein Netz. Berechne fehlende Streckenlängen. Verwende gegebenenfalls einen geeigneten Maßstab.
b) Zeichne zu jedem der beiden Zylinder ein geeignetes Schrägbild.

13 Berechne die fehlenden Größen eines Zylinders.

	a)	b)	c)	d)	e)
r	3,6 cm	25 mm	6,8 cm		
A_G					2,4 m^2
h	7,8 cm	7,3 cm		12 dm	
A_M					
V			3249 cm^3	360 l	750 l

14 Ein zylindrischer Gasbehälter hat einen Durchmesser von 20 m. Er fasst 7200 m^3 Gas. Wie hoch ist dieser Behälter?

15 Ein 8 m tiefer zylinderförmiger Brunnen hat einen äußeren Durchmesser von 1,80 m. Die Wandstärke beträgt 20 cm. Wie viel Wasser kann der Brunnen maximal fassen?

16 Berechne die Volumina und die Oberflächen der Körper.

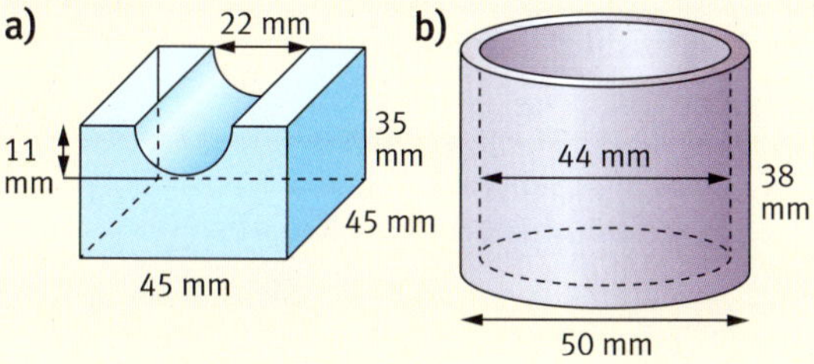

17 Berechne das Fassungsvermögen des Öltanks.

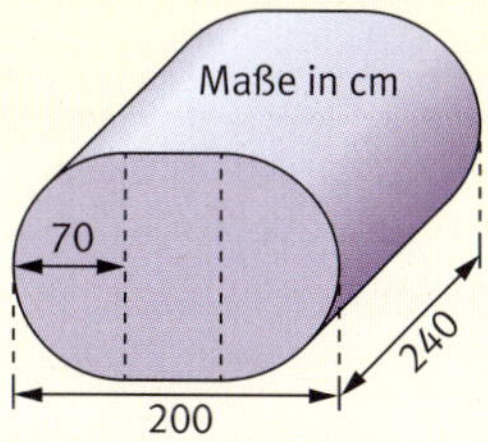

18 Bei Verbrennungsmotoren bewegen sich Kolben in zylinderförmigen Kammern auf und ab. Die Bewegungshöhe der Zylinder nennt man Hub. Das Gesamtvolumen der Kammern ist der Hubraum. Berechne den Hubraum eines Pkw-Motors mit vier Zylindern, wenn der Kolbendurchmesser $d = 80$ mm und der Kolbenhub $h = 145$ mm beträgt.

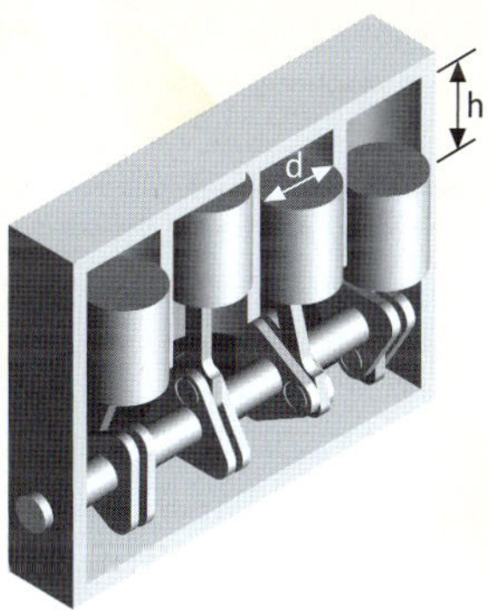

Aufgaben für Lernpartner

Arbeitsschritte

1 Bearbeite die folgenden Aufgaben alleine.
2 Suche dir einen Partner und erkläre ihm deine Lösungen. Höre aufmerksam und gewissenhaft zu, wenn dein Partner dir seine Lösungen erklärt.
3 Korrigiere gegebenenfalls deine Antworten und benutze dazu eine andere Farbe.

Sind folgende Behauptungen **richtig** oder **falsch**? Begründe schriftlich.

19 Durchmesser (Radius) und Umfang eines Kreises sind zueinander proportional.

20 Radius und Flächeninhalt eines Kreises sind zueinander proportional.

21 Wenn man bei einem Kreis mit konstantem Radius r die Länge des Kreisbogens verdoppelt, so verdoppelt sich auch der Flächeninhalt des zugehörigen Kreissektors.

22 In einem Schrägbild werden alle nach hinten verlaufenden Kanten auf die Hälfte gekürzt und in einem Winkel von 90° gezeichnet.

23 Wenn von einem Zylinder die Höhe nicht bekannt ist, kann man versuchen, die Höhe über das Volumen und den Flächeninhalt der Grundfläche zu bestimmen.

24 Radius und Flächeninhalt der Grundfläche des Zylinders sind zueinander proportional.

25 Die Mantelfläche eines Zylinders ist immer so groß wie die Summe der Grund- und Deckfläche.

26 Verdoppelt man den Radius eines Zylinders, dann vervierfacht sich das Volumen.

Aufgabe	Ich kann ...	Hilfe
1, 3, 4, 5, 7, 19	Berechnungen zu Umfang und Radius am Kreis durchführen.	S. 156
1, 2, 4, 6, 7, 9, 13, 14, 20	Berechnungen zu Flächeninhalt und Radius am Kreis durchführen.	S. 158
8, 10, 21	Berechnungen zu Mittelpunktswinkel, Bogenlänge und Flächeninhalt an Kreissektoren durchführen.	S. 160
11, 12, 22	Schrägbilder und Netze von Zylindern zeichnen.	S. 162
13, 14, 16, 23, 24, 25	Berechnungen zu Radius, Höhe und Oberflächeninhalt an Zylindern durchführen.	S. 164
13, 15, 16, 17, 18, 26	das Volumen von Zylindern berechnen.	S. 166

S. 156
S. 158

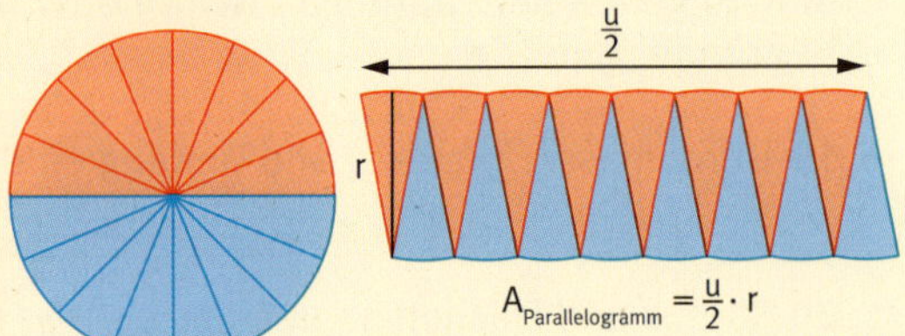

Bei jedem Kreis ist der **Umfang u proportional** zu seinem **Durchmesser d**. Der Proportionalitätsfaktor ist die **Kreiszahl** π (sprich: Pi).
Es gilt:
$\mathbf{u = \pi \cdot d = 2 \cdot \pi \cdot r}$ mit $\pi \approx 3{,}14$

Für den **Flächeninhalt A** eines **Kreises** gilt:
$\mathbf{A = \pi \cdot r^2 = \frac{\pi}{4} \cdot d^2}$

S. 160

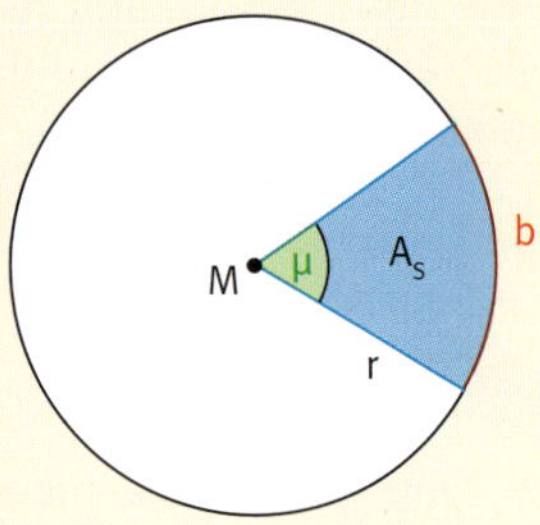

Sind bei einem Kreis der Radius r und der Mittelpunktswinkel μ gegeben, so lassen sich folgende Kreisteile berechnen:

Länge b des Kreisbogens
$b = \frac{\mu}{360°} \cdot 2\pi\,r = \frac{\mu}{180°} \cdot \pi\,r$

Flächeninhalt A_S des Kreissektors
$A_S = \frac{\mu}{360°} \cdot \pi\,r^2$

Anstelle der Winkelgröße in Grad kann auch die Länge des Kreisbogens b an einem Kreis mit Radius r = 1 als **Bogenmaß** für den Winkel verwendet werden.

S. 162

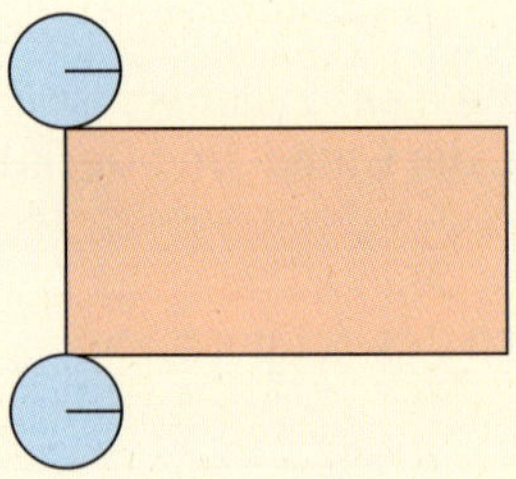

Netz eines Zylinders

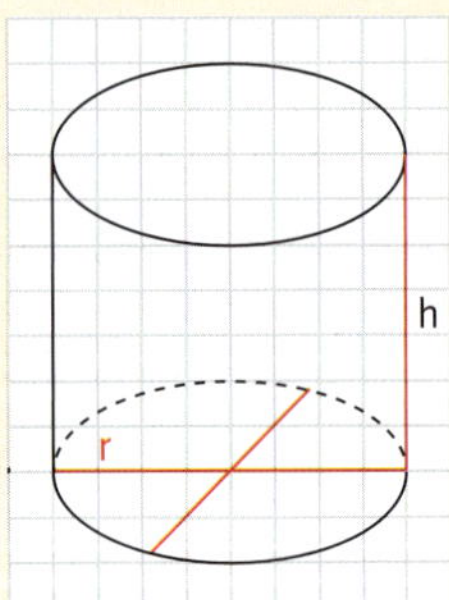

Schrägbild eines Zylinders

Netze
Wird ein Körper (z. B. ein Zylinder) entlang seiner Kanten aufgeschnitten und können alle Begrenzungsflächen in eine Ebene geklappt werden, so entsteht ein Körpernetz (ein Zylindernetz).

Schrägbilder
Als Schrägbild eines Körpers bezeichnet man eine schräge Projektion des Körpers auf eine Zeichenebene. Streckenlänge und Winkelmaße an Flächen, die parallel zur Zeichenebene liegen, bleiben unverändert. Nach hinten verlaufende Kanten werden in der Länge halbiert und unter einem Winkel von 45° dargestellt. Verdeckte Kanten werden gestrichelt gezeichnet.

S. 164
S. 166

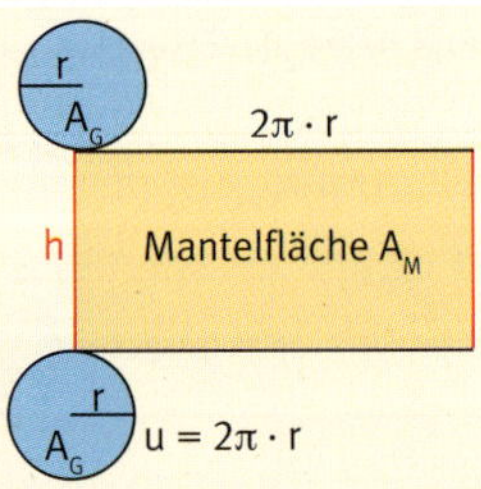

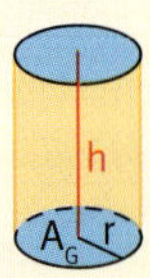

Bei einem **Zylinder** gilt:
$A_M = u \cdot h = 2\pi \cdot r \cdot h$
$O_{Zylinder} = 2 \cdot A_G + A_M = 2\pi r \cdot (r + h)$
$V_{Zylinder} = \pi \cdot r^2 \cdot h$

Wurzeln

1 Ergänze im Heft die Tabelle zu dem Würfel.

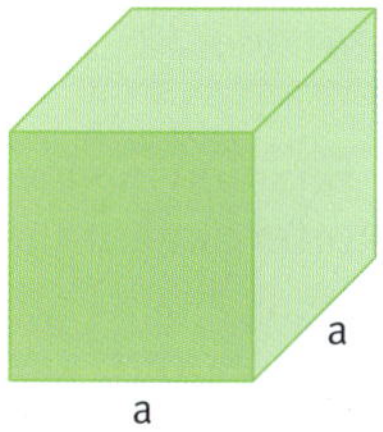

	a	O	V
a)	2 cm	□	□
b)	□	54 cm²	□
c)	□	13,5 mm²	□
d)	□	□	125 cm³

2 Übertrage in dein Heft und ersetze die Lücken durch Ziffern bzw. <, > oder =.
Finde mehrere Lösungen, wenn möglich.

a) $\sqrt{□} = 4$ **b)** $\sqrt{12□} = 11$

c) $\sqrt{16} < □ < \sqrt{81}$ **d)** $\sqrt{19} > □$

e) $3 < \sqrt{□} < 4$ **f)** $\sqrt{23}$ □ 5

g) 7 □ $\sqrt{4□}$ **h)** $\sqrt{1□} < \sqrt{□7}$

3 Ordne der Größe nach. Beginne mit der kleinsten Zahl.

a) $\sqrt{2}$; $\sqrt{16}$; 2; 6; $\sqrt{4}$

b) $\sqrt[3]{64}$; $\sqrt{64}$; 6; 64; 4

c) $\sqrt[3]{81}$; $\sqrt{81}$; $\sqrt[3]{8}$; $\sqrt[3]{27}$; $\sqrt{10}$

4 Finde mindestens drei verschiedene x so, dass die Zahl rational (irrational) wird.
Beispiel: $\sqrt{20 + x}$ ist ...
rational für x = 5, denn $\sqrt{25} = 5$; ...
irrational für x = 3, denn $\sqrt{23}$ ist irrational; ...

a) $\sqrt{x + 10}$ **b)** $\sqrt{x - 10}$

c) $\sqrt{x \cdot 10}$ **d)** $\sqrt{\frac{x}{10}}$

5 Vervollständige die Zahlenmauer.

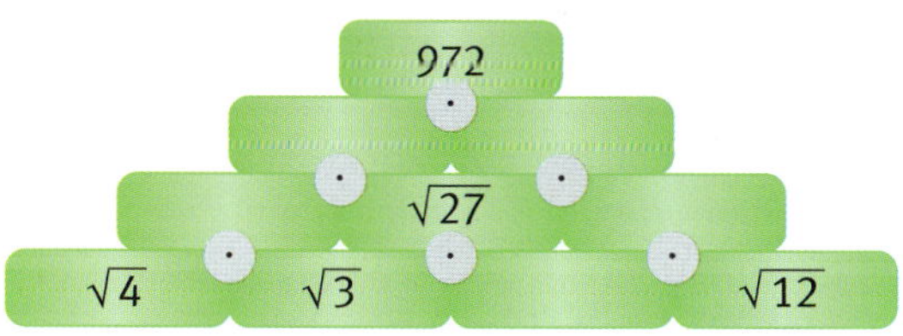

Kreis

6 Gib jeweils die fehlenden der Kreisgrößen (Umfang, Radius, Flächeninhalt) an.

a) r = 3 cm

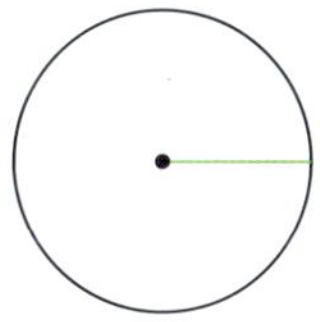

b) u = 10 cm

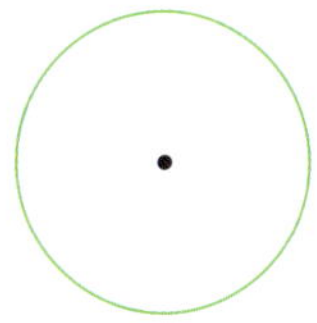

c) d = 13 dm

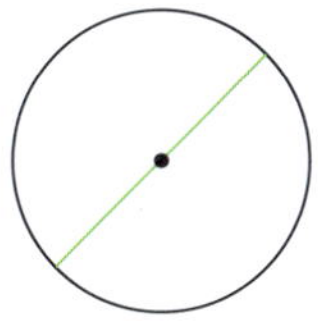

d) A = 12 m²

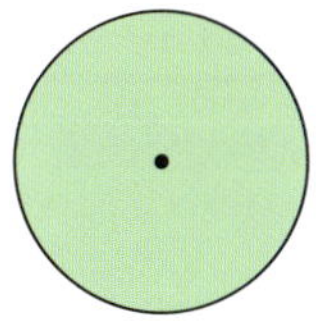

7 In einen Kreis wurde ein kleiner Kreis mit gleichem Mittelpunkt eingezeichnet.

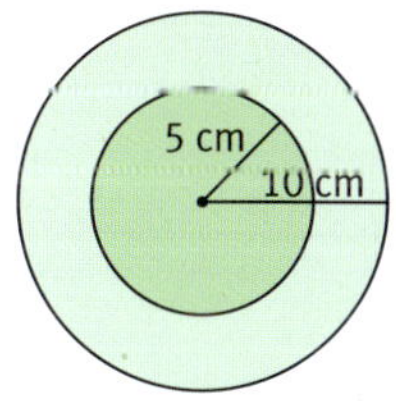

a) Vergleiche den Flächeninhalt des inneren Kreises mit dem des äußeren Kreisrings.

b) Wie groß müsste der Radius des inneren Kreises sein, damit beide Flächen gleich groß sind?

8 Ergänze im Heft die Lücken in den Sätzen.

a) Verdoppelt man den Radius, so □ sich der Durchmesser eines Kreises.

b) Verdoppelt man den Durchmesser, so □ sich der Flächeninhalt eines Kreises.

c) Drittelt man den Radius, so □ sich der Umfang eines Kreises.

d) Ein Kreis mit 9-mal so großem Flächeninhalt hat einen □-mal so großen Radius.

9 Bestimme jeweils den grünen Flächeninhalt und die Länge der grünen Randkurve der Figuren.

a)

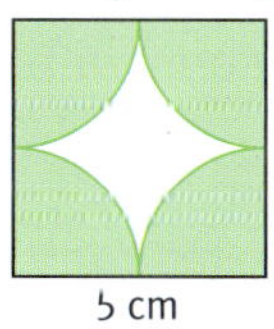

b)

c)

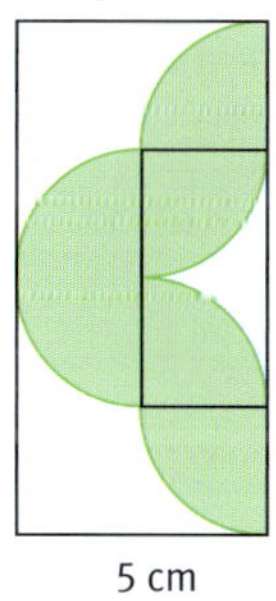

Binomische Formeln

10 Multipliziere die Terme mithilfe binomischer Formeln aus. Gib an, welche binomische Formel du genutzt hast.

a) $(t + 3)^2$ b) $(3t - 1)^2$
c) $(t - 1) \cdot (t + 1)$ d) $(s - 3t)^2$
e) $(s - t) \cdot (t + s)$ f) $(s - t) \cdot (t - s)$

11 Korrigiere die Hausaufgaben von Martin.

a) $(2 + h)^2 = 4 + h + h^2$
b) $(30 - 4p)^2 = 90^2 - 240p - 16p^2$
c) $(r - s) \cdot (r + s) = r^2 + s^2$
d) $(1{,}5v + w)^2 = 1{,}5v^2 + 3vw + w^2$

12 Ein Quadrat der Seitenlänge 5 cm soll auf einer Seite gekürzt und auf der anderen um dieselbe Länge x verlängert werden.

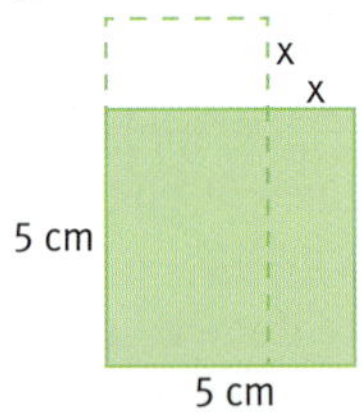

a) Gib den Flächeninhalt der neuen Figur als Term an. Vereinfache den Term so weit wie möglich.
b) Bestimme x für einen Flächeninhalt des entstandenen Rechtecks von 16 cm^2.

13 Ergänze die Lücken so, dass wahre Aussagen entstehen.

a) $(x + 2y)^2 = □^2 + □xy + □y^2$
b) $(0{,}5a - 3b)^2 = 0{,}25a^2 □ 3ab □ □b^{□}$
c) $(3 - e) \cdot (3 □ e) = □ - e^2$
d) $(□k + l) = □k^2 + 6kl □ l^2$

14 Welche Terme lassen sich mit einer binomischen Formel vereinfachen? Gib gegebenenfalls die binomische Formel und den umgeformten Term an.

a) $q^2 + 4qr + 4r^2$ b) $m^2 - 6mn + 3n^2$
c) $i^2 - 8j^2$ d) $16a^2 - 4b^2$
e) $s^2 + t^2$ f) $4u^2 + 25 - 20u$

Funktionen

15 Ermittle, ob die Zuordnung proportional, antiproportional, linear oder keine dieser Arten ist. Begründe.

a) Der Menge an Bäumen in einem Wald wird die Anzahl ihrer Blätter zugeordnet.
b) Der Zeitdauer eines Filmes wird der benötigte Speicherplatz auf der DVD zugeordnet (bei gleich bleibender Qualität).
c) Jeder Seitenlänge eines Quadrats wird dessen Flächeninhalt zugeordnet.
d) Die Kosten einer Klassenfahrt werden gleichmäßig auf die Anzahl der Schüler in einer Klasse verteilt.

16 Gib zu jedem Funktionsgraphen eine mögliche Funktionsgleichung an.

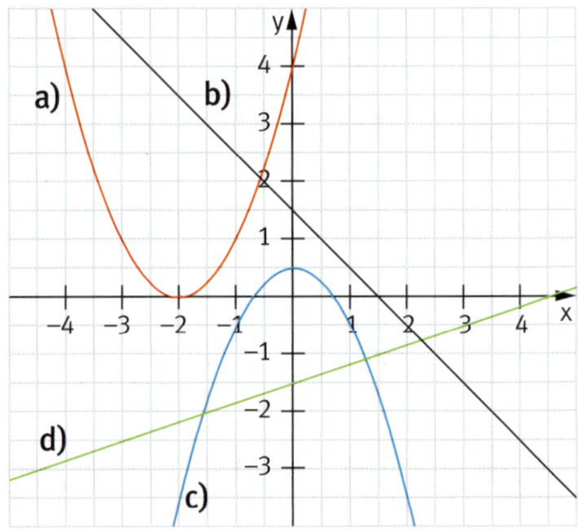

17 Eine lineare Funktion schneidet die y-Achse im Punkt P (0|−1).

a) Zeichne drei verschiedene Funktionsgraphen, die diese Bedingung erfüllen.
b) Gib zu jedem Graphen aus a) die Funktionsgleichung an. Finde Gemeinsamkeiten.

18 Eine Normalparabel wird um einige Längeneinheiten (LE) verschoben bzw. an einer Achse gespiegelt. Gib jeweils eine Funktionsgleichung an.

a) Verschiebung um 2 LE nach rechts und 1 LE nach unten
b) Spiegelung an der x-Achse, anschließend Verschiebung um 3 LE nach oben
c) Spiegelung an der y-Achse, anschließend Verschiebung um 2 LE nach rechts

7 Daten

Einstieg

- Welche Ergebnisse lassen sich aus der Grafik ablesen?
- Wie viele der Smartphones haben eine Kamera (Bluetooth, ...)?
- Führe eine Umfrage zur Ausstattung von Smartphones in deiner Klasse durch. Beschreibe die Ergebnisse mithilfe von Mittelwerten. Erstelle ein Diagramm zu dem Sachverhalt und vergleiche deine Ergebnisse mit denen der Studie.

Ausstattung von Smartphones von 12- bis 19-Jährigen:
Von 100 Smartphones haben ...

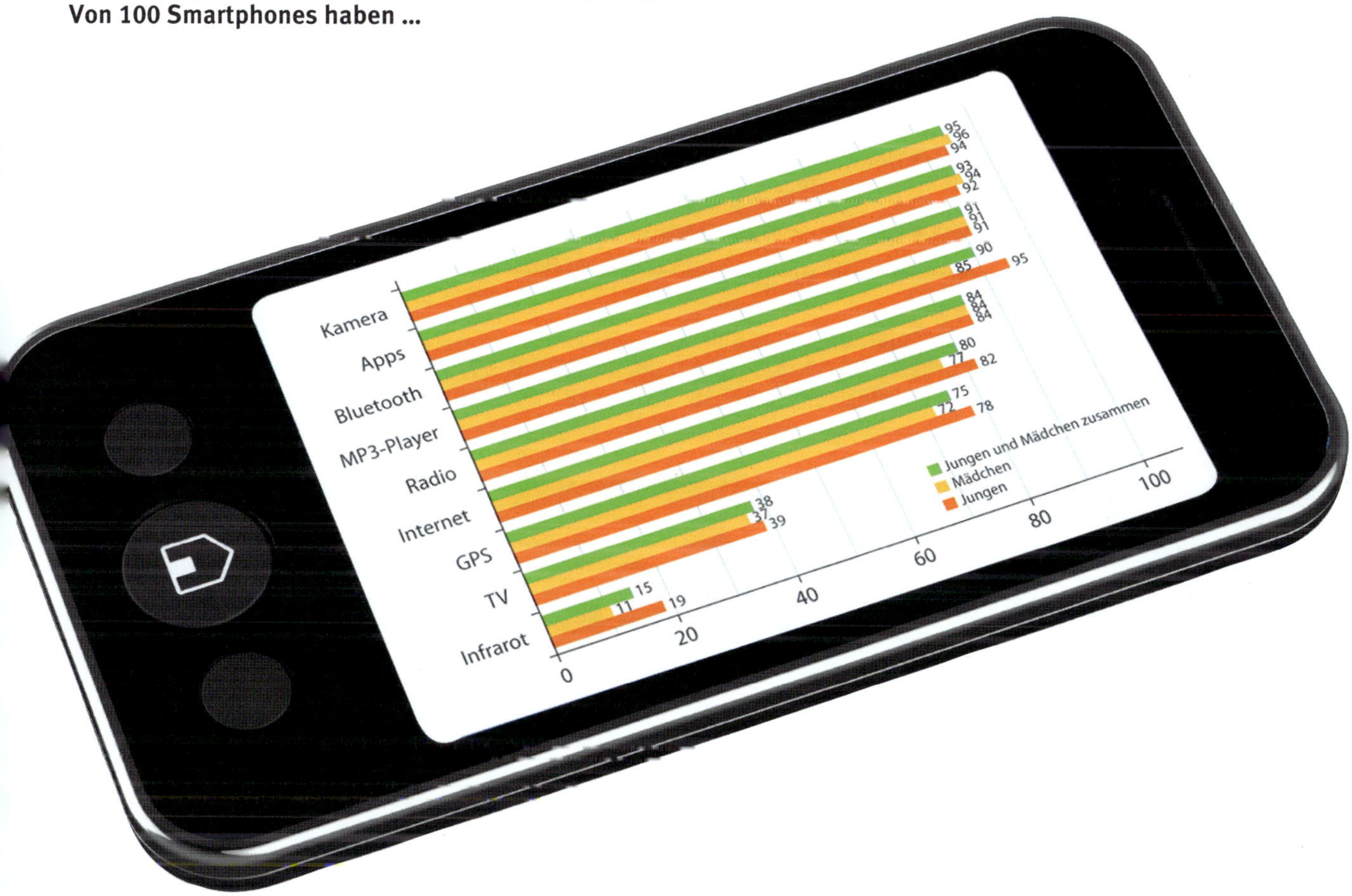

Am Ende dieses Kapitels hast du gelernt, ...
- wie man Daten anhand von Kennwerten beschreiben kann.
- was eine Stichprobe ist.
- wie man die Verteilung von Daten durch einen Boxplot darstellen kann.

In einer Klasse vergleichen die Schüler miteinander die Anzahl der SMS, die im letzten Monat verschickt wurden.

- Erstelle eine Rangliste.
- Welches ist hierbei der größte, welches der kleinste Wert? Wie groß ist die Differenz der beiden Werte?
- Beschreibe die Anzahl verschickter SMS mithilfe bekannter Mittelwerte.

Verschickte SMS

23	45	8	77
65	34	12	51
34	21	101	12
17	49	31	27
121	14	22	76
21	63	11	65

Merkwissen

Streumaße:
Minimum
Maximum
Spannweite R

Lagemaße:
Modalwert m_0
Median m
arithmetisches Mittel $\bar{x}$

Du kennst bereits **Kennwerte**, um eine **Datenreihe** zu beschreiben.

- Um zu erfahren, wie weit die Daten **auseinanderliegen**, verwendet man den größten Wert der Datenreihe als Maximum und den kleinsten Wert als Minimum. Die Differenz dieser beiden Werte wird Spannweite R genannt.
  Spannweite = Maximum – Minimum
- Durch die Angabe eines **Mittelwertes** versucht man, einen Wert zu bestimmen, der typisch ist für die Datenreihe. Man unterscheidet drei Mittelwerte:
  - Der Modalwert m_0 ist der Wert, der **am häufigsten** vorkommt.
  - Der Median m ist der Wert, der genau in der **Mitte einer Rangliste** liegt.
  - Das arithmetische Mittel $\bar{x}$ **verteilt** die Summe aller Einzelwerte **gleichmäßig** auf alle Werte: $\bar{x} = \frac{\text{Summe aller Einzelwerte}}{\text{Anzahl der Einzelwerte}}$.

Beim Median liegen in der geordneten Datenreihe genauso viele Werte rechts wie links. Gibt es zwei mittlere Werte, so wählt man als Median die Zahl in der Mitte zwischen diesen beiden Werten.

Beispiel: Schuhgrößen
Urliste: 38, 39, 37, 40, 42, 38, 40, 36, 39, 39, 38, 41, 38, 37
Rangliste: 36, 37, 37, 38, 38, 38, 38, 39, 39, 39, 40, 40, 41, 42

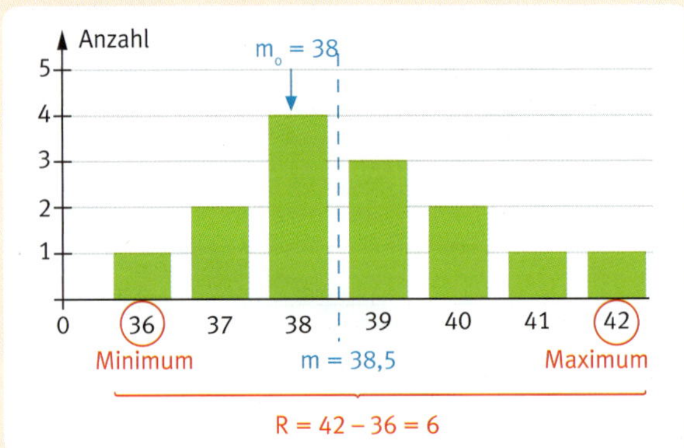

$\bar{x} = \frac{36 + 37 + 37 + ... + 41 + 42}{14}$
$\approx 38{,}7$

Im Durchschnitt hat jede Person eine Schuhgröße von fast 39.

Beispiele

I Martin vergleicht die Preise pro Kugel Eis in Eisdielen in seiner Stadt.
50 ct 70 ct 45 ct 70 ct 60 ct 60 ct 50 ct 75 ct 70 ct 55 ct
Wie viel kostet eine Kugel mindestens (höchstens)? Wie groß ist der Preisunterschied? Beschreibe die Eispreise anhand der bekannten Mittelwerte.

Lösung:
niedrigster Preis (Minimum): 45 ct
höchster Preis (Maximum): 75 ct — Spannweite: R = 75 ct – 45 ct = 30 ct
häufigster Wert: m_0 = 70 ct — Mitte einer Rangliste: m = 60 ct
arithmetisches Mittel: $\bar{x} = \frac{45\text{ ct} + 2 \cdot 50\text{ ct} + 55\text{ ct} + 2 \cdot 60\text{ ct} + 3 \cdot 70\text{ ct} + 75\text{ ct}}{10} = 60{,}5\text{ ct}$

Verständnis

- Zeige an einem einfachen Zahlenbeispiel, dass Modalwert und Median (arithmetisches Mittel) auch gleich sein können.
- Der Median einer Datenreihe kann auch das Maximum sein. Überlege dir ein Beispiel hierfür.
- Der Median wird oft als „Zentralwert“ bezeichnet. Finde eine Begründung.

Aufgaben

1
(1) 15 20 15 30 25 15 30 25 10 15
(2) −5 −3 −2 0 0 0 0 2 4 4
(3) −100 000 200 000 100 000 −100 000 400 000
(4) 2,5 12,6 28,3 14,1 27,9 1,0 14,8 19,3
(5) 0,6 0,8 0,2 0,5 0,7 1,2

a) Gib jeweils Minimum, Maximum sowie die Spannweite der Datenreihe an.
b) Bestimme die drei Mittelwerte von jeder Datenreihe.

Kommen mehrere Werte gleich häufig vor, dann gibt es auch mehrere Modalwerte.

2 Ergänze jeweils eine weitere Zahl so, dass …

a) der Median 100 ist.	(1) 50, 99, 100, 101	(2) 50, 99, 101, 102
b) die Spannweite 13 ist.	(1) 10 000, 9991, 10 001	(2) 27, 28, 40, 32
c) der Modalwert 21 ist.	(1) 99, 21, 13 000, 11	(2) 22, 23, 23, 21
d) das arithmetische Mittel 25 ist.	(1) 3, 19, 30, 44	(2) 17, 22, 23

3 Beim Eiskunstlaufen wird der Sprung von einer Jury aus neun Wettkampfrichtern beurteilt. Jeder vergibt pro Sprung 0 (nicht gelaufen) bis 6 Punkte (perfekt gelaufen). Eine Eisläuferin erhält folgende Wertung:

5,4 5,1 5,8 5,3 5,6 5,4 5,4 5,2 5,5

a) Ordne die Wertungen in einer Rangliste.
b) Bestimme Minimum, Maximum und die Spannweite der Wertung.
c) Bestimme Modalwert, Median und arithmetisches Mittel der Wertung.
d) Bei Wettkämpfen werden jeweils die beiden höchsten und niedrigsten Wertungen gestrichen. Bestimme die Kennwerte nach dieser Streichung und vergleiche mit den ursprünglichen Werten.
e) Finde Gründe, warum es zu der Streichung der Werte in Aufgabe d) kommt.

4 Das Diagramm zeigt die Tageshöchsttemperaturen der einzelnen Monate im vergangenen Jahr.

a) Erstelle anhand des Diagramms eine Rangliste.
b) Bestimme den Median und den Modalwert der Tageshöchsttemperaturen. Welche Bedeutung haben diese Kennwerte in diesem Sachverhalt?
c) In welchen Diagrammformen lässt sich der Sachverhalt ebenso gut darstellen? Begründe deine Antwort.
(1) Bilddiagramm (2) Balkendiagramm
(3) Kreisdiagramm (4) Streifendiagramm

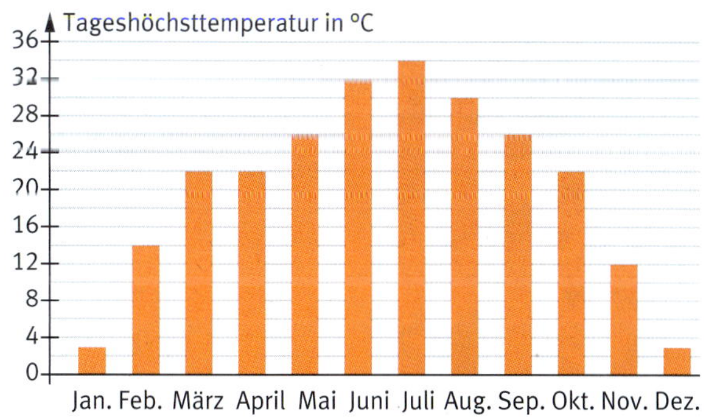

Ein Treffer genau in der Mitte ist 12 Punkte wert.

5 Zwei Schützen messen sich beim Luftgewehrschießen. Die beiden Zielscheiben zeigen das Ergebnis an. Die einzelnen Treffer werden aufgrund der Anordnung der Bewertungen als „Ringe“ bezeichnet.

1 Schütze Marius

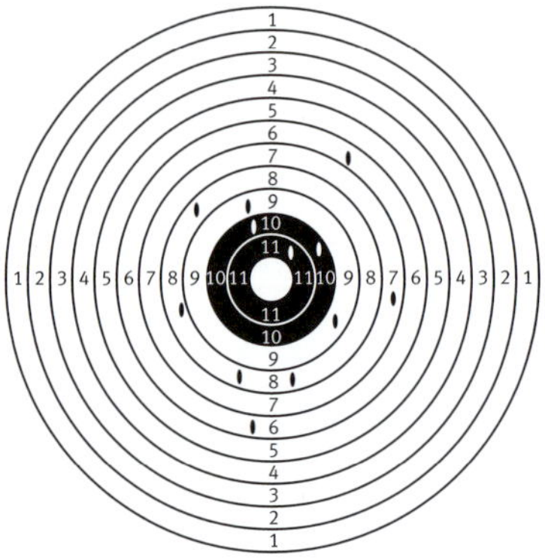

2 Schütze Sascha

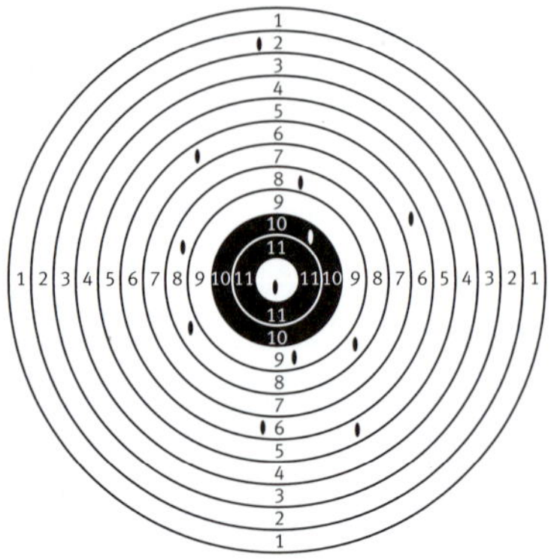

a) Erstelle für jeden Schützen eine Rangliste der getroffenen Ringe.

b) Beschreibe die Schießleistung jedes Schützen anhand des Maximums, des Minimums und der Spannweite.

c) Bestimme die drei Mittelwerte für das Schießergebnis jedes Schützen.

d) Bewerte die Schießleistung. Welcher der beiden ist der bessere Schütze? Begründe deine Antwort. Nutze dazu die zuvor berechneten Kennwerte.

6 Die Übersicht zeigt die Spielergebnisse ab dem Achtelfinale („K.-o.-Runde“) während der Fußballweltmeisterschaft 2014.

Achtelfinale		**Viertelfinale**	
Brasilien – Chile	4 : 3	Frankreich – Deutschland	0 : 1
Kolumbien – Uruguay	2 : 0	Brasilien – Kolumbien	2 : 1
Niederlande – Mexiko	2 : 1	Argentinien – Belgien	1 : 0
Costa Rica – Griechenland	6 : 4	Niederlande – Costa Rica	4 : 3
Frankreich – Nigeria	2 : 0		
Deutschland – Algerien	2 : 1	**Halbfinale**	
Argentinien – Schweiz	1 : 0	Brasilien – Deutschland	1 : 7
Belgien – USA	2 : 1	Niederlande – Argentinien	2 : 4
Spiel um Platz 3		**Finale**	
Brasilien – Niederlande	0 : 3	Deutschland – Argentinien	1 : 0

a) Betrachte die Anzahl der gefallenen Tore pro Spiel.

1 Welches war das torreichste (torärmste Spiel) während der K.-o.-Runde?

2 Wie viele Tore fielen im Durchschnitt pro Spiel?

3 Bestimme, wie viel Prozent der Tore in der K.-o.-Runde von den einzelnen Ländern geschossen wurden.

b) Vergleiche die Anzahl der Tore von Brasilien, den Niederlanden, Argentinien und Deutschland miteinander.

1 Erstelle eine Häufigkeitstabelle für die Länder mit den erzielten und bekommenen Toren.

2 Vergleiche die Tore dieser Länder anhand der verschiedenen Kennwerte.

3 Stelle den Sachverhalt grafisch dar.

7 Verändere zwei der Größen 2 €, 3 €, 5 €, 5 €, 7 €, 3 €, 5 € und 2 € so, dass ...

a) der Modalwert sich nicht verändert.

b) das arithmetische Mittel gleich bleibt.

c) der Median sich ändert, aber der Modalwert gleich bleibt.

d) das arithmetisches Mittel sich ändert, aber der Modalwert gleich bleibt.

8 Wähle aus den Zahlen 1, 2, 3, 4, 5, 6, 7, 8 fünf Zahlen so aus, dass der Median 4 ist. Wie groß ist das arithmetische Mittel dieser fünf Zahlen höchstens (mindestens)?

9 Erfinde zu den Kennwerten eine passende Datenreihe und eine Sachsituation.

a) Minimum: 1,34 m   Maximum: 1,68 m   Modalwert: 1,46 m

b) Spannweite: 17 kg   Modalwert: 42 kg   Durchschnitt $\overline{x} = 46{,}5$ kg

ALLTAG

Tabellenkalkulation

Beim Schlagballwerfen hat jeder drei Versuche. Um die gewonnenen Daten möglichst schnell auszuwerten, kann man die Wurfweiten (in m) in ein Tabellenkalkulationsprogramm eingeben und die statistischen Kennwerte bestimmen. Daten kann man sortieren, indem man die Tabelle markiert und im Menüpunkt „Daten" im Feld „Sortieren" auswählt, nach welcher Spalte die Daten sortiert werden sollen (z. B. nach „Name", „1. Wurf", ...). Kennwerte kann man mit folgenden Befehlen bestimmen:

	A	B	C	D	E
1	Schlagballwurf 7c am 16.05. (Weiten in Meter)				
2	Name	1. Wurf	2. Wurf	3. Wurf	Bester Wurf
3	Laura	22,4	31,7	29,9	=MAX(B3:D3)
4	Sebastian	45,1	38,7	41,0	45,1
5	Nico	36,9	38,7	37,4	38,7
6	Sarah	31,9	33,5	39,0	39,0
7	Linda	34,7	16,7	35,6	35,6
8	Mert	9,6	27,2	25,8	27,2
9	Pascal	41,8	43,0	38,1	43,0
10	Stefan	53,9	60,3	57,2	60,3
11	Paul	37,0	31,8	37,9	37,9
12	Sophia	18,3	22,9	20,7	22,9
13	Jakob	45,8	48,9	42,3	48,9
14	Marie	38,8	58,3	49,7	58,3
15	Alina	26,6	30,0	19,0	30,0

3	Laura	22,4	31,7	29,9	28,0
4	Sebastian	45,1	38,7	41,0	=MITTELWERT(B4:D4)
5	Nico	36,9	38,7	37,4	37,7

Minimum: =MIN(B3:D3) oder =MIN(B3;C3;D3)
Das Minimum der Werte aus den Zellen B3, C3 und D3 wird berechnet und in der gewünschten Zelle angezeigt. Die Berechnung des Maximums erfolgt analog über das Kürzel MAX.

Arithmetisches Mittel: =MITTELWERT(B4:D4) oder =MITTELWERT(B4;C4;D4)
Das arithmetische Mittel der Werte aus den Zellen B4, C4 und D4 wird berechnet und in der gewünschten Zelle angezeigt.

Modalwert: =MODALWERT(B3:D15) bzw. **Median**: =MEDIAN(B3:D15)
Der Modalwert bzw. der Median der Werte wird bestimmt, die in dem rechteckigen Feld zwischen der Zelle B3 im linken oberen Eck und D15 in der rechten unteren Ecke liegen.

- Erstelle aus den Daten mithilfe eines Tabellenkalkulationsprogramms eine Rangliste der besten Weiten.
- Bestimme das arithmetische Mittel für jeden Schüler.
- Erstelle eine Rangliste, wenn nicht die beste Wurfweite, sondern der Mittelwert der drei Wurfweiten gewertet wird. Vergleiche diese mit der ersten Rangliste.
- Bestimme den Mittelwert aller durchgeführten Würfe.
- Bestimme den Modalwert und den Median der Wurfweiten und vergleiche diese beiden Werte mit dem arithmetischen Mittelwert aller Würfe.
- Welche Aussagen kann man mithilfe der drei Mittelwerte machen?

Karim stoppt fünf Tage lang die Zeit, die er braucht, um vom Bahnhof nach Hause zu laufen. Er erhält folgende Datenreihe:

Mo	Di	Mi	Do	Fr
14 min	12 min	12 min	15 min	17 min

- Berechne Karims durchschnittliche Laufzeit in dieser Woche.
- Erkläre, wie du bestimmen kannst, wie stark die einzelnen Werte von diesem Mittelwert im Durchschnitt abweichen.

Streumaß: Standardabweichung s

Merkwissen

Die Standardabweichung s ist ein Maß für die Streuung der Werte einer Datenreihe um das arithmetische Mittel. Dabei gibt die Standardabweichung die durchschnittliche Abweichung aller gemessenen Werte vom arithmetischen Mittel $\bar{x}$ an.

Berechnung der Standardabweichung s:

$$s = \sqrt{\frac{\text{Summe aller quadratischen Abweichungen der Einzelwerte vom arithmet. Mittel}}{\text{Anzahl der Einzelwerte}}}$$

$$s = \sqrt{\frac{(x_1 - \bar{x})^2 + (x_2 - \bar{x})^2 + \dots + (x_n - \bar{x})^2}{n}}$$

Beispiele

I Zwei Familien haben jeweils vier Kinder. Die Kinder der Familie 1 sind 7, 9, 10 und 12 Jahre alt; die Kinder der Familie 2 sind 2, 4, 15 und 17 Jahre alt.

a) Berechne das arithmetische Mittel und die Standardabweichung des Alters der Kinder in beiden Familien.

b) Interpretiere deine Ergebnisse.

Lösung:

a)

Familie 1: $\bar{x} = \frac{7 + 9 + 10 + 12}{4} = 9{,}5$

$$s = \sqrt{\frac{(7 - 9{,}5)^2 + (9 - 9{,}5)^2 + (10 - 9{,}5)^2 + (12 - 9{,}5)^2}{4}}$$

$$= \sqrt{\frac{6{,}25 + 0{,}25 + 0{,}25 + 6{,}25}{4}} = \sqrt{\frac{13}{4}} \approx 1{,}8$$

Familie 2: $\bar{x} = \frac{2 + 4 + 15 + 17}{4} = 9{,}5$

$$s = \sqrt{\frac{(2 - 9{,}5)^2 + (4 - 9{,}5)^2 + (15 - 9{,}5)^2 + (17 - 9{,}5)^2}{4}}$$

$$= \sqrt{\frac{56{,}25 + 30{,}25 + 30{,}25 + 56{,}25}{4}} = \sqrt{\frac{173}{4}} \approx 6{,}6$$

Statt „Daten streuen" sagt man auch „Daten schwanken".

b) Im Durchschnitt sind die Kinder in beiden Familie 9,5 Jahre alt. Die Standardabweichung von diesem durchschnittlichen Alter beträgt bei Familie 1 nur 1,8 Jahre, bei Familie 2 jedoch 6,6 Jahre. Somit liegt das Alter der Kinder von Familie 1 dicht um den Durchschnittswert von 9,5, die Werte „streuen" relativ schwach. Bei Familie 2 dagegen mit der Standardabweichung von 6,6 „streuen" die Werte viel stärker, nämlich fast 7 Jahre

Verständnis

- Finde Gründe, weshalb man die quadratische Abweichung vom Mittelwert berechnet und nicht die einfache Abweichung. Probiere mit den Zahlen aus dem Beispiel.
- Beschreibe, wie eine Datenreihe aus vier Daten aussehen muss, bei der die Standardabweichung 0 ist. Begründe deine Antwort.
- Beschreibe mit eigenen Worten die Bedeutung der Begriffe „Lagemaß“ und „Streumaß“ und nenne Beispiele dafür.

Aufgaben

oHiMi 2

1 Saskia und Baru nehmen an 10-km-Läufen teil.
Bei den letzten fünf Wettkämpfen hatten sie jeweils folgende Ergebnisse:
Saskia: 63 min, 59 min, 58 min, 58 min, 57 min
Amina: 52 min, 65 min, 55 min, 60 min, 63 min

a) Berechne das arithmetische Mittel und die Standardabweichung beider Läufer.
b) Beschreibe die Laufleistung von Saskia und Amina.

2 Vergleiche die Standardabweichungen und erkläre ihre jeweilige Bedeutung.
a) Beim Vergleich der durchschnittlichen Handykosten im Monat gibt es folgende Ergebnisse zweier Studien:
Studie 1: $\overline{x} = 16$ €, $s = 1{,}6$ € Studie 2: $\overline{x} = 16$ €, $s = 4{,}2$ €
b) Zwei Befragungen zur Höhe des Taschengeldes von 14- bis 16-Jährigen kommen zu diesen Ergebnissen:
Befragung 1: $\overline{x} = 52$ €, $s = 9$ € Befragung 2: $\overline{x} = 48$ €, $s = 9$ €
c) Ali und Viktor schreiben zwei Wochen lang jeweils ihre Schlafdauer in der Nacht auf. Sie erhalten folgende Ergebnisse:
Ali: $\overline{x} = 7{,}2$ h, $s = 1{,}5$ h Viktor: $\overline{x} = 7{,}5$ h, $s = 0{,}4$ h

3 Bei einer Vergleichsarbeit in Mathematik gibt es maximal 25 Punkte. In zwei Klassen ergeben sich folgende Daten:

Klasse 9a	Klasse 9b
12, 13, 13, 14, 15, 15, 15, 15, 16, 16, 16, 16, 16, 17, 17, 17, 18, 19, 20, 20	5, 7, 8, 8, 10, 10, 11, 12, 12, 13, 19, 19, 20, 22, 22, 23, 24, 25, 25, 25

a) Beschreibe die Punkteverteilung in jeder Klasse mit eigenen Worten.
b) Berechne das arithmetische Mittel und die Standardabweichung für beide Klassen.
c) Beurteile die Bedeutung einer hohen bzw. einer niedrigen Standardabweichung für die „Stärke“ der Klasse.
d) Vergleiche die Ergebnisse: Welche Klasse hat besser abgeschnitten?

4 Das Heine-Gymnasium hatte in den vergangenen fünf Jahren folgende Schülerzahlen zum Schuljahresbeginn: 945, 921, 892, 922, 932.
a) Beschreibe die Schülerzahlen der letzten Jahre durch Kennzahlen.
b) Erkläre die Bedeutung einer großen bzw. niedrigen Standardabweichung in diesem Zusammenhang.

Die vier Mitarbeiterinnen der Schülerzeitung möchten mithilfe einer Umfrage herausfinden, welche Wassersportart bei den Mädchen an ihrer Schule am beliebtesten ist.

- Was meinst du zu den einzelnen Vorschlägen?
- Beschreibe, nach welchen Kriterien du die Befragten auswählen würdest.

Merkwissen

Will man Aussagen über eine **Gesamtheit** (z. B. alle Mädchen an der Schule) machen, die man nicht vollständig untersuchen kann (weil dies zu aufwändig oder nicht möglich ist), dann beschränkt man sich auf die Untersuchung eines Teils der Gesamtheit. Man spricht von einer **Stichprobe**. Die Größe einer Stichprobe bezeichnet man als **Stichprobenumfang**. Damit man aus dem Ergebnis einer Stichprobe Rückschlüsse auf die Gesamtheit ziehen kann, muss die Stichprobe **repräsentativ** sein:

- Die Stichprobe muss die Zusammensetzung der Gesamtheit widerspiegeln.
- Der Stichprobenumfang darf nicht zu klein sein.
- Die Stichprobe muss zufällig ausgewählt sein.

Beispiel:
Ina möchte anhand einer Umfrage ermitteln, ob die Mehrheit der Bevölkerung in ihrer Heimatstadt für oder gegen den Ausbau des benachbarten Großflughafens ist. Sie befragt dazu zehn Personen, die in der Einflugschneise wohnen.

Die Stichprobe ist nicht repräsentativ, da der Stichprobenumfang zu klein ist und nur Personen befragt werden, die in der Einflugschneise wohnen.

Beispiele

I Das Bundesfamilienministerium möchte wissen, wie lange Jugendliche pro Tag durchschnittlich fernsehen. Bewerte folgende Vorschläge für eine Befragung.

1 Man könnte allen Schulen für jeden ihrer Schüler einen Fragebogen schicken.

2 Man könnte einen Nachmittag lang Jugendliche in Berlin befragen.

Lösung:

1 Das Ergebnis der Befragung aller Schüler wäre sehr genau, der Aufwand aber riesig und damit sehr teuer.

2 In dieser kurzen Zeit würden sehr wenig Jugendliche befragt. Zudem ist eine Beschränkung auf (nur) eine Stadt nicht sinnvoll, da sich Fernsehgewohnheiten in verschiedenen Regionen (z. B. Stadt – Land) unterscheiden können.

II In einer Stadt werden 2500 zufällig ausgewählte Menschen befragt, welches Verkehrsmittel sie zur Arbeit nutzen.

Verkehrsmittel	Auto	Bus	Rad
abs. Häufigkeit	1000	950	550

a) Bestimme für die einzelnen Verkehrsmittel die relativen Häufigkeiten.

b) Die Stadt hat 80 000 Einwohner. Wie viele dieser Einwohner der Stadt nutzen schätzungsweise die einzelnen Verkehrsmittel auf dem Weg zur Arbeit?

Lösungsmöglichkeiten:

a)

Verkehrsmittel	Auto	Bus	Rad
relative Häufigkeit h	$\frac{1000}{2500} = \frac{2}{5} = 40\,\%$	$\frac{950}{2500} = 0{,}38 = 38\,\%$	$100\,\% - 40\,\% - 38\,\% = 22\,\%$

b) Auto: 40 % von 80 000 $= \frac{40}{100} \cdot 80\,000 = 32\,000$

Bus: $0{,}38 \cdot 80\,000 = 30\,400$

Rad: $80\,000 - 32\,000 - 30\,400 = 17\,600$

32 000 der Einwohner nutzen das Auto, 30 400 den Bus und 17 600 das Rad.

Verständnis

- Gib mindestens drei Beispiele für Situationen an, in denen es nicht möglich ist, die Gesamtheit zu befragen.
- Häufig wird eine Stichprobe mithilfe eines Losverfahrens ausgewählt. Finde Argumente für dieses Vorgehen.

Aufgaben

1 Handelt es sich um eine repräsentative Stichprobe? Begründe deine Einschätzung.

a) Zum Erfassen des Einzugsgebiets wird in einem Elektromarkt beim Bezahlen jeder zweite Kunde nach seiner Postleitzahl gefragt.

b) Bevor sich Frau Heinz entscheidet, ob sie die ganze Steige kauft, nimmt sie zwei Tomaten aus der obersten Reihe prüfend in die Hand.

c) Um herauszufinden, ob die Mehrheit der Mannschaft hinter dem Trainer steht, befragt der Präsident des Fußballclubs den Kapitän.

2 Das Ergebnis einer telefonischen Befragung von 1000 repräsentativ ausgewählten Personen war: „Vier von fünf Bundesbürgern sind für einen sofortigen Ausstieg aus der Kernenergie."

a) Nenne mögliche Kriterien, die bei der Auswahl der Stichprobe berücksichtigt worden sein könnten.

b) Gib die relative sowie die absolute Häufigkeit der Befragten an, die sich für einen sofortigen Ausstieg aus der Kernenergie ausgesprochen haben.

c) Ermittle, wie groß die Anzahl der Bundesbürger ist, die gemäß dem Ergebnis der Befragung für einen sofortigen Ausstieg aus der Kernenergie sind.

Recherchiere die Einwohnerzahl Deutschlands im Internet.

oHiMi 3–4

3 Das Hessische Familienministerium möchte wissen, wie lange Grundschulkinder pro Tag im Durchschnitt fernsehen. Bewerte folgende Vorschläge.

1 Man könnte einen Nachmittag lang Grundschulkinder in Wiesbaden befragen.

2 Man könnte allen Grundschulkindern in Hessen einen Fragebogen schicken.

4 Beschreibe, wie du vorgehen würdest, um herauszufinden, welcher Song bei den Neuntklässlern an deiner Schule aktuell am beliebtesten ist.

5 Das nebenstehende Säulendiagramm zeigt das Ergebnis einer Befragung von 80 zufällig ausgewählten Gymnasiasten in Nordhessen.

a) Berechne das arithmetische Mittel für die Anzahl der Wochentage mit Nachmittagsunterricht.

b) Lassen sich aus dem Ergebnis der Befragung Rückschlüsse auf alle Gymnasiasten in Hessen ziehen? Begründe deine Meinung.

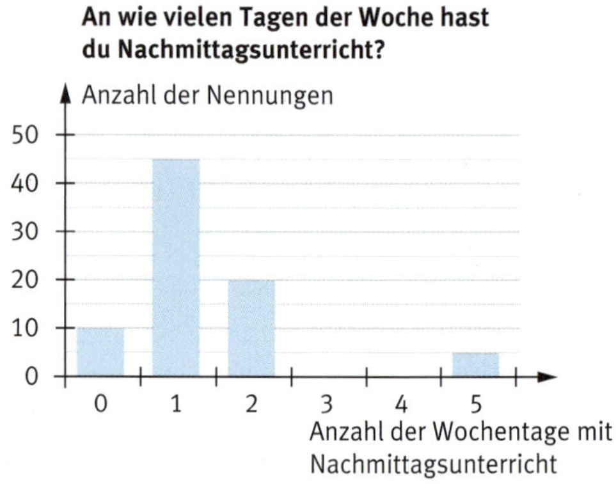

6 Ein bei der Mehrzahl seiner Mitarbeiter unbeliebter Firmenchef verkündet stolz: „90 % der Mitarbeiter meiner Firma lieben mich. Das hat eine von mir selbst durchgeführte Umfrage ergeben.“ Wie könnte der Firmenchef bei seiner Befragung vorgegangen sein, um dieses Ergebnis zu erhalten? Erläutere.

7 In einer Papierfabrik werden täglich 60 000 Packungen Kopierpapier verpackt. Laut Aufdruck enthält eine Packung 500 Blatt. An einem Tag wird eine Stichprobe von 5 % der Tagesproduktion untersucht. Das Ergebnis ist in der Tabelle angegeben.

Blätter pro Packung	Anzahl Packungen
492	4
496	18
498	51
499	753
500	▢
501	612
503	26
504	28
507	1

a) Wie groß ist der Umfang der Stichprobe?

b) Wie viele Packungen enthalten genau 500 Blatt?

c) Wie viele Packungen kann man in der Tagesproduktion erwarten, die eine Füllmenge von 500 Blatt unterschreiten?

d) Mit wie vielen Blättern kann man im Durchschnitt pro Packung rechnen?

e) Die Packungen sollten zwischen 496 und 504 Blätter enthalten. Wie viel Prozent der Packungen erfüllen diese Vorgabe?

*Für eine **Hochrechnung** wird eine Stichprobe der Wähler befragt, wie sie gewählt haben. Dann wird auf die Gesamtheit der Wähler „hochgerechnet“.*

8 Direkt nach einer Wahl werden im Fernsehen erste Hochrechnungen gezeigt. Aus deren Ergebnissen wird dann auf die Verteilung der Wählerstimmen geschlossen.

a) In den letzten Jahren wichen viele Hochrechnungen stark von den späteren Ergebnissen ab. Mache Vorschläge, wie man die Hochrechnung verbessern kann.

b) Die Abbildung zeigt das Ergebnis einer repräsentativen Umfrage in Hessen („Wenn am nächsten Sonntag Landtagswahl wäre …“). Vergleiche mit dem Ergebnis der letzten Landtagswahl.

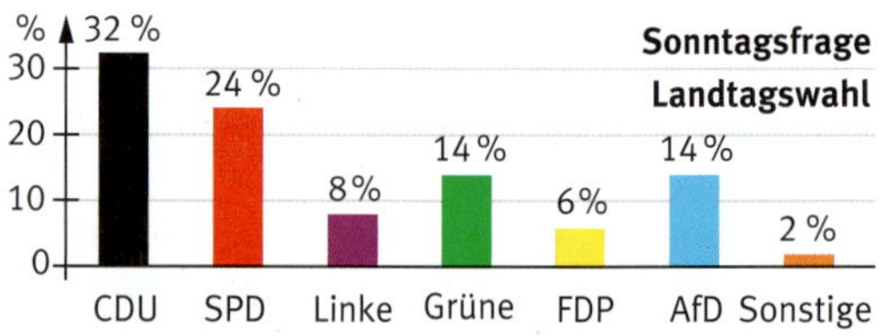

Vertiefung

Arten von Merkmalen

Personen oder Gegenstände lassen sich oftmals anhand eines Merkmals erkennen, das eine bestimmte Ausprägung hat. Martin erkennt man an seiner lilafarbenen Baseballcap.

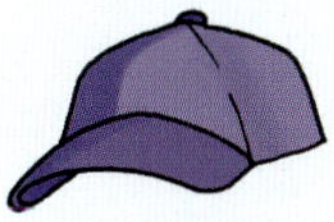

Merkmalsträger — Farbe: Lila

Farbe ↑ Merkmal — Lila ↑ (Merkmals-)Ausprägung

Ausgehend von den Ausprägungen lassen sich drei verschiedene Arten von Merkmalen unterscheiden. Es gibt Merkmale, bei denen ...

- eine Unterscheidung der Ausprägungen nur dem **Namen** nach möglich ist („nominal").
- die Ausprägungen in eine **Rangordnung** gebracht werden können („ordinal").
- sich Unterschiede zwischen den Ausprägungen **rechnerisch** angeben lassen und gleich große Unterschiede inhaltlich dasselbe bedeuten („kardinal").

Beispiel

In einem Urlaubskatalog sind bei jedem Hotel folgende Merkmale angegeben: Ort, Kategorie und Entfernung zum Meer.

Beim Ort können die Ausprägungen nur dem Namen nach unterschieden werden, bei der Kategorie lassen sich die Ausprägungen in eine Rangordnung bringen und bei der Entfernung zum Meer können Unterschiede zwischen den Ausprägungen rechnerisch angegeben werden, wobei gleich große Unterschiede inhaltlich dasselbe bedeuten.

Hotel Solstar
Ort: Playa del Sol
Kategorie: gehoben
Entfernung zum Meer: 250 m

Hotel Gala
Ort: Playa del Luz
Kategorie: luxuriös
Entfernung zum Meer: 100 m

Aufgaben

- Welche Ausprägung könnte der Merkmalsträger beim angegebenen Merkmal aufweisen? Gib verschiedene Möglichkeiten an.
- Entscheide dich für eine der Sammelkarten. Welche Merkmale sind angegeben? Um welche Art von Merkmal handelt es sich jeweils?
- Bei welcher Art von Merkmal lässt sich als statistische Kenngröße nur der Modalwert angeben?

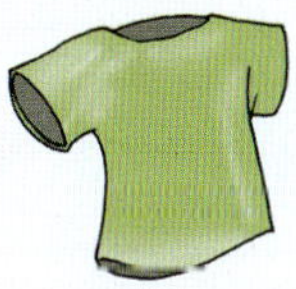

Kleidergröße

Tonart

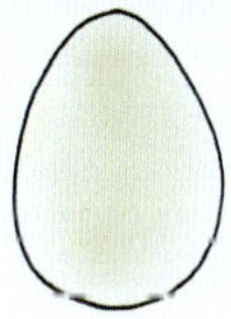

Güteklasse

Terry Lobster

Dauer: 115 min
Altersfreigabe: ab 6 Jahre
Sprache: englisch

Pedro

Rückennummer: 10
Körpergröße: 175 cm
Position: Mittelfeld

M 33 V8

Hubraum: 4500 cm^3
Leistung: 210 kW
Hersteller: Speedy

Ein Trainer braucht für das nächste Spiel noch einen Stürmer. Zur Auswahl hat er Hassan und Moritz. Der Trainer hat sich aus den letzten Spielen die Tore der beiden notiert.

- Erstelle für jeden der beiden Stürmer ein eigenes Säulendiagramm. Was fällt dir auf?
- Bestimme für beide Spieler arithmetisches Mittel und Modalwert. Zeichne beide Werte ins Diagramm ein.
- Zu welchem Stürmer würdest du dem Trainer raten? Argumentiere mithilfe statistischer Kennwerte.

Spiel	Hassan	Moritz
1	3	2
2	4	1
3	4	1
4	2	5
5	3	3
6	3	7

Merkwissen

Man kann mithilfe der bekannten **Kennwerte** Daten **veranschaulichen**. Dazu markiert man neben einem Zahlenstrahl das **Minimum**, das **Maximum** sowie den **Median**. Da der Median die Daten in zwei gleich große Teile teilt, kann man von **jeder Hälfte** wiederum den **Median** bestimmen und hat dadurch die Datenreihe in **vier gleich große Teile** geteilt. Einen solchen Wert bezeichnet man als **Quartil** („Viertelwert"). Da man die mittlere Hälfte der Daten als Box markiert, heißt diese Darstellung **Boxplot**.

Beispiel:

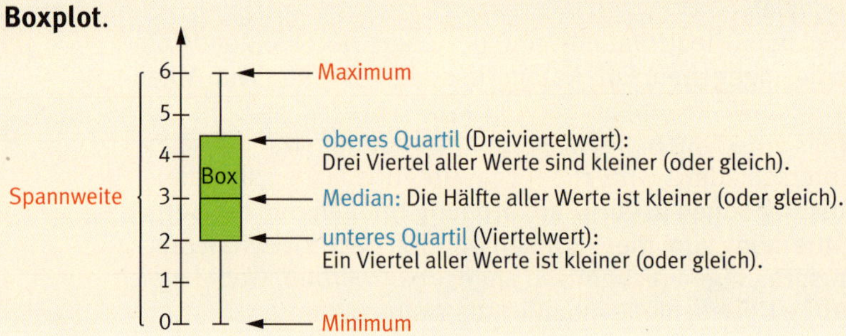

Beispiele

I Zehn Schüler wurden nach der Anzahl ihrer Geschwister befragt: 2; 3; 1; 1; 2; 0; 0; 2; 2; 1
Veranschauliche die Daten mit einem Boxplot.

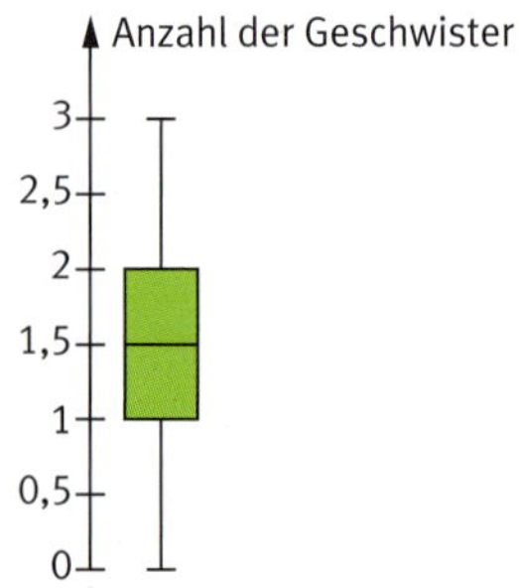

Lösung:
Rangliste: 0 0 1 1 1 2 2 2 2 3

unteres Quartil: 1 Median: 1,5 oberes Quartil: 2

Beschreibe und vergleiche Boxplots anhand der Kennwerte.

II Die Boxplots zeigen die Größen von Jungen und Mädchen in einer Klasse. Welche Bedeutung hat die unterschiedliche Größe der Box?

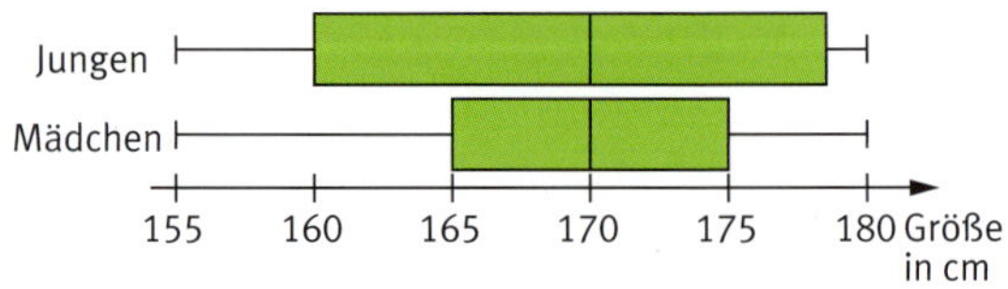

Lösung:
In beiden Boxplots sind der Median, das Minimum, das Maximum und somit auch die Spannweite gleich. Das heißt, die Daten für Jungen und Mädchen schwanken in demselben Bereich. Die kleinere Box bei den Mädchen bedeutet, dass die mittlere Hälfte viel dichter um den Median herum liegt. Bei den Jungen verteilt sich die mittlere Hälfte über einen größeren Bereich, die Daten streuen mehr. Dafür gibt es viele Jungen im oberen Viertel, die alle fast gleich groß sind.

Verständnis

- Erkläre die Begriffe „oberes Quartil“ und „unteres Quartil“ mit eigenen Worten.
- Die beiden Bereiche außerhalb der Box werden oft als „Antennen“ bezeichnet. Welche Bedeutung haben sie?

Aufgaben

1 Vervollständige die Tabelle und zeichne jeweils einen zugehörigen Boxplot.

	Minimum	Maximum	Spannweite	Median	unteres Quartil	oberes Quartil
a)	2	18		13	9	15
b)		1000	1000	600	500	700
c)	390		340	500	420	640
d)	1,5	6,5		3,0	2,5	5,0

oHiMi 1–4

2 Erstelle aus den gegebenen Daten zuerst eine Rangliste, bestimme dann die für den Boxplot notwendigen Kennwerte und zeichne den Boxplot.

a) 7 13 5 8 9 2 6 6 10 12

b) 999 994 1003 1010 988 1005 998 990 1006 996 1002 1001

c) 25,5 23 27 24,5 28,5 25 23,5 27 28,5 28 25,5

d) 1,0 0,7 1,6 1,2 0,1 0,5 1,2 1,6 0,8 1,4 0,1 1,3 1,5 0,9

3 ① 0 0 0 0 0 0 10 10 10 20

② 0 0 10 10 10 10 20 20 20 20

a) Betrachte die beiden Ranglisten. Beschreibe die auftretenden Gemeinsamkeiten und Unterschiede.

b) Zeichne die Boxplots zu beiden Datenreihen über einen gemeinsamen Zahlenstrahl. Vergleiche die Darstellungen miteinander.

c) Vergleiche das Vorgehen aus a) mit dem in b). Nenne Vor- und Nachteile.

4 Zu zwei verschiedenen Datenreihen wurden die zugehörigen Boxplots erstellt.

a) Welche Aussagen zu den Datenreihen sind wahr? Korrigiere falsche Aussagen.

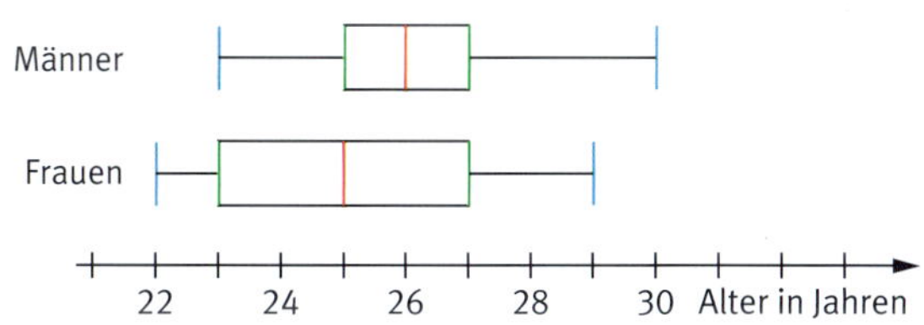

① Die Spannweite ist bei beiden Datenreihen gleich.

② Bei den Frauen liegen die mittleren 50 % der Daten dichter um den Median als bei den Männern.

③ Bei den Männern und Frauen ist der Median gleich.

④ Bei den Frauen liegen die unteren und die oberen 25 % der Daten jeweils dichter beisammen als bei den Männern.

b) Gib einen Kontext an, der zu den erhobenen Daten gehören könnte.

5 Ändere zwei der Daten –2,00 Dioptrie; –1,00 Dioptrie; 1,00 Dioptrie; 1,00 Dioptrie; 3,00 Dioptrie; –1,00 Dioptrie; 1,00 Dioptrie; –2,00 Dioptrie so ab, dass …

Die Einheit Dioptrie wird in der Augenoptik verwendet.

a) der zugehörige Boxplot unverändert bleibt.

b) sich beim zugehörigen Boxplot die Länge einer Antenne verändert.

c) sich nur der Median ändert.

6 Wirf einen gewöhnlichen Spielwürfel 20-mal und notiere die gewürfelten Augenzahlen. Zeichne anschließend den zugehörigen Boxplot und vergleiche mit den Boxplots deiner Klassenkameraden.

Die Summe der Augenzahlen auf gegenüberliegenden Begrenzungsflächen hat stets den Wert 7.

Man kann auch mit Bausteinen würfeln. Die sechs Begrenzungsflächen müssen dazu wie bei einem Würfel mit Augenzahlen versehen werden.

- Welche Begrenzungsflächen haben die besten Chancen? Begründe.
- Beschrifte den Baustein so, dass auf den Noppen die 6 steht und sich auf den beiden kleinen Begrenzungsflächen die Augenzahlen 3 und 4 befinden.
- Wirf den Baustein-Würfel 20-mal. Notiere die absoluten Häufigkeiten der einzelnen Augenzahlen und berechne anschließend die jeweiligen relativen Häufigkeiten in Prozent. Vergleiche mit den Ergebnissen deiner Klassenkameraden.
- Wirf den Baustein-Würfel weitere 180-mal und ermittle die relativen Häufigkeiten der einzelnen Augenzahlen bei den nun insgesamt 200 Würfen. Vergleiche wiederum mit den Ergebnissen deiner Klassenkameraden. Was fällt dir im Vergleich zu den Ergebnissen beim 20-maligen Werfen auf?
- Wie groß schätzt du die Chance für einen Sechser (Dreier) beim Baustein-Würfel in Prozent ein? Erläutere.

Merkwissen

„Bei wiederholter Durchführung eines Zufallsexperiments stabilisiert sich die relative Häufigkeit eines beobachteten Ergebnisses mit wachsender Versuchszahl um einen festen Zahlenwert."
Diese Erfahrungstatsache wird als **empirisches Gesetz der großen Zahlen** bezeichnet. Die betreffende relative Häufigkeit kann als Schätzwert für die **Wahrscheinlichkeit** angesehen werden.

Wahrscheinlichkeiten können wie relative Häufigkeiten als Bruch, als Dezimalbruch oder in Prozent angegeben werden.

Beispiel:
Eine spanische 1-€-Münze wird mehrmals geworfen.

Anzahl der Würfe	H (Kopf)	H (Zahl)	h (Kopf)	h (Zahl)
10	7	3	70 %	30 %
100	42	58	42 %	58 %
1000	514	486	51 %	49 %
10 000	4955	5045	50 %	50 %

Obwohl sich die absoluten Häufigkeiten zunehmend unterscheiden, stabilisieren sich die relativen Häufigkeiten.

Die Wahrscheinlichkeit für Kopf und Zahl beläuft sich jeweils auf 50 %.

Beispiele

I Evi dreht mehrmals am abgebildeten Glücksrad. Was ist eher zu erwarten?
1 Bei den ersten 3 Versuchen bleibt der Zeiger jedes Mal auf ☺ stehen.
2 Bei den ersten 30 Versuchen bleibt der Zeiger jedes Mal auf ☺ stehen.

Lösung:
Gemäß dem empirischen Gesetz der großen Zahlen ist 1 eher zu erwarten.

Verständnis

- Lilly behauptet: „Betrachtet man alle möglichen Ergebnisse eines Zufallsexperiments, dann hat die Summe der zugehörigen Schätzwerte für die Wahrscheinlichkeiten stets den Wert 1." Hat Lilly Recht? Begründe.
- Wahr oder falsch? Hat man bei einem Zufallsexperiment einen Schätzwert für die Wahrscheinlichkeit eines Ergebnisses ermittelt, so lässt sich vorhersagen, ob man dieses Ergebnis bei der nächsten Durchführung erhalten wird.

Aufgaben

1 Wirft man einen Reißnagel auf einen harten Untergrund, dann bleibt er in einer der beiden abgebildeten Positionen liegen. Ermittle für jede Position einen Schätzwert für die Wahrscheinlichkeit, indem du einen Reißnagel 200-mal wirfst.

2 Eine Spielkarte wird 10-mal nacheinander in die Luft geworfen. Sie landet 7-mal auf der Vorderseite und 3-mal auf der Rückseite. Nelson ist sich sicher: „Die Wahrscheinlichkeit, dass die Spielkarte auf der Vorderseite landet, beläuft sich auf 70 %.“ Was meinst du dazu? Begründe deine Meinung.

3 Jeder der beiden Holzzylinder wurde 50 000-mal geworfen.

a) Welcher Balken im Diagramm gehört zu welchem Holzzylinder?

b) Gib jeweils für das Ergebnis ☆ den zugehörigen Schätzwert für die Wahrscheinlichkeit an.

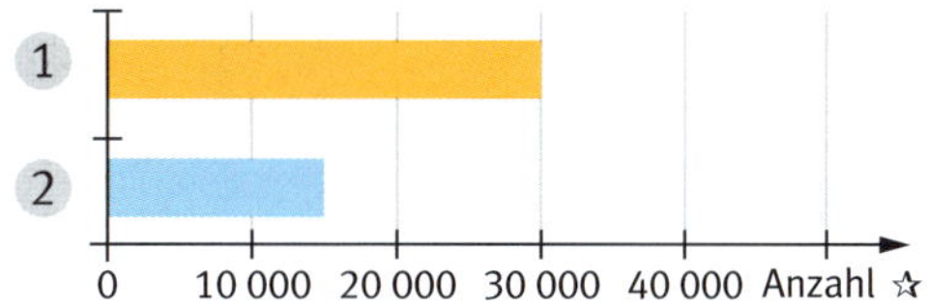

4

Bei einem gezinkten Spielwürfel erhält man manche Augenzahlen mit größerer Wahrscheinlichkeit als andere.

Beschreibe, wie Rudi herausfinden könnte, ob Coras Glückswürfel gezinkt ist.

Alltag

Tabellenkalkulation

Das Werfen einer Münze lässt sich mithilfe des Computers simulieren. Dabei entspricht die Zahl 0 dem Ergebnis Kopf (Wappen, ...) und die Zahl 1 dem Ergebnis Zahl.

	A	B	C	D
1	Wurf Nr.	Anzahl "Zahl"	H (Zahl)	h (Zahl)
2	1	=GANZZAHL(2*ZUFALLSZAHL())	=B2	=C2/A2
3	=A2+1	=GANZZAHL(2*ZUFALLSZAHL())	=C2+B3	=C3/A3
4	=A3+1	=GANZZAHL(2*ZUFALLSZAHL())	=C3+B4	=C4/A4
5	...	...	...	...

Ergebnis des Münzwurfs:

Abschneiden der Nachkommastellen der Zufallszahl

=GANZZAHL(2*ZUFALLSZAHL())

Erzeugen einer Zufallszahl im Intervall [0; 2[

	A	B	C	D
1	Wurf Nr.	Anzahl "Zahl"	H (Zahl)	h (Zahl)
2	1	1	1	1
3	2	0	1	0,5
4	3	0	1	0,33333
5	4	1	2	0,5

Das mehrmalige Werfen der Münze lässt sich durch Kopieren und Einfügen dieser Formel simulieren. Bei den Auswertungen reicht es, nur das Ergebnis Zahl zu betrachten.

Die Ergebnisse der einzelnen Münzwürfe werden vom Computer bei Betätigung der **Taste F9** (neu) ermittelt.

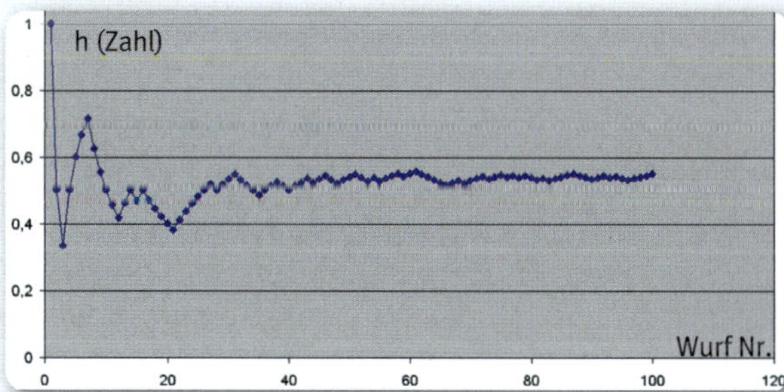

- Simuliere das 100-malige Werfen einer Münze am Computer. Stelle die Entwicklung der relativen Häufigkeit des Ergebnisses Zahl grafisch dar.
- Gib eine Formel an, mit der das (mehrmalige) Werfen eines gewöhnlichen Spielwürfels am Computer simuliert werden kann.

Zu 7.1

1

	Versuche	Treffer
Sina	33	12
Emil	14	6
Zoe	3	2
Tara	17	11

Erstelle eine Rangliste der Trefferquoten, d. h. des Anteils der Treffer an den Würfen. Beschreibe dein Vorgehen.

Wer hat am besten geworfen? Begründe deine Entscheidung.

Zu 7.2

2 Eine Lehrerin unterrichtet zwei Klassen der gleichen Jahrgangsstufe und lässt in den beiden Klassen die gleiche Klassenarbeit schreiben. Die Ergebnisse der Klassenarbeit können aus folgender Notenverteilung abgelesen werden:

	1	2	3	4	5	6
Klasse 9b	4	6	11	7	2	-
Klasse 9d	3	6	3	6	2	-

a) Berechne das arithmetische Mittel und die Standardabweichung.
b) Beurteile das Ergebnis. Welche Schlüsse kann die Lehrerin ziehen?
c) Welche Bedeutung hat eine große Standardabweichung hier?

a) Beschreibe die Ergebnisse mithilfe von Kennwerten und vergleiche die Klassen.
b) Gib eine Notenverteilung an, die denselben Mittelwert wie der von Klasse 9b hat, aber eine kleinere Standardabweichung. Beschreibe dein Vorgehen.

Zu 7.3

3 Überprüfe, ob die folgenden Verfahren zur Gewinnung einer Stichprobe geeignet sind. Mache gegebenenfalls Verbesserungsvorschläge.

a) Der Tierschutzverband möchte wissen, wie viel Auslauf Hunde in Deutschland durchschnittlich haben. Dazu werden in zehn deutschen Großstädten je 100 Hundebesitzer befragt, deren Wohnung im Stadtzentrum liegt.
b) An einem Kiosk wird jeder 20. Kunde befragt, wie häufig er eine Zeitung kauft.

a) Das Jugendamt möchte wissen, wie viele Familien vier oder mehr Kinder haben. Es bittet eine Schule mit 560 Schülern, eine Umfrage durchzuführen.
b) „Im Alter legen sich viele Menschen einen Hund zu." Um diese Aussage zu überprüfen, befragt eine große Tageszeitung 100 Rentner in der Fußgängerzone von Kassel.

4 Bei einem 2000-m-Lauf wurden folgende Zeiten gemessen (8:24 steht für 8 min 24 s). **Zu 7.4**

8:24	9:03	7:57	8:12	8:49
8:11	7:20	7:27	9:28	7:51
6:36	9:42	8:39	8:17	9:08
8:18	9:37	7:12	8:39	8:21

a) Erstelle eine Rangliste. Beginne bei der besten Zeit.
b) Bestimme Minimum, Maximum und den Median der Verteilung.
c) Zeichen den zugehörigen Boxplot.

a) Zeichne einen Boxplot. Bestimme zuvor die fehlenden Kennwerte.
b) Beschreibe mit dem Boxplot aus a) die Verteilung der Daten.

5 Das Diagramm veranschaulicht die Krankheitstage der Klasse 9b im vergangenen Schuljahr.

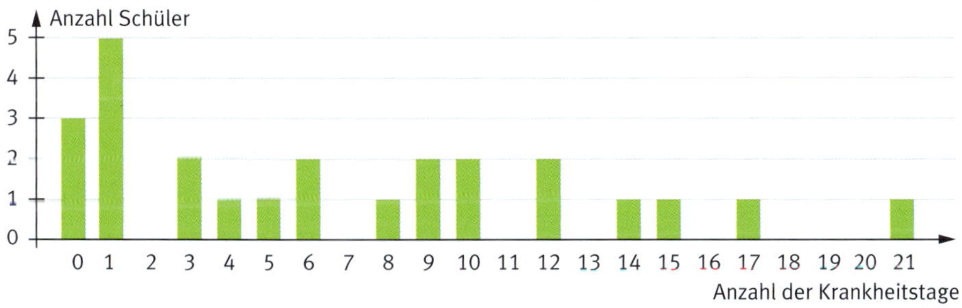

a) Bestimme die relativen Häufigkeiten für die Anzahl der Krankheitstage in Prozent. Runde geeignet.
b) Wie viel Prozent aller Schüler der Klasse hatten mehr als zehn Krankheitstage (weniger als sechs Krankheitstage)?
c) Stelle die Daten in einem Boxplot dar und mache Aussagen zu ihrer Verteilung.

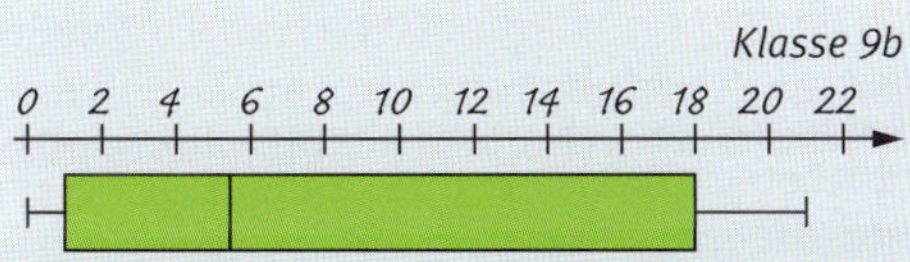

a) Sabrina hat zum Säulendiagramm einen Boxplot gezeichnet. Dabei sind ihr einige Fehler unterlaufen. Benenne die Fehler.
b) Erfinde Daten, die zu Sabrinas Boxplot passen würden.

6 Zu Beginn eines Spiels im Jugendfußball wird eine Münze geworfen. **Zu 7.5**

Beschreibe, wie du vorgehen würdest.

Was meinst du zu Cemiles Tipp?

1 Ein Autohändler stellt für die Steuer die Verkaufspreise der Neufahrzeuge zusammen, die er im letzten Monat verkauft hat.

11 350 €	12 400 €	12 990 €
14 750 €	15 360 €	15 800 €
16 900 €	17 900 €	18 800 €
19 500 €	19 600 €	19 900 €

a) Beschreibe die Verkaufszahlen anhand der dir bekannten Mittelwerte und der Streumaße Spannweite und Standardabweichung.

b) Erläutere die Information, die der Autohändler anhand der Lagemaße und Streumaße gewinnt.

c) Beurteile, wie sich die Lage- und Streumaße verändern, wenn im betrachteten Monat zusätzlich zu den bereits verkauften Autos noch ein Auto zu 34 300 € verkauft wurde.

2 Handelt es sich bei den Nachforschungen um repräsentative Stichproben? Begründe deine Einschätzung.

a) Herr und Frau Clever planen ihren Urlaub. Bevor sie entscheiden, ob sie das Hotel „Sun Beach“ buchen, lesen sie im Internetportal „Horrorurlaub“ die Einträge zu diesem Hotel durch.

b) Um herauszufinden, ob die Mehrheit der Mitarbeiter eines Kaufhauses das Arbeitsklima als angenehm empfindet, befragt der Geschäftsführer die Abteilungsleiter.

3 Quax arbeitet bei der Fluggesellschaft „Turbo-Lenz“, deren einzige Maschine täglich auf der Strecke Oldtown – Newcity verkehrt. Er möchte wissen, welcher Anteil der Fluggäste Vielflieger sind, d. h. im Durchschnitt dreimal oder öfter pro Monat mit „Turbo-Lenz“ fliegen.
Bewerte folgende Vorschläge für eine statistische Erhebung.
Quax könnte ...

1. alle Tickets auswerten, die innerhalb eines Jahres ausgestellt wurden.
2. einen ganzen Samstag lang mitfliegen und alle Passagiere an Bord befragen.

4 Um herauszufinden, welches von vier zur Auswahl stehenden Büchern bei den Schülern an hessischen Gymnasien am beliebtesten ist, wurden 200 zufällig ausgewählte Gymnasiasten in Hessen befragt. Jeder Befragte hat genau eine Stimme abgegeben.

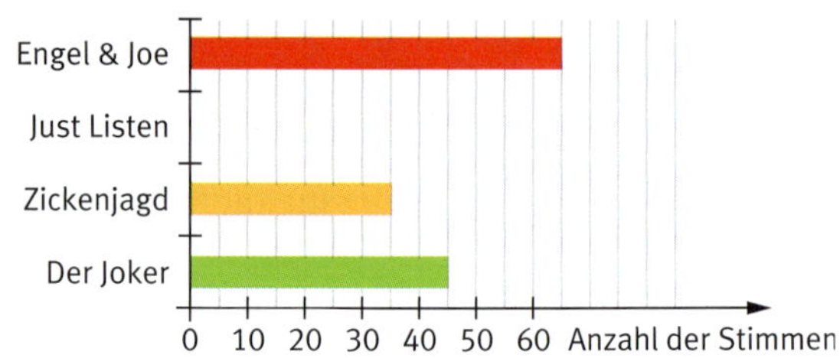

Das Balkendiagramm zeigt das unvollständige Ergebnis der Befragung.

a) Übertrage das Balkendiagramm in dein Heft und vervollständige es.

b) Gib den Modalwert an.

c) Ermittle die relativen Häufigkeiten für die einzelnen Bücher in Prozent.

d) Beschreibe, wie man bei der Auswahl der Befragten vorgegangen sein könnte, wenn es sich um eine repräsentative Stichprobe handelt.

5 Vitali ist Professor für Mathematik und sein Auto steht gerade vorübergehend in der Werkstatt. Morgens fährt er deshalb mit dem Zug zur Arbeit, abends bringt ihn ein Kollege nach Hause. Freitags hat Vitali seinen freien Tag. Akribisch notiert Vitali jeden Morgen die Abweichung von der im Fahrplan ausgewiesenen Ankunftszeit am Zielbahnhof.

Mo	Di	Mi	Do
2 min	0 min	0 min	−1 min
1 min	3 min	2 min	8 min
6 min	13 min	−1 min	6 min
−1 min	0 min	1 min	4 min

Erstelle den zugehörigen Boxplot.

6 Begründe, zu welchen beiden Datenreihen sich der gleiche Boxplot ergibt. Es ist nicht nötig, dass du die einzelnen Boxplots zeichnest.

1. 5; 7; 22; 10; 13; 29; 13; 11; 17; 12; 13
2. 14; 10; 18; 11; 5; 29; 14; 12; 6; 14
3. 10; 29; 13; 5; 12; 10; 20; 7; 13; 14; 13

7 Bei einem Mathematiktest sind maximal 15 Punkte erreichbar. Nach der Korrektur stellt die Lehrerin die von den Schülern erreichten Punktzahlen als Boxplot dar:

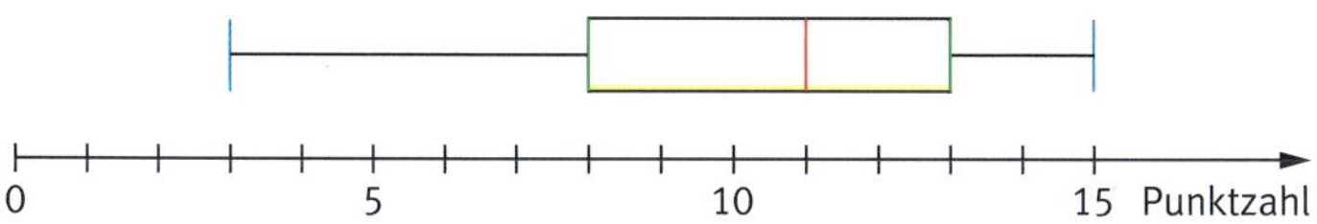

a) Gib alle Informationen an, die du dem Boxplot entnehmen kannst.

b) Der Test wurde von insgesamt 30 Schülern bearbeitet. Gib eine mögliche Liste von erreichten Punktzahlen an.

c) Begründe, welches der beiden Diagramme zu diesem Boxplot gehören könnte:

1

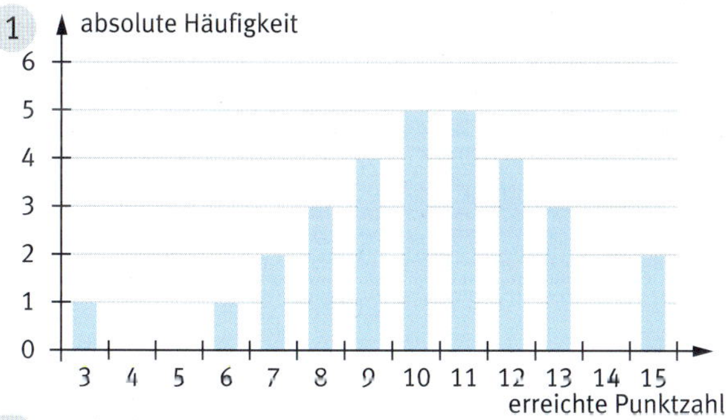

2

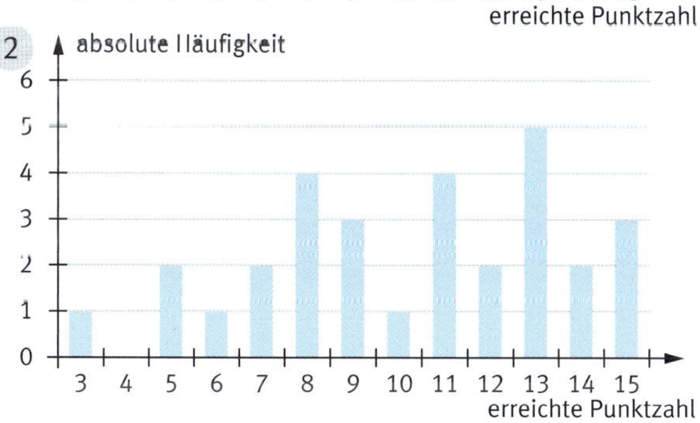

Alles mobil

Die Abbildung stellt die Ausgaben von Schülerinnen und Schülern einer 9. Jahrgangsstufe für ihre Smartphones in einem Monat dar. Die Angaben wurden auf ganze Euro gerundet.

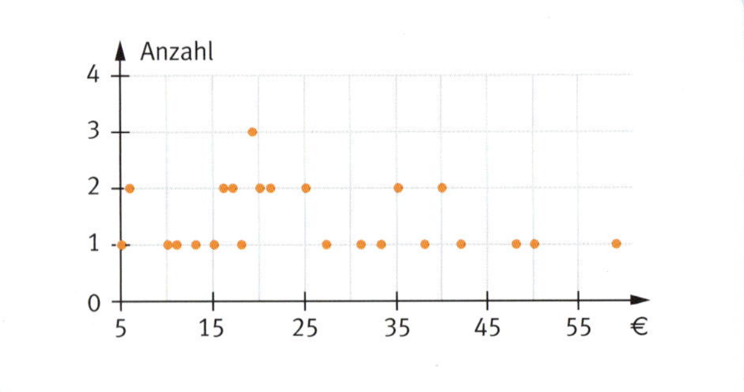

a) Erstelle eine Häufigkeitstabelle und lies die Daten ab. Nutze dein Lineal.

b) Bestimme den Median und das arithmetische Mittel der Ausgaben in einem Monat.

c) Stelle den Sachverhalt in einem Boxplot dar.

d) Überlege dir eine Veranschaulichung, sodass der Sachverhalt manipuliert wird. Welches Diagramm wählst du, um eine solche Wirkung zu erzeugen? Stelle das Diagramm auf einem Plakat dar und präsentiere deine Ergebnisse in der Klasse.

Wir zahlen immer mehr

Die Grafik beschreibt die Entwicklung der Mehrwertsteuer in Deutschland seit über 40 Jahren.

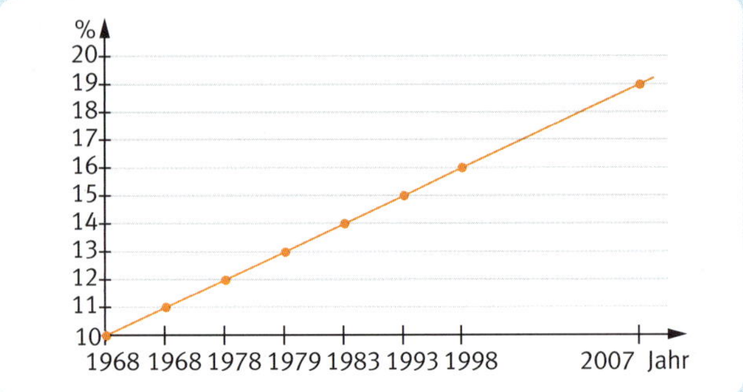

a) Beschreibe, welcher Eindruck durch die Grafik vermittelt wird und wie dieser Eindruck zustande kommt.

b) Stelle den Sachverhalt geeigneter dar. Informiere dich dazu im Internet über die Entwicklung der Mehrwertsteuer in Deutschland.

Tankstellen in Not?

In der Tabelle ist die Anzahl an Tankstellen von 1991 bis 2010 in Deutschland dargestellt. Du kannst für die folgenden Aufgaben ein Tabellenprogramm nutzen.

Jahr	1991	1992	1993	1994	1995
Anzahl	19 015	18 632	18 521	18 139	17 972

Jahr	1996	1997	1998	1999	2000
Anzahl	17 935	17 339	16 745	16 284	16 051

Jahr	2001	2002	2003	2004	2005
Anzahl	15 980	15 724	15 621	15 409	15 065

Jahr	2006	2007	2008	2009	2010
Anzahl	14 812	14 662	14 527	14 449	14 415

a) Bestimme das Minimum, das Maximum und die Spannweite der Anzahl in diesem Zeitraum.

b) Wie viel Prozent der Tankstellen gibt es 2010 gegenüber 1991 noch? Runde geeignet.

c) Erkläre, warum ein Boxplot diesen Sachverhalt sicherlich nicht angemessen darstellt.

d) Zeichne anhand der Daten ein Diagramm zu folgendem Thema:

1. Versorgungsnotstand droht: Anzahl der Tankstellen dramatisch gesunken.
2. Rückgang der Tankstellen weitgehend gestoppt.

Lustige Statistik

Auf den drei Bildern wird mit statistischen Werten gespielt. Erkläre die Situationen mit eigenen Worten.

a)

b)

c)

Wundersamer Vergleich

a) Die Grafik zeigt die Mitgliederzahlen einiger Fußballvereine. Beschreibe, welche Wirkung mit dem Diagramm erzeugt wird.

b) Bestimme die Mitgliederzahlen so genau wie möglich und zeichne ein Diagramm, das deiner Meinung nach den Sachverhalt angemessen darstellt.

c) Ist auch dein Fußballverein dabei? Ergänze gegebenenfalls das Diagramm.

Wer einmal lügt ...

Überprüfe Darstellungen, Diagramme, Abbildungen, ... in Zeitungen, Zeitschriften und im Internet. Wird hier manipuliert? Stelle in deiner Klasse solche Diagramme vor, die einen Sachverhalt verzerrt darstellen. Vielleicht könnt ihr ja eine „Hitliste“ der größten Manipulationen erstellen.

Überprüfe deine Fähigkeiten und Kenntnisse. Bearbeite dazu die folgenden Aufgaben und bewerte anschließend deine Lösungen mit einem Smiley.

☺	😐	☹
Das kann ich!	Das kann ich fast!	Das kann ich noch nicht!

Hinweise zum Nacharbeiten findest du auf der folgenden Seite. Die Lösungen stehen im Anhang.

Aufgaben zur Einzelarbeit

1 Das Diagramm zeigt, welche Instrumente die 16 Schüler des Wahlkurses Theater spielen:

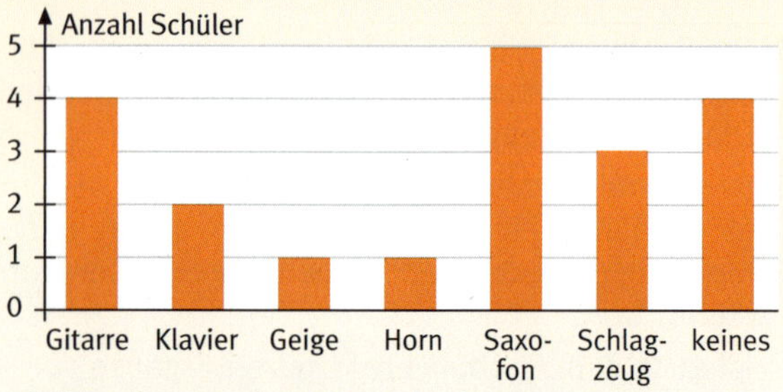

a) Erstelle eine Rangliste der Instrumente.

b) Einige Schüler spielen mehr als ein Instrument. Wie viele sind es mindestens (höchstens)?

c) Wie viele Instrumente spielen die Schüler des Wahlkurses durchschnittlich?

2 Benenne die Stichproben. Sind die Stichproben sinnvoll ausgewählt? Begründe deine Antwort und mache gegebenenfalls Verbesserungsvorschläge.

a) Julia möchte untersuchen, welcher Schokoladenbrotaufstrich am besten schmeckt. Dazu gibt sie allen 86 Schülern in ihrem Jahrgang drei Brotscheiben mit unterschiedlichen Aufstrichen.

b) Eine Lehrerin möchte wissen, ob die Schülerinnen und Schüler ihrer Schule ihre Schulbücher ordnungsgemäß einbinden. Sie lässt sich sämtliche Bücher der Klasse 5c zeigen.

c) Rüdiger will untersuchen, zu welcher Jahreszeit das Wetter in seiner Stadt am schönsten ist. Er erstellt ein Wetterprotokoll für den 4. April, den 18. Juli, den 24. Oktober und den 30. Dezember.

3 Beschreibe, wie du vorgehen würdest, um herauszufinden, welche Spielerinnen und Spieler der deutschen Fußballnationalmannschaft bei den Mädchen (den Jungen) an deiner Schule bekannt und welche davon am beliebtesten sind.

4 Bei einem 2000-m-Lauf wurden folgende Zeiten gemessen:

8 min 24 s	9 min 3 s	7 min 57 s
8 min 12 s	8 min 49 s	8 min 11 s
7 min 20 s	7 min 27 s	9 min 28 s
7 min 51 s	6 min 36 s	9 min 42 s
8 min 39 s	8 min 17 s	9 min 8 s
8 min 18 s	9 min 37 s	7 min 12 s
8 min 39 s	8 min 20 s	

a) Erstelle eine Rangliste.

b) Bestimme den Modalwert sowie den Median.

c) Zeichne den zugehörigen Boxplot.

d) Beschreibe anhand des Boxplots die Verteilung der gemessenen Zeiten.

5 Die Schüler der Klasse 9b haben in einer Umfrage ermittelt, aus wie vielen Personen sich ihre Familien zusammensetzen:

3; 6; 4; 2; 4; 3; 5; 3; 3; 2; 4; 2; 4; 5; 3;
3; 2; 3; 3; 4; 4; 3; 3; 3; 4; 4; 4; 4; 4; 3

a) Berechne das arithmetische Mittel und die Standardabweichung.

b) Erstelle den zugehörigen Boxplot.

c) Welches Kreisdiagramm stellt das Ergebnis der Umfrage dar? Begründe deine Entscheidung.

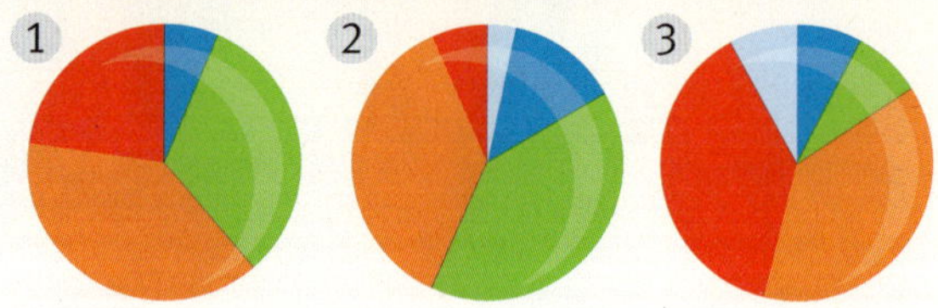

6 Patrick und sein Freund Timo haben jeweils neun Wochen lang den Benzinverbrauch ihrer Motorräder (im Durchschnitt pro 100 km) notiert. Mithilfe seiner gesammelten Daten hat jeder der beiden einen Boxplot angefertigt.

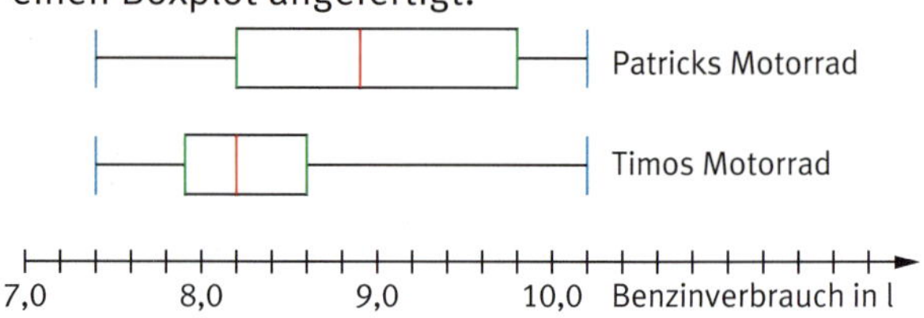

a) Gib eine Datenreihe mit neun Werten an, die zu Patricks Motorrad gehören könnte.

b) Vergleiche die Verteilung des Benzinverbrauchs bei beiden Motorrädern.
Wer hat den niedrigeren Benzinverbrauch: Patrick oder Timo?

7 Wirft man den Schraubverschluss einer PET-Flasche in die Luft, so bleibt er nach der Landung auf hartem Boden entweder auf der Seite, mit der Fläche nach unten oder mit der Fläche nach oben liegen. Beschreibe, wie man vorgehen kann, wenn man für jede der drei Positionen einen Schätzwert für die Wahrscheinlichkeit ermitteln will.

8 Im Jahr 2012 bekam ein 15-Jähriger durchschnittlich 22 € Taschengeld pro Monat. Das Diagramm zeigt die Veränderung des Taschengelds gegenüber dem Vorjahr.

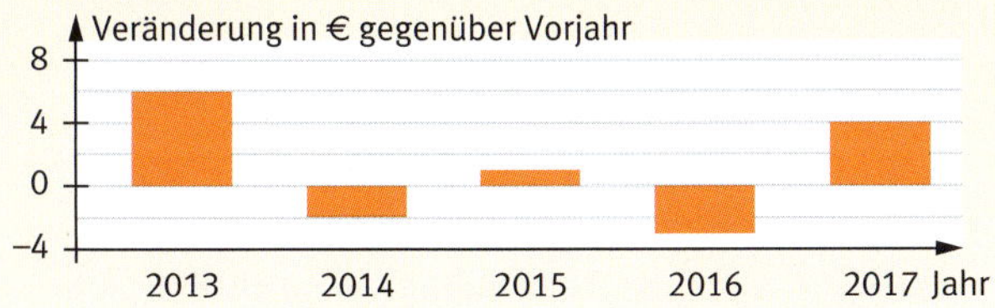

Wie viel Taschengeld bekommen 15-Jährige durchschnittlich 2017? Bestimme so genau wie möglich.

9 Wenn man eine Münze wirft, kann entweder das Ergebnis Wappen (W) oder Zahl (Z) kommen.

a) Handelt es sich bei dem Münzwurf um ein Zufallsexperiment? Begründe.

b) Eine Münze wird 20-mal geworfen: W, W, Z, W, Z, Z, W, W, Z, Z, W, W, Z, W, Z, Z, Z, W, W, W.

1. Bestimme den Anteil für W dieser Daten.
2. Bestimme den Modalwert der Reihe.
3. Bestimme die anderen Mittelwerte. Welche Probleme hast du?

Aufgaben für Lernpartner

Arbeitsschritte

1. Bearbeite die folgenden Aufgaben alleine.
2. Suche dir einen Partner und erkläre ihm deine Lösungen. Höre aufmerksam und gewissenhaft zu, wenn dein Partner dir seine Lösungen erklärt.
3. Korrigiere gegebenenfalls deine Antworten und benutze dazu eine andere Farbe.

Sind folgende Behauptungen **richtig** oder **falsch**? Begründe schriftlich.

10 Der einzige Grund, nicht die Gesamtheit, sondern eine Stichprobe zu untersuchen, ist, dass die Gesamtheit zu groß ist.

11 Nur eine repräsentative Stichprobe lässt Rückschlüsse auf die Gesamtheit zu.

12 Der Modalwert ist immer ein tatsächlich vorkommender Wert.

13 Der Median ist immer ein tatsächlich vorkommender Wert.

14 Das arithmetische Mittel ist immer ein tatsächlich vorkommender Wert.

15 Wenn das arithmetische Mittel von zwei Zahlen den gleichen Wert hat wie eine der beiden Zahlen, so hat die zweite Zahl ebenfalls denselben Wert.

16 Die Standardabweichung gibt die durchschnittliche Abweichung aller Einzelwerte vom arithmetischen Mittel an.

17 Die Spannweite ist mindestens so groß wie das Minimum.

18 Bei einem Boxplot umschließt die Box immer genau die Hälfte aller Werte.

19 Je größer die Gesamtheit ist, desto geringer ist der Anteil der Stichprobe.

20 Damit eine Stichprobe repräsentativ ist, muss sie zufällig ausgewählt sein und die Zusammensetzung der Gesamtheit widerspiegeln. Ihr Umfang sollte zudem nicht zu klein sein.

21 Bei der wiederholten Durchführung eines Zufallsexperiments stabilisiert sich die absolute Häufigkeit eines Ergebnisses mit wachsender Versuchszahl.

Aufgabe	Ich kann ...	Hilfe
1, 4, 5, 8, 9, 12, 13, 14, 15, 16, 17	Daten anhand von Kennwerten beschreiben, Lage- und Streumaße berechnen und Diagramme interpretieren.	S. 180, S. 184
2, 3, 10, 11, 19, 20	Stichproben sinnvoll auswählen und begründen.	S. 186
4, 5, 18	die Verteilung von Daten in einem Boxplot darstellen.	S. 190
6, 18	einen Sachverhalt, der durch einen Boxplot dargestellt wird, beschreiben.	S. 190
7, 21	das empirische Gesetz der großen Zahl anwenden.	S. 192

S. 180
S. 184

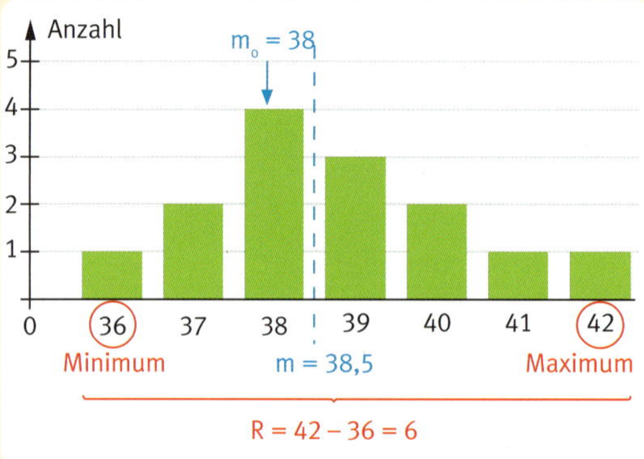

$\bar{x} = \frac{36 + 37 + 37 + ... + 41 + 42}{14} \approx 38{,}7$

$s = \sqrt{\frac{34{,}86}{14}} \approx 1{,}6$

Kennwerte, die Daten durch einen **zentralen Wert** beschreiben (**Lagemaße**):
Modalwert m_0: häufigster Wert
Median m: Wert in der Mitte einer geordneten Datenreihe
arithmetisches Mittel: $\bar{x} = \frac{\text{Summe aller Einzelwerte}}{\text{Anzahl der Einzelwerte}}$

Kennwerte, die die **Streuung von Daten** beschreiben (**Streumaße**):
Minimum: kleinster Datenwert
Maximum: größter Datenwert
Spannweite R: Unterschied zwischen Minimum und Maximum
Standardabweichung s:

$$s = \sqrt{\frac{(x_1 - \bar{x})^2 + (x_2 - \bar{x})^2 + ... + (x_n - \bar{x})^2}{n}}$$

S. 186

Ina möchte anhand einer Umfrage ermitteln, ob die Mehrheit der Bevölkerung in ihrer Heimatstadt für oder gegen den Ausbau des benachbarten Großflughafens ist. Sie befragt dazu zehn Personen, die in der Einflugschneise wohnen.

Die Stichprobe kann aufgrund des geringen Stichprobenumfangs und der Tatsache, dass nur Personen befragt werden, die in der Einflugschneise wohnen, nicht als repräsentativ angesehen werden.

Will man Aussagen über eine **Gesamtheit** machen, die man nicht vollständig untersuchen kann, dann beschränkt man sich auf die Untersuchung eines Teils der Gesamtheit. Man spricht von einer **Stichprobe**. Die Größe einer Stichprobe bezeichnet man als **Stichprobenumfang**.

Damit man aus dem Ergebnis einer Stichprobe Rückschlüsse auf die Gesamtheit ziehen kann, muss die Stichprobe **repräsentativ** sein.

S. 190

5 7 8 8 8 8 8 9 11 11 11 13 14 14 16 18
Minimum Median m = 10 Maximum

5 7 8 8 8 8 8 9 11 11 11 13 14 14 16 18

$Q_u = 8$
Median der unteren Hälfte: „unteres Quartil“

$Q_o = 13{,}5$
Median der oberen Hälfte: „oberes Quartil“

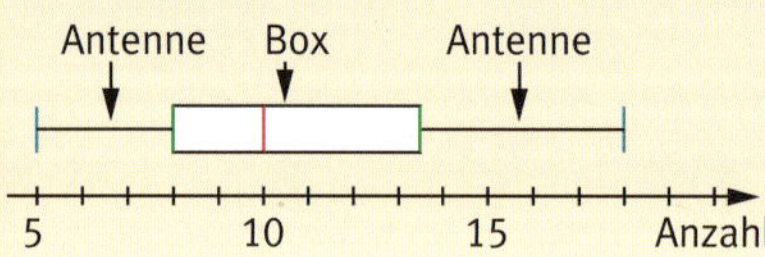

Um bei einer **großen Anzahl von Daten** einen Überblick über die **Verteilung der Daten** zu bekommen, bietet sich die Erstellung eines **Boxplots** an.

Die **Box** gibt an, in welchem Bereich die mittleren 50 % der Daten liegen.

Die **Antennen** geben an, in welchem Bereich die unteren bzw. oberen 25 % der Daten liegen.

S. 192

Eine Münze wird mehrmals geworfen.

Anzahl der Würfe	H (W)	H (Z)	h (W)	h (Z)
10	7	3	70 %	30 %
100	42	58	42 %	58 %
1000	514	486	51 %	49 %
10 000	4955	5045	50 %	50 %

Die Wahrscheinlichkeit für Wappen (W) und Zahl (Z) beläuft sich jeweils auf 50 %.

„Bei wiederholter Durchführung eines Zufallsexperiments stabilisiert sich die relative Häufigkeit eines beobachteten Ergebnisses mit wachsender Versuchszahl.“

Diese Erfahrungstatsache wird als **empirisches Gesetz der großen Zahlen** bezeichnet.

Die betreffende relative Häufigkeit kann als **Schätzwert für die Wahrscheinlichkeit** angesehen werden.

Ähnliche Figuren

1 Gib an, welche Figuren oder Körper ähnlich zueinander sind.

2 Bestimme die Länge der rot markierten Strecken, wenn die Figuren jeweils zueinander ähnlich sind.

a)

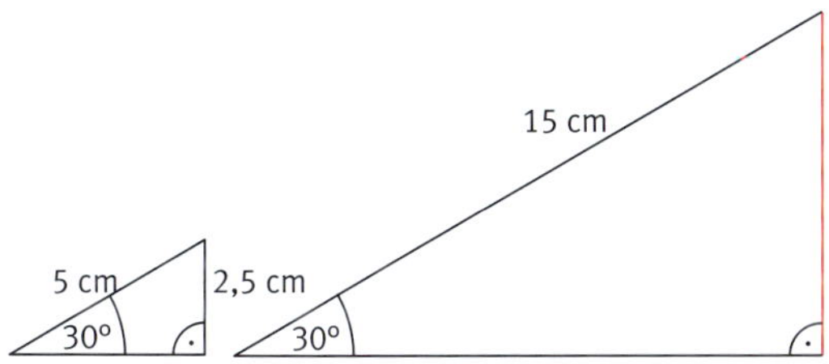

b)

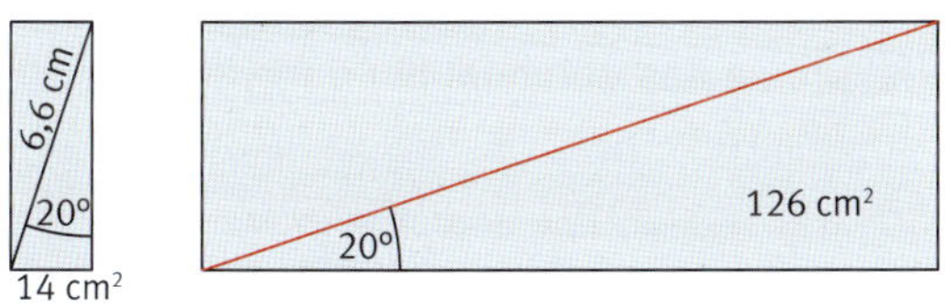

3

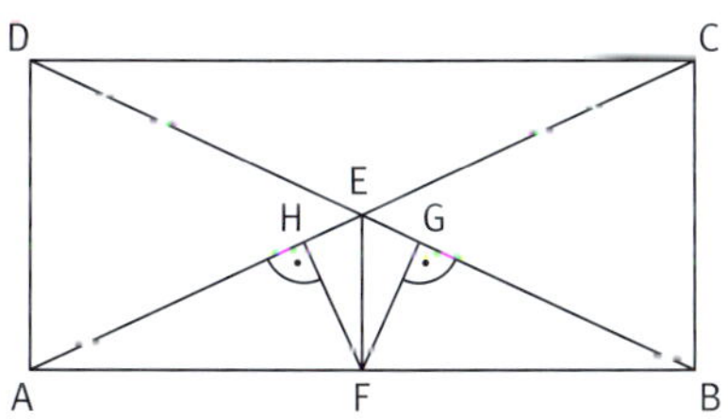

a) Gib Dreiecke an, die ähnlich, aber nicht kongruent zueinander sind.

b) Begründe die Ähnlichkeit zweier dieser Dreiecke mithilfe des Hauptähnlichkeitssatzes.

Terme vereinfachen

4 Vereinfache die Terme so weit wie möglich. Am Ende sollen keine Klammern mehr vorhanden sein.

a) $(a + 3) \cdot (a - 2)$ **b)** $(2a + 3) - (3 - 2a)$
c) $(4b + 17a) : 2$ **d)** $17b + 4a : 2$
e) $a^2 \cdot 2b \cdot 4a - a^3b$ **f)** $\frac{1}{2}(4a + 2b) \cdot (4a - 2b)$

5 Welche Terme haben jeweils den gleichen Wert ($y \neq 0$)?

1 $x \cdot y \cdot 2x$
2 $4xy$
3 $x^2 + 2x$
4 $x^2 \cdot 2y$
5 $2y \cdot (y + x^2) - 2y^2$
6 $(x + 2y)^2 - x^2 - 4y^2$
7 $\left(\frac{x}{y} + \frac{2}{y}\right) \cdot xy$

6 Drücke die mit Spielkarten belegte Fläche mithilfe eines Terms aus und vereinfache diesen. Überprüfe, indem du die Karten abzählst.

Beispiel:
$A = (2 \cdot a) \cdot (3 \cdot b) = 6ab$

a)

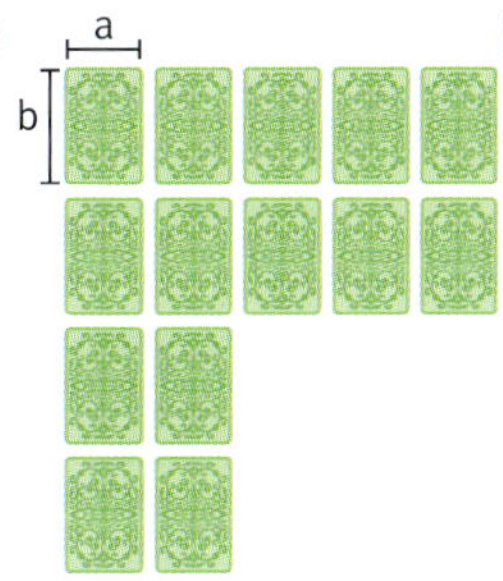

b)

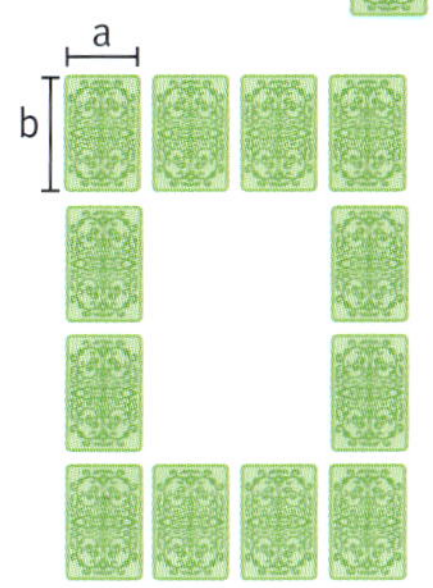

c)

7 Ergänze im Heft die Kästchen so, dass wahre Aussagen entstehen.

a) $(k - 1) \cdot (j + 2) = k\square + 2\square - j \square 2$
b) $(z + 2) \cdot (z - 3) = z^2 \square \square - 6$
c) $(e + f) \cdot 2(f - e) = -2\square^2 \square 2f^{\square}$
d) $(2a + 3b) \cdot (2a - \square) = \square - 9b^2$
e) $\left(\frac{1}{2}s + t\right) \cdot (2t + 2s) = \square + 3st + \square$

Lineare Funktionen im Alltag

8 Entscheide, ob die Funktion linear ist. Welche Funktionen sind sogar proportional?

a) Jeder Menge an Äpfeln wird ihr Preis zugeordnet.

b) In eine Badewanne wird gleichmäßig Wasser eingelassen. Nach jeder Minute wird die Höhe des Wasserstands gemessen.

c) Ein Telefonvertrag besteht aus einer monatlichen Grundgebühr und Kosten pro Gesprächsminute. Je nachdem, wie lange im Monat telefoniert wurde, muss man einen bestimmten Preis bezahlen.

9 In einem quaderförmigen Schwimmbecken ($3\text{ m} \times 2\text{ m} \times 0{,}6\text{ m}$) muss das Wasser ausgetauscht werden. Pro Minute können etwa 20 l Wasser abgepumpt werden.

a) Erkläre, inwieweit die beiden Graphen die Situation beschreiben.

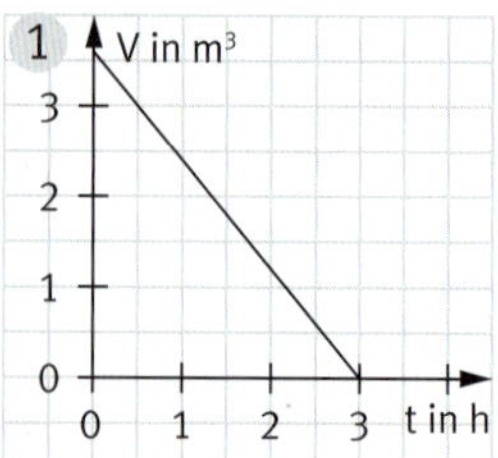

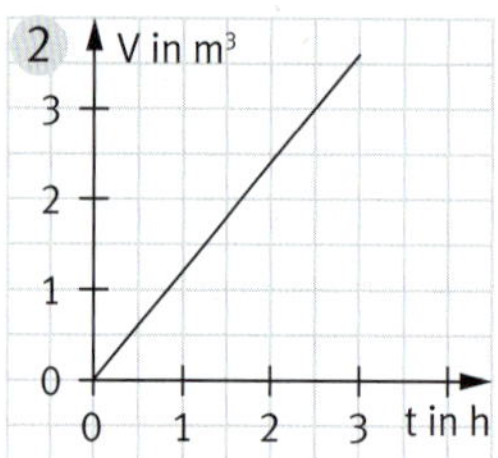

b) Gib für beide Graphen die zugehörige Funktionsgleichung an.

c) Durch den Gartenschlauch, mit dem das Becken gefüllt wird, fließen 15 l pro Minute.

(1) Zeichne den Füllgraphen, bis das Becken komplett gefüllt ist.

(2) Gib die Funktionsgleichung für den Füllvorgang an.

10 (1) $f(x) = 3x$ (2) $f(x) = 2x + 1$ (3) $f(x) = 0{,}5x - 2$

a) Nenne Situationen aus dem Alltag, die durch die Funktionsgleichungen beschrieben werden könnten.

b) Welche Bedeutung haben jeweils die Steigung und der y-Achsenabschnitt?

Körper

11 Aus welchen Einzelkörpern besteht der zusammengesetzte Körper? Beschreibe die Einzelkörper so genau wie möglich.

a)

b)

c)

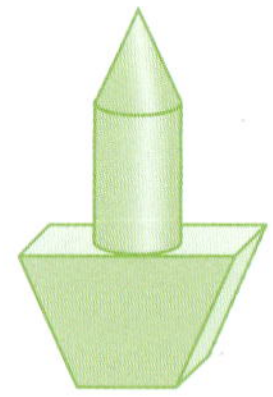

12 Bestimme jeweils die Anzahl der Ecken, Kanten und Flächen bei den Körpern.

a)

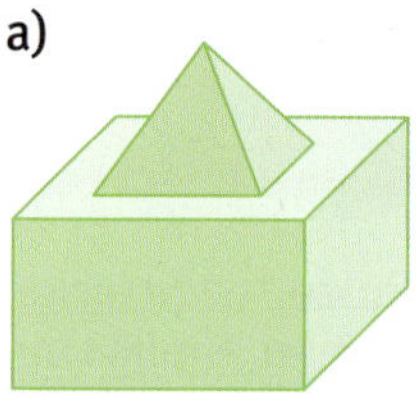

b)

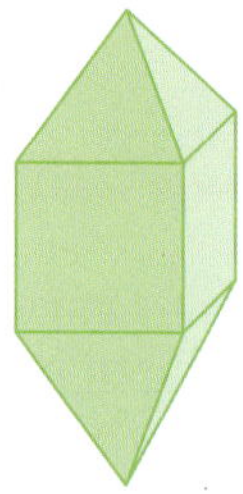

13 Skizziere das Schrägbild eines Körpers mit den angegebenen Eigenschaften.
Wie viele Ecken bzw. Kanten hat der Körper?

a) 7 Flächen; 15 Kanten

b) 10 Flächen; 16 Ecken

14 Bestimme das Volumen der dargestellten Körper (Maße in cm).

a)

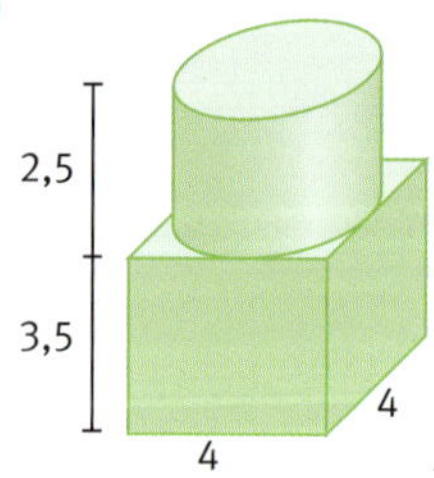

b)

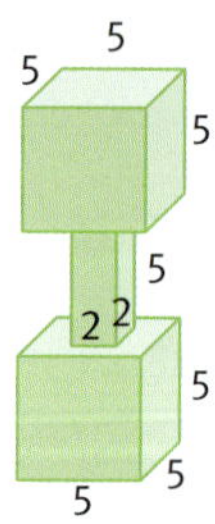

c)

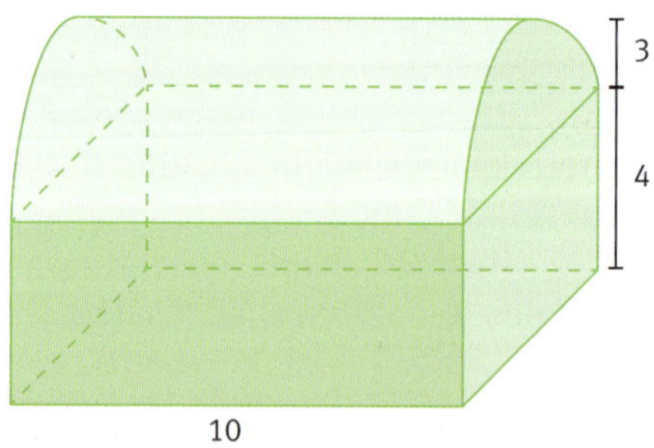

$\frac{1}{12} + \frac{4}{9} = \frac{3}{36} + \frac{16}{36} = \frac{3+16}{36} = \frac{19}{36}$

Hauptnenner: 36, denn
$V_{12} = \{12; 24; 36; 48; ...\}$
$V_9 = \{9; 18; 27; 36; 45; ...\}$

Ungleichnamige Brüche werden vor dem **Addieren** (**Subtrahieren**) erst auf denselben (**Haupt-**)**Nenner** erweitert bzw. gekürzt.
Anschließend wird der Zähler addiert (subtrahiert), der gemeinsame Nenner bleibt erhalten.
Unter dem **Hauptnenner** versteht man das kleinste gemeinsame Vielfache der Nenner.

$\frac{4}{7} \cdot \frac{2}{9} = \frac{4 \cdot 2}{7 \cdot 9} = \frac{8}{63}$

Zwei **Brüche** werden **multipliziert**, indem man **Zähler mit Zähler** und **Nenner mit Nenner** multipliziert.

Multiplikation

$\frac{3}{4} : \frac{2}{3} = \frac{3}{4} \cdot \frac{3}{2} = \frac{3 \cdot 3}{4 \cdot 2} = \frac{9}{8}$

Kehrbruch

Man **dividiert** eine Zahl durch einen **Bruch**, indem man sie mit seinem **Kehrbruch multipliziert**.

Beim Kehrbruch werden **Zähler und Nenner** des Bruchs **vertauscht**.

Primzahlen bis 100:
2, 3, 5, 7, 11, 13, 17, 19, 23, 29, 31, 37, 41, 43, 47, 53, 59, 61, 67, 71, 79, 83, 89, 97

Eine Zahl, die genau zwei (verschiedene) Teiler hat, nämlich sich selbst und die 1, heißt **Primzahl**.

Anzahl Personen ⟼ Eintrittspreis in €
Mögliche Sprechweisen:

- Der Anzahl von Personen wird ein Eintrittspreis zugeordnet.
- Der Eintrittspreis hängt von der Anzahl der Personen ab.

Bei einer **Zuordnung** werden Größen oder Zahlen zueinander in Beziehung gesetzt. Jede **Ausgangsgröße** wird dabei mit einer **zugeordneten Größe** verbunden.
Zuordnungen können in **Tabellen**, **Diagrammen** oder durch **Terme** dargestellt werden.

Zusammenfassung gleichartiger Summanden:
$2x - 3y - 6x + 3y = (2 - 6) \cdot x + (-3 + 3) \cdot y = -4x$

Mathematische Zusammenhänge lassen sich mithilfe von **Termen und Variablen** beschreiben. Terme lassen sich anhand der Rechenregeln **vereinfachen**. Dadurch entstehen zueinander **äquivalente Terme**.

$(3x + 7) \cdot (4x - 5)$
$= 12x^2 + \underbrace{28x - 15x} - 35$
$= 12x^2 \quad + 13x \quad - 35$

Umformen von Termen

- **Ausmultiplizieren mit einem Faktor:** Jeder Summand wird mit dem Faktor multipliziert.
- **Ausmultiplizieren zweier Summen:** Jeder Summand der ersten Summe wird mit jedem Summand der zweiten Summe multipliziert.
- **Ausklammern**: Ein gemeinsamer Faktor in jedem Summand wird ausgeklammert.

Menge der natürlichen Zahlen: $\mathbb{N} = \{0; 1; 2; 3; 4; ...\}$
Menge der ganzen Zahlen: $\mathbb{Z} = \{...; -2; -1; 0; 1; 2; ...\}$
Menge der rationalen Zahlen:
$\mathbb{Q} = \{...; -\frac{13}{5}; ...; 0; ...; \frac{28}{3}; ...\}$

Möglichkeiten für die Lösungsmenge:
- Es gibt keine Lösung in D: L = { }.
- Es gibt Lösungen in D, z. B.: L = {−3; 2}.
- Alle Zahlen aus D sind Lösung: L = D.

Beim Lösen von Gleichungen ist es möglich, dass nur bestimmte Zahlen zulässig sind. In der **Definitionsmenge D** fasst man jene Zahlen zusammen, aus der alle **Ergebnisse** einer Gleichung **stammen dürfen**.

Alle **Zahlen aus der Definitionsmenge**, die eine Gleichung lösen, bilden die **Lösungsmenge L**.

Ausmultiplizieren mit binomischen Formeln

$(3 + a)^2 = 9 + 6a + a^2$

$(5x - 2) \cdot (5x + 2) = 25x^2 - 4$

Zusammenfassen mit binomischen Formeln

$y^2 - 4y + 4 = (y - 2)^2$

Binomische Formeln

1. $(a + b)^2 = a^2 + 2ab + b^2$
2. $(a - b)^2 = a^2 - 2ab + b^2$
3. $(a + b) \cdot (a - b) = a^2 - b^2$

$63 - 50b + 12 = -5b;\ D = \mathbb{Q}$ | (1) vereinfachen

$75 - 50b = -5b$ | (2) $+ 50b$

$75 = 45b$ | (3) $: 45$

$b = \frac{75}{45} = \frac{5}{3} = 1\frac{2}{3}$

(4) $1\frac{2}{3} \in \mathbb{Q}$

$L = \{1\frac{2}{3}\}$

Probe:

l. S.: $63 - 50 \cdot 1\frac{2}{3} + 12 = -8\frac{1}{3}$

r. S.: $-5 \cdot 1\frac{2}{3} = -8\frac{1}{3}$

Gleichungen lassen sich durch **Äquivalenzumformungen lösen**. Dabei ändert sich die **Lösungsmenge** nicht.

1. Terme auf jeder Seite vereinfachen.
2. Durch Addition und Subtraktion alle Terme mit Variablen auf eine Seite der Gleichung bringen, alle Zahlen ohne Variable auf die andere. Beide Seiten vereinfachen.
3. Durch Multiplikation und Division den Faktor vor der Variable zur 1 machen und die Lösung bestimmen.
4. Die Lösungsmenge angeben und zur Probe die Lösung in die Ausgangsgleichung einsetzen.

16 Schüler von 25 Schülern haben ein Smartphone.

Das sind $\frac{16}{25} = \frac{64}{100} = 64\ \%$.

Prozentwert	Grundwert	Prozentsatz
P	G	p %

Bei den **Grundaufgaben der Prozentrechnung** ist entweder der **Grundwert G**, der **Prozentwert P** oder der **Prozentsatz p %** gesucht.
Die Zuordnungen zwischen den Größen sind jeweils proportional, sodass man für die Bestimmung die **Eigenschaften proportionaler Zuordnungen** nutzen kann.

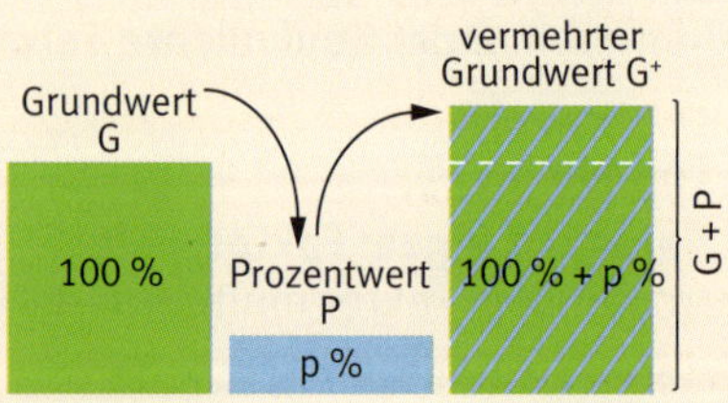

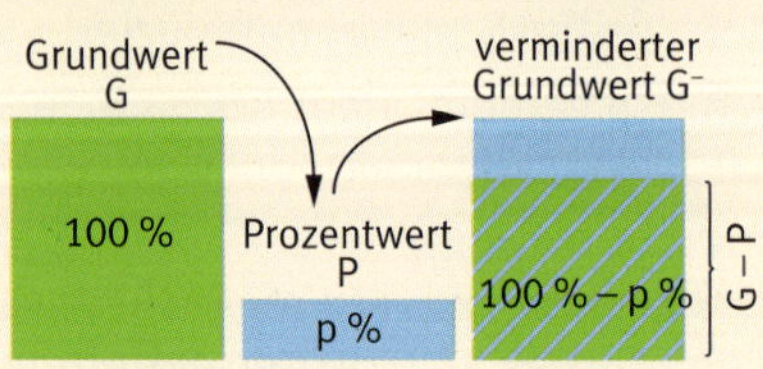

Anteile mit dem Nenner 100 lassen sich als **Prozente** schreiben.
In der **Prozentrechnung** rechnet man mit:

Grundwert $G \mathrel{\hat{=}} 100\ \%$

Prozentwert $P \mathrel{\hat{=}} p\ \%$

Vermehrter Grundwert

G^+ = Grundwert G + Prozentwert P

$G^+ = G \cdot \left(1 + \frac{p}{100}\right)$

Verminderter Grundwert

G^- = Grundwert G – Prozentwert P

$G^- = G \cdot \left(1 - \frac{p}{100}\right)$

Prozentrechnung	Zinsrechnung
G: Grundwert	K: Kapital
P: Prozentwert	Z: Zinsen
p %: Prozentsatz	p %: Zinssatz

Zinsformel (Jahreszinsen): $Z = K \cdot p\ \%$

Wenn Zinsen wieder mitverzinst werden, gilt bei n Jahren und einem Zinssatz von p % die

Zinseszinsformel: $K(n) = K \cdot \left(1 + \frac{p}{100}\right)^n$

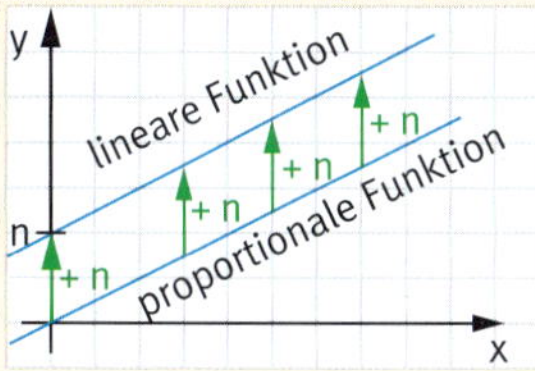

Eine **eindeutige Zuordnung** nennt man **Funktion**.

Eine **lineare Funktion** liegt vor, wenn alle Wertepaare auf einer **Geraden** liegen.
Der Graph einer **linearen Funktion** ist gegenüber dem einer **proportionalen Funktion** um einen festen Wert n entlang der y-Achse verschoben.
Es gilt folgende **Funktionsgleichung**:
f (x) = Anstieg m · x + fester Wert n
$f(x) = m \cdot x + n$

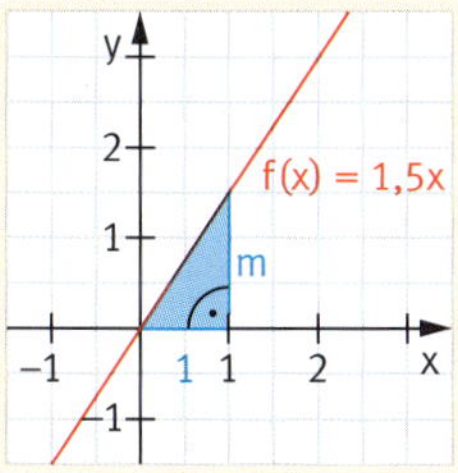

Der **Graph** der proportionalen Funktion mit $f(x) = m \cdot x$ als Sonderfall einer linearen Funktion verläuft durch den Ursprung.

Ein rechtwinkliges Dreieck, das den Anstieg beschreibt, heißt **Steigungsdreieck**.

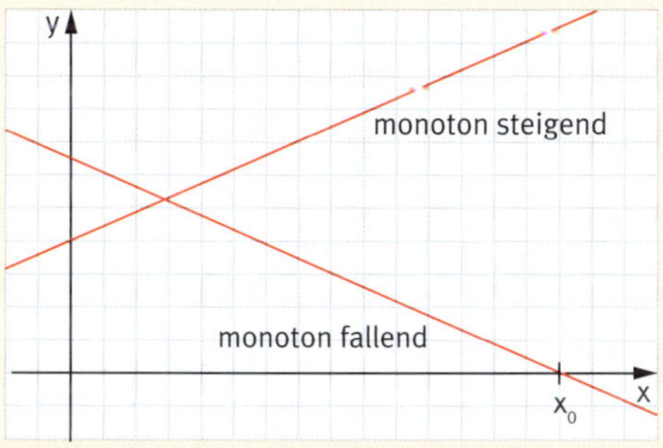

Eigenschaften von Funktionen

- Die Schnittstelle eines Funktionsgraphen mit der x-Achse (y = 0) bezeichnet man als **Nullstelle x_0** der Funktion.
- Der **Definitionsbereich D** gibt an, welche **x-Werte** (**Argumente**) in die Funktionsgleichung eingesetzt werden dürfen.
- Der **Wertebereich W** gibt an, welche **y-Werte** (**Funktionswerte**) vorkommen können.
- Die **Monotonie** gibt an, wie der Graph gegenüber der x-Achse verläuft: Der Graph verläuft von …
„links unten nach rechts oben“: monoton steigend.
„links oben nach rechts unten“: monoton fallend.

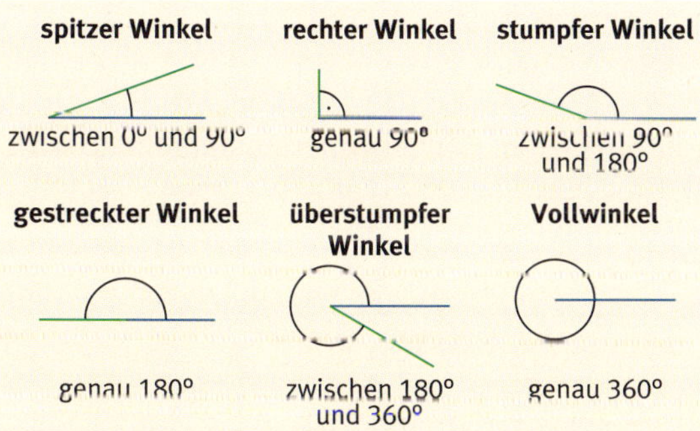

Um die **Größe von Winkeln** anzugeben, wird der Vollwinkel (eine Umdrehung) in 360 gleich große Teile geteilt. Die so entstandene Einheit heißt **1 Grad (1°)**.

$\alpha = 40°$

Maßzahl — Maßeinheit (Grad)

Winkel werden ihrer Größe nach unterschieden.

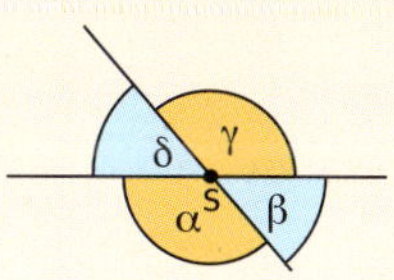

$\alpha = \gamma \qquad \beta = \delta$
$\alpha + \beta = \ldots = 180°$

Schneiden sich zwei Geraden, so heißen gegenüberliegende Winkel **Scheitelwinkel**; diese sind jeweils gleich groß. Nebeneinanderliegende Winkel heißen **Nebenwinkel**; sie ergeben zusammen immer 180°.

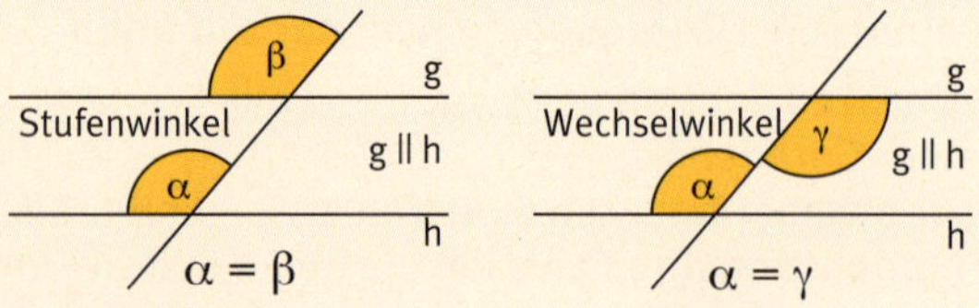

Schneidet eine Gerade zwei Parallelen, erhält man **Stufenwinkel** jeweils auf der gleichen Seite von Schnittgerade und Parallelen sowie **Wechselwinkel** auf den entgegengesetzten Seiten. Stufen- und Wechselwinkel sind **gleich groß**.

In einem Dreieck ABC gilt:
$\alpha + \beta + \gamma = 180°$

Die **Summe aller Innenwinkel im Dreieck** beträgt 180° (**Innenwinkelsatz**).

$a > b \Longrightarrow \alpha > \beta$ ...
$\alpha > \gamma \Longrightarrow a > c$ ...

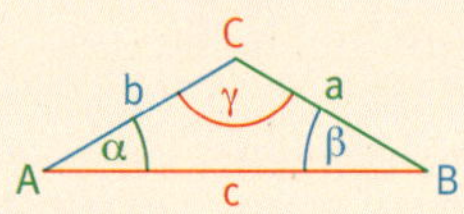

Seite-Winkel-Beziehung
In jedem Dreieck liegt der größeren Seite auch der größere Winkel gegenüber und umgekehrt.

Dreiecksungleichung
In einem Dreieck sind zwei Seiten zusammen stets länger als die dritte Seite (z. B. $a + b > c$).

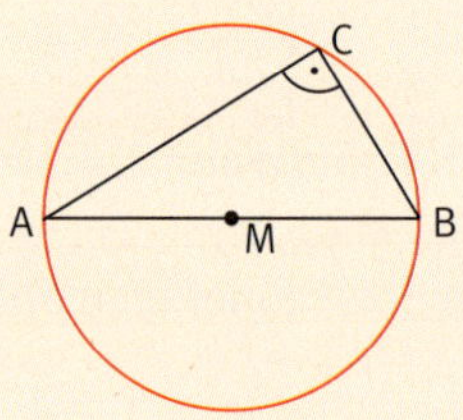

Satz des Thales
Ein **Dreieck**, von dem zwei Eckpunkte den Durchmesser eines Kreises (**„Thaleskreis"**) begrenzen und dessen dritter Punkt auf der Kreislinie liegt, ist stets **rechtwinklig**.
Der rechte Winkel liegt am „dritten" Punkt auf der Kreislinie an.

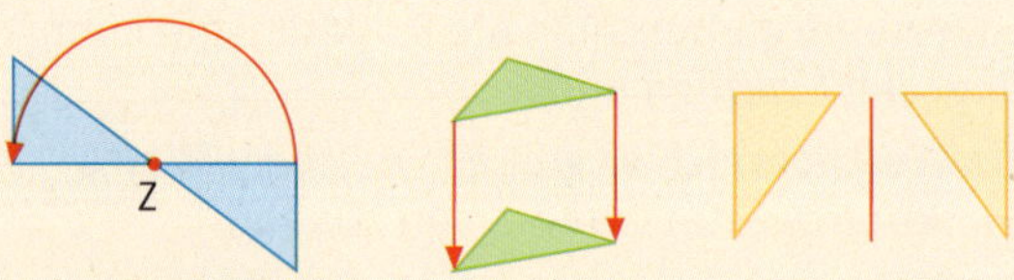

Punktspiegelung oder Drehung um 180° | Verschiebung | Achsenspiegelung

Figuren sind zueinander **kongruent**, wenn sie in **Form** und **Größe** übereinstimmen.
Achsenspiegelung, Punktspiegelung, Drehung und Verschiebung sind **Kongruenzabbildungen**, d. h. Original- und Bildfigur sind zueinander kongruent (**deckungsgleich**).

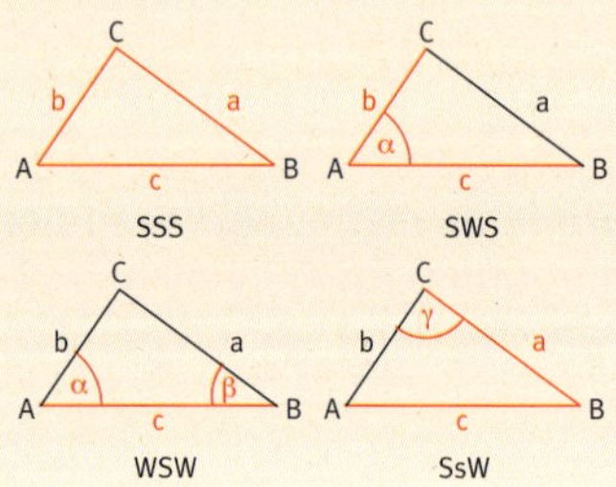

Kongruenzsätze für Dreiecke
Dreiecke sind genau dann kongruent zueinander, wenn sie ...
- in der Länge ihrer drei Seiten übereinstimmen (**SSS**).
- in der Länge zweier Seiten und der Größe des eingeschlossenen Winkels übereinstimmen (**SWS**).
- in der Länge einer Seite und der Größe beider anliegenden Winkel übereinstimmen (**WSW**).
- in der Länge zweier Seiten übereinstimmen sowie in der Größe des Winkels, der der längeren Seite gegenüberliegt (**SsW**).

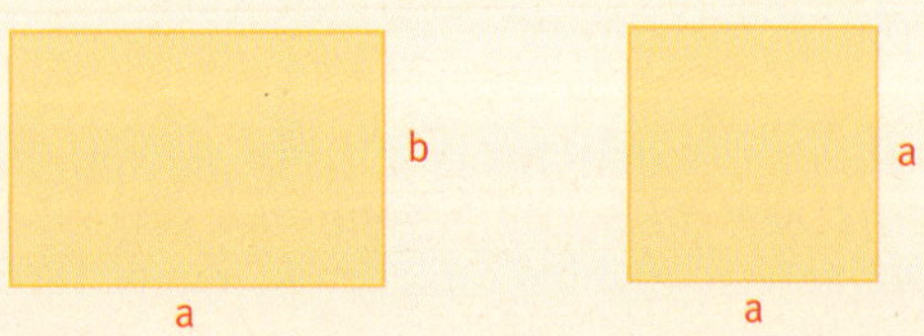

Für den **Flächeninhalt** eines **Rechtecks** gilt:
$A = a \cdot b$
Für den **Umfang** gilt $u = 2 \cdot (a + b)$.
Für den **Flächeninhalt** eines **Quadrats** gilt:
$A = a \cdot a = a^2$
Für den **Umfang** gilt $u = 4 \cdot a$.

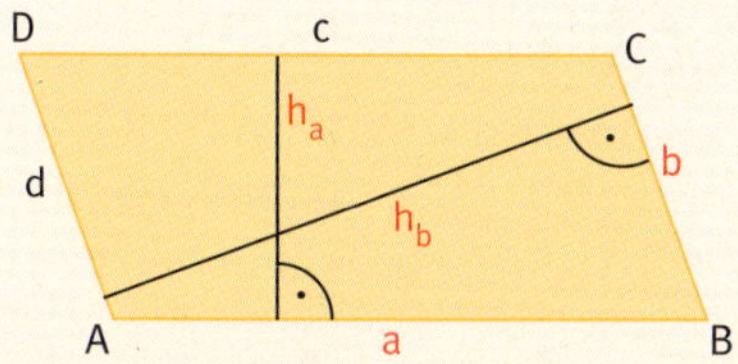

Für den **Flächeninhalt** eines **Parallelogramms** gilt:

A = Grundseite · zugehörige Höhe

$A = g \cdot h$ oder

$A = a \cdot h_a$ oder $A = b \cdot h_b$

Der **Umfang** beträgt $u = 2 \cdot (a + b)$.

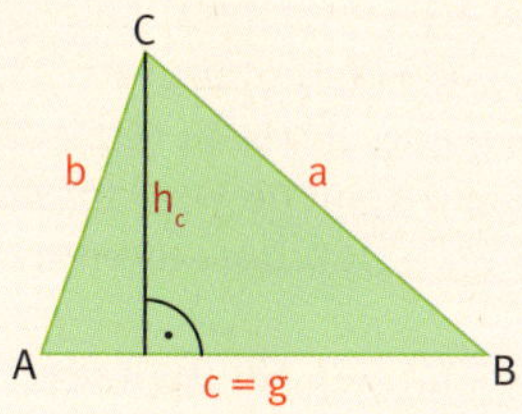

Für den **Flächeninhalt eines Dreiecks** mit der Grundseite g und der dazugehörigen Höhe h gilt:

$A = \frac{1}{2} \cdot g \cdot h$

Ist c die Grundseite, dann gilt:

$A = \frac{1}{2} c \cdot h_c$

Der **Umfang** beträgt $u = a + b + c$.

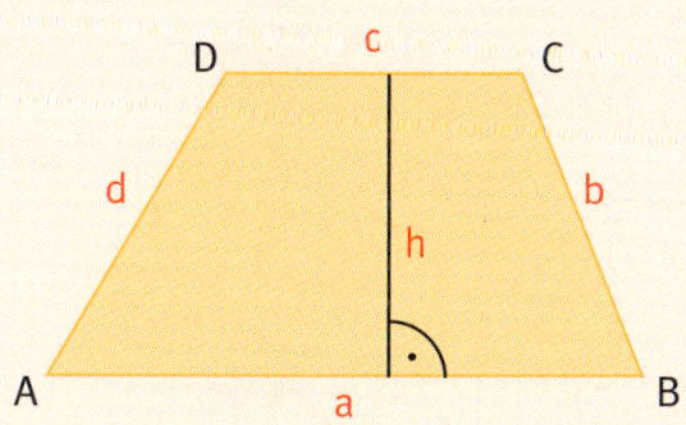

Der **Flächeninhalt eines Trapezes** mit parallelen Seiten a und c und der Höhe h lässt sich mit folgender Formel berechnen:

$A = \frac{a + c}{2} \cdot h = \frac{1}{2} \cdot (a + c) \cdot h$

Der **Umfang** beträgt $u = a + b + c + d$.

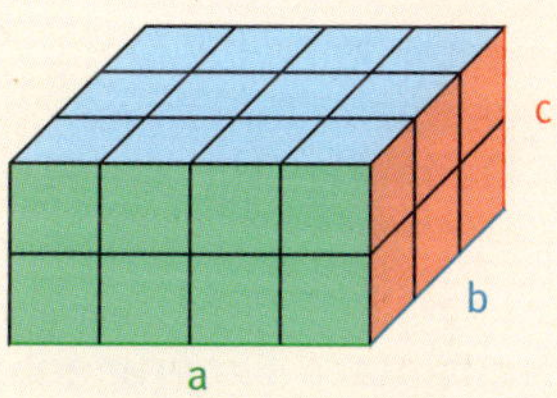

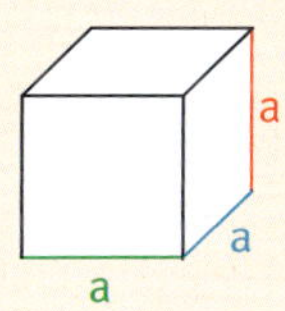

Für das **Volumen** eines **Quaders** gilt:

V = Länge · Breite · Höhe

$V = a \cdot b \cdot c$

Für das **Volumen** eines **Würfels** gilt:

$V = a \cdot a \cdot a = a^3$

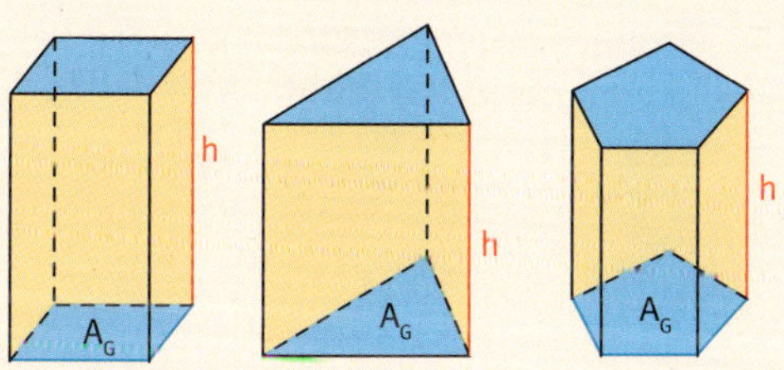

Für das **Volumen V** eines **Prismas** mit der **Grundfläche A_G** und der **Höhe h** gilt:

$\mathbf{V = A_G \cdot h}$

Für den **Oberflächeninhalt O** eines **Prismas** mit der **Grundfläche A_G** und der **Mantelfläche A_M** gilt:

$\mathbf{O = 2 \cdot A_G + A_M}$

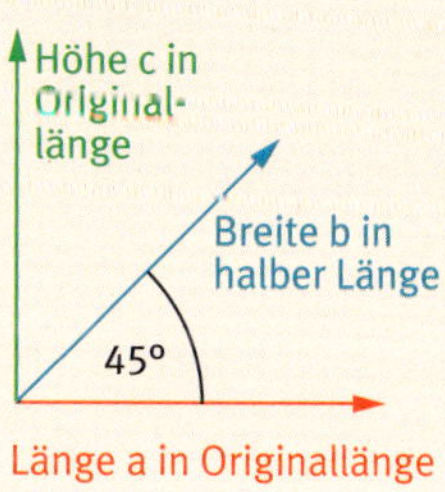

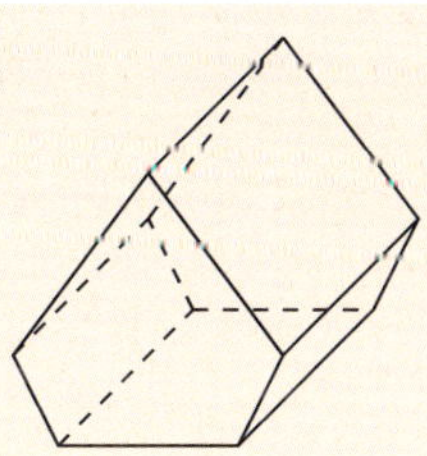

Als **Schrägbild** bezeichnet man **eine schräge Projektion eines Körpers** auf eine Zeichenebene. Streckenlängen und Winkelmaße an Flächen, die parallel zur Zeichenebene liegen, bleiben unverändert. Nach hinten verlaufende Kanten werden in der Länge halbiert und unter einem Winkel von 45° dargestellt. Verdeckte Kanten werden gestrichelt gezeichnet.

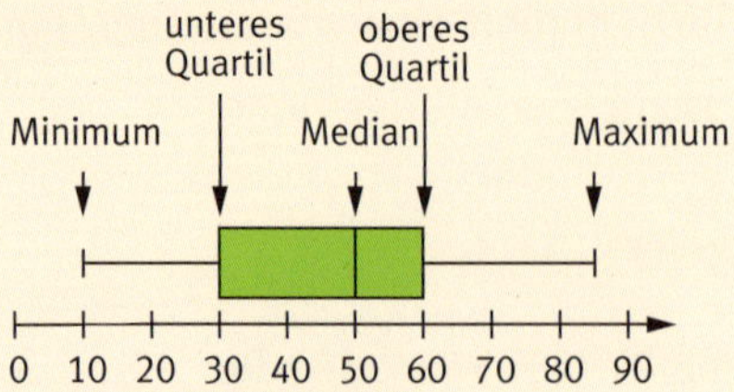

Ein **Boxplot** veranschaulicht die Verteilung der Werte einer **Datenreihe.**
Der **Median** unterteilt die Daten in zwei Hälften.
unteres Quartil: Median der unteren Hälfte
oberes Quartil: Median der oberen Hälfte
Die **Box** umfasst die mittlere Hälfte aller Werte.

Eine 1-€-Münze wird mehrmals geworfen.

Anzahl Würfe	H (W)	H (Z)	h (W)	h (Z)
10	7	3	70 %	30 %
100	42	58	42 %	58 %
1000	514	486	51 %	49 %
10 000	4955	5045	50 %	50 %

Führt man ein **Zufallsexperiment** sehr oft durch, dann beobachtet man, dass sich die **relativen Häufigkeiten** bei wachsender Versuchszahl **stabilisieren.** Diese Tatsache wird auch als das **Gesetz der großen Zahlen** bezeichnet.

Die stabilisierten relativen Häufigkeiten sind ein guter **Schätzwert für die Wahrscheinlichkeit,** mit der man die Ergebnisse erwartet.

Würfeln mit einem Spielwürfel
Ereignis A: „Augenzahl ist gerade."
Gegenereignis $\overline{A}$: „Augenzahl ist ungerade." oder „Augenzahl ist nicht gerade."

Alle Ergebnisse, die **nicht** zu einem **bestimmten Ereignis A gehören**, bilden zusammen das **Gegenereignis** $\overline{A}$.
$P(\overline{A}) = 1 - P(A) = 100\,\% - P(A)$

Zweimaliges Werfen einer Reißzwecke:

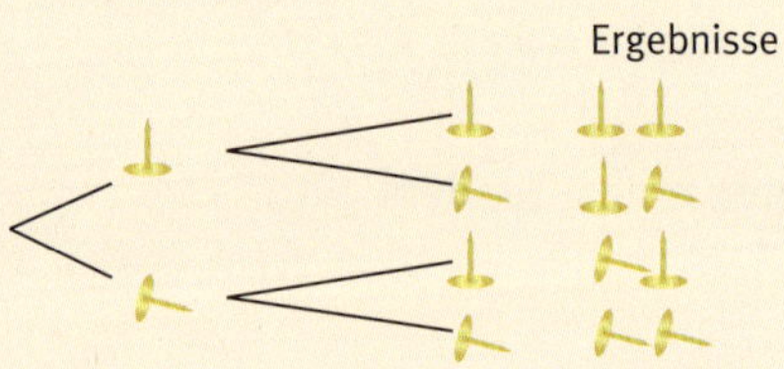

Ein **mehrstufiges Zufallsexperiment** setzt sich aus mehreren nacheinander ausgeführten Teilexperimenten zusammen.

Bei solchen Zufallsexperimenten kann die Menge der Ergebnisse in Form eines **Baumdiagramms** dargestellt werden. Zu jedem Ereignis gehört ein **Pfad**.

Das Werfen eines Tetraeders, bei dem jede Seite eine andere Farbe hat, ist ein Laplace-Experiment. Es gilt:
$P(\text{Rot}) = P(\text{Blau}) = P(\text{Gelb}) = P(\text{Grün}) = \frac{1}{4} = 25\,\%$

Zufallsexperimente, bei denen alle Ergebnisse gleich wahrscheinlich sind, heißen **Laplace-Experimente**.

Die Wahrscheinlichkeiten bei einem Laplace-Experiment heißen **Laplace-Wahrscheinlichkeiten**:
$$P(E) = \frac{\text{Anzahl der Ergebnisse, bei denen E eintritt}}{\text{Anzahl aller möglichen Ergebnisse}}$$

Zweimaliges Drehen eines Glücksrads:

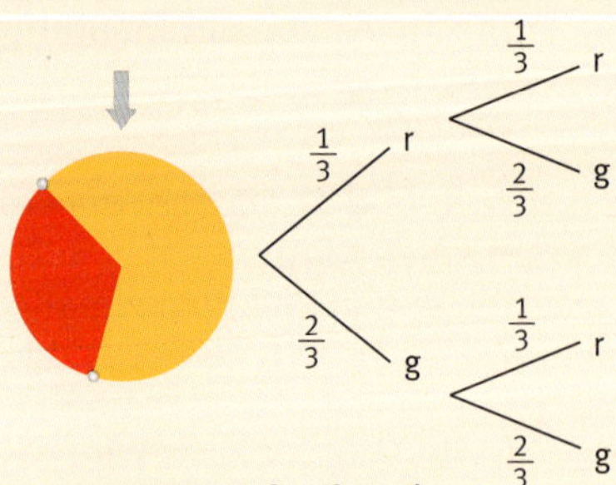

$P(rr) = \frac{1}{3} \cdot \frac{1}{3} = \frac{1}{9}$ $\quad P(gg) = \frac{2}{3} \cdot \frac{2}{3} = \frac{4}{9}$
$P(\text{„gleiche Farbe"}) = \frac{1}{9} + \frac{4}{9} = \frac{5}{9}$

In einem Baumdiagramm werden oftmals die Wahrscheinlichkeiten, die zu einem Pfad gehören, an dem Pfad notiert. Die Wahrscheinlichkeiten für die einzelnen Ereignisse lassen sich wie folgt bestimmen:

1. Pfadregel: Die Wahrscheinlichkeiten entlang eines Pfades werden multipliziert.

2. Pfadregel: Wenn mehrere Pfade zu einem Ereignis gehören, addiert man die Wahrscheinlichkeiten der entsprechenden Pfade.

Lösungen zu „1.9 Das kann ich!“ – Seite 28

1 Lösungsmöglichkeit:

a) P_1 (0|–5); P_2 (1|–4); P_3 (2|–3); P_4 (3|–2); P_5 (4|–1)
b) P_1 (0|4); P_2 (2|1); P_3 (4|–2); P_4 (6|–5); P_5 (8|–8)
c) P_1 (0|–5); P_2 (1|–2,5); P_3 (2|0); P_4 (3|2,5); P_5 (4|5)
d) P_1 (0|–2); P_2 (1|10); P_3 (2|22); P_4 (3|34); P_5 (4|46)

2 a) $L = \left\{\left(\frac{14}{5} \mid \frac{3}{5}\right)\right\}$ b) $L = \{(-11 \mid -5)\}$
c) $L = \left\{\left(\frac{46}{55} \mid -\frac{3}{55}\right)\right\}$ d) $L = \{(5 \mid -0{,}9)\}$

3 a) $x = -\frac{1}{3}a + \frac{4}{3}$; $y = \frac{2}{3}a + \frac{4}{3}$, demzufolge existiert für jedes a genau eine Lösung.
b) $x = -\frac{1}{5}a + \frac{7}{5}$; $y = -\frac{4}{5}a + \frac{21}{10}$, demzufolge existiert für jedes a genau eine Lösung.
c) Für a = 4 existieren unendlich viele Lösungen, sonst gilt x = 0 und y = 10, also genau eine Lösung.
d) Für a = 10 existieren unendlich viele Lösungen, sonst existiert keine Lösung.

4 a) $y = -\frac{1}{2}x + 5$
b)

x	–3	–2	–1	0	1	2	3
y	6,5	6	5,5	5	4,5	4	3,5

c)
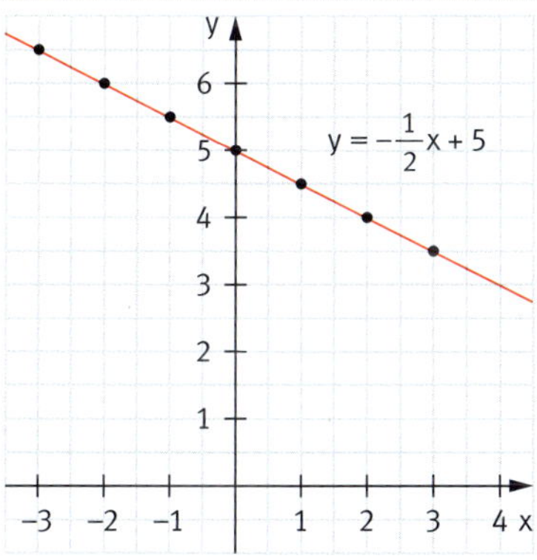

5 a) (1|0,5) b) (10|–13)
c) (5|–5,5) d) (–3|6,5)

6 a) (–8|2)
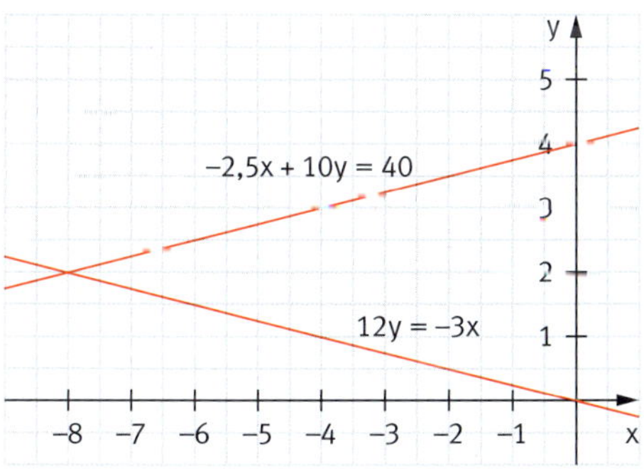

b) (–2,5|3)
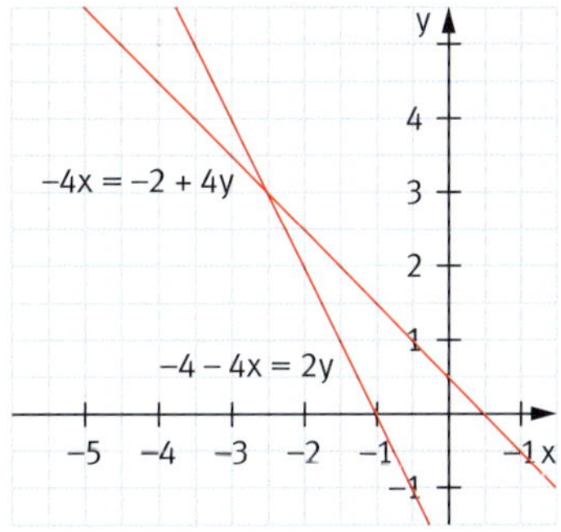

7 I $y = -1{,}5x + 2$
II $y = -2x + 3$
Probe durch Einsetzen ergibt: Das Zahlenpaar (2|–1) löst beide Gleichungen.

8 a) (7|6,5)
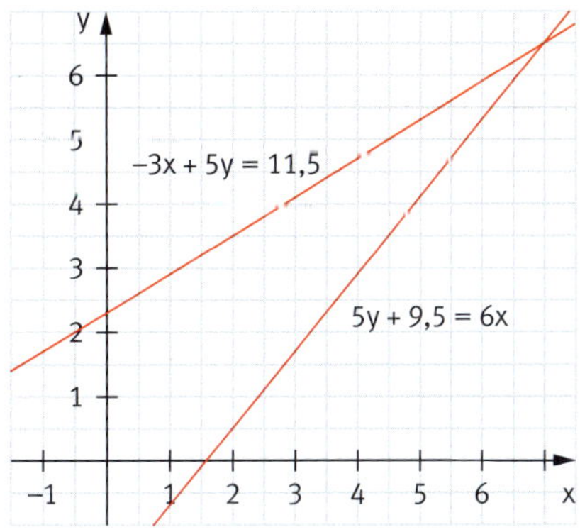

b) (1|–0,5)
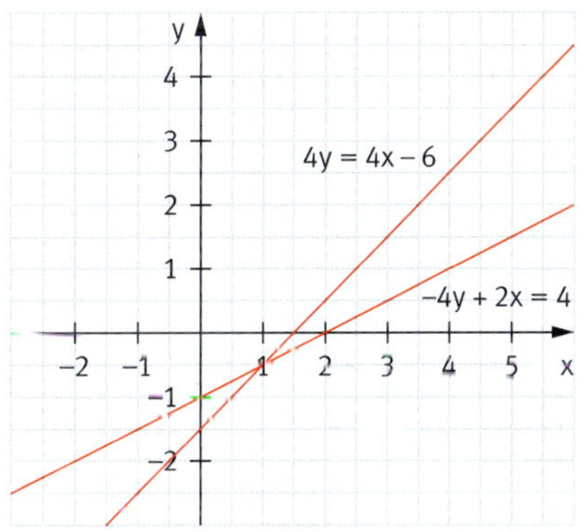

9 a) keine Lösung
b) genau eine Lösung: (0|1,4)

10 a) I $15 = x + 2y + 1$
II $2y = x + 10$

b) Die Waagen werden so verändert, dass auf den inneren Waagschalen jeweils gleich viel liegt: $x + 2y$. Man kann anschließend die beiden äußeren Waagschalen gleichsetzen und erhält eine Gleichung, die nur eine Variable (x) enthält.

1 I $15 = x + 2y + 1$
II $2y = x + 10$

2 I $14 = x + 2y$
II $x + 2y = 2x + 10$

3 $14 = 2x + 10$

4 $4 = 2x$

5 $2 = x$

Durch Einsetzen erhält man: $y = 6$, also $L = \{(2|6)\}$.

Seite 29

11 a) $L = \{(9|1)\}$ b) $L = \{(-4|-1)\}$

12 a) $L = \{(-20|-11{,}5)\}$ b) $L = \{(-12{,}5|-2)\}$

13 a) $L = \{(18|-3)\}$ b) $L = \{(3{,}5|16)\}$

14 a) $L = \{(18{,}5|-1)\}$ b) $L = \{(12|15)\}$
c) $L = \left\{\left(-2\frac{5}{11}\middle|2\frac{4}{11}\right)\right\}$ d) $L = \{(12|-17)\}$

15 a) $L = \{(15{,}5|-18)\}$ b) $L = \{(19|14)\}$

16 a: Alter von Ali (in Jahren)
o: Alter der Oma (in Jahren)
I $a + o = 110$
II $(a - 5) \cdot 3 = o - 5$
$a = 30$ $o = 80$
Ali ist jetzt 30, seine Oma 80 Jahre alt.
Vor 5 Jahren war Ali 25 Jahre alt und seine Oma war 75.

17 e: Kreditbetrag des ersten Kredits
z: Kreditbetrag des zweiten Kredits
I $e + z = 125\,000$
II $e \cdot 7{,}5\,\% + z \cdot 8\,\% = 9640$
$e = 108\,000$ $z = 17\,000$
Der eine Kredit beträgt 108 000 €, der andere 17 000 €.

18 n: Preis einer normalen Laugenstange (in €)
k: Preis einer Käselaugenstange (in €)
I $15 \cdot (n + k) = 27$
II $12n + 18k = 27{,}90$
$n = 0{,}75$ $k = 1{,}05$
Eine Käselaugenstange kostet 1,05 €, eine normale Laugenstange 75 ct.

19 e: Einerziffer der Zahl
z: Zehnerziffer der Zahl
I $e + z = 10$
II $10e + z = 3 \cdot (10z + e) - 2$
$e = 8$ $z = 2$
Die erste Zahl heißt 28, die zweite Zahl heißt 82.

20 Sei $\gamma = 90°$ und α der kleinere der beiden spitzen Winkel.
I $\alpha + \beta + 90° = 180°$
II $5\alpha + \beta = 90°$
$\alpha = 15°$ $\beta = 75°$
Die Winkelgrößen betragen 15°, 75° und 90°.

21 Das ist falsch. Wenn man durch das grafische Verfahren (inklusive einer Probe) die Lösungsmenge eines linearen Gleichungssystems exakt ermitteln kann, dann ist das grafische Verfahren „gleich gut“ wie das rechnerische. Oft liefert es allerdings nur Näherungswerte.

22 Das ist falsch. Zur x-Achse gehört die Funktionsgleichung $y = 0$. Die y-Achse kann durch $x = 0$ beschrieben werden, was aber nicht die Gleichung einer Funktion ist.

23 Das ist richtig.

24 Das ist richtig. Beide Gleichungen beschreiben dieselbe Gerade und sind somit identisch.

25 Das ist richtig. Man kann aber auch beide Gleichungen nach einem Term auflösen und dann gleichsetzen.

26 Das ist falsch, denn es entsteht „ausführlich“ das folgende Gleichungssystem:
I $x + 0y = 3$
II $0x + y = 4$
Die Lösung ist direkt ablesbar: $(3|4)$.
$x = 3$ beschreibt eine zur y-Achse parallele Gerade, $y = 4$ eine Parallele zur x-Achse. Die Geraden schneiden sich in $P\,(3|4)$.

Lösungen zu „2.8 Das kann ich!“ – Seite 50

1 a) 5; 9; 11; 12; 25; 100
b) 0,2; 0,4; $\frac{1}{2}$; 0,5; $\frac{6}{7}$; 0,03

2 a) $\sqrt{3} \approx 1{,}73$; $\sqrt{5} \approx 2{,}24$; $\sqrt{6} \approx 2{,}45$; $\sqrt{10} \approx 3{,}16$;
$\sqrt{50} \approx 7{,}07$; $\sqrt{80} \approx 8{,}94$; $\sqrt{111} \approx 10{,}54$; $\sqrt{300} \approx 17{,}32$
b) $\sqrt{0{,}01} = 0{,}1$; $\sqrt{0{,}5} \approx 0{,}71$; $\sqrt{2{,}5} \approx 1{,}58$; $\sqrt{1{,}44} = 1{,}2$;
$\sqrt{17{,}6} \approx 4{,}20$; $\sqrt{35{,}8} \approx 5{,}98$; $\sqrt{\frac{4}{8}} \approx 0{,}71$

3 a) $\sqrt{6}$ cm $\approx 2{,}45$ cm
b) $\sqrt{20}$ cm $\approx 4{,}47$ cm
c) $\sqrt{30}$ cm $\approx 5{,}48$ cm

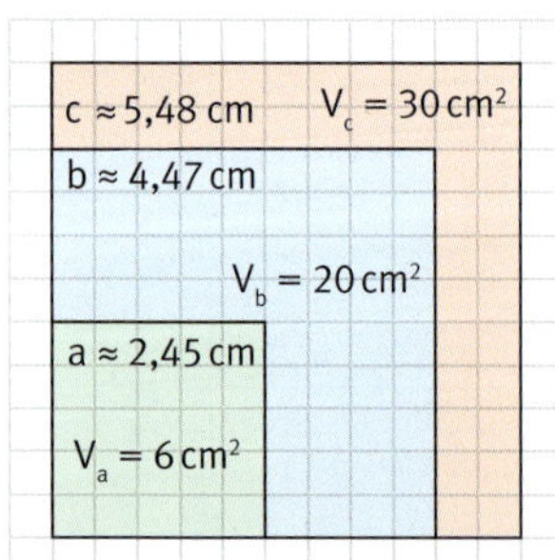

4 a) 1 $\sqrt{4} = 2$ $\sqrt{40} \approx 6{,}3246$
$\sqrt{400} = 20$ $\sqrt{4000} \approx 63{,}246$
$\sqrt{40\,000} = 200$ $\sqrt{400\,000} \approx 632{,}46$
$\sqrt{4\,000\,000} = 2000$ $\sqrt{40\,000\,000} \approx 6324{,}6$

2 $\sqrt{9} = 3$ $\sqrt{90} \approx 9{,}4868$
$\sqrt{900} = 30$ $\sqrt{9000} \approx 94{,}868$
$\sqrt{90\,000} = 300$ $\sqrt{900\,000} \approx 948{,}68$
$\sqrt{9\,000\,000} = 3000$ $\sqrt{90\,000\,000} \approx 9486{,}8$

b) Es sind individuelle Formulierungen möglich, z. B.: Multipliziert man eine beliebige natürliche Zahl mit 100, so ist die Wurzel daraus das Zehnfache der Wurzel der ursprünglichen Zahl.

5

A in cm²	a in cm	b in cm	c in cm
144	4,5	32	12
625	12,5	50	25
133	7	19	11,53
7	1,4	5	$\sqrt{7}$
150	13	11,54	12,25
462,25	10,75	43	21,5

6

a = …	4	9	16	25	36	49	64	81	100	121
L = {…}	±2	±3	±4	±5	±6	±7	±8	±9	±10	±11

a = …	144	169	196	225	256	289	324	361	400	441
L = {…}	±12	±13	±14	±15	±16	±17	±18	±19	±20	±21

a = …	484	529	576	625	676	729	784	841	900	961
L = {…}	±22	±23	±24	±25	±26	±27	±28	±29	±30	±31

7

		$D = \mathbb{N}_0$	$D = \mathbb{Q}$	$D = \mathbb{R}$
a)	$x^2 = 196$	L = {14}	L = {−14; 14}	L {−14; 14}
b)	$x^2 = 7{,}29$	L = { }	L = {−2,7; 2,7}	L = {−2,7; 2,7}
c)	$x^2 = -169$	L = { }	L = { }	L = { }
d)	$x^2 = \frac{9}{16}$	L = { }	L = {−0,75; 0,75}	L = {−0,75; 0,75}
e)	$x^2 = 11$	L = { }	L = { }	L = {$-\sqrt{11}$; $\sqrt{11}$}

8 a)

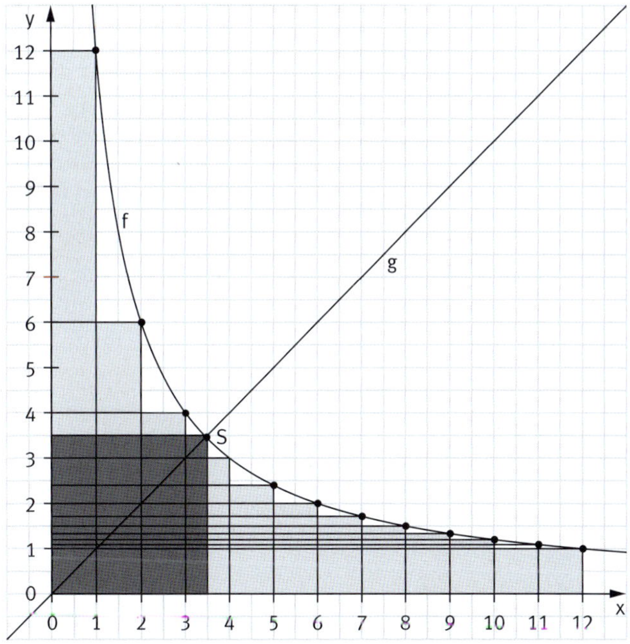

x	1	2	3	4	5	6	7	8	9	10	11	12
y	12	6	4	3	2,4	2	1,71	1,5	1,33	1,2	1,09	1

b) Durch Einzeichnen der Geraden g: y = x lässt sich der Schnittpunkt von g mit dem Funktionsgraphen f: xy = 12 ermitteln: S ($\sqrt{12}$ | $\sqrt{12}$) mit $\sqrt{12} = 2\sqrt{3} \approx 3{,}46$.
Das Quadrat mit der Seitenlänge x = 3,46 LE hat einen Flächeninhalt von 12 FE.

9 Korrekturen:
a) $\sqrt{1600} = 40$ c) $\sqrt{0{,}36} = 0{,}6$
e) $\sqrt{0{,}09} = 0{,}3$ f) $\sqrt{0{,}5^2} = 0{,}5$

10 a) 2 b) 6 c) 9 d) 12 e) 15
f) 20 g) $\frac{2}{3}$ h) 1,2 i) $\frac{1}{3}$

11 a) $\sqrt{3} \cdot \sqrt{8} = 2\sqrt{6}$
$\sqrt{3} + \sqrt{8} = \sqrt{3} + 2 \cdot \sqrt{2}$
$\sqrt{3} : \sqrt{8} = 0{,}5\sqrt{1{,}5}$

b) $\sqrt{27} : \sqrt{18} = \sqrt{1{,}5}$
$\sqrt{27} - \sqrt{18} = 3(\sqrt{3} - \sqrt{2})$
$\sqrt{27} \cdot \sqrt{18} = 9 \cdot \sqrt{6}$

c) $\sqrt{99} - \sqrt{11} = 2\sqrt{11}$
$\sqrt{99} + \sqrt{11} = 4\sqrt{11}$
$\sqrt{99} : \sqrt{11} = 3$

d) $\sqrt{2{,}5} \cdot \sqrt{4} = 2 \cdot \sqrt{2{,}5}$
$\sqrt{2{,}5} + \sqrt{4} = \sqrt{2{,}5} + 2$
$\sqrt{2{,}5} - \sqrt{4} = \sqrt{2{,}5} - 2$

12 a) $\sqrt{48} = 4\sqrt{3}$ b) $\sqrt{96a^3} = 4a\sqrt{6a}$
c) $\sqrt{320xy^2} = 8y\sqrt{5x}$ d) $\sqrt{1000a^4b^3c^2} = 10a^2bc\sqrt{10b}$

Seite 51

13 a) $\sqrt{2} \cdot \sqrt{25} = \sqrt{50}$ b) $\sqrt{49} \cdot \sqrt{4} = 2\sqrt{196}$
c) $\sqrt{20} \cdot \sqrt{5} = \sqrt{100}$ oder $\sqrt{30} \cdot \sqrt{5} = \sqrt{150}$
d) $\sqrt{432} : \sqrt{12} = 6$
e) $\frac{\sqrt{1083}}{\sqrt{3}} = 19$ f) $\sqrt{5} \cdot \sqrt{57{,}8} = 17$

14 a) rat.: $\sqrt{4}; \sqrt{100}; \sqrt{400}$ irrat.: $\sqrt{6}; \sqrt{8}; \sqrt{104}; \sqrt{1000}$
b) rat.: $0; 1; \sqrt{0}; \sqrt{1}; \frac{1}{3}; \frac{1}{9}; \sqrt{\frac{1}{9}}$ irrat.: $\sqrt{\frac{1}{3}}; \sqrt{\frac{12}{7}}$

15 a) $x^2 = 5{,}67$; $L = \{-\sqrt{5{,}67}; \sqrt{5{,}67}\}$ b) $x^2 = -0{,}36$; $L = \{\ \}$
c) $x^2 = 0{,}04$; $L = \{-0{,}2; 0{,}2\}$

16 a) $\frac{\sqrt{63}}{\sqrt{100}} = \frac{3}{10}\sqrt{7}$ b) $\frac{5}{2+\sqrt{3}} = 10 - 5\sqrt{3}$
c) $\frac{\sqrt{x}}{\sqrt{2x}-\sqrt{5}} = \frac{x\sqrt{2}+\sqrt{5x}}{2x-5}$

17 Die Aussage ist falsch. Gegenbeispiel: $-2 < 1$, aber $(-2)^2 > 1$.

18 Die Aussage ist falsch. Auch für 0 gilt: $0 = 0^2$.

19 Die Aussage ist richtig.

20 Die Aussage ist richtig.

21 Die Aussage ist falsch: $\sqrt{5^2} = 5$.

22 Die Aussage ist falsch. Gegenbeispiel mit $a = -1$: $L = \{\ \}$.

23 Die Aussage ist richtig: Für $a = 0$ ist $L = \{0\}$; damit ist $x^2 = 0$ die einzige Gleichung, die genau eine Lösung besitzt. Für alle anderen Gleichungen $x^2 = a$ und $a \in \mathbb{R}^+$ gilt: $L = \{-\sqrt{a}; \sqrt{a}\}$.

24 Die Aussage ist falsch. Ein Quadrat mit dem Flächeninhalt $5\,m^2$ hat die Seitenlänge $\sqrt{5}\,m \approx 2{,}24\,m$.

25 Die Aussage ist richtig.

26 Die Aussage ist falsch: $\sqrt{100} + \sqrt{49} = 17$. $\sqrt{100 + 49} \approx 12{,}21$

27 Die Aussage ist richtig.

28 Die Aussage ist richtig.

29 Die Aussage ist richtig.

30 Die Aussage ist falsch. Keine irrationale Zahl lässt sich als Bruch darstellen.

31 Die Aussage ist falsch. Gegenbeispiel: $\frac{1}{3} = 0{,}33333...$

32 Die Aussage ist richtig.

33 Die Aussage ist falsch. Gegenbeispiel: $\sqrt{4} = 2$

34 Die Aussage ist falsch. Gegenbeispiel: $\frac{4}{\sqrt{x}+\sqrt{5}}$ wird nicht mit dem Nenner $(\sqrt{x} - \sqrt{5})$ erweitert, sondern mit $(\sqrt{x} - \sqrt{5})$.

35 Die Aussage ist richtig.

Lösungen zu „3.12 Das kann ich!“ – Seite 94

1 3 Teile

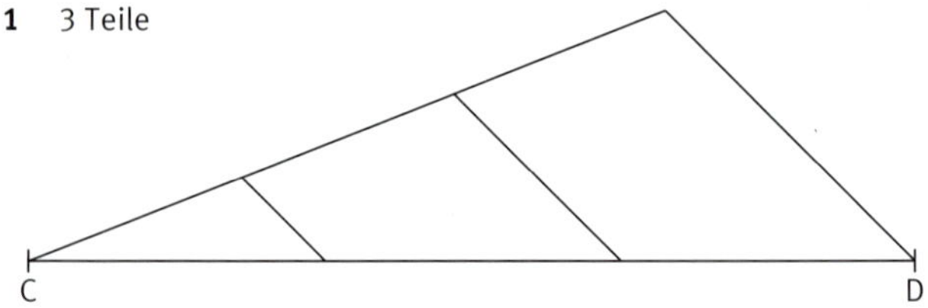

4 Teile

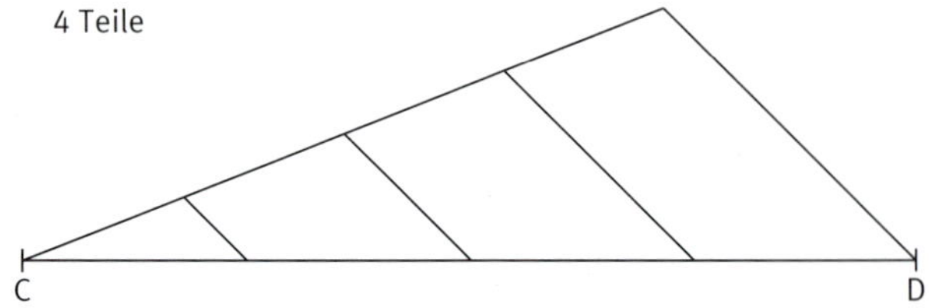

5 Teile

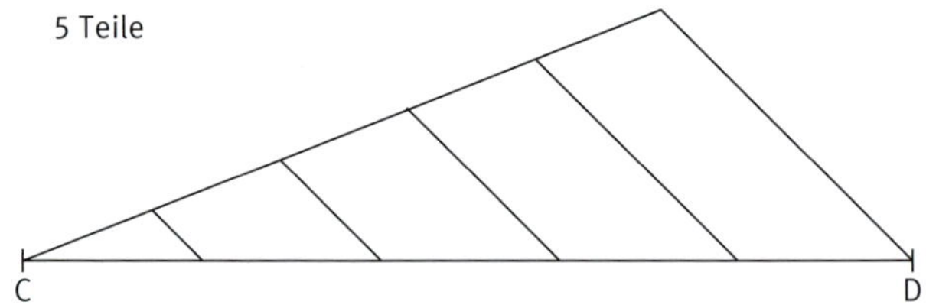

2 a)

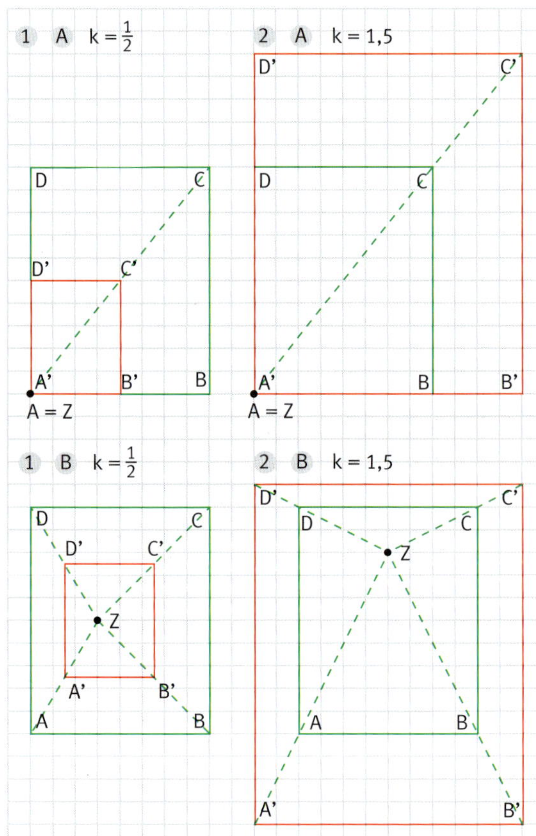

b) Bei $k = \frac{1}{2}$ ist der Flächeninhalt der Bildfigur jeweils $\frac{1}{4}$ des Flächeninhalts der Originalfigur.
Bei $k = 1{,}5 = \frac{3}{2}$ ist der Flächeninhalt der Bildfigur jeweils $2\frac{1}{4} = \frac{9}{4}$-mal so groß wie der Flächeninhalt der Originalfigur.
Es gilt: $A_{Bildfigur} = k^2 \cdot A_{Originalfigur}$

3 a) Die Dreiecke sind nicht ähnlich zueinander, weil beispielsweise $\frac{c}{a} = \frac{7}{8}$ und $\frac{c'}{a'} = \frac{3}{4}$ nicht dieselben Verhältnisse bilden.

b) Die Dreiecke sind ähnlich zueinander, weil sie in der Größe entsprechender Winkel übereinstimmen.

4 $\frac{x}{6{,}4} = \frac{3{,}0}{4{,}0} \quad \Longrightarrow x = 4{,}8\,\text{cm}$

$\frac{y}{3{,}6} = \frac{4{,}0}{3{,}0} \quad \Longrightarrow y = 4{,}8\,\text{cm}$

5 $\frac{6{,}5}{4{,}9} = \frac{65}{49} \approx 1{,}33 \qquad \frac{7{,}8}{5{,}9} = \frac{78}{59} \approx 1{,}32$

Es handelt sich nicht um eine Strahlensatzfigur, weil die Verhältnisse entsprechender Abschnitte auf den beiden Geraden ungleich sind. Das bedeutet, dass die Geraden a und b, die die beiden Strahlen schneiden, nicht parallel sind.

6 $\frac{h}{1{,}5} = \frac{20{,}4 + 1{,}8}{1{,}8} \qquad h = 18{,}5$

Der Turm ist 18,5 m hoch.

7 a) $c = \sqrt{a^2 + b^2} \approx 10{,}3\,\text{cm}$

b) $a = \sqrt{c^2 - b^2} \approx 7{,}48\,\text{cm}$

8

	Summe der Kathetenquadrate	=/≠	Hypotenusenquadrat	rechtwinklig?
a)	$a^2 + b^2 = (6\,\text{cm})^2 + (5\,\text{cm})^2 = 61\,\text{cm}^2$	≠	$c^2 = (8\,\text{cm})^2 = 64\,\text{cm}^2$	nein
b)	$a^2 + b^2 = (5{,}5\,\text{dm})^2 + (4{,}8\,\text{dm})^2 = 53{,}29\,\text{dm}^2$	=	$c^2 = (7{,}3\,\text{dm})^2 = 53{,}29\,\text{dm}^2$	ja
c)	$a^2 + c^2 = (4\,\text{m})^2 + (0{,}3\,\text{m})^2 = 16{,}09\,\text{m}^2$	≠	$b^2 = (5\,\text{m})^2 = 25\,\text{m}^2$	nein
d)	$a^2 + c^2 = (12\,\text{m})^2 + (5\,\text{m})^2 = 169\,\text{m}^2$	=	$b^2 = (13\,\text{m})^2 = 169\,\text{m}^2$	ja

9 Satz des Pythagoras: $a^2 = c^2 - b^2 \Longrightarrow a \approx 7{,}48\,\text{cm}$

Kathetensatz: $b^2 = qc \Longrightarrow q \approx 2{,}78\,\text{cm}$ und $p = c - q \approx 6{,}22\,\text{cm}$

Höhensatz: $h_c^2 = pq \Longrightarrow h_c \approx 4{,}16\,\text{cm}$

10 Höhensatz (mit h = s): $h^2 = pq \Longleftrightarrow p = \frac{h^2}{p} \Longleftrightarrow q = \frac{h^2}{p}$

a)

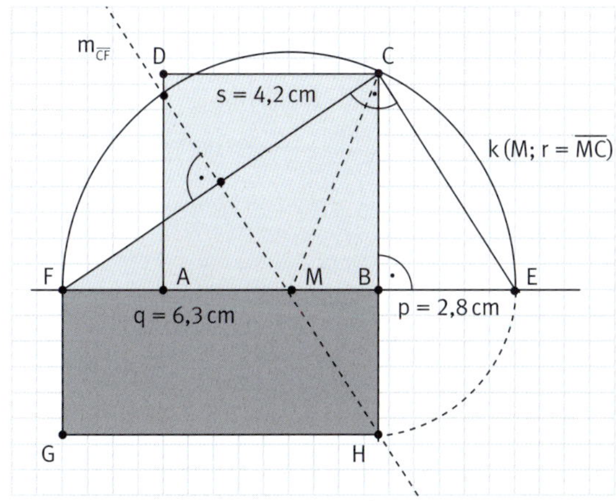

$p = \frac{4{,}2^2}{6{,}3}\,\text{cm} = 2{,}8\,\text{cm}$

b) (Ohne Abbildung) $q = \frac{4{,}5^2}{2{,}5}\,\text{cm} = 8{,}1\,\text{cm}$

c)

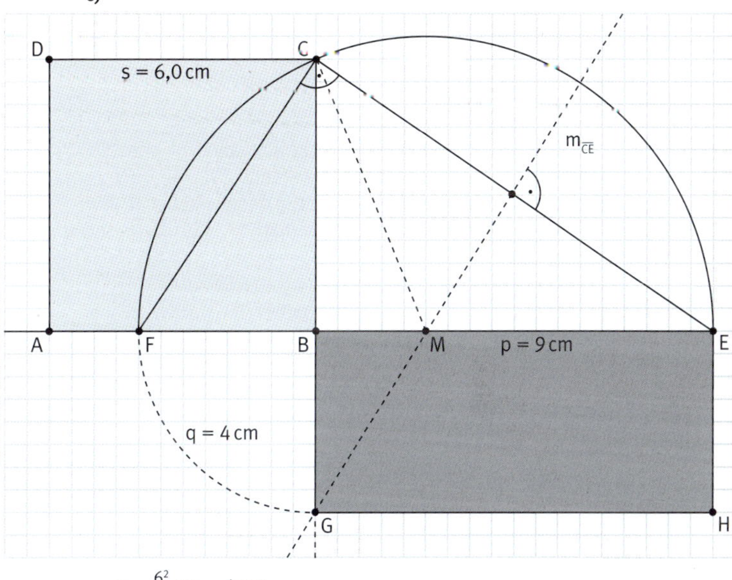

$q = \frac{6^2}{9}\,\text{cm} = 4\,\text{cm}$

11 a) $d_1 = \sqrt{a^2 + b^2} \approx 7{,}06\,\text{dm}$
$d_2 = \sqrt{a^2 + c^2} \approx 5{,}73\,\text{dm}$
$d_3 = \sqrt{b^2 + c^2} \approx 4{,}46\,\text{dm}$

b) $d_1 = \sqrt{a^2 + b^2} \approx 9{,}85\,\text{cm}$
$d_2 = \sqrt{a^2 + c^2} \approx 8{,}56\,\text{cm}$
$d_3 = \sqrt{b^2 + c^2} \approx 7{,}79\,\text{cm}$

c) c = 9 cm; b = 18 cm; a = 36 cm.
$d_1 = \sqrt{a^2 + b^2} \approx 40{,}25\,\text{cm}$
$d_2 = \sqrt{a^2 + c^2} \approx 37{,}11\,\text{cm}$
$d_3 = \sqrt{b^2 + c^2} \approx 20{,}12\,\text{cm}$

Seite 95

12 a) Höhe x im gleichseitigen Dreieck mit Seitenlänge s = 6 cm:
$x = \sqrt{6^2 - 3^2}\,\text{cm} \approx 5{,}20\,\text{cm}$

b) Kathete x im rechtwinkligen Dreieck mit Hypotenusenlänge 8 m und Kathetenlänge 2,5 m:
$x = \sqrt{8^2 - 2{,}5^2}\,\text{m} = 7{,}60\,\text{m}$

c) Höhe x im gleichschenklig-rechtwinkligen Dreieck mit p = q = 7 mm:
$x = \sqrt{7 \cdot 7}\,\text{mm} = 7\,\text{mm}$

13 a) Nach dem Satz des Pythagoras gilt: $h_a^2 = h^2 + \left(\frac{a}{2}\right)^2$, also $h_a^2 = 6^2\,\text{cm}^2 + 2{,}5^2\,\text{cm}^2 = 42{,}25\,\text{cm}^2$, also $h_a = 6{,}5\,\text{cm}$.
Die Höhe einer Seitenfläche beträgt 6,5 cm.

b) Nach dem Satz des Pythagoras gilt: $s^2 = h_a^2 + \left(\frac{a}{2}\right)^2$.
Mit h_a^2 aus a) folgt:
$s^2 = 42{,}25\,\text{cm}^2 + 2{,}5^2\,\text{cm}^2 = 48{,}5\,\text{cm}^2$, also $s \approx 7{,}0\,\text{cm}$.
Die Kante einer Dreiecksseite ist etwa 7,0 cm lang.

14 Die Aussage ist falsch. Die Streckenlängen werden zwar verdoppelt, nicht jedoch die Winkelgrößen. Diese bleiben gleich.

15 Die Aussage ist richtig.

16 Die Aussage ist richtig.

17 Die Aussage ist falsch. Zwei Dreiecke sind ähnlich, wenn sie in der Größe zweier Winkel (und damit aller Winkel) übereinstimmen. Wäre die Aussage richtig, dann wären z. B. alle rechtwinkligen Dreiecke ähnlich zueinander, was offensichtlich nicht der Fall ist.

18 Die Aussage ist falsch. Die beiden weiteren Geraden müssen parallel zueinander liegen, damit die Strahlensätze angewendet werden können.

19 Die Aussage ist richtig. Die Strahlensätze kann man (unter den entsprechenden Voraussetzungen) hierfür oft anwenden.

20 Die Aussage ist falsch. Für $|k| < 1$, also $-1 < k < 1$ werden die Figuren verkleinert.

21 Die Aussage ist falsch: Die Gleichung $a^2 + b^2 = c^2$ gilt nur, wenn c die Länge der Hypotenuse ist, d. h. die Länge der Seite, die dem rechten Winkel gegenüber liegt.

22 Die Aussage ist falsch. Die Gleichung $h^2 = pq$ gilt nur in rechtwinkligen Dreiecken mit der zur Hypotenuse gehörenden Höhe h und den Hypotenusenabschnitten p und q.

23 Die Aussage ist falsch. Um die Länge der Raumdiagonalen zu berechnen, benötigt man zusätzlich die Länge der Höhe des Quaders.

24 Die Aussage ist richtig. Das Quadrat über der Hypotenuse beträgt $100\,\text{cm}^2$, die Summe der Kathetenquadrate beträgt $36\,\text{cm}^2 + 64\,\text{cm}^2 = 100\,\text{cm}^2$. Die Umkehrung des Satzes von Pythagoras anwendbar: Das Dreieck ist rechtwinklig.

25 Die Aussage ist richtig: Die Diagonale des Rechtecks entspricht hierbei der Hypotenuse im rechtwinkligen Dreieck mit den Katheten der Länge a und b, der Satz des Pythagoras ist gültig:
$a^2 + b^2 = d^2 \Leftrightarrow d = \sqrt{a^2 + b^2}$

26 Die Aussage ist falsch. Die gesuchten Dreiecke müssen rechtwinklig sein.

27 Die Aussage ist falsch. Die Länge der Raumdiagonalen erhält man als Wurzel aus der Summe der Längen-Quadrate:
$d = \sqrt{a^2 + b^2 + c^2}$

Lösungen zu „4.13 Das kann ich!“ – Seite 124

1 A (−1,2 | 1,44) B (3,1 | 9,61) C (±1,8 | 3,24) D (±2,4 | 5,76)

2 a)

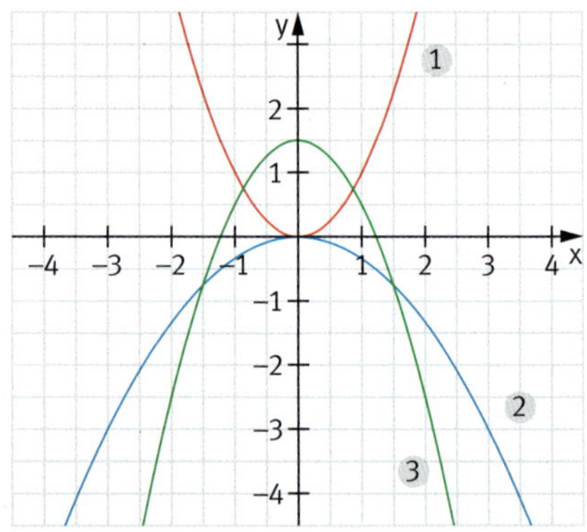

① $f(x) = x^2$

② $f(x) = -\frac{1}{3}x^2$

③ $f(x) = -x^2 + 1{,}5$

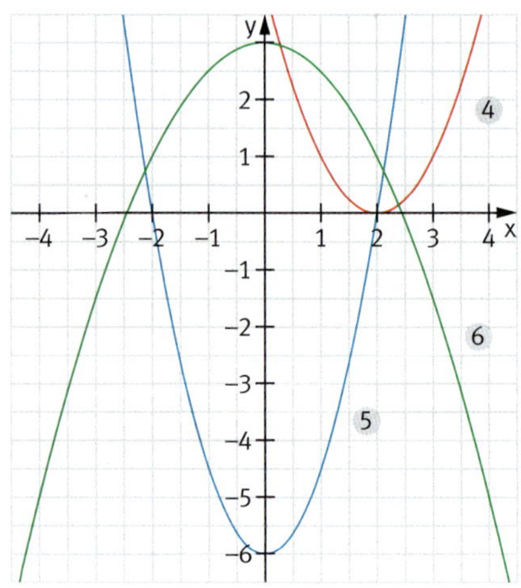

④ $f(x) = (x - 2)^2$

⑤ $f(x) = 1{,}5x^2 - 6$

⑥ $f(x) = -0{,}5x^2 + 3$

b) 1 Die Normalparabel wurde ...

2 an der x-Achse gespiegelt und gestaucht.

3 an der x-Achse gespiegelt und um 1,5 LE nach oben verschoben.

4 um 2 LE nach rechts verschoben.

5 gestreckt und um 6 LE nach unten verschoben.

6 an der x-Achse gespiegelt, gestaucht und um 3 LE nach oben verschoben.

3

	a)	b)
Scheitelpunkt	S (–1,5|–2,25)	S (0|–4)
Symmetrieachse	x = –1,5	x = 0
Monotonie	fallend für x ≦ –1,5 steigend für x ≧ –1,5	fallend für x ≦ 0 steigend für x ≧ 0
Nullstellen	$x_1 = -3$; $x_2 = 0$	$x_1 = -2$; $x_2 = 2$
Schnittpunkt mit der y-Achse	P (0|0)	P (0|–4)
D	ℝ	ℝ
W	ℝ mit y ≧ –2,25	ℝ mit y ≧ –4

	c)	d)
Scheitelpunkt	S (0|1)	S (2|2)
Symmetrieachse	x = 0	x = 2
Monotonie	steigend für x ≦ 0 fallend für x ≧ 0	fallend für x ≦ 2 steigend für x ≧ 2
Nullstellen	$x_1 = -1$; $x_2 = 1$	keine Nullstellen
Schnittpunkt mit der y-Achse	P (0|1)	P (0|6)
D	ℝ	ℝ
W	ℝ mit y ≦ 1	ℝ mit y ≧ 2

4 **a)** S (0\|0,5), nach unten geöffnet, gestaucht, Nullstellen $\pm\sqrt{\frac{5}{8}} \approx \pm 0{,}8$

b) S (2\|–1), nach oben geöffnet, Nullstellen 1 und 3

c) S (0\|–1), nach oben geöffnet, Nullstellen –1 und 1

d) S (1,5\|–1,5625), nach oben geöffnet, Nullstellen 0 und 2,5

e) S (–4,5\|–1,125), nach oben geöffnet, gestaucht, Nullstellen –3 und –6

f) S (–1,5\|–2), nach oben geöffnet, gestreckt, Nullstellen –2,5 und –0,5

5 **a)** f: $y = \sqrt{1 + x}$ mit $D_f = \{x \mid \geqq -1\}$ und $W_f = \mathbb{R}_0^+$

$\bar{f}$: $x = \sqrt{1 + y} \Longrightarrow x^2 = 1 + y$

$\Longrightarrow \bar{f}$: $x = x^2 - 1$

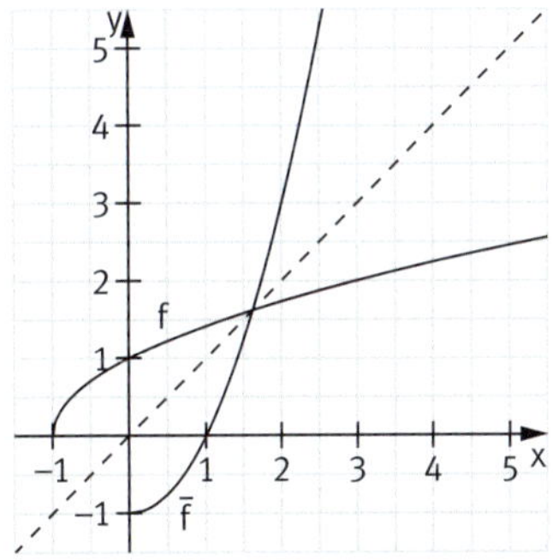

b) f: $y = -\sqrt{2x}$ mit $D_f = \mathbb{R}_0^+$ und $W_f = \mathbb{R}_0^-$

$\bar{f}$: $x = -\sqrt{2y} \Longrightarrow x^2 = 2y$

$\Longrightarrow \bar{f}$: $y = \frac{1}{2}x^2$

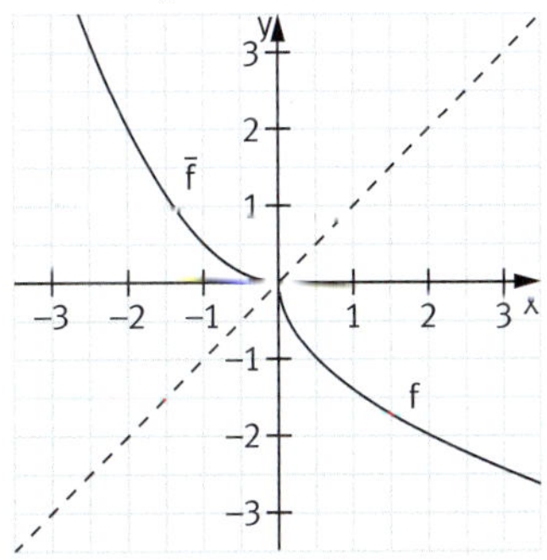

c) f: $y = \sqrt{3x - 6}$ mit $D_f = \{x \mid x \geqq 2\}$ und $W_f = \mathbb{R}_0^+$

$\bar{f}$: $x = \sqrt{3y - 6} \Longrightarrow x^2 = 3y - 6$

$\Longrightarrow \bar{f}$: $y = \frac{1}{3}x^2 + 2$

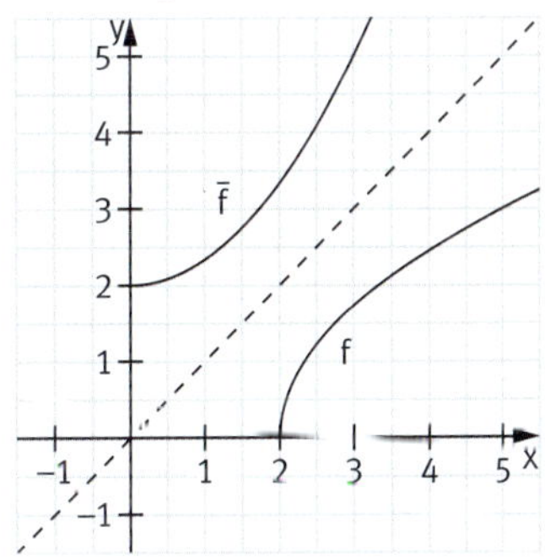

6 **a)** Die Symmetrieachse der Parabel liegt ...

1 rechts der y-Achse. 2 links der y-Achse.

b) 1 P (2\|–3) 2 P (2\|40,5)

7 a) $f_1(x) = (x + 1,2)^2 - 1,5$ oder $f_1(x) = x^2 + 2,4x - 0,06$

b) $f_2(x) = (x - 2,2)^2 - 4,5$ oder $f_2(x) = x^2 - 4,4x + 0,34$

c) $f_3(x) = (x + 3) \cdot (x - 5) = x^2 - 2x - 15$ oder
$f_3(x) = -(x + 3) \cdot (x - 5) = -x^2 + 2x + 15$

d) $f_4(x) = (x - 1,2)^2 - 1,5$ oder $f_4(x) = x^2 - 2,4x - 0,06$

e) $f_5(x) = -(x + 1,2)^2 + 1,5$ oder $f_5(x) = -x^2 - 2,4x + 0,06$

f) $f_6(x) = -(x + 3)^2 - 1,5$ oder $f_6(x) = -x^2 - 6x - 10,5$

g) $f_7(x) = -x^2$

8 a)

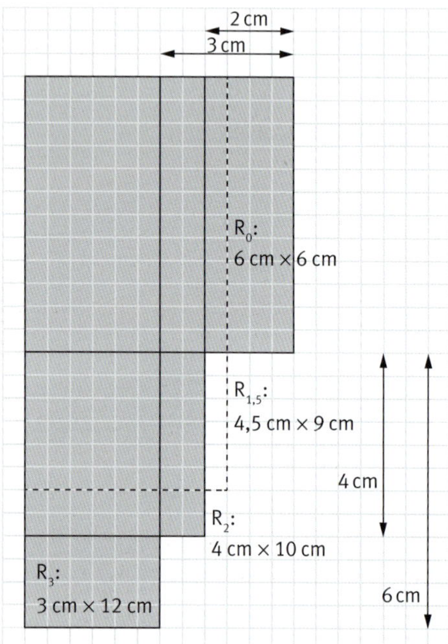

b) $0 \leqq x < 6$

c) $A(x) = (6 - x) \cdot (6 + 2x) = (-2x^2 + 6x + 36)$

d) $D_A = \{x \mid 0 \leqq x < 6\}$; $W_A = \{y \mid 0 < y \leqq 40,5\}$; $S_A\,(1,5 \mid 40,5)$

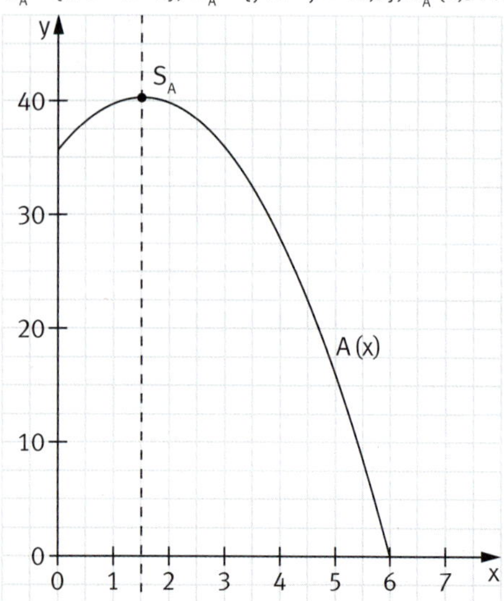

e) $-2x^2 + 6x + 36 = -2(x - 1,5)^2 + 2 \cdot 1,5^2 + 36$
$\Longrightarrow A(x) = -2(x - 1,5)^2 + 40,5$
Den maximalem Flächeninhalt von $40,5\,cm^2$ bei $x = 1,5$ hat das Rechteck mit den Seitenlängen 4,5 cm und 9 cm.

Seite 125

9 a) ① $a = 2$ ② $c = 4$ ③ $a = -4$

b) ① $S\,(0 \mid 6)$ ② $S\,(0 \mid 4)$ ③ $S\,(0 \mid 2)$

10 a) ① $p = a \cdot b$ $\quad a, b \in \mathbb{R}^+$

② $12 = a + b$ $\quad p(a) = a \cdot b = -a^2 + 12a$

③ $p(a) = -(a - 6)^2 + 36$
$p_{max} = 36$ für $a = 6$

④ $b = 6$

Das maximale Produkt aus zwei positiven Zahlen a und b mit Summe 12 ergibt sich für $a = b = 6$ mit dem Wert 36.

b) ① $u = 2(a + b)$

② $a = 2x$; $b = f(x) = 6 - 0,25x^2$
$u(x) = 2(a + b) = 2(2x + 6 - 0,25x^2) = -0,5x^2 + 4x + 12$

③ $u(x) = -0,5(x - 4)^2 + 20$
$u_{max} = 20$ für $x = 4 \Longleftrightarrow a = 8$

④ $b = 2$

Die Seitenlängen des Rechtecks betragen 8 cm und 2 cm.

11 Es sind individuelle Lösungen möglich. Die Funktionsgleichungen haben aber jeweils die Form $f(x) = ax^2$.

12 Das ist falsch. Eine solche Parabel hat den Scheitelpunkt $S\,(-3 \mid 1)$.

13 Das ist richtig.

14 Das ist im Allgemeinen falsch. Eine Gerade kann die Normalparabel auch ohne Schnittpunkt passieren oder nur einen gemeinsamen Punkt mit ihr haben. Gegenbeispiel: Der Graph zu $y = \frac{1}{2}x - 5$ schneidet die Normalparabel nicht.

15 Das ist falsch, wenn $c \neq 0$ ist: Die Normalparabel wird dann nicht nur gestreckt, sondern auch parallel zur x-Achse verschoben.

16 Das ist richtig. Wichtig ist jedoch, dass die Gleichung in der Normalform vorliegt, sodass die Koeffizienten richtig abgelesen werden können.

17 a) Nein, es liegt eine lineare Funktion vor.

b) Ja, es liegt eine Funktion der Form $f(x) = ax^2 + bx + c$ mit $a = 1$, $b = 0$ und $c = 1$ vor.

c) Ja, es liegt eine Funktion der Form $f(x) = ax^2$ mit $a = 0,5$ vor.

18 Die Aussage ist falsch. Quadratische Terme der genannten Form besitzen immer nur einen Extremwert, nicht zwei.

19 Die Aussage ist falsch: Im „Standardfall“ mit f: $y = \sqrt{x}$ gibt es mit $f(0) = 0$ einen nicht-positiven Funktionswert. Bei entsprechender Wertemenge kann eine Wurzelfunktion auch negative Funktionswerte annehmen; z. B. p: $y = -\sqrt{x}$ und q: $y = -\sqrt{x} - 4$ mit $x \in \mathbb{R}_0^+$.

Lösungen zu „5.11 Das kann ich!“ – Seite 150

1 a) $L = \{-13; 13\}$ b) $L = \{\,\}$
c) $L = \{-2; 0\}$ d) $L = \left\{0; \frac{1}{3}\right\}$
e) $L = \{-3; 2\}$ f) $L = \left\{\frac{1}{2}; \frac{2}{3}\right\}$

2 a) $L = \{12\}$ b) $L = \{1; 7\}$
c) $L = \{-3; 1\}$ d) $L = \{-2; 4\}$

3 Die Lösungen lassen sich grafisch überprüfen als Schnittpunkte der gegebenen Parabel und der Geraden.

a) $L = \{0; 3\}$; $S_1\,(0\,|\,-1)$; $S_2\,(3\,|\,2)$

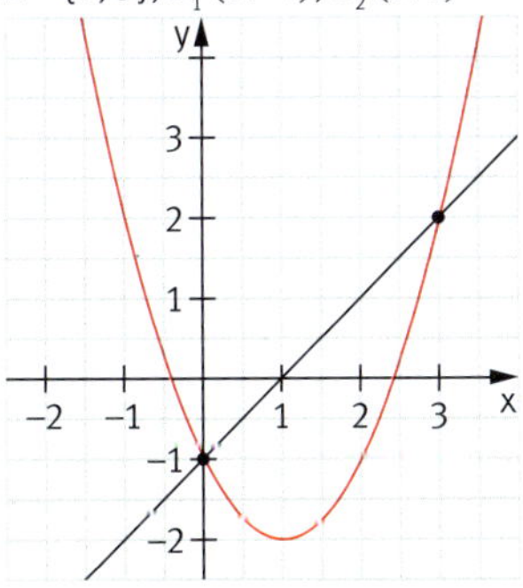

b) $L = \{1\}$; $S_1\,(1\,|\,3)$

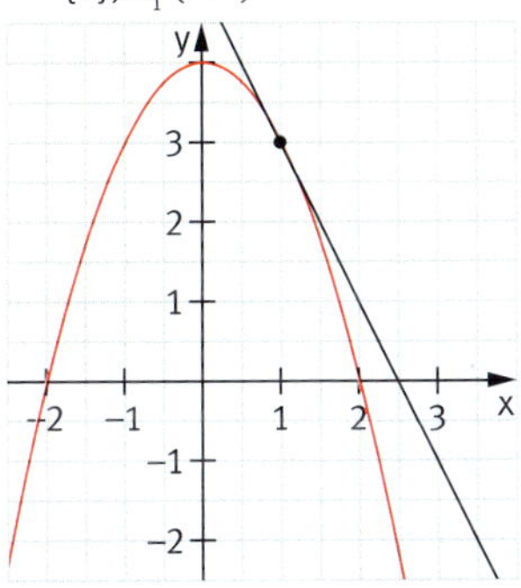

c) $L = \{\,\}$; kein gemeinsamer Punkt

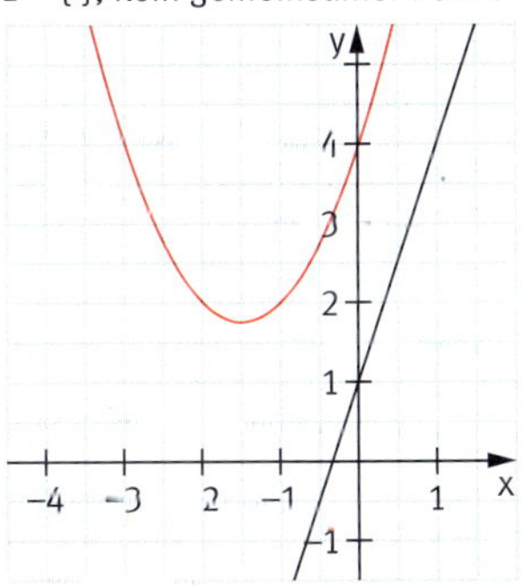

4 Lösungsmöglichkeiten: Die Lösungen lassen sich grafisch als Nullstellen der quadratischen Funktion $f(x) = ax^2 + bx + c$ ermitteln oder als Schnittpunkte der Normalparabel $p(x) = x^2$ mit der Geraden $g(x) = -px - q$.

a) Nullstellen von $f(x) = x^2 - 3x + 2$ oder Schnittpunkte von $p(x) = x^2$ mit $g(x) = 3x - 2$

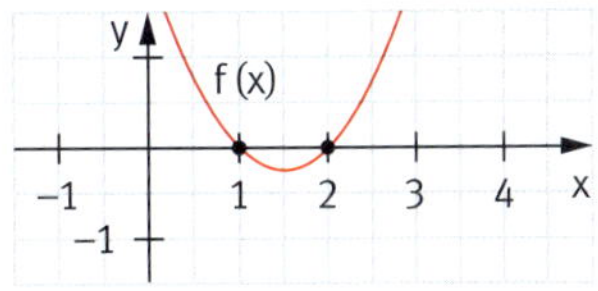

$L = \{1; 2\}$

b) Nullstellen von $f(x) = x^2 - 5x + 4$ oder Schnittpunkte von $p(x) = x^2$ mit $g(x) = 5x - 4$

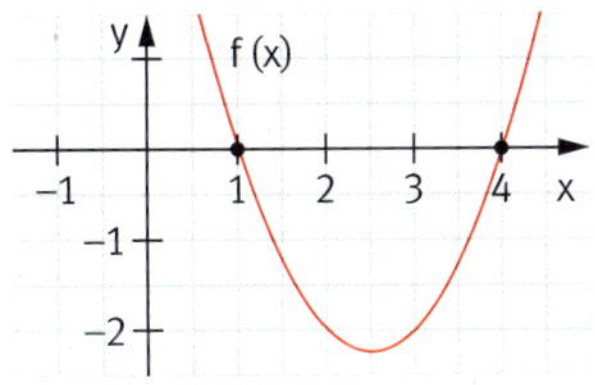

$L = \{1; 4\}$

c) Nullstellen von $f(x) = 2x^2 + x - 3$ oder Schnittpunkte von $p(x) = x^2$ mit $g(x) = -0{,}5x + 1{,}5$

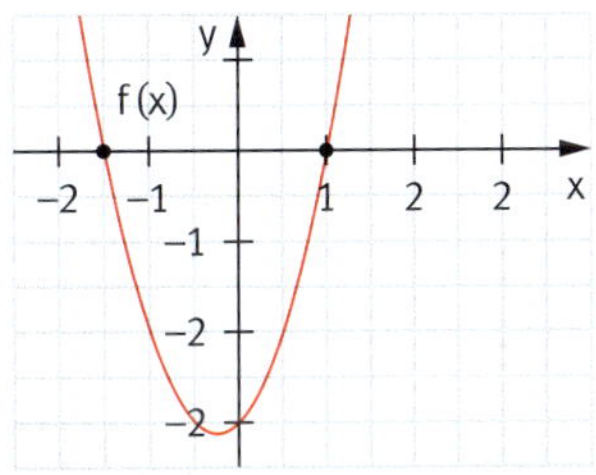

$L = \{-1{,}5; 1\}$

d) Nullstellen von $f(x) = x^2 + 2x - 3$ oder Schnittpunkte von $p(x) = x^2$ mit $g(x) = -2x + 3$

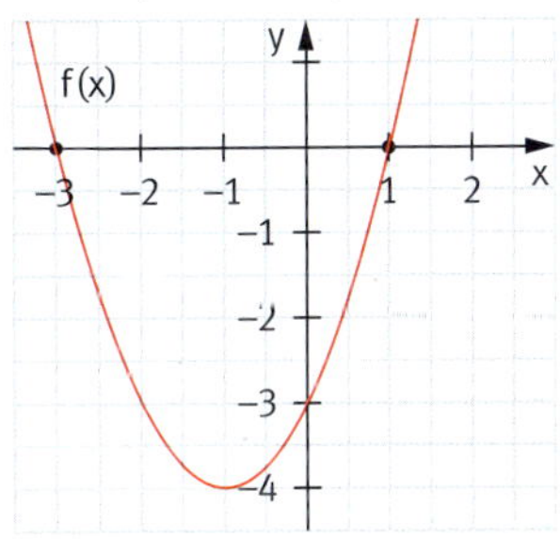

$L = \{-3; 1\}$

5 $D = \mathbb{N}$

a) $x^2 + 2x = 323$
$x_1 = -19;\ x_2 = 17$ $\quad -19 \notin D;\ 17 \in D$
Die gesuchte natürliche Zahl ist 17.

b) $x^2 + \frac{1}{2}x = 742{,}5$
$x_1 = -27{,}5;\ x_2 = 27$ $\quad -27{,}5 \notin D;\ 27 \in D$
Die gesuchte natürliche Zahl ist 27.

c) $x^2 + \frac{1}{10}x = 101$
$x_1 = -10{,}1;\ x_2 = 10$ $\quad -10{,}1 \notin D;\ 10 \in D$
Die gesuchte natürliche Zahl ist 10.

d) $x^2 - x = x$
$x_1 = 0;\ x_2 = 2$ $\quad 0 \in D;\ 2 \in D$
Die gesuchten natürlichen Zahlen können 0 oder 2 sein.

6 a) $x^2 = -x + 2$
$L = \{-2;\ 1\}$

b) $-x^2 + 3{,}5 = -2x + 3{,}5$
$L = \{0;\ 2\}$

7 a) $L = \{-11;\ 11\}$ b) $L = \{-12;\ 23\}$ c) $L = \{-3;\ 3\}$
d) $L = \{-11;\ 15\}$ e) $L = \{2;\ 8\}$ f) $L = \{-0{,}6;\ 1{,}2\}$

8 Lösungsmöglichkeit:
alle Angaben in cm bzw. cm^2
$D = \mathbb{Q}$ mit $x > 0$
Flächeninhalt der Platte: $A = a^2$
$A = 60^2 = 3600$
Verschnitt: $0{,}125 \cdot 3600 = 450$
Dreiecksflächen: $4 \cdot \frac{1}{2}x^2 = 2x^2$
Bestimmung von x: $2x^2 = 450$
$x^2 = 225$
$x_1 = -15;\ x_2 = 15$ $\quad -15 \notin D;\ 15 \in D$
Es müssen gleichschenklig-rechtwinklige Dreiecke mit der Schenkellänge 15 cm abgeschnitten werden.

9 a) $\{-15;\ 0\}$ b) $\{1;\ 9\}$
c) $\{3{,}5 - \sqrt{9{,}25};\ 3{,}5 + \sqrt{9{,}25}\}$ d) keine Nullstelle

10 genau eine Lösung für $q = 16$
zwei Lösungen für $q < 16$
keine Lösung für $q > 16$

11 a) $x^3 + x^2 - 20x = 0$
$\Leftrightarrow x \cdot (x + 5) \cdot (x - 4) = 0$
$L = \{-5;\ 0;\ 4\}$

b) $x^4 + x^3 - 6x^2 = 0$
$\Leftrightarrow x^2 \cdot (x + 3) \cdot (x - 2) = 0$
$L = \{-3;\ 0;\ 2\}$

c) $x^2 - 25 = (x + 5) \cdot (x^2 - 6)$
$\Leftrightarrow (x + 5) \cdot (x - 5) = (x + 5) \cdot (x^2 - 6)$
$\Leftrightarrow 0 = (x + 5) \cdot [\,(x^2 - 6) - (x - 5)]$
$\Leftrightarrow 0 = (x + 5) \cdot (x^2 - x - 1)$
$x_1 = -5,\ x_{2/3} = \frac{(1 \pm \sqrt{5})}{2} \approx 0{,}5 \pm 1{,}12$
$L = \{-5;\ -0{,}62;\ 1{,}62\}$

d) $x^4 + 2x^2 - 15 = 0$ (setze $u = x^2$ mit $u \geqq 0$)
$\Leftrightarrow u^2 + 2u - 15 = 0$
$\Leftrightarrow (u - 3) \cdot (u + 5) = 0$
$u_1 = -5 < 0;\ u_2 = 3 > 0$
$\Rightarrow x^2 = 3$
$x_{1/2} = \pm\sqrt{3} \approx \pm 1{,}73$ $\quad L = \{-1{,}73;\ 1{,}73\}$

e) $x^4 - 41x^2 + 400 = 0$ (setze $u = x^2$ mit $u \geqq 0$)
$\Leftrightarrow u^2 - 41u + 400 = 0$
$\Leftrightarrow (u - 25) \cdot (u - 16) = 0$
$\Rightarrow u_1 = 25 > 0;\ x_2 = 16 > 0$
$\Rightarrow x_{1/2} = \pm 5;\ x_{3/4} = \pm 4$ $\quad L = \{-5;\ -4;\ 4;\ 5\}$

f) $9x^4 - 35x^2 - 4 = 0$ (setze $u = x^2$ mit $u \geqq 0$)
$\Leftrightarrow 9u^2 - 35u - 4 = 0$
$\Leftrightarrow u_{1/2} = \frac{35 \pm \sqrt{1225 + 144}}{18} = \frac{35 \pm 37}{18}$
$u_1 = -\frac{1}{9} < 0;\ u_2 = 4 > 0$
$\Rightarrow x^2 = 4$
$\Rightarrow x_{1/2} = \pm 2$ $\quad L = \{-2;\ 2\}$

12 a) $\frac{1}{x} + x = 2$ $\quad D = \mathbb{R} \setminus \{0\}$
$\Rightarrow x^2 - 2x + 1 = 0$
$\Leftrightarrow (x - 1)^2 = 0$
$\Rightarrow x = 1 \in D$ $\quad L = \{1\}$

b) $\frac{3}{x - 2} + x + 2 = 0$ $\quad D = \mathbb{R} \setminus \{2\}$
$\Leftrightarrow 3 + x \cdot (x - 2) + 2 \cdot (x - 2) = 0$
$\Leftrightarrow x^2 - 1 = 0$
$\Rightarrow x_{1/2} = \pm 1 \in D$ $\quad L = \{-1;\ 1\}$

c) $\frac{2x - 5}{x - 3} = \frac{2x - 2}{x}$ $\quad D = \mathbb{R} \setminus \{0;3\}$
$\Leftrightarrow (2x - 5) \cdot x = (2x - 2) \cdot (x - 3)$
$\Leftrightarrow x = 2 \in D$ $\quad L = \{2\}$

d) $2x - 5 = \sqrt{x - 1}$ $\quad D = \{x \in \mathbb{R} \mid x \geqq 1\}$
$\Leftrightarrow (2x - 5)^2 = x - 1$
$\Leftrightarrow 4x^2 - 21x + 26 = 0$
$\Leftrightarrow x_{1/2} = \frac{21 \pm \sqrt{25}}{8} = \frac{21 \pm 5}{8}$
$\Rightarrow x_1 = 2 \in D;\ x_2 = 3{,}25 \in D$ $\quad L = \{2;\ 3{,}25\}$

e) $\sqrt{x - 2} = 4 - x$ $\quad D = \{x \in \mathbb{R} \mid 2 \leqq x \leqq 4\}$
$\Leftrightarrow x - 2 = (4 - x)^2$
$\Leftrightarrow 0 = x^2 - 9x + 18$
$\Leftrightarrow 0 = (x - 3) \cdot (x - 6)$
$\Rightarrow x_1 = 3 \in D;\ x_2 = 6 \notin D$ $\quad L = \{3\}$

f) $\sqrt{x} + 2 = \sqrt{2x + 8}$ $\quad D = \{x \in \mathbb{R} \mid x \geqq 0\}$
$\Leftrightarrow (\sqrt{x} + 2)^2 = 2x + 8$
$\Leftrightarrow \sqrt{x} = \frac{x}{4} + 1$
$\Leftrightarrow x = \frac{x^2}{16} + \frac{x}{2} + 1$
$\Leftrightarrow 0 = \frac{x^2}{16} - \frac{x}{2} + 1$
$\Leftrightarrow 0 = x^2 - 8x + 16$
$\Leftrightarrow 0 = (x - 4)^2$
$\Rightarrow x = 4 \in D$ $\quad L = \{4\}$

Seite 151

13 $x^2 - 70x + 1056 = 0 \Leftrightarrow (x - 22) \cdot (x - 48) = 0$
Das Grundstück hat die Seitenlängen 22 m und 48 m.

14 a) $t = \frac{s}{v}$ mit $v = 10\,\frac{km}{h}$ und $s = 3$ m:
$t = \frac{3\,m}{10\,\frac{km}{h}} = \frac{3\,m}{10 \cdot \frac{1000\,m}{3600\,s}} = 1{,}08$ s
Die zugrunde gelegte Reaktionszeit beträgt ungefähr 1 s.

b)

v in $\frac{km}{h}$	Reaktionsweg in m	Bremsweg in m	Anhalteweg in m
10	3	1	4
20	6	4	10
30	9	9	18
40	12	16	28
50	15	25	40
100	30	100	130

Die Aussage stimmt: Bei Verdopplung der Geschwindigkeit vervierfacht sich der Bremsweg.

c) Bei $20\,\frac{km}{h}$ beträgt der Anhalteweg 10 m. Man darf höchstens $20\,\frac{km}{h}$ fahren, wenn der Anhalteweg maximal 10 m sein darf.

15 Das ist richtig.

16 Das ist richtig, da beide Lösungsmengen übereinstimmen bzw. beide Gleichungen in Normalform $x^2 + \frac{3}{2}x + \frac{1}{2} = 0$ ergeben.

17 Das ist richtig, allerdings müssen die Gleichungen zunächst in Normalform umgewandelt werden, sodass die Koeffizienten p und q richtig abgelesen werden können.

18 Das ist richtig, da bei genau einer Lösung $q = \left(\frac{p}{2}\right)^2$ ist;
man kann damit die Gleichung in der Form $x^2 + px + \left(\frac{p}{2}\right)^2 = 0$
bzw. $\left(x + \frac{p}{2}\right)^2 = 0$ schreiben.

19 Das ist falsch, denn x = 0 ist immer eine Lösung der Gleichung.

20 Das ist richtig: Wenn eine quadratische Gleichung zwei Lösungen hat, dann muss für die Diskriminante D gelten:
$D = \left(\frac{p}{2}\right)^2 - q > 0$, also $\left(\frac{p}{2}\right)^2 > q$ bzw. $p^2 > 4q$ und $p^2 > q$.

Lösungen zu „6.9 Das kann ich!“ – Seite 174

1 a) $u \approx 35{,}8$ cm; $A \approx 102{,}1\,cm^2$ b) $u \approx 15{,}7$ cm; $A \approx 19{,}6\,cm^2$
c) $u \approx 113{,}1$ mm; $A \approx 1017{,}9\,mm^2$
d) $u \approx 942$ m; $A \approx 7{,}1$ ha e) $u \approx 19{,}5$ cm; $A \approx 30{,}2\,cm^2$
f) $u \approx 6{,}0$ km; $A \approx 2{,}9\,km^2$

2 a) $r \approx 26{,}26$ m; $A \approx 2166{,}5\,m^2$ b) $r \approx 0{,}32$ km; $A \approx 0{,}32\,km^2$
c) $r \approx 1{,}43$ m; $A \approx 6{,}45\,m^2$ d) $r \approx 1{,}18$ dm; $A \approx 4{,}36\,dm^2$
e) $r \approx 6366$ km; $A \approx 127\,320\,000\,km^2$
f) $r \approx 1{,}0$ m; $A \approx 3{,}14\,m^2$

3 a) $r \approx 13{,}2$ cm; $u \approx 83$ cm b) $r \approx 0{,}80$ m; $u \approx 5{,}01$ m
c) $r \approx 25{,}0$ m; $u \approx 157{,}04$ m d) $r \approx 1{,}57$ km; $u \approx 9{,}84$ km
e) $r \approx 387$ m; $u \approx 2430$ m f) $r \approx 1$ km; $u \approx 6{,}28$ km

4 $d \approx 29{,}9$ cm (6,5 dm; 1,20 m) $A \approx 702\,cm^2$ ($33{,}2\,dm^2$; $1{,}14\,m^2$)

5 $d \approx 1{,}13$ cm (10,1 mm; 6,6 mm)

6 $A_{Kreisring} = \pi \cdot 7{,}5^2\,cm^2 - \pi \cdot 5{,}8^2\,cm^2 \approx 71{,}0^2\,cm^2$
Der Kreisring hat einen Flächeninhalt von ungefähr 71 cm².

7 a)

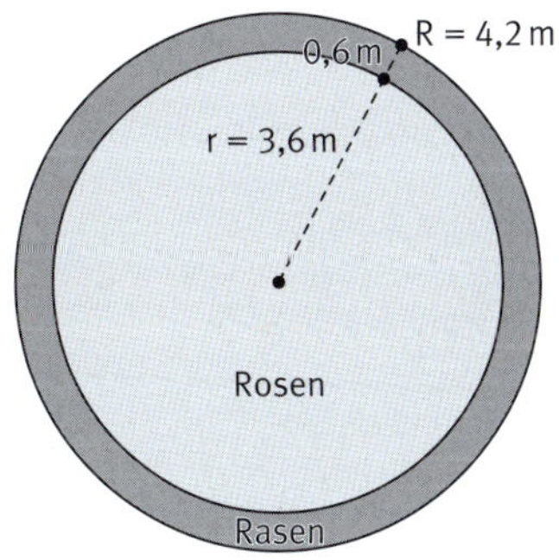

b) $A_{Streifen} = \pi \cdot [(4{,}2\,m)^2 - (3{,}6\,m)^2] \approx 14{,}70\,m^2$
Der Flächeninhalt des Rasenstreifens beträgt 14,70 m².

c) $u_{Streifen} = 2\pi \cdot (4{,}2\,m + 3{,}6\,m) \approx 49{,}01$ m
Die Länge des einzugrenzenden Streifens beträgt 49,01 m.

8 a)

	blau	grün	rot	gelb
μ	60°	60°	120°	120°
b (in LE)	1,05	1,05	2,09	2,09
A (in FE)	0,52	0,52	1,05	1,05

b)

	blau	grün	rot	gelb
μ	90°	45°	90°	135°
b (in LE)	1,57	0,79	1,57	2,36
A (in FE)	0,79	0,39	0,79	1,18

9 Für den Kreis mit Radius r und das Quadrat mit Seitenlänge a gilt bei gleichem Umfang:
$u_{Kreis} = u_{Quadrat} \Leftrightarrow 2\pi r = 4a \Leftrightarrow r = \frac{2a}{\pi}$
$\Rightarrow \frac{A_{Kreis}}{A_{Quadrat}} = \frac{r^2\pi}{a^2} = \frac{4a^2\pi}{\pi^2 a^2} = \frac{4}{\pi} \approx 1{,}273$
Der Flächeninhalt des Kreises ist um 27,3 % größer als der des Quadrats.

10 Skizze:

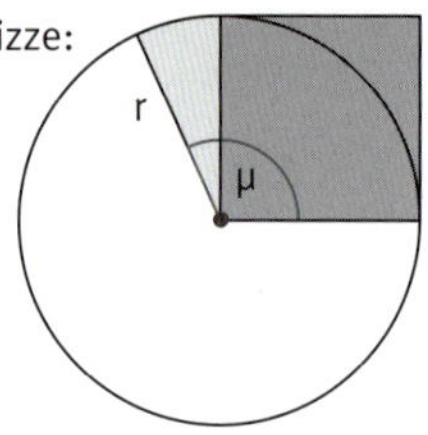

Für den Sektor des Kreises mit Radius r und Mittelpunktswinkel μ und das Quadrat mit Seitenlänge r gilt bei gleichem Flächeninhalt:
$A_{Sektor} = A_{Quadrat} \Leftrightarrow \frac{\mu}{360°} \cdot r^2\pi = r^2$
$\Leftrightarrow \mu = \frac{360°}{\pi} \approx 114{,}59°$
Die Größe des Mittelpunktswinkels beträgt 114,59°

11

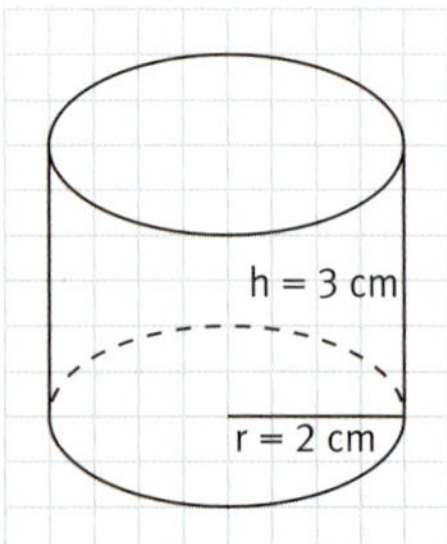

12 ① Zylinder mit r = 5 cm; h = 6 cm; $u = 2\pi \cdot r \approx 31{,}4$ cm
Bei Maßstab 1 : 5:
r = 1 cm; h = 1,2 cm; $u \approx 6{,}3$ cm
② Zylinder mit d = 6,2 cm; r = 3,1 cm; $u = 2\pi \cdot r \approx 19{,}5$ cm
$A_M = 90\ cm^2 \Rightarrow h = \frac{90\ cm^2}{19{,}5\ cm} \approx 4{,}6$ cm
Bei Maßstab 1 : 3,1:
r = 1 cm; $h \approx 1{,}5$ cm; $u \approx 6{,}3$ cm

a) Schrägbild zu ①

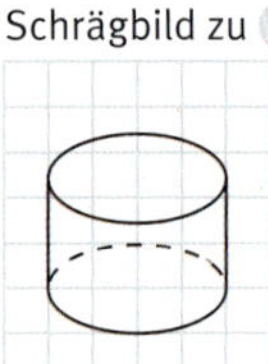

Schrägbild zu ②

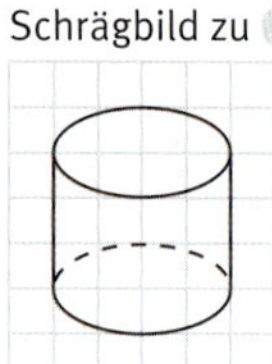

b) Netz zu ①

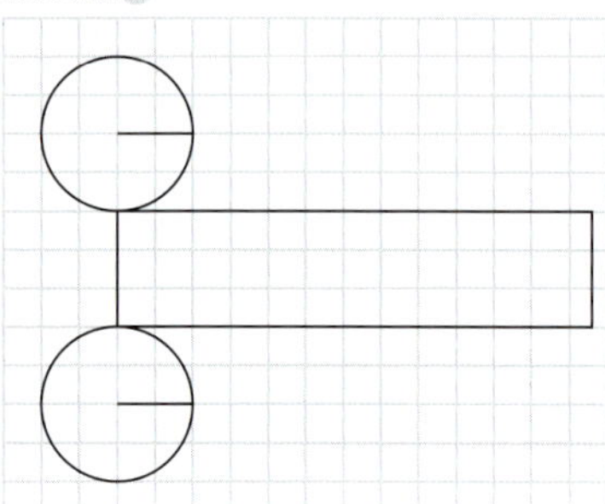

Netz zu ②

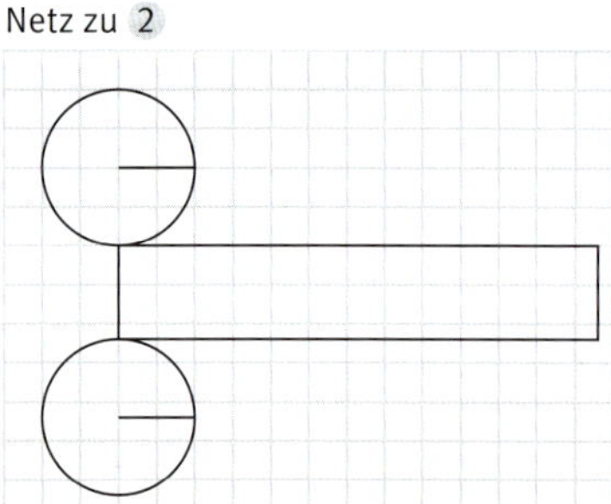

13 Hinweis: Alle Ergebnisse wurden auf eine Dezimale gerundet. Es wurde mit den gerundeten Werten weitergerechnet.

	a)	b)	c)	d)	e)
r	3,6 cm	25 mm	6,8 cm	3,1 dm	8,7 dm
A_G	40,7 cm^2	19,6 cm^2	145,3 cm^2	30 dm^2	2,4 m^2
h	7,8 cm	7,3 cm	22,4 cm	12 dm	3,1 dm
A_M	176,4 cm^2	114,7 cm^2	957,1 cm^2	233,7 dm^2	169,5 dm^2
V	317,5 cm^3	143,1 cm^3	3249 cm^3	360 l	750 l

14 r = 10 m $\quad V = \pi r^2 \cdot h \Leftrightarrow h = \frac{V}{\pi r^2}$
$h = \frac{7200\ m^3}{100 \cdot \pi\ m^2} \quad h \approx 22{,}9$ m
Der Behälter ist 22,9 m hoch.

15 $r = 0{,}5 \cdot (1{,}80\ m - 0{,}40\ m) = 0{,}7$ m
$V = \pi \cdot 0{,}7^2 \cdot 8\ m^3 \approx 12{,}32\ m^3$
Der Brunnen kann maximal etwa 12 m^3 fassen.

Seite 175

16 (Abweichungen aufgrund von Rundungsfehlern sind möglich.)
a) $V_{gesamt} = V_{Quader} - V_{Halbzylinder}$
$V_{gesamt} \approx 70\,875\ mm^3 - 8553\ mm^3 = 62\,322\ mm^3$
$O_{gesamt} \approx 10\,534\ mm^3$
b) $V_{gesamt} = V_{äußerer\ Zylinder} - V_{innerer\ Zylinder}$
$V_{gesamt} \approx 74\,575\ mm^3 - 57\,751\ mm^3 = 16\,824\ mm^3$
$O_{gesamt} \approx 12\,102\ mm^2$

17 (Abweichungen aufgrund von Rundungsfehlern sind möglich.)
Der abgebildete Körper des Öltanks kann aufgefasst werden als Zylinder mit r = 70 cm und h = 240 cm und einem Quader mit a = 60 cm, b = 140 cm und c = 240 cm.
$V_{gesamt} = V_{Zylinder} + V_{Quader}$
$V_{gesamt} = \pi \cdot r^2 \cdot h + a \cdot b \cdot h$
$V_{gesamt} = \pi \cdot 70^2 \cdot 240\ cm^3 + 60 \cdot 140 \cdot 240\ cm^3$
$V_{gesamt} = 3\,692\,640\ cm^3 + 2\,016\,000\ cm^3$
$= 5\,708\,640\ cm^3 = 5\,708{,}64\ dm^3$
Das Fassungsvermögen des Öltanks beträgt rund 5 700 l.

18 $V_{Verbrennungskammer} \approx \pi \cdot (40\ mm)^2 \cdot 145\ mm \approx 728\,850\ mm^3$
$V_{Hubraum} = 4 \cdot V_{Verbrennungskammer} = 4 \cdot 728\,850\ mm^3$
$= 2\,915\,400\ mm^3 \approx 2{,}9\ dm^3$
Der Hubraum des Motors beträgt rund 2,9 l.

19 Die Aussage ist richtig.

20 Das ist falsch. Der Radius wird quadriert, um den Flächeninhalt zu berechnen.

21 Diese Aussage ist richtig.

22 Die Aussage ist falsch. Die Kanten werden auf die Hälfte gekürzt und unter einem Winkel von 45° gezeichnet.

23 Die Aussage ist richtig.

24 Die Aussage ist falsch. Verdoppelt man den Radius, wird der Flächeninhalt der Grundfläche viermal so groß.

25 Die Aussage ist falsch. Die Höhe h des Zylinders ist unabhängig von Grund- und Deckenfläche. Abhängig von h verändert sich die Mantelfläche $A_M = u \cdot h$.

26 Die Aussage ist richtig

Lösungen zu „7.9 Das kann ich!" – Seite 200

1 a) Anzahl Saxophon > Anzahl Gitarre > Anzahl Schlagzeug > Anzahl Klavier > Anzahl Geige = Anzahl Horn

b) 4 Schüler spielen kein Instrument, also spielen 12 Schüler ein oder mehrere Instrumente. Somit spielt mindestens 1 Schüler mehr als 1 Instrument (d. h. 1 Schüler spielt dann 5 Instrumente und die restlichen 11 Schüler jeweils 1 Instrument). Höchstens 4 Schüler spielen mehr als 1 Instrument (also 4 Schüler spielen 2 Instrumente und die restlichen 8 Schüler jeweils 1 Instrument).

c) Anzahl aller Instrumente: 16

$\bar{x} = \frac{16}{16} = 1$

Von allen Schülern des Wahlkurses spielt jeder im Durchschnitt 1 Instrument.

$\bar{x} = \frac{16}{12} = 1\frac{1}{3}$

Von den Schülern, die ein Instrument spielen, spielt jeder im Durchschnitt $1\frac{1}{3}$ Instrumente (bzw. jeder 3. Schüler spielt dann 2 Instrumente).

2 a) Die Stichprobe sind alle Schüler des Jahrgangs. Wenn es um einen Geschmackstest innerhalb der Jahrgangsstufe geht, dann ist die Auswahl die Gesamtheit. Bei einer allgemeinen Aussage ist die Stichprobe zu einseitig. Julia müsste allein für einen Geschmackstest nur an ihrer Schule aus jedem Jahrgang zufällig eine etwa gleiche Anzahl an Schülern auswählen.

b) Die Stichprobe sind alle Schüler der Klasse 5c. Die Stichprobe ist nicht sinnvoll gewählt. Die Lehrerin müsste aus jedem Jahrgang zufällig etwa gleich viele Schüler auswählen.

c) Die Stichprobe umfasst vier Tage und ist sicher nicht sinnvoll gewählt, wenn man anhand eines Tages eine Aussage über das Wetter der Jahreszeit machen möchte. Da sollte Rüdiger schon mehrere Tage pro Jahreszeit auswählen.

3 Mögliche Antwort: Zuerst muss man den Anteil der Mädchen (der Jungen) pro Klassenstufe ermitteln, damit man anteilig in den jeweiligen Klassenstufen Mädchen (Jungen) zufällig auswählen kann. Die ausgewählten Mädchen (Jungen) sollen dann in einer Liste mit aktuellen Spielerinnen und Spielern der Fußballnationalmannschaft ankreuzen, welche ihnen am besten gefallen.

4 a)

Rang	Zeit	Rang	Zeit
1	6 min 36 s	11	8 min 20 s
2	7 min 12 s	12	8 min 24 s
3	7 min 20 s	13	8 min 39 s
4	7 min 27 s	13	8 min 39 s
5	7 min 51 s	15	8 min 49 s
6	7 min 57 s	16	9 min 3 s
7	8 min 11 s	17	9 min 8 s
8	8 min 12 s	18	9 min 28 s
9	8 min 17 s	19	9 min 37 s
10	8 min 18 s	20	9 min 42 s

b) Modalwert: 8 min 39 s　　Median: 8 min 19 s

c) Minimum: 6 min 36 s　　Maximum: 9 min 42 s
unteres Quartil: 7 min 54 min　　oberes Quartil: 8 min 56 s

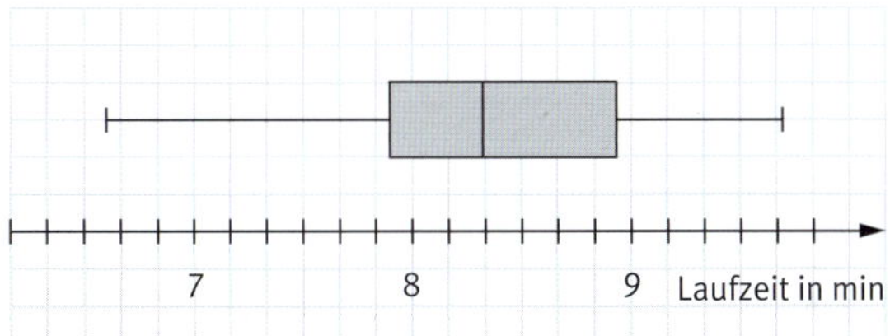

d) Mögliche Antwort: Die Spannweite ist relativ groß, der schnellste und der langsamste Läufer liegen mit 3 min 6 s relativ weit auseinander. Die Länge der beiden Antennen ist etwa so lange wie die Länge der Box, die Geschwindigkeiten der Läufer sind gleichmäßig verteilt. Der Median liegt näher am Maximum als am Minimum, die Geschwindigkeiten der schnellen Läufer liegen enger beisammen als die der langsamen Läufer.

5 a) arithmetisches Mittel: $\bar{x} \approx 3{,}47$

$$s = \sqrt{\frac{4 \cdot (2 - 3{,}47)^2 + 12 \cdot (3 - 3{,}47)^2 + \ldots + (6 - 3{,}47)^2}{30}} \approx 0{,}92$$

b) Daten geordnet: 2; 2; 2; 2; 3; 3; 3; 3; 3; 3; 3; 3; 3; 3; 3; 3; 4; 4; 4; 4; 4; 4; 4; 4; 4; 4; 5; 5; 6

Minimum: 2
Maximum: 6
Median: 3
unteres Quartil: 3
oberes Quartil: 4

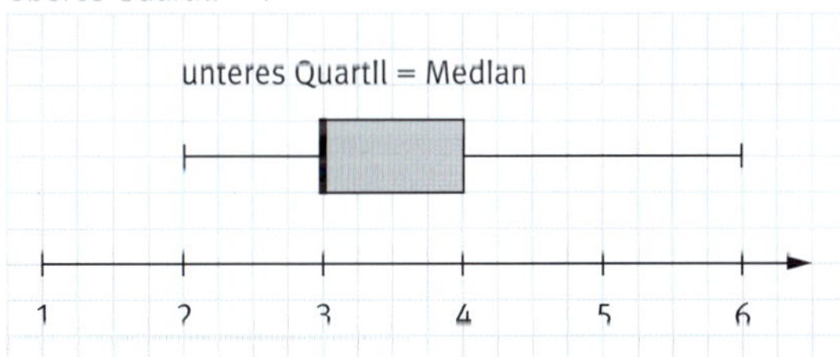

c) In Diagramm 1 fehlt ein Tortenstück, daher kann 1 nicht die Umfrage darstellen.
Bei Diagramm 3 sind die Anteile für die 2-, 5- und 6-Personen-Familien gleich groß, was mit den Daten nicht übereinstimmt; 3 kann daher ebenfalls nicht die Umfrage darstellen.
Nur das Kreisdiagramm 2 stellt die Ergebnisse der Umfrage korrekt dar, da hier alle fünf genannten Daten vorkommen und die Aufteilung des Kreises mit den berechneten Sektorenmittelpunktswinkeln übereinstimmt:
6 Personen: 12° (hellblau)
5 Personen: 24° (rot)
2 Personen: 48° (blau)
4 Personen: 132° (orange)
3 Personen: 144° (grün)

6 a) Es sind unterschiedliche Datenreihen möglich, z. B.:
Benzinverbrauch (in l) von Patricks Motorrad:
7,4; 8,2; 8,2; 8,9; 8,9; 9,6; 9,6; 10,0; 10,2

Minimum:	7,4
Maximum:	10,2
Median:	8,9
unteres Quartil:	8,2
oberes Quartil:	9,8

b) Mögliche Antwort: Bei Patricks Motorrad liegen die gemessenen Werte in der Box deutlich weiter auseinander als bei Timo, das Minimum und das Maximum sind jedoch gleich. Timos Median liegt mit 8,2 l Benzinverbrauch niedriger als Patricks Median mit 8,9 l. Das obere Quartil ist bei Timo deutlich niedriger als bei Patrick, das heißt, dass Timo einen deutlich niedrigeren Benzinverbrauch hat als Patrick.

Seite 201

7 Man führt das Experiment sehr häufig durch, um so nach dem Gesetz der großen Zahlen mithilfe der relativen Häufigkeiten Schätzwerte für die Wahrscheinlichkeiten der drei möglichen Positionen zu erhalten. Je häufiger man das Experiment durchführt, desto besser werden die Schätzwerte.

8 22 € + 6 € − 2 € + 1 € − 3 € + 4 € = 28 €
Ein 15-Jähriger bekommt 2017 im Durchschnitt 28 € Taschengeld (im Monat).

9 a) Wenn man die Münze immer zufällig wirft, dann handelt es sich um ein Zufallsexperiment.

b) 1 H (W) = 11, Anteil: h (W) = $\frac{11}{20}$

2 Modalwert: W

3 Es lässt sich kein Median und kein arithmetisches Mittel einer „Buchstabenreihe“ bestimmen.
Möglichkeit: Übersetzung in eine Zahlenreihe:
Z ≙ 0, W ≙ 1, damit Median: 1 (also W) und $\bar{x} = \frac{11}{20} = 0{,}55$

10 Die Aussage ist nur zum Teil richtig: Gründe für eine Stichprobenbefragung sind, dass die Untersuchung der Gesamtheit zu aufwändig oder nicht möglich ist.

11 Die Aussage ist richtig.

12 Die Aussage ist richtig, der Modalwert ist der Wert, der am häufigsten vorkommt.

13 Die Aussage ist falsch. Gegenbeispiel: 0, 1, 3, 4.
Hier ist der Median 2, die Zahl 2 kommt aber nicht vor.

14 Die Aussage ist falsch. Gegenbeispiel: 0, 1, 2, 9.
$\bar{x} = \frac{12}{4} = 3$, die Zahl 3 kommt aber nicht vor.

15 Die Aussage ist richtig.

16 Die Aussage ist richtig für positive Zahlen. Wenn das Minimum jedoch eine negative Zahl ist, dann kann die Spannweite auch größer sein.

17 Die Aussage ist im Allgemeinen falsch. Gegenbeispiel: 4, 5, 6.
Spannweite = 6 − 4 = 2.

18 Die Aussage ist falsch, korrekt ist: Bei einem Boxplot umschließt die Box die mittlere Hälfte aller Werte.

19 Die Aussage ist im Allgemeinen richtig, da man immer nur einen kleinen Anteil durch eine Stichprobe erfasst, der im Verhältnis zur Gesamtheit immer kleiner als die Gesamtheit sein wird.

20 Die Aussage ist richtig, sie entspricht der Definition einer repräsentativen Stichprobe.

21 Die Aussage ist falsch. Es stabilisiert sich nicht die absolute, sondern die relative Häufigkeit.

Stichwortverzeichnis

Bildnachweis

Alamy Stock Photo / Jürgen Henkelmann Photography – S. 4, 155; Bildagentur Hamburg / Miriam René Menges, Hamburg – S. 3, 33; Deutsches Zentrum für Luft- und Raumfahrt e.V., Bonn – S. 123; dpa Picture-Alliance / augenclick, firo Sportfoto – S. 182; - / Gladys chai von der Laage – S. 122; - / Offside Sports Photography, Simon Stacpoole – S. 158; Fotolia / Tatiana Belova – S. 196; - / Benicce – S. 180; - / Daniel Ernst – S. 197; - / ExQuisine – S. 9; - / Fotowahn – S. 198; - / gmc photopress – S. 91; - / ramzi hachicho – S. 92; - / Jgz – S. 156; - / JiSign – S. 140; - / Dmitry Kalinovsky – S. 159; - / Stefan Merkle – S. 147; - / Nataliya Peregudova – S. 189; - / PRILL, Mediendesign – S. 156; - / Birgit Reitz-Hofmann – S. 164; - / Orlando Florian Rosu – S. 195; - / slava296 – S. 189; - / thorabi – S. 117; - / zentila – S. 190; FC Bayern München AG, Markenführung – S. 199; Hertha BSC GmbH & Co KG, Berlin – S. 199; Toralf Hieb, Kirschkau – S. 88; iStockphoto / technotr – S. 181; Mathias Ludwig, Würzburg – S. 57, 157; Mauritius Images / age footstock, Hugo Alonso – S. 117; - / Alamy Stock Photo, RealyEasy-Star, Rosario Patanè – S. 4, 99; Thinkstock / Creatas RF, Jupiterimages – S. 21; - / Goodshoot – S. 27; - / Hemera – S. 18; - / Ivan Hunter – S. 27; - / iStockphoto – S. 18 (2), 19, 80; - / iStockphoto, ahmetemre – S. 20; / - iStockphoto, Connel-Design – S. 184; - / iStockphoto, Richard Eyre – S. 116; / - iStockphoto, lfz – S. 185; - / iStockphoto, levkr – S. 32; - / iStockphoto, maljalen – S. 154; - / iStockphoto, MR1805 – S. 90; - / iStockphoto, Ruslan Olinchuk – S. 98; - / iStockphoto, Achim Prill – S. 26; - / iStockphoto, robertiez – S. 102; - / iStockphoto, Dmytr o Skorobagatov – S. 3, 7; - / iStockphoto, thanarat27 – S. 147; - / Jupiter Images – S. 8; - / Lifesize – S. 18; - / Photos.com – S. 148; -/ PhotoObjetcs.net – S. 23; - / Zoonar RF– S. 19; VFL Wolfsburg GmbH – S. 199; Wildner + Designer, Fürth – S. 167, 169, 172; www.wikimedia.org – S. 37, 117, 139, 157; www.wikimedia.org / Drahkrub – S. 91; www.wikimedia.org / Future Propulsion – S. 57; www.wikimedia.org / Galilea, CC BY-SA 3.0 – S. 79; www.wikimedia.org / pushkin02 - S. 161; www.wikimedia.org / Iyanaga Shokichi – S. 149; www.wikimedia.org / A. Wittmann – S. 17.